W0255649

Freundesgabe

für

Hans Hengeler

zum 70. Geburtstag
am 1. Februar 1972

Herausgegeben

von

Wolfgang Bernhardt
Wolfgang Hefermehl
Wolfgang Schilling

Springer-Verlag Berlin · Heidelberg · New York 1972

ISBN-13:978-3-540-05713-0   e-ISBN-13:978-3-642-65331-5

DOI: 10.1007/978-3-642-65331-5

Herstellung: Konrad Triltsch, Graphischer Betrieb, 87 Würzburg

Vorwort

Am 1. Februar 1972 feiert HANS HENGELER seinen 70. Geburtstag. Ihm ist von seinen Freunden dieses Buch geschrieben worden, das Beiträge aus dem Gesellschafts- und Konzernrecht, dem Erbrecht und dem internationalen Recht enthält. Es sind die Rechtsgebiete, auf denen der Jubilar als Anwalt vorwiegend tätig ist.

Die Festgabe gilt dem hervorragenden Juristen, aber auch dem Menschen HANS HENGELER, dem wir zum Eintritt in sein achtes Jahrzehnt die herzlichsten Glückwünsche aussprechen.

Die Herausgeber

Inhaltsverzeichnis

ANTON ROESEN, Dr. jur., Rechtsanwalt, Düsseldorf
Der Anwalt und die Wirtschaft   1

CARL HANS BARZ, Dr. jur., Rechtsanwalt und Notar, Frankfurt/M.
Listenwahl zum Aufsichtsrat   14

WOLFGANG BERNHARDT, Dr. jur., Generalbevollmächtigter der
Friedrich Flick KG, Düsseldorf
Erfordernis eines zweifachen Konzernabschlusses?   27

BODO BÖRNER, Professor Dr. jur., Direktor des Instituts für das Recht
der Europäischen Gemeinschaften der Universität Köln
Free Trade — Not Fair Trade? Der Gemeinsame Markt für Stahl   34

FRIDEMANN VON BURCHARD, Dr. jur., Mitglied des Vorstandes der
Gelsenberg Aktiengesellschaft, und ULRICH HÜPPE, Assessor, Essen
Das Konzernrecht der Europäischen Aktiengesellschaft — Vergleich
und Auswirkungen auf deutsches Aktienrecht   46

KLAUS DELLMANN, Rechtsanwalt, Düsseldorf
Die Einräumung von Vertretungs- und Geschäftsführungsbefugnissen in Personenhandelsgesellschafen an gesellschaftsfremde Personen   64

WERNER FLUME, Dr. jur., ordentlicher Professor an der Universität Bonn
Die Gesamthand als Besitzer   76

WOLFGANG HEFERMEHL, Dr. jur., ordentlicher Professor an der Universität Heidelberg, Honorarprofessor an der Universität Mannheim
Deliktische Haftung des Gesellschafters einer Kapitalgesellschaft
gegenüber Dritten   88

ALEXANDER KNUR, Dr. jur., Notar, Bonn, ordentlicher Professor an
der Universität Bonn
Der Einfluß von Steuergesetzen auf die Kautelarpraxis bei besonderer Berücksichtigung der Pläne für die Steuerreform 1974   105

MAX KREIFELS, Rechtsanwalt, Düsseldorf
Nießbrauch am Anteil von Personengesellschaften   158

MARTIN LUTHER, Rechtsanwalt, Hamburg
    § 23 Abs. (5) AktG im Spannungsfeld von Gesetz, Satzung und
    Einzelentscheidungen der Organe der Aktiengesellschaft   167

F. A. MANN, Dr. jur., Rechtsanwalt (Solicitor), London, Honorarprofessor an der Universität Bonn
    Staatensukzession und juristische Personen   191

PHILIPP MÖHRING, Dr. jur., Dr. rer. pol. h. c., Rechtsanwalt beim
Bundesgerichtshof, Karlsruhe, Honorarprofessor an den Universitäten
Heidelberg, Köln, Salzburg
    Die Ausgleichsgarantie des abhängigen Unternehmens bei Bestehen
    eines Beherrschungsvertrages   216

WOLFGANG SCHILLING, Dr. jur., Rechtsanwalt, Mannheim, Honorarprofessor an der Universität Heidelberg
    Gesellschaftstreue und Konzernrecht   226

HARRY WESTERMANN, Dr. jur., ordentlicher Professor an der
Universität Münster
    Die Umwandlung einer Personenhandelsgesellschaft aufgrund eines
    Mehrheitsbeschlusses in eine Kapitalgesellschaft   240

FRANZ WESTHOFF, Notar, Düsseldorf
    Fragen zur vorweggenommenen Erbfolge   255

Der Anwalt und die Wirtschaft

Anton Roesen

Es ist kein Zufall, daß dieser Beitrag mit dem Thema „Der Anwalt und die Wirtschaft" an der Spitze der Festschrift steht.

Denn derjenige, dem sie gewidmet ist, Hans Hengeler, verkörpert beste Eigenschaften eines Wirtschaftsanwalts: die Integrität des Charakters, die souveräne Beherrschung des Wirtschaftsrechts und der Nachbargebiete, die schnelle Auffassung tatsächlicher Gegebenheiten mit dem sicheren Blick auf das Wesentliche, die glücklichen Gaben des Kontaktes und des Ausgleichens, auch den Glauben an das Gute, den sich ein Anwalt nur bewahrt, wenn ihm nichts Menschliches fremd ist.

Auch publizistisch ist Hans Hengeler trotz seiner Überlastung in der Praxis hervorgetreten. Sein Verdienst ist das im Jahre 1959 erschienene Sammelwerk „Beiträge zur Aktienrechtsreform" [1]. Im Jahre 1952 hat er in der „Zeitschrift für handelswissenschaftliche Forschung" einen Bericht „Kartelle und Preise" über eine Tagung der Schmalenbach-Gesellschaft erstattet [2]. 1962 hat er in der Zeitschrift „Die Aktiengesellschaft" über „Probleme der Entlastung und der Sonderprüfung im Aktienrecht" geschrieben [3].

Für seinen Stand hat er stets Zeit gehabt. Er hat lange dem Vorstand des Düsseldorfer Anwalt-Vereins angehört und ist Mitglied des Gesetzgebungsausschusses Handelsrecht des Deutschen Anwaltvereins, dessen Vorsitzender bis zu seinem Tode im Jahre 1967 der Seniorpartner, Rechtsanwalt Dr. Heinrich Wirtz, gewesen ist.

Von Friedrich Rückert stammt das Wort:

„Vor jedem steht ein Bild des, was er werden soll,
solang' er das nicht ist, ist nicht sein Friede voll."

Hans Hengeler hat dieses Wort an seinem 70. Geburtstag erfüllt. Er ist das geworden, was er werden sollte. Daß noch lange Jahre „sein Friede voll" sei, ist der Wunsch aller Autoren dieser Festschrift.

— —

[1] Heidelberg
[2] 52, S. 485 ff.
[3] 62, S. 87 ff.

Als die erste deutsche Rechtsanwaltsordnung (RAO) vom 1. Juli 1878 in Kraft trat, war die Wirtschaft eine andere als die der Gegenwart.

Seitdem hat sich das Arbeitsfeld des Anwalts in der Wirtschaft wesentlich erweitert.

Das kommt schon im Text der aufeinander folgenden Rechtsanwaltsordnungen zum Ausdruck. §§ 26, 27 RAO stellen es nur auf Sachen ab, auf die „die Strafprozeßordnung, die Civilprozeßordnung und die Konkursordnung Anwendung finden". § 3 der Bundesrechtsanwaltsordnung (BRAO) bestimmt dagegen, daß der Anwalt „der berufene unabhängige Berater und Vertreter in allen Rechtsangelegenheiten" ist.

Auch dieser Wortlaut, wenngleich er schwerlich anders gefaßt werden konnte, ist zu eng. Denn Rechtsangelegenheiten bedeuten oft zugleich Lebensinhalte, in der Wirtschaft also wirtschaftliche Vorgänge und Auswirkungen.

Hier nun setzen jüngere, aufstrebende und erfolgreiche Berufe ein: die des Wirtschaftsprüfers, des Steuerberaters, des Steuerbevollmächtigten, auch die des Volks- oder Betriebswirtes; sie machen dem Anwalt in der Wirtschaft den Rang streitig.

Die sogenannten „Wirtschaftsrechtler" wurden in den 30er Jahren zu der Reichsfachgruppe Wirtschaftsrechtler zusammengefaßt. Der Reichsfachgruppenleiter, Dr. MÖNCKMEIER, wollte sie „Rechtswahrer im Bereiche der Wirtschaft" genannt haben, während er die Juristen „der engeren Justizpflege" zuwies [4]. In der Schrift „Kampfziele der Wirtschaftsrechtler im Bund Nationalsozialistischer Deutscher Juristen" war ihm der Wirtschaftsrechtler der „Jurist im neuen Sinne" [5].

Die Verstiegenheiten der nationalsozialistischen Ideologie sind überwunden. Aber in der Sache hat sich der Anspruch namentlich der steuerberatenden Berufe nicht gemindert.

Es ist nicht eindeutig, inwieweit Wirtschaftsprüfer rechtsberaten dürfen. Das Rechtsberatungsmißbrauchsgesetz verbietet grundsätzlich die Besorgung fremder Rechtsangelegenheiten durch Personen, die weder Anwälte sind noch denen von der dafür zuständigen Behörde die Erlaubnis erteilt ist, als Rechtsbeistand tätig zu sein. Aber der Grundsatz hat eine Reihe von Ausnahmen. Die in Betracht kommende ist die des Art. 1 § 5. Danach stehen die Vorschriften des Rechtsberatungsmißbrauchsgesetzes dem nicht entgegen, „daß öffentlich bestellte Wirtschaftsprüfer sowie vereidigte Bücherrevisoren in Angelegenheiten, mit denen sie beruflich befaßt sind, auch die rechtliche Bearbeitung übernehmen, soweit diese mit den Aufgaben des Wirtschaftsprüfers oder Bücherrevisors in unmittelbarem Zusammenhang steht". Es ist die Frage, ob die rechtsbesorgende Tätigkeit, um erlaubt

---

[4] Bericht über einen Gauführer-Kongreß JW 34, S. 2390 f.
[5] Besprechung JW 34, S. 1899

zu sein, einen Zusammenhang mit den durch Gesetz den Wirtschaftsprüfern vorbehaltenen oder zugewiesenen Aufgaben haben muß oder ob sie im Rahmen der ganzen Berufstätigkeit der Wirtschaftsprüfer gestattet ist. Von Anwaltsseite — so KOCH [6] — wird die engere, von Wirtschaftsprüferseite — so HESSDÖRFER [7] — die weitere Auslegung vertreten. Der Bundesgerichtshof hat in einem Urteil vom 9. Mai 1967 die Entscheidung offen gelassen [8].

Ein Ausweg, den Wirtschaftsprüfer einschlagen könnten, jedoch meist nicht möchten, ist der Antrag auf Zulassung als Rechtsbeistand. Die Erlaubnis muß erteilt werden, wenn der Antragsteller die für den Beruf erforderliche Zuverlässigkeit und persönliche Eignung sowie genügende Sachkunde besitzt. Ein Wirtschaftsprüfer dürfte, wenn er sich in seinem Antrag auf Rechtsgebiete beschränkt, in die er in seinen eigentlichen Aufgaben übergreift, außer der Zuverlässigkeit und persönlichen Eignung auch die genügende Sachkunde nachweisen können.

HESSDÖRFER macht deutlich, was er für die Rechtsberatung wünscht. Es kommt nach ihm bei Vertragsentwürfen darauf an, „ob der formalrechtlichen Vertragsgestaltung oder den damit verbundenen wirtschaftlichen Erwägungen, Prüfungen und Verhandlungen das Hauptgewicht zukommt. Dabei sind der Vertragsentwurf und alle ihm vorausgehenden und ihn beeinflussenden Überlegungen, Ermittlungen und Verhandlungen als ein Ganzes zu betrachten" [9].

Eines ist bei alledem gewiß: die Anwaltschaft wird ihren Platz in der Wirtschaft nicht defensiv zu behaupten vermögen.

Die Fälle, in denen ein Anwalt selbst Wirtschaftsprüfer oder Steuerberater ist, sind nicht mehr selten. Sie sind in den Richtlinien, die die Bundesrechtsanwaltskammer gemäß § 177 Abs. 2 BRAO festgestellt hat, vorgesehen. Nach § 69 Abs. 1 darf ein Anwalt, der Wirtschaftsprüfer oder Steuerberater ist, diese Bezeichnung führen.

Drei weitere Ansätze zur Selbstbehauptung des Anwalts in der Wirtschaft sind zu erörtern: der Syndikusanwalt, der Fachanwalt, die Sozietät mit Angehörigen anderer Berufe, insbesondere Wirtschaftsprüfern und Steuerberatern.

Die ursprüngliche Fassung der Rechtsanwaltsordnung enthielt keine Bestimmung darüber, ob und unter welchen Voraussetzungen ein Anwalt gleichzeitig Angestellter sein konnte. Temperamentvoll trat jedoch DIX in seinem Vortrag „Die Rechtsanwaltschaft in Wirtschafts- und Rechtsleben" auf dem Deutschen Anwaltstag des Jahres 1927 in Stuttgart für den Syndikusanwalt ein. Er warnte vor Engherzigkeit: „Nehmen wir namentlich bei den

---

[6] AnwBl. 69, S. 292
[7] LUDWIG HESSDÖRFER, „Die Rechtsbesorgungsbefugnis der Wirtschaftsprüfer", Düsseldorf 1963
[8] BGHZ 48, S. 12 ff. (21 ff.)
[9] a.a.O., S. 139 f.

großen Industriegesellschaften und sonstigen Konzernen den angestellten
Juristen die Möglichkeit, unserem Stande anzugehören, so verzichten wir
als Stand auf einen sehr erheblichen Teil der juristischen Beratung der
Wirtschaft" [10]. Durch das Gesetz vom 20. Dezember 1934 (RGBl. I. 1258)
wurde die Rechtsanwaltsordnung geändert, die neue Fassung als Reichs-
Rechtsanwaltsordnung (RRAO) wurde am 21. Februar 1936 bekannt gemacht. § 32 Abs. 2 RRAO erkannte den Anwalt an, der „zu seinem Auftraggeber in einem ständigen Dienst- oder ähnlichen ständigen Geschäfts-
verhältnis steht". Verwehrt wurde ihm dabei, den Dienstherrn anwaltlich
als Prozeßbevollmächtigter forensisch zu vertreten. Auf dem gleichen Boden
standen die Rechtsanwaltsordnungen, die nach 1945 in der britischen und in
der französischen Zone erlassen wurden, während in den Ländern der
amerikanischen Zone, Bayern, Hessen und Württemberg-Baden, von Gesetzes
wegen galt, daß mit der Unabhängigkeit des Anwalts in seiner Berufsausübung jede Anstellung oder andere Tätigkeit, die hauptberuflich war oder
die Arbeitskraft überwiegend beanspruchte, unvereinbar war [11]. § 46 BRAO
brachte dann, wieder mittelbar ausgedrückt, die Rechtseinheit: „Der Rechtsanwalt darf für einen Auftraggeber, dem er auf Grund eines ständigen
Dienst- oder ähnlichen Beschäftigungsverhältnisses seine Arbeitszeit und
-kraft überwiegend zur Verfügung stellen muß, vor Gerichten oder Schieds-
gerichten nicht in seiner Eigenschaft als Rechtsanwalt tätig werden."

Der Syndikusanwalt hat demnach einen Doppelberuf, den des freiberuflichen Anwalts und den des Angestellten. Daß ein Anwalt einen Doppelberuf hat, findet sich auch sonst, zum Beispiel bei dem Anwalt, der Notar
ist. Aus der Verschiedenheit der Berufe ergeben sich Folgerungen. So hat das
Oberlandesgericht Stuttgart in einem Urteil vom 30. Mai 1968 entschieden,
daß der Syndikusanwalt als Angestellter keinen Parteiverrat gemäß § 356
StGB begehen kann [12].

Freilich ist bei der Zulassung eines Bewerbers die Vereinbarkeit eines
Angestelltenverhältnisses mit dem Beruf des Anwalts oder mit dem Ansehen
der Rechtsanwaltschaft zu prüfen. Nach § 7, Nr. 8 BRAO ist die Zulassung
zu versagen, „wenn der Bewerber eine Tätigkeit ausübt, die mit dem Beruf
eines Rechtsanwalts oder mit dem Ansehen der Rechtsanwaltschaft nicht
vereinbar ist". In der entsprechenden Vorschrift der Rechtsanwaltsordnung,
§ 5, Nr. 4, hieß es, die Zulassung müsse versagt werden, „wenn der Antragsteller ein Amt bekleidet oder eine Beschäftigung betreibt, welche nach den
Gesetzen oder nach dem Gutachten des Vorstandes der Anwaltskammer mit
dem Beruf oder der Würde der Rechtsanwaltschaft nicht vereinbar sind."

---

[10] S. 9 des vom Deutschen Anwaltverein herausgegebenen Stenographischen
Berichtes
[11] Einzeln angeführt bei FRITZ BÖRTZLER, „Der Syndikusanwalt", in der Ehren-
gabe für BRUNO HEUSINGER, München 1968, S. 122 Anm. 9
[12] NJW 68, S. 1975 f.

Das Wort „Ansehen" ist besser als das frühere „Würde". Die Würde ist nach
Art. 1, Abs. 1 GG personhaft, für jeden Menschen gleich. Mit dem Ansehen
der Rechtsanwaltschaft ist die Stellung des Anwalts als „Organ der Rechtspflege" (§ 1 BRAO) gemeint, das Vertrauen der Öffentlichkeit in ihn und
das mit einem Organ der Rechtspflege verbundene Sozialprestige.

Die Rechtsprechung des Anwaltssenats beim Bundesgerichtshof hat die
Maßstäbe entwickelt, die bei § 7, Nr. 8 BRAO anzulegen sind [13].

Nicht vereinbar mit dem Beruf des Anwalts ist ein Anstellungsverhält-
nis, das dem Bewerber nicht die Möglichkeit läßt, den Anwaltsberuf auszuüben. Zwar kann von dem Anwalt, der hauptberuflich Angetellter ist, so
wenig wie von dem nur freiberuflichen verlangt werden, daß er tatsächlich
Mandate übernimmt. Aber auch der Syndikusanwalt muß die anwaltlichen
Pflichten erfüllen. Er muß also nach § 27 BRAO innerhalb des Oberlandes-
gerichtsbezirks, in dem er zugelassen ist, seinen Wohnsitz nehmen und die
Kanzlei einrichten. Er ist ferner nach §§ 48, 49 gehalten, einer gerichtlichen
Beiordnung als Armen- oder Notanwalt oder der Bestellung zum Pflicht-
verteidiger zu genügen, wenngleich die Gerichte in Armensachen oder für
Pflichtverteidigungen kaum auf einen Syndikusanwalt zurückgreifen wer-
den. Er muß zeitlich imstande sein, Mandate zu führen.

Mit dem Ansehen der Rechtsanwaltschaft ist es unvereinbar, wenn der
Syndikusanwalt als Angestellter eine zu untergeordnete Stellung einnimmt.

Zwei weitere durch die Rechtssprechung gezogene Schranken sollen verhindern, daß das Berufsbild des Anwalts durch dessen Tätigkeit als Angestellter beeinträchtigt wird.

Zwar ist es nicht geboten, daß der Anwalt als Angestellter gerade in
Rechtsangelegenheiten berät oder Rechtssachen bearbeitet. Es kann durchaus
so sein, daß er überwiegend andere Tätigkeiten ausübt, zum Beispiel als
Personalchef und Betriebsleiter eines großen Unternehmens. Nur soll er
keinen unmittelbaren persönlichen Wettbewerb mit Gewerbetreibenden aufnehmen. Deshalb hat der Senat für Anwaltssachen in einem Beschluß vom
5. Juni 1961 entschieden, daß ein Bankangestellter, der mit einem wesentlichen Teil seiner Arbeitskraft im unmittelbaren Kundendienst eingesetzt
ist und dort um Geschäftsabschlüsse wirbt, wegen dieser erwerbswirtschaft-
lichen Tätigkeit dem Berufsbild des Anwalts zu fern steht, als daß er zur
Anwaltschaft zugelassen werden könnte [14].

In einem Beschluß vom 12. Juli 1971 wurde einem geschäftsführungs-
und vertretungsberechtigten Gesellschafter einer offenen Handelsgesellschaft
die Zulassung versagt. Der Bewerber leitete das Unternehmen, das er mit
seinem Bruder betrieb, eine Glaserei, nach außen, verhandelte mit den
Kunden und erledigte den Schriftverkehr. „Eine solche berufliche Stellung
im Wirtschaftsleben ist so stark von kaufmännischem Gewinnstreben geprägt,

---

[13] Siehe hierzu BÖRTZLER a.a.O., S. 129 ff.
[14] BGHZ 35, S. 205 ff.

daß sie mit dem Beruf des Rechtsanwalts ihrem Wesen nach nicht vereinbar ist" [15].

Die zweite Schranke ist die, daß es dem Syndikusanwalt versagt ist, in seiner Eigenschaft als Angestellter den Mitgliedern seines Verbandes oder den Kunden des Dienstherrn Rechtsrat zu gewähren. Es soll nicht sein, „daß ein und derselbe Mann teils — als Rechtsanwalt — in eigener Verantwortung, teils — in seiner Eigenschaft als Angestellter — unter der Verantwortung seines Arbeitgebers anderen Rechtsrat erteilt" [16].

Nach § 15 Nr. 2 BRAO kann die Zulassung auch zurückgenommen werden, wenn der Anwalt eine Tätigkeit ausübt, die mit dem Beruf eines Anwalts oder dem Ansehen der Rechtsanwaltschaft unvereinbar ist. Diese Vorschrift ist also, im Gegensatz zu den Voraussetzungen bei der Zulassung, die zwingend sind, eine Fakultativbestimmung. Sie wird mit großer Zurückhaltung gehandhabt.

Immerhin ist nicht zu verkennen, daß bei einem Syndikusanwalt, der sich als Angestellter nach oben entwickelt, vielleicht Vorstand eines Großunternehmens wird, die zeitliche Möglichkeit zur Ausübung des Anwaltsberufs wohl nur noch auf dem Papier steht. Ob es nicht sinnvoller wäre, daß sich Anwälte — nicht bloß Syndikusanwälte —, die nicht mehr freiberuflich tätig sein können oder wollen, löschen ließen und dann ohne weiteres den Titel „Rechtsanwalt a. D." führen dürften, verdient, geprüft zu werden. Ein Beamter, der in Ehren aus seinem Dienst scheidet, darf seine frühere Berufsbezeichnung mit dem Zusatz „a. D." beibehalten. § 17 Abs. 2 BRAO bestimmt dagegen sehr einschränkend: „Die Landesjustizverwaltung kann einem Rechtsanwalt, der wegen hohen Alters oder wegen körperlicher Leiden auf die Rechte aus der Zulassung zur Rechtsanwaltschaft verzichtet, die Erlaubnis erteilen, sich weiterhin Rechtsanwalt zu nennen. Sie hat vorher den Vorstand der Rechtsanwaltskammer zu hören." Die Freigabe der Bezeichnung „Rechtsanwalt a. D." würde nicht den Titularanwalt schaffen; wer diese führen dürfte, wäre wirklich Anwalt gewesen und wäre es bloß nicht mehr. Wohl jedoch könnte die Berufsbezeichnung Rechtsanwalt durch den „Rechtsanwalt a. D." eine ähnliche Aufwertung erfahren, wie sie dem auf höchster Ebene der Wirtschaft üblichen „Bergassessor a. D." entspricht.

Die Zahl der Syndikusanwälte kann nicht verläßlich angegeben werden. Einen Anhaltspunkt hat die nach Berufen aufgegliederte Einkommenstatistik 1961 geliefert. Bei 13 700 von damals 19 000 zugelassenen Anwälten überwog das Einkommen aus sebstständiger Tätigkeit, 5 300 hatten jedoch entweder überhaupt kein Einkommen aus Anwaltspraxis oder zumindest ein höheres Einkommen anderer Art. Die Zahl der Anwälte, die nur freiberuflich tätig waren, deren Haupteinkommen jedoch trotzdem nicht aus selb-

---

[15] NJW 71, 2074 f.
[16] So BÖRTZLER a.a.O., S. 135

ständiger Tätigkeit, vielmehr aus sonstigen Einkommensarten stammte, dürfte gering gewesen sein. Man wird schließen, daß die Anwälte zu einem Viertel Syndikusanwälte gewesen sind [17].

Die Einführung des Fachanwalts wurde auf dem Anwaltstag des Jahres 1920 in Leipzig eingehend behandelt und befürwortet [18]. Aber damit waren die Würfel noch nicht gefallen. Denn der Ehrengerichtshof beim Reichsgericht erklärte noch 1923 die Kundgebung jeden Spezialistentums als standeswidrige Werbung [19]. In der 3. Auflage ihres Kommentars zur Rechtsanwaltsordnung, die im Spätsommer 1929 abgeschlossen wurde, merkten FRIEDLAENDER dazu an, es erscheine im hohen Grade zweifelhaft, ob diese Entscheidung der Standesanschauung entspreche [20]. In der Tat dauerte es danach nicht mehr lange, bis die Bezeichnung Fachanwalt von einer gemeinsamen Kommission der Kammervorstände und des Deutschen Anwaltvereins unter festgestellten Voraussetzungen gebilligt wurde. Fachanwälte gab es daraufhin auf den Gebieten des Steuerrechts, des Urheber- und Verlagsrechts, des gewerblichen Rechtsschutzes, des Arbeits- sowie des Staats- und Verwaltungsrechts. Der „Fachanwalt für Wirtschaftsrecht" war erwogen worden, wurde indessen abgelehnt [21]. Im Rheinisch-Westfälischen Anwaltsblatt 1931/32 sind Zulassungen als Fachanwälte für alle vorgenannten Gebiete bekannt gemacht [22]. Im Hitlerstaat wurde die Fachanwaltschaft wieder abgeschafft. Ziffer 60 der von der Reichs-Rechtsanwaltskammer aufgestellten Richtlinien für die Ausübung des Anwaltsberufs ließ nur die Führung des Doktorgrades und die Amtsbezeichnung als Notar zu. In seinem Kommentar erläuterte NOACK, der Versuch der Einführung der Fachanwaltschaft habe sich nicht bewährt, sondern erhebliche Mißstände gezeigt. Der antisemitische Seitenhieb fehlte nicht: insbesondere nichtarische Anwälte hätten die Möglichkeit, sich als Fachanwalt zu bezeichnen, aus Gründen einer geschäftlichen Propaganda mit Freuden ergriffen [23]. Nach 1945 kehrte man zur Fachanwaltschaft zurück. § 67 der Richtlinien schreibt vor, daß ein Anwalt die Bezeichnung Fachanwalt benutzen darf, „wenn es sich um Sondergebiete handelt, die die Bundesrechtsanwaltskammer bestimmt hat, und

---

[17] Nach dem Tätigkeitsbericht des Hauptgeschäftsführers des Deutschen Anwaltsvereins, Rechtsanwalt Dr. BRANGSCH, für den Anwaltstag 967 in Bremen, AnwBl. 66, 252
[18] JW 21, S. 921 ff.
[19] Urteil vom 29. Februar 1923 JW 23, S. 609 ff. mit Anmerkung von MAX FRIEDLEANDER
[20] ADOLF und MAX FRIEDLEANDER, „Kommentar zur Rechtsanwaltsordnung", München 1930, Exkurs II zu § 28 Anm. 68
[21] Dargestellt bei FRITZ OSTLER, „Die deutschen Rechtsanwälte 1871—1971", Essen 1971, S. 210 f.
[22] Eine Liste S. 126
[23] ERWIN NOACK, „Kommentar zur Reichs-Rechtsanwaltsordnung", Leipzig 1937, zu § 31 Anm. 14 l

wenn die zuständige Rechtsanwaltskammer es ihm gestattet hat." Als zugelassene Fachanwälte sind jedoch nur der nach wie vor weitverbreitete
Fachanwalt für Steuerrecht und der Fachanwalt für Verwaltungsrecht übrig.
Dieser sollte gegenüber dem Verwaltungsrechtsrat klarstellen, daß auch
Anwälte mit besonderen Kenntnissen im Verwaltungsrecht vorhanden sind;
mit der Beseitigung des Verwaltungsrechtsrats gemäß § 232 Abs. 2 BRAO
soll auch der Fachanwalt für Verwaltungsrecht auslaufen.

Es ist der Überlegung wert, ob es gut ist, daß die Entwicklung, abgesehen von dem Fachanwalt für Steuerrecht, so rückläufig ist. Das von
KALSBACH [24] gegen den Fachanwalt ins Feld geführte sogenannte Prinzip
der Chancengleichheit ist eine Fiktion. Chancengleichheit gibt es bei Anwälten so wenig wie sonst im Leben. Schon die natürliche Begabung macht
einen Unterschied. Der junge Anwalt, der in eine Sozietät aufgenommen
wird, hat einen günstigeren Start als derjenige, der sich eine Praxis allein
aufbauen muß. Wer von Hause aus Beziehungen zur Wirtschaft hat, tut
sich leichter als jemand, der sich solche erst erwerben muß. Sogar das Alter
ein und desselben Anwalts bedingt Unterschiede: was der 30-jährige dem
60-jährigen an jugendlicher Frische voraus hat, ersetzt der 60-jährige durch
Erfahrung. Allenfalls kann man sagen, daß ein Chancenverhältnis nicht
durch unlautere Mittel beeinflußt werden darf, mithin durch das in § 60
Abs. 1 der Richtlinien verbotene Werben um Praxis. Aber so wenig der
Fachanwalt für Steuerrecht, der seine Spezialkenntnis durch diese Bezeichnung kundmacht, schon damit unlauter wirbt, so wenig braucht dies auf
anderen Sondergebieten der Fall zu sein. Ein Bedürfnis der Rechtsuchenden,
zu erfahren, welcher Anwalt für ein Spezialmandat besonders geeignet ist,
ist nicht zu leugnen. 1960 mochte KALSBACH noch meinen, die Leistung
eines Spezialisten setze sich bei gegebenem Bedarf von allein durch, nichts
spreche sich unter Spezialinteressierten schneller herum. Das ist aber nicht
mehr richtig, nachdem sich der Raum der Wirtschaft bis zu vielfachen internationalen Verflechtungen ausgedehnt hat.

Selbstverständlich darf es nicht dem Belieben eines einzelnen überlassen
werden, was er sich zutraut. Dem ist ja auch nicht so bei dem Fachanwalt
für Steuerrecht. Nach den Richtlinien der Bundesrechtsanwaltskammer kann
die Bezeichnung Fachanwalt für Steuerrecht nur gestattet werden, wenn der
Antragsteller eingehende Spezialkenntnisse auf dem Gebiete des Steuerrechts besitzt und Buchführung wie Bilanz beherrscht, ferner in nachprüf-
barer Weise dartut, daß er mindestens drei Jahre lang auf dem Gebiet des
Steuerrechts praktisch tätig ist oder sich während der gleichen Zeit wissen-
schaftlich hervorgetan hat. Außerdem soll er in der Regel eine mindestens
dreijährige Anwaltstätigkeit hinter sich haben. Der Bayerische Ehrengerichtshof hat es in einem Beschluß vom 7. Mai 1969 nicht als Ermessensmißbrauch

---

[24] Hier und im Folgenden WERNER KALSBACH, „Bundesrechtsanwaltsordnung und
   Richtlinien für die Ausübung des Rechtsanwaltsberufs", Köln 1960, S. 412 f.

betrachtet, daß die zuständige Rechtsanwaltskammer auf der dreijährigen Praxis als Anwalt bestanden hatte [25].

Ein Tor zur freieren Entfaltung des Anwalts in der Wirtschaft wurde durch die Rechtsprechung aufgestoßen.

Nach § 23 der im Jahre 1968 geltenden Richtlinien war es grundsätzlich verboten, daß der Anwalt sich mit Angehörigen anderer Berufe zu einer Sozietät oder Bürogemeinschaft zusammenschloß; eine Ausnahme war für die Bürogemeinschaft mit einem Wirtschaftsprüfer, nicht aber mit einem Steuerberater gestattet.

Trotzdem hat der Anwaltssenat in einem Beschluß vom 4. Januar 1968 einen Bewerber zugelassen, der selbst Steuerberater war und seine Anwaltspraxis in Bürogemeinschaft mit einer Steuerberater-Sozietät, zu der er als Steuerberater gehörte, ausüben wollte [26]. In den Gründen hat der Anwaltssenat erhebliche Zweifel geäußert, ob § 23 der Richtlinien noch der allgemeinen Standesauffassung entsprach. Für entscheidend wurde aber gehalten, daß der Gesetzgeber mit dem Steuerberatungsgesetz die Berufe des Anwalts und des Steuerberaters als gleichwertig und artverwandt festgelegt hat. „... entscheidend ist, daß die Grundsätze und die bisherigen Standesauffassungen zurücktreten müssen gegenüber einer eindeutigen anderen Regelung durch den Gesetzgeber. Dieser hat, wie bereits erwähnt, zum Ausdruck gebracht, daß ein Steuerberater hinsichtlich seiner Stellung und Berufsausübung dem Rechtsanwalt artverwandt und gleichwertig ist. Ist dem aber so, so besteht keine Möglichkeit, einem Rechtsanwalt die Bürogemeinschaft mit einem Steuerberater zu verbieten." Die nächste Folge dieses Beschlusses war, daß in den Richtlinien auch die Bürogemeinschaft mit einem Steuerberater als zulässig erachtet wurde. Die Hauptversammlung der Bundesrechtsanwaltskammer stimmte dann am 11. Oktober 1969 einer Neufassung des § 23 zu, folgenden Wortlauts: „Der Rechtsanwalt darf mit Patentanwälten, Steuerberatern und Wirtschaftsprüfern, die nicht als Rechtsbeistand zugelassen sind, nicht aber mit Angehörigen anderer Berufe in einer Bürogemeinschaft oder in anderer Form beruflich zusammenarbeiten, wobei die Grundsätze des geltenden Standesrechts besonders zu beachten sind." Danach sind auch Sozietäten mit Wirtschaftsprüfern und Steuerberatern gestattet [27]. In seinem Tätigkeitsbericht auf der Mitgliederversammlung des Deutschen Anwaltsvereins 1970 kündigte der Hauptgeschäftsführer, Rechtsanwalt Dr. BRANGSCH, an, die „außerordentlich interessanten überberuflichen Zusammenschlüsse" zwischen Rechtsanwälten, Wirtschaftsprüfern und Steuerberatern sollten dadurch gefördert werden, daß der Deutsche Anwaltverein gemeinsam mit dem Institut der Wirtschaftsprüfer Arbeitstagungen

---

[25] Ehrengerichtliche Entscheidungen X, S. 135 ff.
[26] BGHZ 49, S. 244 ff.
[27] Anders ist ein Steuerbevollmächtigter zu beurteilen, siehe Ehrengerichtliche Entscheidungen VIII, S. 9 ff.

veranstaltet, die dem Erfahrungsaustausch zwischen bereits zusammenge-
schlossenen oder den Zusammenschluß beabsichtigenden Rechtsanwälten
und Wirtschaftsprüfern dienen [28]. Ein erstes Gemeinschaftsseminar des Deutschen Anwaltvereins und des Instituts der Wirtschaftsprüfer hat vom 16. bis
17. Oktober 1970 in Bad Tölz stattgefunden [29].

Allerdings — ob jemand als Anwalt in der Wirtschaft Erfolg hat, hängt
weniger davon ab, ob er sich als Fachanwalt für ein Sondergebiet des
Wirtschaftsrechts bezeichnen darf oder eine Sozietät mit einem Wirtschaftsprüfer oder Steuerberater eingehen kann, als davon, was er leistet, von
Neigung und Eignung.

IsAY plaudert in seinen Erinnerungen über die Gründe, die ihn bewogen
haben, sich im Patentrecht zu spezialisieren. „Eine Patentpraxis hat vor der
normalen Anwaltspraxis große Vorzüge. Man hat es nur mit gebildeten
Menschen zu tun, die meist sogar originell und interessant sind. Die Prozesse
sind schwierig und für die Beteiligten wichtig. Man hat also mit der einzelnen Sache viel Arbeit, ertrinkt aber nicht in einer Flut nichtiger Bagatell-
prozesse. Gegenstand des Streites sind technische, also ethisch neutrale
Fragen" [30]. Solche und ähnliche Überlegungen mögen auch andere dazu bestimmt haben, sich im Wirtschaftsrecht zu spezialisieren.

Dem „Trend zur Spezialisierung", der das menschliche Wissen und
Können in seiner Gesamtheit ergriffen hat, kann sich die Anwaltschaft
nicht entziehen. Sicherlich wird es auch in Zukunft Anwälte geben, die eine
Allgemeinpraxis betreiben oder sich doch vornehmlich einem Gebiet zuwenden, auf dem eine vertiefte Spezialkenntnis nicht erforderlich ist, etwa
dem Scheidungs-, dem Verkehrs- oder dem Strafrecht. Aber für die Anwaltschaft als Ganzes hat RABE recht, wenn er in seinem Vortrag bei der Eröff-
nung des Anwaltstages in Nürnberg 1971 vom Trend zur Spezialisierung
sagte: „Ihn zu verkennen wäre tödlich" [31]. Bemerkenswert ist, daß dieser
Trend vor den Anwaltskollegien in der DDR nicht Halt macht, im Gegenteil. In einem Aufsatz „Aufgaben und Stellung des Rechtsanwalts im entwickelten gesellschaftlichen System des Sozialismus" beklagt WOLFF [32], daß
die Anwaltschaft in der DDR nur vereinzelte Spezialisten zählt. Der Anwalt in der Wirtschaft sollte jedoch nicht zu denen gehören, „die von
immer weniger immer mehr verstehen". Der Zusammenhang des Rechts ist
überall zu wahren. Ein Wort, das schon auf dem Würzburger Anwaltstag
des Jahres 1911 gesprochen wurde, ist wert, nicht vergessen zu werden:

---

[28] AnwBl 70, S. 187

[29] Bericht AnwBl. 70, S. 346 f.; vgl. ferner den Bericht über die Sondersitzung
„Sozietäten zwischen Anwälten und Wirtschaftsprüfern" bei dem Nürnberger
Anwaltstag AnwBl. 71, S. 245 f.

[30] RUDOLF IsAY, „Aus meinem Leben", Weinheim 1960, S. 53

[31] HANS JÜRGEN RABE, „Der Beruf des Anwalts — Herausforderung in Gegenwart und Zukunft" NJW 71, S. 1385 ff. (1390)

[32] Neue Justiz 69, S. 615 ff. (619 f.)

„Spezialist soll nur der sich nennen, der in einer bestimmten Materie mehr weiß als der Durchschnitt, nicht aber der, der in allen Materien außer der seinen weniger weiß"[33]. Einseitigkeit paßt nicht zur Universalität des Anwaltsberufs.

Es scheint paradox, daß bei den stets wachsenden Anforderungen Studium und Vorbereitungsdienst gekürzt, der Stoff der Examina beschränkt werden. Aber auch in der Beschränkung kann sich ein Meister zeigen, dann nämlich, wenn stärker als bisher die klassische Weisheit beherzigt wird: „multum, non multa". Wer die Grundzüge des Allgemeinen Teils, des Schuldrechts und des Sachenrechts des BGB beherrscht, hat mehr gelernt als die Paragraphen, nämlich die Kunst juristischer Begriffe, ohne die man auf keinem Rechtsgebiet auskommt, mit der man sich aber jedes erschließen kann. Die vielgeschmähte Begriffsjurisprudenz kann ausarten, sobald sie zum Selbstzweck wird, und niemand hat eine solche „entartete Kunst" köstlicher karikiert als der große Romanist von JHERING[34]. Richtig erfaßt, ist sie aber das unentbehrliche Mittel zur rechtlichen Ordnung und Einordnung von Tatsachen. Auch wird man RABE zustimmen: „Das Abschlußexamen bedeutet weniger ein Ende der Ausbildung als einen Anfang der Weiterbildung"[35].

Der Anwalt in der Wirtschaft ist, wenn man Prozeßarten wie die Bekämpfung unlauteren Wettbewerbs oder des Urheber- und des gewerblichen Rechtsschutzes ausklammert, erst zuletzt Prozeßanwalt. Die Wirtschaft ist nicht prozeßfreudig, und Großunternehmen sind es gar nicht. Sie rechnen sich aus, welche Kräfte durch einen langwierigen Prozeß absorbiert werden, welche Kosten riskiert werden müssen und ob sich der Prozeß danach lohnt. Hinzu kommt, daß auch die Rechtssicherheit abnimmt. Ein kundiger Anwalt wird in der Beurteilung der Aussichten eines Prozesses immer vorsichtiger werden, und dies nicht bloß bei streitigem Tatbestand oder offenen und neuen Rechtsfragen, sondern überhaupt. Aufgaben des Anwalts in der Wirtschaft sind hauptsächlich Vertragsgestaltung und -auslegung, Verhütung von Konfliktsituationen und, wo diese eintreten, ihre schiedlich-friedliche Lösung; auch Verfügungen von Todes wegen gehören dazu, endlich auch die Mitgliedschaft in Aufsichts- und Beiräten.

Den Anwalt sollte es kennzeichnen, daß er nicht kurz-, sondern langfristig denkt. Kurzsichtig geschlossene Dauerverträge sind oft voll der Kasuistik des Augenblicks, veralten indessen schnell und versagen dort, wo man auf sie zurückgreifen muß, bei unvorhergesehenen Konflikten oder wenn sonst Unerwartetes eintritt. Ein Dauervertrag sollte so angelegt sein, daß er für solche Fälle wenigstens brauchbare „Spielregeln" hat.

---

[33] JULIUS MAGNUS in den „Verhandlungen des XX. Deutschen Anwaltstages zu Würzburg am 12. und 13. September 1911", S. 76

[34] RUDOLF VON JHERING, „Scherz und Ernst in der Jurisprudenz", Leipzig 1899, Kapitel „Im juristischen Begriffshimmel", S. 255 ff.

[35] a.a.O., S. 1390

In dem Kapitel „Der Konsiliaranwalt" aus HACHENBURGS „Erinnerungen eines Rechtsanwalts" [36] ist manches zu lesen, was beachtlich ist: „Die Erfahrung nahm ich aber in den Reichswirtschaftsrat mit, daß jede Überspannung der Steuer unweigerlich zur Steuerhinterziehung verleitet. Der Staat erhält nicht mehr, als er bei erträglichen Sätzen auch beziehen würde. Er erleidet aber einen schweren Nachteil durch Zerstörung der Steuermoral." „Ich hielt trotzdem an dem Prinzip fest, daß ich vor jeder „Steuerersparnis" warnte, die nicht durchaus loyal (legal?) war." „Schon seit etwa 1922 lehnte ich es ab, aus steuerlichen Erwägungen Gesellschaftsformen zu bestimmen." Das Erste ist eine Mahnung an den Gesetzgeber — sie sollte nicht überhört werden. Das Zweite ist für den Anwalt in einem Rechtsstaat selbstverständlich, mindestens, solange der Gesetzgeber die rechtsstaatlichen Grundsätze befolgt. Ob aber HACHENBURG das Dritte heute noch schreiben würde? Die Kapitalgesellschaften werden so hoch besteuert, daß erforderliche Investitionen erschwert sind, zumal bei den steigenden Preisen für Investitionsgüter aus den Abschreibungen nicht einmal der bloße Erneuerungsbedarf gedeckt werden kann. Die stets progressiver werdenden Sätze der Einkommensteuer berücksichtigen nicht, ob Einkommen in Verbrauch und privates Vermögen fließt oder aber in einem Unternehmen betriebsnotwendig gebunden ist. Es droht ein konfiskatorischer Charakter der Erbschaftssteuer.

Kein Wunder, daß Unternehmensformen von steuerlichen Gesichtspunkten aus gesucht, daß vor der befürchteten Erhöhung der Erbschaftssteuer im Wege der vorweggenommenen Erbfolge die „Flucht nach vorn" angetreten wird! Wer Steuer sparen kann, pflegt dies gern für das einzig Richtige zu halten, und Wirtschaftsprüfer, Steuerberater, Steuerbevollmächtigte neigen naturgemäß dazu, Steuererleichterungen zu empfehlen. Da ist es bisweilen die undankbare Pflicht des Anwalts, darauf hinzuweisen, daß auch eine Steuerersparnis zwei Seiten haben kann. Es muß vielfach abgewogen werden, ob man wegen der Steuerersparnis eine von der Sache her ungünstigere Unternehmensform wählen soll, ob man nicht, namentlich in mittelständischen Unternehmen, durch vorzeitigen Generationswechsel, indem man die Zukunft sichern möchte, die Gegenwart gefährdet.

Die Vor- und Mitarbeit, die bei Verträgen von einer Rechtsabteilung geleistet wird, bei notarieller Beurkundung auch die Mitwirkung des Notars bei der Vertragsgestaltung sollen nicht unterschätzt werden. Aber der nur freiberufliche Anwalt hat vor einer Rechtsabteilung die Weite der Übersicht und den breiteren Einblick in vergleichbare Verhältnisse, wohl auch tiefere Spezialkenntnis und jedenfalls die Unabhängigkeit des Urteils voraus. Der Notar ist nach § 14 Abs. 1 Satz 2 der Bundesnotarordnung (BNotO) ohnhin „nicht Vertreter einer Partei, sondern unparteiischer Be-

---

[36] MAX HACHENBURG, „Lebenserinnerungen eines Rechtsanwalts", Düsseldorf 1927, S. 181 ff. (194, 193, 195)

treuer der Beteiligten". Im allgemeinen war er auch bei Vorverhandlungen nicht dabei und verliert nach dem Abschluß den Vertrag aus dem Auge. Dennoch wird der Rat eines Anwalts umso lieber gehört, umso eher durchgesetzt werden, je bereitwilliger er eine von anderer Seite angebotene Mithilfe annimmt, auch, wenn er dabei geduldig sein muß, — wie denn Geduld schlechthin Anwaltstugend ist.

Bei Meinungsverschiedenheiten und Streitigkeiten, besonders bei einem Zwist unter Gesellschaftern einer Personengesellschaft, ist das Ziel entweder ein künftiges friedliches Mit- oder, wenn unvermeidlich, ein schiedliches Auseinander. Ein Vergleich jedoch, der einen Konflikt befriedigend lösen soll, wird nur gelingen, wenn keine Partei die andere überfordert. Ein Anwalt, der dem Gegner etwas zumutet, was er bei umgekehrtem Vorzeichen für sich als indiskutabel betrachten würde, wird das Ziel verfehlen.

Um Konflikten vorzubeugen oder abzuhelfen, wird ein in der Wirtschaft beratender Anwalt häufig um ein Gutachten angegangen. Ein für den Innengebrauch angefordertes Gutachten ist im Grunde eine Rechtsberatung. Wenn ein Gutachten aber als solches nach außen benutzt, etwa einem Gericht oder einer Behörde vorgelegt werden soll, ist zu bedenken, daß sogenannte Privatgutachten keinen hohen Kurs haben. Eben deshalb muß der Eindruck der Käuflichkeit des Gutachters vermieden werden. Schön wäre es, wenn jeder Anwalt für seine Person wiederholen könnte, was HACHENBURG von sich bekannt hat: „Man will bei der Erörterung der juristischen Fragen auf das Gericht auch durch die Autorität des Gutachters einwirken. Trotzdem habe ich, ich darf es ruhig sagen, nie eine Zeile geschrieben, die nicht meiner Überzeugung entsprach" [37]. Sein „Rezept": vor Ausarbeitung des Gutachtens dem Mandanten das voraussichtliche Ergebnis mitteilen. Ein vernünftiger Mandant wird sich nicht gegen das Honorar für eine unerfreuliche Prognose wenden, vielleicht sogar Lehren daraus ziehen.

Der Anwalt in der Wirtschaft eignet sich auch zum Schiedsrichter. Ihn begabt vor allem, daß er gewohnt ist, sich in Vorstellungen, Gefühle, Absichten von Parteien hineinzuversetzen, in ausgesprochene, aber auch in verborgene und unbewußte. Gefahr eines Schiedsgerichts ist, daß ein von einer Partei benannter Schiedsrichter nach dieser schielt. Wird dagegen spürbar, daß sich die Schiedsrichter gemeinsam um das ius aequum et bonum bemühen, das für ein Schiedsgericht ein hellerer Leuchtstern ist als für das ordentliche Gericht, so kann sich in der Verhandlung eine so gute Atmosphäre entwickeln, wie sie bei dem unpersönlicheren, von Hoheits wegen zuständigen Gericht kaum möglich ist.

Hervorragende Anwälte in der Wirtschaft haben auch das Schrifttum bereichert. Die Namen STAUB, HACHENBURG, STRANZ sind in ihrem Glanz unverblichen. Viele neue Namen haben einen guten Klang.

---

[37] a.a.O., S. 186

Listenwahl zum Aufsichtsrat

Carl Hans Barz

I.

Bis in die Mitte der 50-er Jahre sahen die Satzungen der deutschen Aktiengesellschaften in der Regel vor, alljährlich einen der Dauer der Amtsperiode des Aufsichtsrats entsprechenden Teil der Mitglieder neu wählen zu lassen. Man versprach sich davon eine bessere Kontinuität der Arbeit im Aufsichtsrat. Der Turnus brachte es mit sich, daß meist nur die Neuwahl von 1, 2, höchstens 3 Mitgliedern auf der Tagesordnung der ordentlichen Hauptversammlung stand. Die Notwendigkeit, diesen Turnus auch auf die von den Arbeitnehmern nach dem BetrVerfG gewählten Aufsichtsratsmitglieder zu übertragen [1] und damit die ganze Prozedur der Aufsichtsratswahlen durch die Belegschaft alle ein oder zwei Jahre durchführen zu lassen, veranlaßte, daß seit Mitte der 50-er Jahre fast alle Gesellschaften von einem turnusmäßigen alljährlichen Ausscheiden von Aufsichtsratsmitgliedern Abstand nahmen. Zu dieser Entscheidung wirkte mit, daß die alljährliche Diskussion über die Aufsichtsratszusammensetzung angesichts der immer selbstbewußter auftretenden Oppositionsgruppen in der Hauptversammlung als Belastung empfunden wurde [2]. Das führte dazu, daß bei der nur alle 4 oder 5 Jahre stattfindenden Aufsichtsratswahl jeweils wesentlich mehr Personen zu wählen waren, bei größeren Gesellschaften mit einem Kapital von über DM 20 Mio. bis zu 14 Personen. Die Durchführung dieser Wahl, müßte sie für jedes einzelne Mitglied gesondert erfolgen, würde in großen Hauptversammlungen, in denen für jede einzelne Wahl Stimmkarten abgegeben, eingesammelt und ausgewertet werden müssen, erhebliche Zeit in Anspruch nehmen.

Um den Hauptversammlungsteilnehmern diese Zeit zu ersparen, wendet man in der Praxis heute fast allgemein das System der sogenannten Listenwahl, auch Globalwahl genannt, an. Bei ihr werden sämtliche zur Wahl stehenden Aufsichtsratsmitglieder in einem Wahlgang gewählt. Die Zuwahl erfolgt also nicht derart, daß in einem gesonderten Wahlgang jeweils eine

---

[1] Baumbach-Hueck, Aktiengesetz, 13. Aufl., § 102 Rn 3.

[2] Möring-Schwartz-Rowedder-Haberlandt, Die Aktiengesellschaft und ihre Satzung, 2. Aufl., 1966, S. 123

Person zur Wahl gestellt und entweder gewählt oder nicht gewählt wird, sondern derart, daß sämtliche Personen, die zur vollständigen Besetzung des Aufsichtsrats durch die Hauptversammlung jeweils zu wählen sind, in einer Liste zusammengefaßt und global in einem Wahlgang zur Wahl gestellt werden. Es kann also in dem einen Wahlgang nur entschieden werden, daß alle zur Wahl gestellten Personen oder, wenn der Listenwahlvorschlag keine Mehrheit erhält, keine der insgesamt zur Wahl gestellten Personen gewählt sind. In diesem letzteren Falle bleibt dann lediglich die Wahl der einzelnen Kandidaten in Einzelwahlgängen. Dieses Verfahren bedingt, daß ein Aktionär, der nur mit einer der insgesamt zu wählenden Personen nicht einverstanden ist, seiner Ablehnung dadurch Ausdruck geben muß, daß er gegen die Gesamtliste stimmt.

Die Listenwahl ist an sich nicht neu. Schon 1922 wird sie z. B. von GOLDSCHMIDT [3] erwähnt. Zwischenzeitlich ist sie, wie bemerkt, die fast ausnahmslose Regel in den großen Hauptversammlungen geworden, die auch dann angewandt wird, wenn der eine oder andere Aktionär diesem Verfahren widerspricht.

Der Frage, ob das System der Listen- oder Globalwahl zulässig ist, und wenn ja, unter welchen Voraussetzungen, dient dieser Beitrag. Der Jubilar, dem er gewidmet ist, hat die Frage schon vor vielen Jahren gutachterlich behandelt und sich bis in die letzte Zeit hinein häufiger mit ihr beschäftigt.

II.

Höhere Gerichte haben zur Frage der Listenwahl bisher, soweit ersichtlich, nicht Stellung genommen, nur zwei Landgerichte haben sich mit ihr beschäftigt. Das LG Dortmund [4] findet überhaupt keine Problematik darin, daß der Vorsitzende „en bloc über die … Kandidatenliste des Aufsichtsrats abstimmen ließ". Das LG Hamburg [5] meint, außerhalb des § 137 Akt Ges überlasse es das Gesetz dem Ermessen des Versammlungsleiters, von sich aus die Reihenfolge der Abstimmung festzulegen; dabei sei „es natürlich zulässig, alle vorgeschlagenen Kandidaten gleichzeitig zur Wahl zu stellen". Wenn es dem LG hierbei wohl auch entsprechend der ihm vorliegenden Fallgestaltung in erster Linie darum ging, ob zwei gegeneinander stehende Kandidaten gleichzeitig oder nacheinander zur Wahl zu stellen seien, so zeigt die Formulierung doch, daß die Zulässigkeit der Listenwahl ohne Bedenken bejaht wird.

Das Schrifttum ist spärlich. GOLSCHMDT [6] will die Listenwahl nur zulassen, „wenn kein Widerspruch gegen diese Wahlart erfolgt" und begründet

---

[3] Das Recht des Aufsichtsrats der Aktiengesellschaft, 1922, S. 69 Anm. 52
[4] Die Akt. Ges. 68, S. 390 ff., insbesondere 391 linke Spalte
[5] DB 68, 302
[6] vgl. Anm. 3

seinen Standpunkt damit, daß die Mitglieder des Aufsichtsrats und nicht der
Aufsichtsrat gewählt werden. WILHELMI [7] berichtet, man habe bei den Be-
ratungen des neuen Aktiengesetzes noch in der zweiten Lesung des Bundes-
tages den Antrag gestellt, das Listenwahlsystem nach parlamentarischem
Muster einzuführen, dies aber als dem Gesamtaufbau des Gesetzes wider-
sprechend abgelehnt. Dabei denkt WILHELMI offensichtlich jedoch an die
Verhältniswahl; denn nur von ihr läßt sich sagen, daß sie dem gesamten
Aufbau des Aktiengesetzes nicht entspreche [8]. Damit scheidet aber diese
Äußerung als Beitrag zu unserer Frage aus. Denn hier geht es nicht darum,
die in einer Liste aufgeführten Kandidaten in dem Verhältnis als gewählt
anzusehen, in dem auf die einzelnen Listen Stimmen abgegeben worden sind,
sondern darum, nach dem reinen Mehrheitsprinzip die Kandidaten für den
Aufsichtsrat nicht einzeln, sondern global gemäß einer Liste zu wählen [9].

OBERMÜLLER-WERNER-WINDEN [10] sehen keine rechtlichen Bedenken, daß
die Hauptversammlung über die Annahme oder Ablehnung der auf einer
einheitlichen Wahlliste vorgeschlagenen Personen in einem Wahlgang entscheidet; zulässig sei jede Form der Abstimmung, die das Ergebnis zweifelsfrei erkennen lasse. Das treffe auch für die Listenwahl zu, da durch die
Annahme der Liste alle darin vorgeschlagenen Personen als Aufsichtsratsmitglieder gebilligt seien, während bei Verwerfung feststehe, daß die
Hauptversammlung jedenfalls mit der Gesamtheit der vorgeschlagenen
Kandidaten nicht einverstanden sei. Dem Einwand, die Listenwahl nähme
der Hauptversammlung die Möglichkeit, sich für oder gegen einzelne Kandidaten zu entscheiden, sei mit dem Hinweis zu begegnen, der Wahlvorschlag
sei als ganzes zu werten, der, wenn er scheitere, immer noch die gesonderte
Abstimmung über die in der Liste vorgeschlagenen einzelnen Kandidaten
ermögliche. OBERMÜLLER [11] vertieft diese Argumentation noch durch den
Hinweis, das Aktiengesetz behandele den Aufsichtsrat ebenso wie den Vorstand als geschlossenes Organ, wie sich aus den Gesamtbezügen des § 160
Abs. 3 Ziff. 8 und der grundsätzlichen Geltung der Gesamtentlastung des
§ 120 Abs. 1 ergebe. Dann aber stehe es im Ermessen des Versammlungsleiters, für die Aufsichtsratswahl jede Form der Abstimmung anzuordnen,
die einmal den Willen der Hauptversammlung einwandfrei ermittle und
zum anderen zweckmäßig sei, die Zeit der Hauptversammlungsteilnehmer
auch nicht unnötig in Anspruch nähme. Diesen Erfordernissen sei Rechnung
getragen, wenn zunächst in einem Wahlgang über die Wahl aller Kandi-

---

[7] Die Akt. Ges. 65, 163
[8] vgl. zur Verhältniswahl unten bei III 4 S. 25
[9] Wegen des Unterschieds zwischen der Listenwahl und dem Verhältniswahlsystem
   vgl. auch HESS. Staatsgerichtshof in NJW 71, 697
[10] Die Hauptversammlung der Aktiengesellschaft, 3. Aufl., 1967, S. 254
[11] DB 69, 2025

daten entschieden werde mit der Aufforderung, jeder Aktionär, der auch
nur einen Kandidaten nicht wählen wolle, solle mit Nein stimmen; werde
die erforderliche Mehrheit erreicht, so sei die Wahl abgeschlossen, werde sie
nicht erreicht, so müsse über die einzelnen Kandidaten einzeln abgestimmt
werden. Es bestünden aber keine Bedenken, wenn erkenntlich sei, daß nur
gegen die Wahl eines bestimmten oder einiger bestimmten Kandidaten Einwände vorlägen, über diese einzeln und über die anderen gesondert abstimmen zu lassen.

MÖHRING-SCHWARTZ-ROWEDDER-HABERLANDT [12] meinen, mehrere zu
wählende Personen könnten nacheinander oder gleichzeitig zur Wahl gestellt
werden, wobei sich ein „Listenwahlsystem", jedenfalls bei größeren Gesellschaften, als praktisch erwiesen habe; zwei oder mehrere Listen, die die erforderliche Zahl von Namen enthalten, würden nacheinander zur Wahl
gestellt, wobei der Vorschlag angenommen sei, für den die meisten Stimmen
abgegeben würden.

In letzter Zeit hat nun MEYER-LANDRUT [13] entschieden gegen das Listen-
oder Globalwahlsystem Stellung genommen. Ein Listenvorschlag könne
nach der Lebenserfahrung und der Wahrscheinlichkeitsrechnung zu einer
„Nivellierung des Wahlergebnisses" und damit zu einer „Verfälschung des
Wählerwillens" führen; auch komme die Stärke der Opposition gegen den
einzelnen Kandidaten und damit der Wille der Minderheit nicht zum Ausdruck. § 101 Abs. 1 ordne nicht Wahlen des Aufsichtsrats, sondern der Aufsichtsratsmitglieder an. Die Listenwahl verstoße gegen den Grundsatz der
Gleichbehandlung, der erfordere, daß die von den einzelnen Aktionären
abgegebenen Stimmen gleichmäßig berücksichtigt und bewertet würden.
Gesichtspunkte der Praktikabilität müßten zurücktreten; die Möglichkeit
des Opponenten, wegen eines einzelnen Kandidaten die Gesamtliste abzulehnen, sei nach mathematischer Wahrscheinlichkeitsrechnung praktisch eingeschränkt. Wenn alle wahlberechtigten Teilnehmer einer Hauptversammlung einem bestimmten, vom Vorsitzenden vorgeschlagenen Wahlverfahren
zustimmten, könne es angewendet werden. Wenn die Zahl der Kandidaten
die der Vakanzen übersteige, führe die Stimultanwahl, bei der jeder Wähler
gleichzeitig so viele Kandidaten aus einer Liste ankreuze oder auf eine
Liste setze (oder weniger), wie zu wählen wären, immer zu einem einwandfreien, den Willen der Hauptversammlung zweifelsfrei wiedergebenden
Wahlergebnis und sei vom Standpunkt der Praktikabilität her der einfachere
Weg [14].

---

[12] a.a.O., S. 214/215
[13] Großkomm. z. Akt. Ges., 3. Aufl., § 101 Anm. 4
[14] Eine Bemerkung zur Praktikabilität der Simultanwahl bei großen Gesellschaften
sei gestattet: Wenn z. B. auf der diesjährigen Hauptversammlung der Hoechster
Farbwerke AG 5500 Stimmzettel oder auf der Deutschen Bank AG mehr als 3000
Stimmzettel abgegeben wurden, so ist es schlechthin unpraktikabel, auf dem von

Dieser Überblick zeigt, daß die Listenwahl überwiegend Zustimmung findet. Die gegen ihre Zulässigkeit erhobenen Einwendungen können wie folgt zusammengefaßt werden:

1. Die Listenwahl gehe davon aus, daß der Aufsichtsrat gewählt werde, während nach der Ausgestaltung des Gesetzes seine einzelnen Mitglieder zu wählen seien.

2. Das Listenwahlsystem gewährleiste nicht die einwandfreie Ermittlung des Willens der Hauptversammlung, weil es zu einer Nivellierung und damit Verfälschung des Mehrheitswillens führe.

3. Die Listenwahl verstoße gegen den Grundsatz der Gleichbehandlung, nach dem die abgegebenen Stimmen gleichmäßig berücksichtigt und bewertet werden müßten.

III.

Die kritische Überprüfung dieser Einwendungen erweist sie als nicht stichhaltig.

1. § 101 Abs. 1 AktGes bestimmt, daß die Mitglieder des Aufsichtsrats von der Hauptversammlung gewählt werden. Gegenstand der Wahl ist also nicht der Aufsichtsrat als Gremium. Das kann er auch gar nicht sein, weil keineswegs sämtliche Aufsichtsratsmitglieder von der Hauptversammlung gewählt werden, sondern ein Teil nach den Bestimmungen des Betriebsverfassungsgesetzes oder der Mitbestimmungsgesetze von anderen Gremien zu wählen ist und ein Teil nach Satzungsbestimmungen von Aktionären oder nach dem Mitbestimmungsergänzungsgesetz von den Spitzenorganisationen der Gewerkschaften zu entsenden ist. Aber daraus folgt doch nur, daß die Listenwahl nicht das einzig mögliche Wahlsystem ist. Denn wäre das Aufsichtsratsgremium als solches zu wählen, so könnte es nur jeweils einen Wahlgang über die Gesamtbesetzung geben, in dem zu entscheiden

MEYER-LANDRUT vorgeschlagenen Weg der Simultanwahl zu wählen. Dann müßten auf einem vorbereiteten Stimmzettel alle als Kandidaten vorgeschlagenen Personen aufgeführt werden; die in der Hauptversammlung selbst zusätzlich genannten Kandidaten könnte jeder Aktionär noch auf den Zettel hinzuschreiben. Diejenigen, die er wählen will, müßte er ankreuzen. Das bedeutet, daß z. B. Stimmzettel für Stimzettel darauf geprüft werden muß, ob nicht zuviele Kandidaten angekreuzt sind (dann wäre der Stimmzettel nichtig) und es müssen dann die auf den mehreren tausend gültigen Stimmzetteln angekreuzten Kandidaten festgestellt werden. Diese Arbeit kann nicht vom Computer übernommen werden, da er Ankreuzungen, Streichungen und handschriftliche Zusätze nicht aufnehmen kann. Selbst wenn man 100 Zähler einsetzt, wird, wenn die Zählung sorgfältig erfolgen und einwandfrei kontrollierbar sein soll, eine ungleich längere Zeit benötigt, als die Zählung der zu einer Liste abgegebenen Ja- und Nein-Stimmen, die in besonderen Kästen gesammelt werden, dann durch den Computer kontrolliert und gezählt werden, was in wenigen Minuten zu erledigen ist.

wäre, ob das Gremium so, wie es dem Wahlvorschlag entspricht, gewählt werden soll. Wäre die Zusammensetzung streitig, so müßten weitere Wahllisten zur Abstimmung gestellt werden, die für das gesamte Aufsichtsratsgremium eine andere personelle Zusammensetzung aufzeigten und die dann alternativ in einem Wahlgang oder in hintereinander stattfindenden Wahlgängen zur Abstimmung zu stellen wären.

Ausgangspunkt der Überlegungen muß also die Feststellung sein, daß die Listenwahl keineswegs die einzig mögliche Art der Aufsichtsratswahl sein kann, sondern daß z. B. auch Kandidat für Kandidat in getrennten Wahlgängen so lange gewählt werden kann, bis die von der Hauptversammlung zu wählenden Aufsichtsratsmitglieder vollständig sind. Dieses letztere Verfahren ist schon deshalb erforderlich, weil es einzugreifen hat, wenn sich bei der Listenwahl keine Mehrheit ergibt. Ein derartiges Ergebnis bedeutet nämlich keineswegs, daß sämtliche Listenkandidaten endgültig abgelehnt sind. Die Ablehnung einzelner Kandidaten der Liste durch einzelne Aktionäre kann sich bei der Listenwahl so kumulieren, daß die Liste keine Mehrheit mehr findet, trotzdem aber alle Kandidaten einzeln eine Mehrheit für ihre Wahl erreichen können. Das zeigt folgende theoretische Erwägung. Wenn z. B. 6 Personen zu wählen sind und die Wahl jeder einzelnen Person auf den Widerstand jeweils verschiedener $10^0/0$ der Aktionäre stößt und von 6 mal $10^0/0$ deshalb die Liste abgelehnt wird, so erhält sie nur $40^0/0$ Zustimmung, womit sie verworfen ist. Alsdann kann nur Einzelwahl erfolgen, bei der dann aber jeder einzelne auf der Liste verzeichnete Kandidat mit $90^0/0$ der Stimmen gewählt wird. Die Listenwahl kann also niemals als das einzig zulässige Verfahren für die Wahl der Aufsichtsratsmitglieder angesehen werden. Die Frage kann nur sein, ob sie neben der Einzelwahl und evtl. anderen Möglichkeiten, z. B. der Simultanwahl [15], zulässig ist und, wenn ja, unter welchen Voraussetzungen.

2. Die Frage der Zulässigkeit der Listenwahl stellt sich also dahin, ob es statthaft ist, die Wahl der einzelnen Kandidaten, statt sie in jeweils einzelnen Wahlgängen durchzuführen, so zusammenzufassen, daß über sämtliche Kandidaten in einem Wahlgang beschlossen wird. Dabei kann ihre Zusammenfassung in einem Wahlvorschlag gemäß §§ 124 Abs. 3, 127 nicht Voraussetzung der Zulässigkeit sein [16]. Denn der einheitliche Wahlvorschlag ändert einerseits nichts daran, daß die einzelnen Mitglieder des Aufsichtsrats zu wählen sind, und bewirkt andererseits auch nicht, daß rechtlich selbständige Einzelanträge ein nur einheitlich zu behandelnder Gesamtantrag würden. Ist die Zusammenfassung der Einzelwahlen in einen Wahlgang zulässig, so besteht, soweit § 137 nicht eingreift, auch kein Bedenken, sich gegenüberstehende Listen in einem Wahlgang derart zusammen zur Abstimmung zu stellen, daß jeder Aktionär sich entweder für den einen

---

[15] vgl. dazu Anm. 14
[16] anders scheinbar OBERMÜLLER-WERNER-WINDEN a.a.O., N. 10

oder anderen Listenvorschlag entscheiden kann und die Liste gewählt ist,
die die Mehrheit der Stimmen erhält [17].

Es gibt keine gesetzliche Bestimmung für die Durchführung von Abstimmungen, die verlangte, daß über jeden Antrag oder Wahlvorschlag
gesondert abgestimmt werden müsse und Abstimmungen über verschiedene
Vorschläge nicht zusammengefaßt werden könnten. Wenn z. B. beantragt
wird, drei oder vier Bestimmungen der Satzung zu ändern, so wird die
Durchführung dieser Beschlußfassung allgemein so gehandhabt und als
zulässig angesehen, daß über die insgesamt beantragten Änderungen in
einer Abstimmung entschieden wird. Ein Aktionär, der mit einer der
mehreren Satzungsänderungen nicht einverstanden ist, muß dann gegen alle
Satzungsänderungen stimmen, um seiner Ablehnung Ausdruck zu geben.
Trotzdem kann eine Zusammenfassung von Anträgen und Vorschlägen in
eine Beschlußfassung nicht unbeschränkt als zulässig angesehen werden. Die
Kriterien, nach denen sich ihre Zulässigkeit bestimmt, sind die Sachgerechtig-
keit, die sich als solche wiederum nach dem inneren Zusammenhang der zusammengefaßten Anträge richtet, und die Sachdienlichkeit, die sich nach den
Erfordernissen einer einwandfreien und nicht zu zeitraubenden Feststellung
des Mehrheitswillens der Hauptversammlung richtet. Die Zusammenfassung
der Beschlußfassung in einem Wahlgang ist also zulässig, wenn sie sachgerecht, d. h., wenn die in einem Abstimmungsgang zusammengefaßten Wahlen
oder Beschlüsse einen inneren Zusammenhang haben, und sachdienlich ist
d. h. wenn sie schneller als Einzelwahlgänge zu zuverlässig feststellbaren
und eindeutigen Mehrheitsentscheidungen führt. Die Zulassung der Zusammenfassung ist nicht streitig [18] und kann im Grunde auch gar nicht streitig
sein. Auch GOLDSCHMIDT und MEYER-LANDRUT erkennen die Zusammenfassung der Aufsichtsratswahlen zu einer Listenwahl dann als zulässig an,
wenn aus der Versammlung kein Widerspruch gegen diese Wahlart erfolgt [19]
oder alle wahlberechtigten Teilnehmer der Hauptversammlung zustimmen [20].
Damit aber konzentriert sich die Frage der Zulässigkeit der Listenwahl darauf, wer für ihre Anordnung zuständig ist. In Betracht kommt nur der Ver-
sammlungsleiter einerseits oder die Hauptversammlung andererseits, wobei
entweder Einstimmigkeit oder Mehrheit erforderlich sein kann.

---

[17] Dieses Wahlverfahren ist aber nur zulässig, wenn für die Wahl die absolute
Mehrheit erforderlich ist, vgl. im Text unter III 3 a. E. S. 24
[18] vgl. OBERMÜLLER-WERNER-WINDEN a.a.O., S. 88 ff.; BARZ in Großkomm. z. Akt.
Ges § 119 Anm 37 ff. (erscheint demnächst).
[19] GOLDSCHMIDT vgl. Anm. 3
[20] MEYER-LANDRUT vgl. Anm. 13. Diese Formulierung bedeutet, daß auch ein in der
Hauptversammlung nicht erschienener Aktionär die im Wege der Listenwahl
erfolgte Aufsichtsratswahl nicht anfechten kann. Wäre allerdings die Listenwahl wirklich, wie MEYER-LANDRUT annimmt, ein Widerspruch gegen den
Grundsatz der Gleichbehandlung der Aktionäre, so erschiene diese Konsequenz
zumindest zweifelhaft.

Die Zuordnung hängt davon ab, ob die Zusammenfassung von Wahlvorgängen zu einer Abstimmung zu den Aufgaben des Versammlungsleiters gehört, dem hinsichtlich der Beschlußfassung der Hauptversammlung die Aufgabe obliegt, sicher und einwandfrei den rechtlich erheblichen Willen der Mehrheit festzustellen [21]. Eine Zuständigkeit der Hauptversammlung, mag diese darüber mit Mehrheit oder Einstimmigkeit zu entscheiden haben, könnte nur in Frage kommen, wenn ihrer Entscheidungsmacht unterliegende Prinzipien in Frage stehen. Das wäre ggf. das Prinzip der Gleichbehandlung. Unterstellen wir in diesem Zusammenhang einmal, daß es nicht zur Diskussion steht [22], so sollte es nicht zweifelhaft sein, daß die Zusammenfassung der Wahl der einzelnen Aufsichtratsmitglieder in einen Wahlgang nach Liste ausschließlich Sache des Versammlungsleiters ist, zumal er sowieso die Reihenfolge der Abstimmungen und ihre Form zu bestimmen hat [23].

Für die Entscheidung des Vorsitzenden über die Zusammenfassung der Aufsichtsratswahlen zu einer Listenwahl muß entscheidend sein, daß ein innerer Zusammenhang zwischen den Wahlen der einzelnen Kandidaten besteht, der die Zusammenfassung sachgerecht macht. Der innere Zusammenhang zwischen der Wahl der einzelnen Mitglieder ergibt sich schon daraus, daß sie in ein- und dasselbe Gremium gewählt werden und dort zusammenarbeiten sollen. Die Wahlvorschläge für den Aufsichtsrat sind auch meist auf eine aufeinander abgestimmte Ausgeglichenheit der Mitglieder ausgerichtet: entweder ist das entscheidende Kriterium der Sachverstand der einzelnen Kandidaten auf den für eine fruchtbare Aufsichtsratsarbeit wesentlichen Fachgebieten oder die durch die Zusammenstellung der Kandidaten gewährleistete Vertretung der einzelnen Aktionärsgruppen. Diese Ausgeglichenheit in der Zusammensetzung des Aufsichtsrats ist aber bei einer Listenwahl besser gewährleistet als bei Einzelwahlgängen; bei ihnen könnte durch ein Zufallsergebnis bei dem einen oder anderen Wahlgang die Ausgeglichenheit in der Zusammensetzung des Aufsichtsrats gestört werden. Sie kommt übrigens auch darin zum Ausdruck, daß, wenn eine Opposition nicht einfach — dann meist ganz aussichtslos — die Wahl eines Minderheitsaktionärs in den Aufsichtsrat verlangt, sie ihrerseits ja auch eine ausgeglichene Liste vorlegt. Vom Gesichtspunkt des inneren Zusammenhangs und damit der Sachgerechtheit spricht demnach sogar mehr für die Listenwahl als für die Durchführung von Einzelwahlen.

3. Das Erfordernis der Sachdienlichkeit kann insofern nicht fraglich sein, als ein Wahlgang, wie er bei erfolgreicher Listenwahl notwendig ist, schnel-

---

[21] vgl. BAUMBACH-HUECK § 119 Rn. 13; OBERMÜLLER-WERNER-WINDEN a.a.O., S. 85; BARZ, Die Akt. Ges 62, Sonderbeilage I, S. 3.

[22] dazu vgl. unten III 4 S. 24/5

[23] vgl. Anm. 21 und SCHMIDT in Großkomm. z. Akt. Ges., 2. Aufl. § 103 Anm. 22, 23.

ler abzuwickeln ist als deren mehrere. Aber zur Sachdienlichkeit gehört es
auch, daß der Vorsitzende die Listenwahl nur dann anordnen darf, wenn
sie auch eine einwandfreie Feststellung des Ergebnisses der Abstimmung
ermöglicht [24]. Hierhin zielt der Einwand von MEYER-LANDRUT, an der einwandfreien Ermittlung des Mehrheitswillens der Hauptversammlung fehle
es, weil das Listenwahlsystem zu einer Nivellierung und damit Verfälschung des Mehrheitswillens führe.

Ausgangspunkt für die Beurteilung dieses Einwands muß die Feststellung sein, daß nur der rechtlich erhebliche Wille der Hauptversammlung
eindeutig feststellbar sein muß. Da das Aufsichtsratsmitglied, das mit 50%
plus 1 Stimme gewählt ist, rechtlich die gleiche Stellung hat wie ein Aufsichtsratsmitglied, das mit Einstimmigkeit gewählt worden ist, kann es für
die einwandfreie Feststellung des Willens der Hauptversammlung nur darauf ankommen, ob wirklich für alle auf der Liste verzeichneten Kandidaten
eine Mehrheit vorhanden ist, die sie auch dann zu Aufsichtsratsmitgliedern
gemacht hätte, wenn einzeln abgestimmt worden wäre. Ob bei Einzelwahl
der einzelne Kandidat mehr an Stimmen bekommen hätte, ist rechtlich
unerheblich; erheblich ist nur die Feststellung, daß er auch bei Listenwahl
mindestens 50% plus 1 Stimme auf sich vereinigt hat. Das, was MEYER-
LANDRUT „Nivellierung" und damit „Verfälschung des Mehrheitswillens"
nennt, kann sich nach mathematischen Regeln höchstens in einer Verminderung der für die Liste abgegebenen Stimmen gegenüber einer Einzelwahl,
nicht aber in einer Erhöhung auswirken. Denn jeder Aktionär, der mit nur
einem Kandidaten der Liste nicht einverstanden ist, muß — hierauf hat der
Vorsitzende die Hauptversammlung hinzuweisen — gegen die Liste stimmen. Alle gegen nur einen Kandidaten der Liste gemünzten Gegenstimmen
werden also auch gegen die übrigen Kandidaten abgegeben, so daß sich die
Nivellierung immer nur in einer Verminderung der Stimmenzahl, also nach
unten, nicht aber nach oben auswirken kann. Sie kann sogar — wie das
vorstehend unter III, 1 S. 29 gebrachte theoretische Beispiel zeigt — dazu
führen, daß die Liste abgelehnt wird, obwohl sich für jeden einzelnen Kandidaten eine mehr als ausreichende Mehrheit ergeben würde. Die „Verfälschung
des Wählerwillens" kann also nie dazu führen, daß jemand zum Aufsichtsrat
gewählt wird, hinter dem nicht die Mehrheit der Stimmen stünde.

Ist das aber auch bei der Listenwahl gewährleistet, so kann keine Rede
davon sein, daß sie eine einwandfreie Feststellung des Mehrheitswillens nicht
zulasse. Daß die Liste ggf. weniger Stimmen erreicht als sie die einzelnen
Kandidaten und ggf. sogar alle bei Einzelwahl erreicht hätten, ist rechtlich
nun einmal belanglos und braucht deshalb vom Vorsitzenden auch nicht
festgestellt zu werden. Es mag sein, daß ein einzelnes Aufsichtsratsmitglied,

---

[24] vgl. Zitate in Anm. 21.

das mit einer größeren Stimmenmehrheit als ein anderes gewählt worden ist, glaubt, eine stärkere Rolle im Aufsichtsrat spielen zu können. Aber Aufsichtsratsmitglied ist Aufsichtsratsmitglied. Das Durchsetzungsvermögen ist nicht eine Frage der Stimmenzahl bei der Wahl, sondern der Persönlichkeit. Die Stimmenzahlen im einzelnen sind rechtlich unerhebliche Besonderheiten.

Allerdings muß in diesem Zusammenhang ein anderes beachtet werden, was MEYER-LANDRUT vielleicht unter Verfälschung des Wählerwillens verstanden wissen will. Aktionäre, die mit dem größten Teil der in die Liste aufgenommenen Kandidaten voll einverstanden sind, werden leicht geneigt sein, ihr ihre Zustimmung auch dann zu geben, wenn 1 oder 2 Personen aufgenommen sind, die sie bei Einzelwahl nicht oder kaum wählen würden. Die Zufriedenheit mit der Mehrzahl der auf der Liste verzeichneten Kandidaten kann den Wähler schon veranlassen, sich auch mit solchen Kandidaten abzufinden, die ihm ungeeignet erscheinen. Das ist eine Erscheinung, die wir auch im politischen Leben kennen, wo die Wahllisten ja üblicherweise so zusammengesetzt werden, daß neben einigen „Zugpferden" auch Personen nominiert werden, die beim Wahlvolk weniger ankommen, auf die man aber glaubt, bei der politischen Arbeit nicht verzichten zu können. Eine derartige Handhabung ist im politischen Bereich niemals als Verfälschung des Wählerwillens oder dergleichen charakterisiert worden [25]. Warum sollte das bei einer Wahl für den Aufsichtsrat anders sein? Natürlich kann man sagen, daß bei politischen Wahlen wegen der Größe des Wählervolkes die Listenwahl weitgehend unabweisbar sei und man deshalb gewisse Unebenheiten in Kauf nehmen müsse, während für die Aufsichtsratswahl das Instrument der Einzelwahl zur Verfügung stehe, das diese Unebenheiten vermeide. Dieser Einwand würde aber übersehen, daß für die Aufsichtsratswahl rechtlich nur die Frage einer Mehrheit für den einzelnen Kandidaten von Bedeutung ist und daß die Aktionäre, die mit dem einen oder anderen Kandidaten nicht einverstanden sind, dann eben die Liste trotz der ihnen weitgehend zusagenden Kandidaten ablehnen können und müssen. Damit lehnen sie nicht die ihnen beliebten Kandidaten, sondern die Gesamtgruppierung der Liste ab und erzwingen, wenn die Mehrheit ihrer Auffassung ist, eine Einzelwahl, in der sie die ihnen zusagenden Kandidaten wählen und die anderen ablehnen können. Hierauf muß — und das ist die Konsequenz, die man aus diesem Einwand von MEYER-LANDRUT wird ziehen müssen — der Vorsitzende der Hauptversammlung mit aller Deutlichkeit hinweisen. Er hat also vor Durchführung der Listenwahl der Hauptversammlung zu erklären, daß er aus Gründen der Vermeidung von vielen Wahlgängen nur

---

[25] Eine in süddeutschen Wahlrechten vorkommende Variante des Kumulierens und Panaschierens verfeinert allerdings das Listenwahlrecht noch dahin, daß z. B. dem Wähler gestattet ist, ihm unliebsame Personen in der Liste zu streichen.

einen Wahlgang durchführe, daß diese Vereinfachung aber zur Folge habe, daß jeder Aktionär, der auch nur einen Kandidaten der Liste nicht wählen möchte, die gesamte Liste ablehnen müsse; damit lehne er die ihm zusagenden Kandidaten nicht ab, sondern erzwinge nur eine Anzahl von Einzelwahlgängen, in denen er dann die ihm beliebten Personen wählen könne. Wenn das den Aktionären deutlich von dem Vorsitzenden gesagt wird, ist der psychologische Zwang, wegen der „guten Tropfen" der Liste auch deren „schlechte" zu akzeptieren, aufgehoben und entfällt die Gefahr einer Verfälschung des Mehrheitswillens auch insofern [26]. Im übrigen kann ein Vorsitzender, der aus der Stimmung der Aktionäre merkt, daß der eine oder andere der Kandidaten für den Aufsichtsrat auf besonderen Widerstand stößt, diesen Kandidaten von vorneherein in einem Einzelwahlgang zur Wahl stellen und nur die Wahlgänge für die anderen in einer Listenwahl zusammenfassen.

Das alles gilt grundsätzlich auch dann, wenn zwei Listen gegeneinander stehen und in einem Wahlgang zwischen beiden entschieden werden soll. Hier werden sogar die Stimmen, die wegen der Unzufriedenheit mit der Aufnahme des einen oder anderen Kandidaten in eine der beiden Listen mit Nein, also für keine der beiden Listen, stimmen, addiert, so daß eine einen Einzelwahlvorschlag erzwingende Majorität der Nein-Stimmen wahrscheinlicher wird. Die andere Liste erfährt durch die Nein-Stimme keinen Vorteil, da ja nur die Liste gewählt ist, die die einfache Mehrheit auf sich vereinigt. Nur dann gilt das nicht, wenn in Verfolg des § 133 Abs. 2 die Satzung etwa relative Mehrheit, sei es im ersten, sei es auch im zweiten Wahlgang, genügen läßt. Hier könnte durch die Nein-Stimmen für die eine Liste plötzlich die andere Liste die relative Mehrheit gewinnen, oder es könnten die Aktionäre, die mit der einen Liste mit ein oder zwei Ausnahmen einverstanden sind, die andere aber voll ablehnen, gezwungen sein, gegen ihre eigene Überzeugung für sämtliche auf der ersten Wahlliste verzeichneten Kandidaten zu stimmen. Soweit also die Satzung für Wahlen eine relative Mehrheit vorsieht, muß entweder über jede Liste getrennt in einem Wahlgang abgestimmt oder muß von der Listenwahl ganz Abstand genommen werden.

4. Wieso die Listenwahl allerdings den Grundsatz der Gleichbehandlung der Aktionäre verletzen und zu einer ungleichmäßigen Berücksichtigung

---

[26] Eine gewisse Verfälschung des Wählerwillens durch einen psychologischen Zwang, auch einen unbeliebten Kandidaten zu wählen, ist dem Wahlverfahren der Hauptversammlung übrigens keineswegs fremd. Wenn z. B. die Satzung gemäß § 133 Abs. 2 bestimmt, daß, falls keiner der Kandidaten im ersten Wahlgang die einfache Mehrheit erreicht, zwischen den beiden Kandidaten mit den höchsten Stimmzahlen eine Stichwahl stattfinden soll, steht der Akionär auch unter dem Zwang, zwischen ihm gegebenenfalls unbeliebten Personen wählen zu müssen, wenn er nicht durch Stimmenthaltung einen Kandidaten siegen lassen will, gegen den seine Einwendungen noch größer sind.

und Bewertung der abgegebenen Stimmen führen soll, wie MEYER-LAND-
RUT [27] schließlich meint, bleibt unverständlich. Davon könnte doch nur die
Rede sein, wenn für die Aufsichtsratswahl das Verhältniswahlrecht gelten
würde. Bei ihm müßten die Stimmen jedes Aktionärs nicht nur den gleichen
Zählwert, sondern grundsätzlich auch den gleichen Erfolgswert haben [28].
Das bedeutete, daß jede Stimme ebenso viel zählen würde wie jede andere
und daß die Zusammensetzung des Gremiums nach dem Verhältnis der auf
die einzelnen Listen entfallenden Stimmen zu erfolgen hätte. Wenn also
auf die Mehrheitsliste $2/_3$ und auf die Minderheitsliste $1/_3$ der Stimmen ent-
fielen, so müßte das Gremium zu $2/_3$ aus Vertretern der Mehrheit und zu $1/_3$
aus Vertretern der Minderheit zusammengesetzt werden. Aber gerade eine
derartige Zusammensetzung und damit das Verhältniswahlrecht ist für den
Aufsichtsrat vom Gesetzgeber abgelehnt worden [29]. Im übrigen setzt das
Verhältniswahlrecht gerade eine Listenwahl und keine Einzelwahl voraus.
Seine Regeln könnten also nie einen Einwand gegen eine Listenwahl begründen.

Entfällt bei dem für die Aufsichtsratswahl vorgesehenen Wahlsystem
für die Minderheitsstimmen jeder Erfolgswert — d. h. sie mögen noch so
nahe an die absolute Mehrheit herankommen, gewählt sind nur die Kandidaten, die die einfache Mehrheit haben, so daß die für die Minderheit abgegebenen Stimmen ohne jeden Erfolg bleiben —, so müßte der Verstoß gegen
die Gleichbehandlung den Zählwert der Stimmen betreffen. Hier aber zählt
doch jede Stimme, einerlei ob sie bei Einzelwahl für einen einzelnen Kandidaten oder bei Listenwahl für eine Kandidatenliste abgegeben wird, immer
dasselbe. Daß die Aktionäre, die mit einzelnen auf die Liste gesetzten
Kandidaten nicht einverstanden sind, gezwungen sind, die Liste insgesamt
abzulehnen, um, wenn die die vorgeschlagene Zusammenstellung ablehnenden Stimmen die einfache Mehrheit erreichen, eine Einzelwahl der Kandidaten zu erreichen, nimmt den Stimmen der Aktionäre nichts von ihrem
Zählwert und ihrer Bedeutung, macht insbesondere die sich für die Liste
aussprechenden Stimmen nicht wertvoller als die sie ablehnenden. Wo soll
dann aber der Verstoß gegen die Gleichbehandlung liegen?

Wenn MEYER-LANDRUT [30] schließlich noch meint, nach mathematischer
Wahrscheinlichkeitsrechnung sei die Möglichkeit, wegen der Einwände gegen
einzelne Kandidaten die ganze Liste abzulehnen und dann eine Einzelwahl
zu erzwingen, „praktisch eingeschränkt", so stimmt das nicht. Oben ist nach-
gewiesen, daß gerade nach den Regeln der Mathematik die Stimmen gegen
die einzelnen Kandidaten sich addieren, so daß eine Liste sogar dann der
Ablehnung verfallen kann, wenn für jeden ihrer einzelnen Kandidaten eine

---

[27] vgl. Anm. 13
[28] BVerfGE 13, 264
[29] WILHELMI zu Anm. 7
[30] vgl. Anm. 13

ausreichende Mehrheit vorhanden ist. Die Möglichkeit der Ablehnung der
Liste ist also mathematisch größer als die Möglichkeit der Ablehnung des
einzelnen Kandidaten. Wenn aber wirklich gegen einen einzelnen Kandidaten eine Mehrheit vorhanden ist, muß diese Mehrheit, die sich an die
Belehrung des Vorsitzenden, bei Ablehnung auch nur eines Kandidaten
gegen die ganze Liste zu stimmen, hält, auch mathematisch notwendigerweise zu einer Ablehnung der Liste führen. Die Mathematik kann also bestimmt nicht gegen die Listenwahl ins Feld geführt werden.

IV.

Demnach muß die Listenwahl als eine Möglichkeit angesehen werden, die
eine einwandfreie Feststellung des Mehrheitswillens der Hauptversammlung
ermöglicht, diesen Willen auch nicht verfälscht und insbesondere auch keine
Verletzung der Gleichbehandlung erkennen läßt. Dann aber ist der Vorsitzende der Hauptversammlung befugt, anstelle der Einzelwahl die Listenwahl anzuordnen. Er wird die Entscheidung zugunsten der Listenwahl stets
dann zu treffen haben, wenn andernfalls viele Wahlgänge mit erheblichem
Zeitaufwand für die Stimmenzählung erforderlich wären. Das dürfte zumindest in allen Publikumsgesellschaften der Fall sein, wo mehrere Aufsichtsratsmitglieder zu wählen sind und die Stimmenzählung die Einsetzung
von Stimmzählern und/oder Maschinen erfordert; aber auch in kleineren
Gesellschaften steht nichts dagegen, statt dem Einzelwahlvorgang die Listenwahl durchzuführen.

Zwei Einschränkungen sind zu beachten: Der Vorsitzende muß die Versammlung eindeutig darauf hinweisen, daß jeder Aktionär, der einen Listenkandidaten nicht wählen möchte, gegen die gesamte Liste stimmen muß,
und daß, wenn die Liste keine Mehrheit findet, anschließend Einzelwahlgänge durchzuführen sind. Zum anderen können in den Fällen, in denen
die Satzung für Wahlen eine relative Mehrheit vorsieht, nicht zwei oder
mehr Listen in einem Wahlgang gegeneinander gestellt werden, sondern
muß entweder über jede Liste in einem gesonderten Wahlgang oder über
die einzelnen Kandidaten in gesonderten Wahlgängen abgestimmt werden.

Erfordernis eines zweifachen Konzernabschlusses?

Wolfgang Bernhardt

I.

Das „Gesetz über die Rechnungslegung von bestimmten Unternehmen und Konzernen" vom 15. 8. 1969, kurz Publizitätsgesetz genannt (PublG), ist erstmals für Geschäftsjahre anzuwenden, die nach dem 31. 12. 1970 begonnen haben (§ 23 des Gesetzes). Das gilt in gleicher Weise für die Rechnungslegung *einzelner* Unternehmen wie für die Rechnungslegung von *Konzernen.* Im Jahre 1972 werden die ersten Einzel- und Konzernabschlüsse vorgelegt werden, die sich nach dem Publizitätsgesetz richten. Einzelkaufleute, Personenhandelsgesellschaften und Gesellschaften mit beschränkter Haftung (um nur die wichtigen, vom Publizitätsgesetz betroffenen Rechtsformen zu nennen) werden erstmals ihre Jahreszahlen veröffentlichen und erläutern. Dasselbe gilt für verschiedene Konzerne, an deren Spitze Einzelkaufleute, Personenhandelsgesellschaften und — bei reinen GmbH-Konzernen — Gesellschaften mit beschränkter Haftung stehen.

Voraussetzung ist in allen Fällen, daß zwei von drei Kriterien gegeben sind, die das Gesetz in §§ 1 Abs. 1 und 11 Abs. 1 in gleicher Weise für Einzelunternehmen und für Konzerne festgelegt hat (Bilanzsumme über 125 Millionen Deutsche Mark, Umsatzerlöse über 250 Millionen Deutsche Mark, mehr als 5 000 Arbeitnehmer). Personenhandelsgesellschaften und Einzelkaufleute sind unbeschadet des Vorliegens dieser Voraussetzungen allerdings dann nicht zu einer Konzernrechnungslegung verpflichtet, „wenn sich ihr Gewerbebetrieb auf die Vermögensverwaltung beschränkt und sie nicht die Aufgaben der Konzernleitung wahrnehmen", wie es in § 11 Abs. 5 PublG heißt. Es dürfte sich hierbei um eine Gestaltung handeln, die nicht selten vorkommt [1].

---

[1] vgl. Biener: Gesetz über die Rechnungslegung von bestimmten Unternehmen und Konzernen (Publizitätsgesetz) in: Betriebsberater 1969, S. 1097 ff., hier: S. 1101; Prühs: Die Rechnungslegung nach dem Publizitätsgesetz in: Die Aktiengesellschaft 1969, S. 375 ff. hier: S. 377/378; Kunze: Publizität nach Maß? in: Zeitschrift für das gesamte Handelsrecht und Wirtschaftsrecht, 134. Band, Heft 3/1970, S. 193 ff. hier: S. 204; Deutscher Bundestag, Stenographischer Bericht über die 243. Sitzung am 26. 6. 1969, S. 13527.

Es ist hier nicht der Ort, um die Auseinandersetzungen über die Notwendigkeit oder die Zweckmäßigkeit des Publizitätsgesetzes fortzusetzen[2]. Nachdem das Gesetz wie geschehen verabschiedet ist, gehört dieser Streit der Vergangenheit an. Auch „Mängelrügen", die in vielfacher Richtung möglich und gerechtfertigt sind, führen nicht weiter. Es geht jetzt darum, mit dem Gesetz zu leben und die zweifelhaften und/oder auslegungsbedürftigen Bestandteile des Gesetzes einer vernünftigen Lösung entgegenzuführen.

II.

Zu den klärungsbedürftigen Problemen gehört die Frage, ob und in welchem Verhältnis die Konzernrechnungslegungsbestimmungen des § 11 PublG und des § 28 des Einführungsgesetzes zum Aktiengesetz 1965 (EG AktG) zueinander stehen, ob sie sich ergänzen oder ausschließen:

Für Konzerne mit einer GmbH an der Spitze stellt sich, sofern Aktiengesellschaften zum Konzern gehören, die Frage, ob die Konzernrechnungslegung künftig nach § 11 PublG oder weiter wie bisher nach § 28 EG AktG erfolgen soll; beide Bestimmungen verpflichten in gleicher Weise, jedoch mit verschiedenem Inhalt Gesellschaften mit beschränkter Haftung zur Erstellung eines Konzernabschlusses.

Vergleichsweise größer und gewichtiger sind die Probleme für Einzelkaufleute und Personenhandelsgesellschaften, sofern sie unter § 11 Abs. 1 des PublG fallen und die Regelung des § 11 Abs. 5 PublG nicht durchgreift. Hier stellt sich die Frage, ob *neben* dem Vollkonzernabschluß nach § 11 PublG die Verpflichtung zur Erstellung eines Teilkonzernabschlusses nach § 28 Abs. 2 EG AktG besteht, wenn zum Konzern Zwischenholding-Gesellschaften in der Rechtsform der GmbH gehören. Mit dieser Problematik will sich der vorliegende Beitrag befassen. Die Frage ist deshalb von Bedeutung, weil die Bestimmungen des Publizitätsgesetzes über die Konzernrechnungslegungspflicht von Einzelkaufleuten und Personenhandelsgesellschaften in wesentlichen Punkten von den entsprechenden Bestimmungen des Aktiengesetzes abweichen (vgl. § 13 Abs. 2 PublG).

Die Abweichungen bestehen in der Gliederung der Bilanz, bei den anzuwendenden Bewertungsvorschriften und u. a. darin, daß eine Gewinn- und Verlustrechnung und ein Geschäftsbericht entfallen; es sind statt dessen lediglich die Angaben nach § 5 Abs. 2 Ziff. 4 zu machen; der Geschäftsbericht hat sich auf die Erläuterungen dieser Angaben zu beschränken.

---

[2] vgl. u. a.: Stenographische Niederschrift über die Sachverständigenanhörung zum Publizitätsgesetz am 4. 6. 1969 (115. Sitzung des Ausschusses für Wirtschaft und Mittelstandfragen, Protokoll Nr. 115/1-68); Schriftlicher Bericht des Rechtsausschusses, Bundestagsdrucksache V/4416 und *zu* Bundestagsdrucksache V/4416; Deutscher Bundestag, Stenographischer Bericht über die 243. Sitzung am 26. 6. 1969, S. 13525—13532.

Dem Gesetzestext läßt sich in unserem Zusammenhang nur folgendes entnehmen:

1. § 11 Abs. 5 Satz 1 PublG bestimmt, daß der zweite Abschnitt des Publizitätsgesetzes über die Konzernrechnungslegung dann nicht gilt, wenn die inländische Konzernleitung oder Teil-Konzernleitung eine Aktiengesellschaft oder Kommanditgesellschaft a. A. mit Sitz im Inland ist.

Hier hat der Gesetzgeber also die — andernfalls vorhandene — Konkurrenz zwischen Publizitätsgesetz und Aktiengesetz eindeutig im Sinne der Vorrangstellung eines Gesetzes (hier des Aktiengesetzes) beantwortet.

2. Eine — weitere — Klärung hat der Gesetzgeber durch die Neufassung des § 330 Abs. 1 AktG durch § 22 des Publizitätsgesetzes herbeigeführt. Die Neufassung stellt klar, daß die Verpflichtung zur Erstellung eines Teil-Konzernabschlusses im Sinne des § 330 AktG nur dann besteht, wenn die Konzernspitze weder nach § 329 AktG noch nach dem Publizitätsgesetz zur Vorlage eines Vollkonzernabschlusses gehalten ist. Es gibt also keinen Teil-Konzernabschluß nach § 330 AktG n. F. neben einer Konzernrechnungslegung nach dem Publizitätsgesetz.

3. Es fällt auf, daß es an einer ähnlichen oder entsprechenden Bestimmung für das Verhältnis zwischen § 11 PublG und § 28 EG AktG fehlt. Hier stehen — wie bereits erwähnt — ihrem Wortlaut nach § 11 Abs. 1 des PublG und § 28 EG AktG nebeneinander. Der Gesetzes*wortlaut* enthält keine, jedenfalls keine klare Regelung darüber, ob die genannten Bestimmungen nebeneinander gelten, welche Bestimmung vorgeht usw. Ein Hinweis, in welcher Richtung die Lösung dieser Fragen liegt oder zu suchen ist, ist allerdings aus § 28 Abs. 2 EG AktG i. V. mit § 330 AktG n. F. zu finden:
§ 28 Abs. 2 EG AktG bestimmt, daß die Teil-Konzernleitung „nach Maßgabe des § 330 des AktG Rechnung zu legen (hat)".

Üblicherweise wird die entsprechende Anwendbarkeit des § 330 AktG dahin verstanden, daß diese Vorschrift die *Art* der Rechnungslegung bestimmt. Man kann aber einen Schritt weitergehen und sagen, daß auch die *Voraussetzungen*, also die *Frage nach* dem *Ob* einer Teil-Konzernrechnungslegung, sich nach § 330 AktG entscheidet. Und § 330 AktG n. F. stellt klar, daß diese Bestimmung nur dann gilt, wenn die Konzern*spitze* weder aufgrund des Aktiengesetzes noch aufgrund des Publizitätsgesetzes zur Erstellung eines (Voll-)Konzernabschlusses verpflichtet ist.

III.

Es ergibt sich die Frage, worauf die Mängel über eine klare Abgrenzung zwischen § 11 PublG und § 28 EG AktG in den oben erwähnten Fällen zurückzuführen sind, insbesondere dahingehend, ob hier eine bestimmte Absicht oder ein Versehen des Gesetzgebers festzustellen ist.

1. Eine Durchsicht der Unterlagen über die Entstehung des Publizitätsgesetzes ergibt, daß für die vorstehenden Zweifelsfragen ganz offenbar eine „Panne" im Gesetzgebungsverfahren ursächlich ist.

Der Regierungsentwurf des Publizitätsgesetzes [3] enthält in dem uns interessierenden Zusammenhang zwei Vorschriften, die der spätere Gesetzestext nicht mehr kennt: Es geht um § 16 und um § 22 Abs. 2 PublG (in beiden Fällen *alter* Fassung).

In dem ursprünglichen § 16 des Gesetzentwurfes war vorgesehen, daß — unabhängig von den Größenmerkmalen des § 11 des Gesetzes — eine Rechnungslegungspflicht der Konzernobergesellschaft bereits dann besteht, wenn *ein* (einziges) Konzernunternehmen die Rechtsform einer Aktiengesellschaft hat; entsprechendes sollte — z. B. bei ausländischer Konzernleitung — für einen Teil-Konzernabschluß gelten; auch insoweit sollte die Verpflichtung bereits dann einsetzen, wenn — unabhängig von irgendwelchen Größenmerkmalen — ein Unternehmen des Teil-Konzerns in der Rechtsform einer Aktiengesellschaft organisiert ist.

Wäre diese Bestimmung Gesetz geworden, wäre gleichzeitig für § 28 EG AktG keinerlei Raum mehr geblieben. Den Verfassern des Regierungsentwurfes war dies klar geworden; sie haben im Rahmen des Entwurfes vorgeschlagen, § 28 EG AktG vollständig und ersatzlos zu streichen [4]. In der Begründung des Regierungsentwurfes heißt es dazu:

„§ 28 EG AktG wird durch § 16 des Entwurfes überflüssig und deshalb in § 22 Abs. 2 des Entwurfes aufgehoben" [5].

„§ 28 des Einführungsgesetzes kann entfallen, weil die Vorschrift in § 16 des Entwurfes mitenthalten ist ..." [6].

2. Die Beratungen des Gesetzentwurfes im Rechtsausschuß des Bundestages haben dann u. a. dazu geführt, daß § 16 der Vorlage ersatzlos gestrichen wurde. In dem Ausschußbericht des Abgeordneten DERINGER heißt es dazu:

„Der Rechtsausschuß und der Ausschuß für Wirtschafts- und Mittelstandsfragen sind übereinstimmend der Auffassung, daß der Entwurf nur Konzerne erfassen sollte, welche die Größenmerkmale des § 11 PublG erfüllen. § 16 soll daher gestrichen werden" [7].

Gleichzeitig mit der Streichung des ursprünglichen § 16 ist eine Streichung des § 22 Abs. 2 des Entwurfes erfolgt; damit wurde der zunächst vorgesehene Wegfall des § 28 EG AktG wiederum rückgängig gemacht. Die Begründung des Ausschußberichtes hierzu lautet wie folgt:

„Da § 16 gestrichen werden soll, muß, wenn der jetzige Rechtszustand er-

---

[3] vgl. Bundestagsdrucksache V/3197.
[4] vgl. Bundestagsdrucksache V/3197, § 22 Abs. 2 — S. 11 —.
[5] vgl. Bundestagsdrucksache V/3197, Begründung zu § 16 — S. 25 — am Ende.
[6] vgl. Bundestagsdrucksache V/3197, Begründung zu § 22 Satz 2 — S. 26 —.
[7] vgl. Ausschußbericht zu Bundestagsdrucksache V/4416, S. 5.

halten bleiben soll, § 28 des Einführungsgesetzes zum Aktiengesetz fortbestehen" [8].

In diesem Zusammenhang ist nun die „Panne" unterlaufen, von der oben
die Rede war:

Aus der Sicht des Rechtsausschusses war es richtig und wichtig festzustellen, daß — bezogen auf Konzerne mit einer GmbH als Konzernspitze
oder Teil-Konzernspitze — § 28 EG AktG weiter gilt mit dem Ergebnis:
Konzern- oder Teil-Konzernrechnungslegungspflicht der GmbH sind auch
dann gegeben, wenn der Konzern mit der GmbH als Spitze oder Teilspitze
nicht die Größenmerkmale des § 11 PublG erfüllt, *sofern* nur ein einziges
Konzernunternehmen eine Aktiengesellschaft oder Kommanditgesellschaft
a. A. ist.

Dagegen hat der Rechtsausschuß übersehen, daß der (von ihm wieder
hergestellte) § 28 EG AktG auch sonstige Regelungen enthält, und damit
im Verhältnis zum Publizitätsgesetz für Unklarheiten und offene Fragen
gesorgt. Kurz gesagt hat der Rechtsausschuß es versäumt, § 28 EG AktG —
ähnlich wie § 330 Abs. 1 Satz 1 des AktG (durch § 22 Abs. 1 des PublG) —
mit einem Zusatz dahin zu versehen, daß nach dieser Bestimmung *nur dann*
Rechnung zu legen ist, wenn das Publizitätsgesetz *nicht* eingreift.

3. Zusammenfassend läßt sich an dieser Stelle sagen:

Die Entstehungsgeschichte des Publizitätsgesetzes, insbesondere der Ausschußbericht des Abgeordneten DERINGER ergibt, daß das — teilweise —
Nebeneinander von Publizitätsgesetz und § 28 EG AktG keinen materiellen
Hintergrund hat, sondern ganz offensichtlich auf einem Versehen beruht.
Dem Rechtsausschuß und — ihm folgend — dem Bundestag ist es bei der
Beibehaltung des § 28 EG AktG nur darum gegangen sicherzustellen, daß
die Streichung des § 16 PublG nicht dazu führt, (bisher schon) konzern-
rechnungslegungspflichtige GmbH-Konzerne (Teilkonzerne) aus der Rechnungslegungspflicht zu entlassen; es sollte dabei bleiben, daß bei GmbH's
als Konzernspitze eine Rechnungslegungspflicht ganz unabhängig von der
Größe des Konzerns besteht, sofern *ein* Konzernunternehmen als Aktiengesellschaft organisiert ist.

4. Alles dies ändert nichts daran: Es fehlt eine klare und eindeutige
Bestimmung, daß § 28 EG AktG dann nicht gilt, wenn das Publizitätsgesetz eingreift.

IV.

Unter diesen Umständen muß die Anwort auf die Frage, ob *neben* der
(Voll-) Konzernrechnungslegungspflicht nach § 11 PublG *auch* die *Verpflichtung* zur *Vorlage* eines *Teil*-Konzernabschlusses nach § 28 Abs. 2 EG AktG
besteht, anhand allgemeiner Kriterien gewonnen werden:

---

[8] vgl. Ausschußbericht zu Bundestagsdrucksache V/4416, S. 5.

1. Absicht und Ziel des Gesetzgebers sind bei Verabschiedung des Aktiengesetzes und jetzt des Publizitätsgesetzes immer der *(Voll-)* Konzernabschluß gewesen.

Der Teil-Konzernabschluß hat den Gesetzgeber immer nur in zweiter Linie interessiert, nämlich dann, wenn aus dem einen oder anderen Grunde die Aufstellung und Publikation eines (Voll-) Konzernabschlusses nicht erreichbar war (beispielsweise wegen des Sitzes der Konzernspitze im Ausland oder wegen der Rechtsform der Konzernspitze).

Folgerichtig kennen wir nirgendwo neben der Pflicht zur Vorlage eines (Voll-) Konzernabschlusses die Verpflichtung zur Vorlage eines Teil-Konzernabschlusses; das Gegenteil ist der Fall:

§ 330 Abs. 1 Satz 1 AktG (in der Fassung von § 22 Abs. 1 Satz 1 PublG) bestimmt ausdrücklich, daß — wie bereits gesagt — ein Teil-Konzernabschluß nur dann zu erstellen ist, wenn nicht bereits ein *(Voll-)* Konzernabschluß (aufgrund des Aktiengesetzes *oder* aufgrund des Publizitätsgesetzes) vorliegt.

Diese Bestimmungen des § 330 gelten über § 28 EG AktG auch im Bereich derjenigen Gesellschaften und Konzerne, die auf der Grundlage des EG AktG zur Teil-Konzernrechnungslegung verpflichtet sind.

2. Auch die ursprünglich vorgesehene Streichung des § 28 EG AktG im Rahmen des Publizitätsgesetzes zeigt, daß Teil-Konzernabschlüsse nicht neben (Voll-) Konzernabschlüssen stehen sollten. Die Aufrechterhaltung des § 28 EG AktG und deren Begründung ändern an diesem Grundsatz nichts, weil sie ganz anders motiviert sind.

Unter diesen Umständen ist festzustellen, daß das Publizitätsgesetz eine Lücke enthält, die — entsprechend den gesetzlichen Regelungen in gleichgelagerten Fällen — dahin zu schließen ist, daß eine Teil-Konzernrechnungslegung nach § 28 Abs. 2 EG AktG entfällt, wenn ein *(Voll-)* Konzernabschluß *auf der Grundlage* des *Publizitätsgesetz* vorzulegen ist.

Die Gesetzeslücke in diesem Sinne zu schließen, erscheint auch aus folgendem Grunde sinnvoll: Der Gesetzgeber betrachtet — zu Recht — einen Konzern als wirtschaftliche Einheit und will deshalb ein *Gesamt*bild, und (nur) *hilfsweise* ein Teilbild dieser Einheit. Unter dem Gesichtspunkt der wirtschaftlichen Einheit eines Konzerns ist kein Interesse erkennbar, daß neben dem Bild des Ganzen und *seiner einzelnen Teile* (Einzelbilanzen) auch noch ein konsolidiertes Bild auf irgendeiner Zwischenstufe erfolgt.

3. Wenn man die Konstruktion über eine Gesetzeslücke und deren Ausfüllung nicht gehen will, kommt man auf anderem Wege zu demselben Ergebnis:

Das Aktiengesetz ist in seinen Konzernrechnungslegungsbestimmungen lex specialis gegenüber dem Publizitätsgesetz (§ 11 Abs. 5 Satz 1). Hingegen ist das Publizitätsgesetz lex specialis gegenüber den §§ 28 Abs. 1 und

Abs. 2 EG AktG dergestalt, daß diese Bestimmungen nicht eingreifen, sofern nach dem Publizitätsgesetz Rechnung zu legen ist.

Dabei ist auf die ursprünglich vorgesehene Streichung des § 28 EG AktG durch das Publizitätsgesetz zu verweisen, die in den hier interessierenden Punkten nur deshalb nicht erfolgt ist, weil der Gesetzgeber die eigentliche Problematik übersehen hat.

4. Auch aus einem weiteren Grunde hat eine Teil-Konzernrechnungslegung nach § 28 Abs. 2 EG AktG neben einer Konzernrechnungslegungspflicht für Einzelkaufleute und Personenhandelsgesellschaften nach § 11 Abs. 1 PublG auszuscheiden: Eine doppelte Konzernrechnungslegung würde dazu führen, daß sich aus der Differenz zwischen dem Teil-Konzernabschluß nach § 28 Abs. 2 EG AktG und dem Konzernabschluß nach § 11 PublG sehr leicht Einzelheiten des Einzelabschlusses der Obergesellschaft ableiten lassen würden, und zwar in einem sehr viel weitergehenden Maße, als die gesetzliche Verpflichtung zur Einzelrechnungslegung für Einzelkaufleute und Personenhandelsgesellschaften nach dem Publizitätsgesetz reicht (vgl. § 5 Abs. 2 Ziff. 4 und 5, § 13 Abs. 2 PublG). Damit würden auf einem Umwege auf die Einzelkaufleute und Personenhandelsgesellschaften Publizitätsverpflichtungen zukommen, denen sie nach dem Wortlaut und nach dem Gang des Gesetzgebungsverfahrens gerade *nicht* unterliegen sollten.

Auch unter diesem Gesichtspunkt rechtfertigt sich das gefundene Ergebnis, daß neben einem Vollkonzernabschluß nach § 11 PublG kein Raum für Teil-Konzernabschlüsse nach § 28 Abs. 2 EG AktG bleibt.

5. Es bleibt noch die Konkurrenz zwischen § 11 Abs. 1 PublG und § 28 Abs. 1 EG AktG bezogen auf solche GmbH-Konzerne, zu denen auch eine oder mehrere Aktiengesellschaften gehören. Beide Bestimmungen haben einen — teilweise — verschiedenen Inhalt.

Auch in diesen Fällen dürfte es aufgrund der zuletzt erwähnten Gesichtspunkte ausreichend sein, wenn die GmbH als Konzernspitze das Publizitätsgesetz beachtet [9].

---

[9] Anderer Ansicht: KUNZE, a.a.O., S. 204 (ohne Begründung).

Free Trade — Not Fair Trade?

Der Gemeinsame Markt für Stahl

Bodo Börner

Das besondere Interesse des Jubilars gilt den Problemen der deutschen Stahlindustrie. Aus diesem Bereich sei ihm deshalb ein Beitrag gewidmet als Ausdruck des Dankes für fruchtbare Zusammenarbeit und anregende Gespräche.

A. Bisherige Entwicklung des Subventionsrechts der EGKS

I. Modell

Wenn luftige nationalökonomische Modelltheorien zu festen Rechtsnormen gerinnen, dann haben die Juristen es schwer, wollen sie verhindern, daß die Tatsachen die Normen ad absurdum führen und so als undurchführbares und deshalb unrichtiges Recht [1] erweisen. Ein Beispiel dafür bildet Art. 4 Buchst. c EGKSV. Er verbietet „von den Staaten bewilligte Subventionen oder Beihilfen ..., in welcher Form dies auch immer geschieht". Die alttestamentarische Strenge des Wortlauts entspringt der Vorstellung, daß die Verteilung der Erzeugung beruhen soll „vor allem auf einer Staffelung der sich aus der Produktivität ergebenden Produktionskosten ..., d. h. den natürlichen und technischen Bedingungen, unter denen die einzelnen Erzeuger arbeiten". So hat der Gerichtshof die von Art. 2 Abs. 2 EGKSV geforderte „rationellste Verteilung der Erzeugung auf dem höchsten Leistungsstand" aufgefaßt [2].

Diese Gedanken hat der Gerichtshof auch auf das Subventionsverbot erstreckt: Subventionen „sind insoweit schon für sich allein ein Hindernis für die rationellste Verteilung der Erzeugung auf dem höchsten Leistungsstand,

---

[1] Zu dieser Problematik Börner, Natur der Sache und Reform des Energierechts, Heft 30 der Veröffentlichungen des Instituts für Energierecht an der Universität Köln, 1971, S. 9 ff.

[2] Urteil Nr. 7 und 9/54, RsprGH II, 53, 92. Kritisch zu dieser Formel Börner, Die Produktionskosten in der Rechtsprechung des Gerichtshofs der Europäischen Gemeinschaften, Zeitschrift für die gesamte Staatswissenschaft 120 (1964), S. 643 ff.

als sie es gestatten ..., Verkaufspreise festzulegen oder aufrecht zu erhalten, die nicht unmittelbar kostenbestimmt sind, und damit wirtschaftliche Betätigungen ins Leben zu rufen, zu erhalten oder zu fördern, die nicht der rationellsten Verteilung der Produktion auf dem höchsten Leistungsstande entsprechen" [3].

Das beruht auf der Vorstellung des EGKSV, daß die die Verteilung bestimmenden Preise entweder durch supranationale Höchst- oder Mindestpreise gebunden oder aber ganz frei und allein den Kräften des Marktes überlassen sein sollen. Nationale Einflüsse auf Preise, Kosten und Mengen sollen vollkommen ausgeschaltet bleiben [4].

II. Praxis

Von vornherein stand fest, daß eine derartige Verteilung unmöglich ist. Denn die Mitgliedstaaten können angesichts der Bedeutung der Montanindustrie für die einzelnen Volkswirtschaften nicht darauf verzichten, die Produktionskosten durch Subventionen zu beeinflussen [5]. Die EGKS mit ihrer schwachen Hohen Behörde konnte in dieser Hinsicht ebensowenig einen politischen Ersatz für die nationalen Regierungen bilden, wie es jetzt die Kommission der Europäischen Gemeinschaften tun kann. Deshalb sind Subventionen nicht zu verhindern.

Wenn man aber eine ständige krasse Verletzung des Art. 4 Buchst. c EGKSV hinnehmen müßte, so würde das der Autorität des gesamten Rechts der Europäischen Gemeinschaften Abbruch tun. Will man dem begegnen, so muß man eine Auslegung des Art. 4 Buchst. c EGKSV finden, die kein absolutes Verbot ausspricht, wohl aber ermöglicht, die Subventionen zu kanalisieren, so daß sie nicht in schwerwiegendem Widerspruch zu den Zielen des Gemeinsamen Marktes treten. Zudem ist es methodisch falsch, eine Rechtsnorm so auszulegen, daß sie etwas Unmögliches fordert, solange man noch nicht bis zum Letzten versucht hat, eine andere Auslegung zu finden, die die Möglichkeit offen läßt, den Gesetzesbefehl durchzuführen. Auch im öffentlichen Recht gilt der Satz: „Impossibilium nulla obligatio" [6]. Deshalb hat der Verfasser sich 1963 für eine ungeschriebene rule of reason bei der Auslegung des Subventionsverbots ausgesprochen, die sich ausrichtet an den allgemeinen Vertragszielen [7].

---

[3] Urteil Nr. 30/59, RsprGH VII, 1, 43

[4] BÖRNER, Diskriminierungen und Subventionen, in: Zehn Jahre Rechtsprechung des Gerichtshofs der Europäischen Gemeinschaften, Band 1 der Kölner Schriften zum Europarecht, 1965, S. 215 ff., 240; derselbe, Das Zusammentreffen der nationalen und supranationalen Rechte im Energiebereich, in: Angleichung des Rechts der Wirtschaft in Europa, Band 11 der Kölner Schriften zum Europarecht, 1971, S. 561 ff., 581

[5] 5. Gesamtbericht der Hohen Behörde Nr. 100, 128

[6] Dig. 50.17.185.

[7] Die Produktionkosten usw., a.a.O., S. 663

Damals hatte die Praxis die ursprüngliche Konzeption des EGKSV schon längst in Hausse und Baisse widerlegt:

Während der Baisse hatte die Hohe Behörde einerseits an einem starren Subventionsverbot festgehalten, andererseits aber gleichzeitig in krasser Verletzung des EGKSV die nationalen Regierungen und insbesondere auch die deutsche Regierung bei Bemühungen unterstützt, nationale faktische Höchstpreise durchzusetzen [8]. Den Widersinn dieser Kombination hat damals niemand öffentlich hervorgehoben.

Während der Baisse stellte sich heraus, daß der EGKSV keinerlei wirksame Instrumente besaß, um die Kohlenkrise in geordneten Bahnen zu halten. Denn er betrachtete den Kohlenmarkt isoliert und ließ die Wechselwirkung mit dem übrigen Energiemarkt und insbesondere dem Mineralölmarkt unter Mißachtung elementarer Wirtschaftsgrundsätze außer acht [9]. Da man diesen Prozeß aber nicht sich selbst überlassen konnte, wenn man gemäß Art. 2 Abs. 2 EGKSV schwere wirtschaftliche Störungen vermeiden wollte, mußte die EGKS es hinnehmen, daß die nationalen Rechte die Lücke ausfüllten. Besonders deutlich zum Vorschein trat das mit dem belgischen Gesetz zur Errichtung eines Direktoriums für den Kohlenbergbau vom 16. 11. 1961 [10]. Hier wiederholte sich das, was man schon seit jeher wußte, daß sich nämlich die Mitgliedstaaten wegen ihrer politischen und gesamtwirtschaftlichen Verantwortung nicht durch den EGKSV von der Gewährung von Subventionen würden abhalten lassen. Damit stellte sich nicht mehr die Frage, wie man diese Entwicklung verhindern könnte, sondern man konnte allenfalls darüber nachdenken, wie man sie in montanrechtliche Bahnen lenken konnte [11].

Das Ergebnis war die Entscheidung der Hohen Behörde Nr. 3/65 vom 17. 2. 1965 [12]. Die Entscheidung ist auf Art. 95 Abs. 1 EGKSV gestützt, der die Hohe Behörde zu Entscheidungen ermächtigt in Fällen, die der EGKSV nicht vorgesehen hat und in denen ein Tätigwerden der Hohen Behörde erforderlich scheint, um eines der in Art. 2 — 4 EGKSV näher bezeichneten Ziele zu erreichen.

---

[8] BÖRNER, Das Zusammentreffen usw., a.a.O., S. 582 ff.

[9] BÖRNER, a.a.O., S. 586 ff.

[10] Moniteur belge, S. 8678. Dazu BÖRNER, Das Zusammentreffen usw., a.a.O., S. 588 f.

[11] Eine ähnliche Lage bestand 1959, als die belgische Regierung der Hohen Behörde ihre Entschlossenheit mitteilte, den belgischen Kohlenmarkt vom Gemeinsamen Markt zu trennen. Der Hohen Behörde gelang es, das vorher dadurch aufzufangen, daß sie den Art. 37 EGKSV „entdeckte" und die zeitweise Trennung auf Grund dieser Vorschrift genehmigte. Vgl. Urteil Nr. 2 und 3/60, RsprGH VII, 281 betreffend die Entscheidung der Hohen Behörde Nr. 46/59 (ABl. S. 1327/59).

[12] ABl. S. 480/65, verlängert bis zum 31. 12. 1970 durch die Entscheidung Nr. 27/67 vom 25. 10. 67, ABl. Nr. 261/1/67, und alsdann ersetzt durch die Entscheidung Nr. 3/71 vom 22. 10. 1970, ABl. Nr. L 3/7 vom 5. 1. 1971.

Die Begründung der Entscheidung unterläßt es allerdings, den zutreffenden Fall anzugeben, der im Sinne von Art. 95 Abs. 1 EGKSV vom Vertrage „nicht vorgesehen" ist:

Ökonomisch ist es die Substitutionskonkurrenz, der ein Montanerzeugnis durch ein Nichtmontanerzeugnis ausgesetzt ist. Das hat sich für die Kohle in der Substitutionskonkurrenz durch das Mineralöl gezeigt, und es könnte sich für den Stahl einmal in einer Substitutionskonkurrenz durch den Kunststoff erweisen.

Juristisch und bezogen auf die Subventionen ist der „nicht vorgesehene" Fall allerdings anders anzusprechen: Der EGKSV verbietet von den Staaten bewilligte Beihilfen und erlaubt von der Kommission bewilligte Beihilfen. Nicht vorgesehen hat er, daß eine Beihilfe nicht nur von der Kommission bewilligt wird, sondern auch von einem Mitgliedstaat. Eine an den Zielen des EGKSV ausgerichtete Auslegung führt zu dem Ergebnis, daß solche Subventionen nicht unbedingt durch Art. 4 Buchst. c EGKSV verboten sind und daß eine auf Art. 95 Abs. 1 EGKSV gestützte Entscheidung ein Verfahren vorsehen kann, das den Gleichlauf der Bewilligungen durch die Kommission und durch den betreffenden Mitgliedstaat sicherstellt [13].

Daraus folgt, daß der Grundsatz der Entscheidung Nr. 3/65 nicht beschränkt ist auf die Strukturkrise in der Kohlenindustrie, sondern daß er in gleicher Weise und unabhängig von dem Aufkommen einer Substitutionskonkurrenz auch auf den Stahlsektor erstreckt werden kann. Voraussetzung ist nach Art. 95 Abs. 1 EGKSV nur, daß eine solche Entscheidung nötig ist, um eines der in Art. 2, 3 und 4 EGKSV bezeichneten Ziele gemäß Art. 5 EGKSV zu erreichen. Die Kommission kann also auch auf dem Stahlsektor unter jener Voraussetzung verlangen, daß ihr Subventionen im Sinne von Art. 4 Buchst. c EGKSV vorher zur Genehmigung unterbreitet werden. Nationale Subventionen sind auch auf dem Stahlsektor gestattet, wenn die Kommission sie vorher in einem solchen Verfahren genehmigt.

B. Das Scheindilemma

I. Sachverhalt

An Anlässen, Subventionen auch auf dem Stahlsektor europäisch zu domestizieren, fehlt es nicht. Das zeigt der Sachverhalt, der dem Urteil des Gerichtshofs vom 6. 7. 1971 und den Schlußanträgen des Generalanwalts ROEMER vom 10. 6. 1971 zugrundeliegt [14]. Die niederländische Regierung hatte gegen die Kommission eine auf Art. 35, 88, 67 § 2 EGKSV gestützte

---

[13] So BÖRNER, Das Zusammentreffen usw., a.a.O., S. 591 mit Nachweisen. In der Literatur wird das Ergebnis zu Unrecht bestritten. Vgl. die Nachweise bei BÖRNER a.a.O., Anm. 101, 103.

[14] Rechtssache Nr. 59/70, noch nicht veröffentlicht.

Untätigkeitsklage erhoben. Sie warf der Kommission vor, der französischen Regierung gegenüber nicht gegen die Zinsverbilligungen vorgegangen zu sein, mit der die französische Stahlindustrie auf Grund des V. Plans [15] zinsverbilligte Darlehen erhielt. Der Gerichtshof hat die Klage entgegen der Auffassung des Generalanwalts ROEMER zwar als unzulässig abgewiesen, weil die niederländische Regierung ihr Klagerecht durch zu langes Zuwarten verwirkt habe [16]. Aber die rechtliche Beurteilung des Sachverhalts durch die Kommission und durch Generalanwalt ROEMER ist jetzt bekannt. Die Kommission hat ihre Auffassung außerdem in ihrer Antwort vom 20. 1. 1969 auf zahlreiche schriftliche Anfragen [17] erläutert, und dem Rechtsausschuß des Europäischen Parlaments liegt der Entwurf einer Aufzeichnung des Abgeordneten PINTUS vom 2. 3. 1970 betreffend die Auslegung und Anwendung des Art. 4 Buchst. c und Art. 67 EGKSV vor [18].

Die Grundzüge der französischen planification sind oft dargestellt worden, und speziell für die Stahlindustrie ergeben sie sich aus den Ausführungen, die in der Rechtssache 59/70 gemacht worden sind. Hier genüge deshalb folgendes:

Der in dem oben genannten Gesetz niedergelegte V. Plan war als solcher noch nicht durchführungsfähig. Er setzte nur allgemeine Ziele fest wie eine Bruttowachstumsrate von jährlich 5% Preisstabilität und Vollbeschäftigung, Stärkung der Konkurrenzfähigkeit und Ausdehnung des Exports und quantifizierte dazu die volkswirtschaftlichen Globalgrößen. Deshalb enthielt er als Anlage einen „plan professionnel" für die Stahlindustrie. Dieser setzt das Ziel, die internationale Wettbewerbsfähigkeit der französischen Stahlindustrie durch Rationalisierung und Veränderung der Strukturen herzustellen, Arbeitslosigkeit zu vermeiden und insbesondere den lothringischen Raum zu konsolidieren. Eine dritte Konkretisierungsstufe bildet alsdann eine allgemeine „convention générale" zwischen dem französischen Staat und dem Unternehmensverband der französischen Stahlindustrie vom 29. 7. 1966, die auf den plan professionnel Bezug nimmt. Sie enthält ein genaues Programm für die Rationalisierung und Expansion der Produktion und bezeichnet insbesondere die einzelnen Investitionsprojekte. Die vorrangigen Neuinvestitionen machen danach 4,5 Mrd. Francs aus, während die Summe der vorgesehenen Gesamtinvestitionen 7 Mrd. Francs betragen [19]. Der ge-

---

[15] Gesetz Nr. 65-1001 vom 30. 11. 65, Journal Officiel 1965, S. 10594, Plan de développement économique et social pour la période 1966—70.

[16] Die niederländische Regierung hatte die Rechtsauffassung der Kommission durch deren Schreiben vom 9. 12. 68 erfahren und die Kommission erst 18 Monate später nach Art. 35 EGKSV befaßt.

[17] Nr. 184/67, 282/67, 14/68, 72/68, 100/68 und 243/68 der Abgeordneten des Europäischen Parlaments BERKOUWER, KRIEDEMANN, VREDELING und HERR, ABl. vom 7. 2. 69 Nr. C 14/6 ff.

[18] PE 23557.

[19] Kommissionsantwort, a.a.O., S. 7.

samte Investitionsbedarf wurde mit 11,275 Mrd. Francs angesetzt, von denen die Unternehmen 5,09 Mrd. aufbringen sollten[20]. Der französische Staat sollte 2,7 Mrd. Francs durch ein Darlehen übernehmen, das der Fonds de Développement Economique et Social (F. D. E. S.) auszahlte; das sind 60% der vorgesehenen Neuinvestitionen[21]. Das Darlehen hat eine Laufzeit von 25 Jahren bei fünf tilgungsfreien Jahren und einem Zinssatz von 3% während der tilgungsfreien und von 4% während der restlichen Zeit; das liegt offenbar erheblich unter den Konditionen, zu denen die französische Stahlindustrie auf dem Kapitalmarkt ein Darlehen mit dieser Laufzeit erhalten könnte. Die Parteien des Rechtsstreits Nr. 59/70 stritten sich darüber, ob damit 25% oder nur 17% der französischen Stahlinvestitionen begünstigt seien[22].

Die praktische Durchführung dieser Abmachung erfolgt dann auf der vierten Konkretisierungsstufe in Verträgen zwischen dem Staat und den einzelnen Unternehmen. Diese Verträge nahmen Bezug auf die convention générale.

Auf diese Weise wird jedes einzelne Investitionsvorhaben erfaßt und in Abhängigkeit vom Plan gebracht. Bezeichnend dafür sind neuere Meldungen über den jetzt laufenden VI. Plan: Eine im Laufe des ersten Halbjahres 1970 abgefaßte Untersuchung des Arbeitskomitees „Sidérurgie et mines de fer" hatte bei den für 1975 geplanten Produktionszielen noch nicht das neue Küstenstahlwerk Fos berücksichtigt, „weil die Verhandlungen der Unternehmen mit der öffentlichen Hand über die Finanzierung damals noch nicht genügend weit vorgeschritten waren"[23].

---

[20] Generalanwalt ROEMER, a.a.O., S. 2.

[21] Kommissionsantwort, a.a.O.

[22] Dazu auch Kommissionsantwort, a.a.O.

[23] Inzwischen sind diese Schwierigkeiten behoben, und für 1971—75 sind Investitionen von 16,5 Mrd. Francs vorgesehen, die bis ins einzelne auf jedes Investitionsvorhaben aufgeteilt sind. Dabei sollen 5,45 Mrd. Rohstahlkapazität ausgeschaltet werden. Erweitert wird die Produktion vor allem bei Flachstahl und Spezialstahl. Als besonders dringlich werden bezeichnet die zweite Quartostraße von Dünkirchen, der vierte Hochofen von Usinor und die neuen Kapazitäten von Fos. Für die Forschung sollen 790 Mill. Francs herausgegeben werden. — Das Interesse, das die Bundesrepublik an dieser Entwicklung nehmen muß, kann man vielleicht an der Aufteilung der Investitionsausgaben erkennen, die die Stahlindustrie der Gemeinschaft 1970 getätigt hat:

Deutschland	(RE)	436 Mill.	RE
Frankreich	(RE)	1.990 Mill.	RE
Italien	(RE)	1.301 Mill.	RE
Benelux	(RE)	436 Mill.	RE
EGKS	(RE)	4.122 Mill.	RE

(Vierter Gesamtbericht der Kommission 1970, S. 195).

Als „Gegenleistung" verpflichteten sich die Stahlunternehmen zu gemeinsamem Handeln mit dem Staat hinsichtlich der Ansiedlung neuer Industriebetriebe und der Schaffung neuer Arbeitsplätze [24]. Allerdings ist es nicht möglich zu beurteilen, ob es sich um eine dem Wert der Leistung irgendwie angemessene Gegenleistung handelt oder nur um einen nummus unus, der den Subventionscharakter nicht auszuschließen vermag [25]. Denn die sich daraus für die Unternehmen ergebenden finanziellen Belastungen sind „nicht wertmäßig zu erfassen" [26].

II. Rechtliche Beurteilung

a) Vorgetragene Argumente

Die Argumente, die für und gegen die Anwendung von Art. 4 Buchst. c EGKSV auf die Konditionen jener 2,7 Mrd. Francs vorgebracht werden, haben unterschiedliches Gewicht.

So geht einmal der Streit darum, ob Art. 4 Buchst. c EGKSV nur spezielle oder auch allgemeine Subventionen verbietet. Für die erste Ansicht beruft man sich auf den Wortlaut von Art. 67 § 3 EGKSV: Er spreche von besonderen Lasten und von besonderen Vorteilen; daher könne man auch in Art. 4 Buchst. c EGKSV unter Subventionen nur besondere Subventionen verstehen, obwohl der Wortlaut das nicht ausdrücklich sage. Für die zweite Ansicht beruft man sich auf den Wortlaut von Art. 4 Buchst. c EGKSV: Da die Vorschrift zwar von Sonderlasten, nicht aber von Sondersubventionen spreche, meine sie mit Subventionen auch solche allgemeiner Art.

Diese Argumentation kann als bloßes Textargument kein großes Gewicht haben, wie Generalanwalt ROEMER zutreffend hervorgehoben hat [26a]. Zum andern löst die Beantwortung jener Frage das Problem nicht, sondern verschiebt es nur auf die nächste Frage, was man nun unter allgemein und was unter besonders verstehen soll. Hierfür würde sich eine ganze Anzahl von Deutungsmöglichkeiten anbieten: Man könnte objektiv auf die Wirkung oder subjektiv auf die Absicht der Beteiligten oder auf beides abstellen. Bei der objektiven Wirkung könnte man wiederum fragen, ob zur Speziali-

---

[24] Generalanwalt ROEMER, a.a.O., S. 2 und 19 f.

[25] Die Frage der Gegenleistung kannte schon das römische Subventionsprivatrecht. Es verbot, daß ein Ehegatte den anderen durch eine Schenkung subventionierte. Dazu Dig. 24.1.5.5.: Einen Kaufvertrag zwischen Ehegatten, bei dem der Kaufpreis geringer ist als der Wert der Kaufsache, hält — so berichtet ULPIANUS — JULIANUS für immer ungültig. Nach NERATIUS soll es darauf ankommen, ob der Ehemann als Verkäufer seine Frau durch eine Schenkung subventionieren wollte oder nicht: Im ersten Fall ist der Verkauf ungültig, im zweiten ist er zwar gültig, aber der Preisnachlaß ist ungültig, so daß die Frau den vollen Wert des Kaufgegenstandes zahlen muß; diese Meinung hat POMPONIUS nicht mißbilligt.

[26] Kommissionsantwort, a.a.O.

[26a] a.a.O., S. 13.

tät eine Wirkung allein auf die Montanindustrie gefordert werden soll oder ob es genügen soll, daß die Wirkung die Montanindustrie hauptsächlich trifft. Man könnte bei der objektiven Wirkung auch darauf abstellen, ob die Subvention für eine Montanindustrie nach Maß geschneidert ist oder ob sie sich an allgemeinen Kriterien orientiert, unter die dann die Montanindustrie zu subsumieren ist. Damit müßte man entscheiden, was man noch als ein derartiges objektives Kriterium gelten lassen will. — Eine bloße Wortinterpretation würde hierbei nicht weiter helfen.

Man kommt daher zu einer Lösung nur durch eine Besinnung auf die Systematik des EGKSV und auf seine allgemeinen Ziele. Darauf hat Generalanwalt ROEMER zu Recht hingewiesen [27].

Sie hat auszugehen davon, daß der EGKSV mit der Montanindustrie nur einen Teil der Wirtschaft integriert [28]. Daher sind den Mitgliedstaaten ihre Befugnisse nicht nur im Bereich der Nichtmontanindustrien, sondern insoweit auch im Bereich der Montanindustrien verblieben, als es sich um Maßnahmen der allgemeinen Wirtschaftspolitik handelt. Der Gerichtshof nennt insbesondere die allgemeine Wirtschaftspolitik, von der Art. 26 Abs. 1 EGKSV handelt, sowie die Sozialpolitik und weite Bereiche der Steuerpolitik [29]. Für den in die Kompetenz der Gemeinschaft fallenden Bereich gilt Art. 4 Buchst. c EGKSV, für den bei den Staaten verbliebenen Bereich Art. 67 EGKSV [30].

Daraus zieht die Kommission den Schluß: Alle unter Art. 4 Buchst. c EGKSV fallenden Beihilfen seien strikt verboten, so daß die Montanindustrie selbst in denjenigen Fällen keine Beihilfen erhalten könne, in denen der EWGV eine Beihilfe zulassen würde. Damit wäre die Montanindustrie gegenüber den dem EWGV unterstehenden Nichtmontanindustrien benachteiligt [31]. Die Gemeinschaft würde „zu sich selbst in Widerspruch" geraten, „wenn jede Beihilfe für die Stahlindustrie als verboten angesehen würde". Mit dieser Begründung hat sie die französische Stahlsubvention für eine allgemeine Maßnahme nach Art. 67 EGKSV gehalten.

Dieses Argument betrachtet auch Generalanwalt ROEMER als ausschlaggebend: „Tatsächlich erscheint es ... nicht sinnvoll, die Montanindustrie vollkommen der begünstigenden Einwirkung durch die Mitgliedstaaten im Rahmen ihrer allgemeinen Wirtschaftsgesetzgebung zu entziehen und für sie von der Existenz eines bedingungslosen Subventionsverbots auszugehen" [32].

So sind die Kommission und Generalanwalt ROEMER zu dem Schluß gekommen, daß die Darlehen des V. Planes für die französische Stahlindu-

---

[27] a.a.O.

[28] Generalanwalt ROEMER, a.a.O.; Kommission in der Rechtssache 59/70, Urteil S. 13.

[29] Rechtssache 30/59, RsprGH VII, 1, 48 f.; ebenso Schlußanträge von Generalanwalt LAGRANGE, ebenda S. 84.

[30] Gerichtshof, a.a.O., S. 49.

[31] Urteil Nr. 59/70, S. 14, 20.

[32] a.a.O., S. 16.

strie nicht unter das Subventionsverbot von Art. 4 Buchst. c EGKSV fallen, sondern nur unter den mehr oder minder wirkungslosen und hier nicht anwendbaren Art. 67 EGKSV.

b) Kritische Würdigung

Das hat aber ebenfalls schwerwiegende Nachteile. Der Abgeordnete VREDELING hat sie in seiner Anfrage Nr. 72/68 [33] in dem Zitat zusammengefaßt: „Es ist wahrscheinlich, daß mehrere ‚plans professionnels' das Ende des Gemeinsamen Marktes herbeiführen würden." Diese Pläne sind ganz auf den nationalen Raum ausgerichtet und erschweren oder verhindern ein Zusammenwachsen nach supranationalen Kriterien.

Ein entscheidender Nachteil liegt darin, daß jene Interpretation zu einer Diskriminierung unter den Mitgliedstaaten des Gemeinsamen Marktes führt: Frankreich, das eine umfassende planification besitzt, kann darin jede Subvention unterbringen und sie damit der Kontrolle und Koordinierung der supranationalen Behörden entziehen. Subventionen der Bundesrepublik hingegen kann man nicht auf diese Weise vor der Kommission in Sicherheit bringen. Das könnte die Bundesrepublik nur dadurch ändern, daß sie sich ebenfalls ein so umfassend dirigistisches Instrument wie die französische planification verschafft. Die soziale Marktwirtschaft der Bundesrepublik wäre insofern der französischen Planwirtschaft gegenüber eindeutig im Nachteil. Wirtschaftspolitische Optionen, die Frankreich offenstehen, sind in der Bundesrepublik versagt oder nur nach Maßgabe einer Sondererlaubnis der Kommission und der damit verbundenen Bedingungen und Befristungen gestattet. Das kann zu schweren Wettbewerbsverzerrungen und dazu führen, daß man das Fragezeichen in der Überschrift dieser Ausführungen in ein Ausrufungszeichen verwandeln muß.

Das wiederum ist mit dem Grundprinzip der Europäischen Gemeinschaften unvereinbar. Nach ihnen sind nationale Diskriminierungen in keinem Fall gestattet. Selbstverständliche Folge dieses Prinzips ist, daß der wirtschaftspolitische Handlungsspielraum jedes einzelnen Mitgliedstaates durch den Montanvertrag nicht mehr und nicht weniger eingeschränkt wird, als der der anderen Mitgliedstaaten. Jede Auslegung des Gemeinschaftsrechts ist falsch, die diesen Grundsatz mißachtet. Denn sie droht zu Spannungen zu führen, die die Gemeinschaft einmal zerbrechen können. Das übersehen auch diejenigen Interpreten des Europarechts, die bei der Anwendung der Europäischen Verträge in der Bundesrepublik eine mehr oder weniger lupenreine Marktwirtschaft anstreben, ohne sich um die Rückwirkungen staatlicher Interventionen in den anderen Mitgliedsländern auf die Bundesrepublik zu kümmern [34].

---

[33] ABl. vom 7. 2. 69, Nr. C 14/3, 5.

[34] Die Kommission ist sich dieser Gefahren anscheinend bewußt; denn darauf ist es wohl mit zurückzuführen, daß der Abgeordnete PINTUS das Verhalten der

Man sollte meinen, daß die Kommission und Generalanwalt Roemer auf derartige Bedenken eingegangen wären und erklärt hätten, warum sie trotzdem die Anwendung von Art. 67 EGKSV für das kleinere Übel halten. Sie haben aber dazu geschwiegen.

Entscheidend für die Beurteilung ist folgendes: Der syllogismus cornutus zwischen dem zu scharfen Messer des Art. 4 Buchst. c EGKSV und dem zu stumpfen des Art. 67 EGKSV ist nicht schlüssig, weil die Disjunktion unvollständig ist: Sie berücksichtigt den Art. 95 Abs. 1 EGKSV nicht, nach dem die Kommission mit einstimmiger Zustimmung des Ministerrats und nach Anhören des Beratenden Ausschusses von den Staaten bewilligte Subventionen im Sinne von Art. 4 Buchst. c EGKSV genehmigen kann. Die Kommision hätte also nicht nur die beiden Möglichkeiten des Art. 4 Buchst. c EGKSV und des Art. 67 EGKSV, sondern gleichermaßen die dritte des Art. 95 Abs. 1 EGKSV in ihre Erwägungen einbeziehen müssen. Sie hat diese Vorschrift aber ausweislich des Tatbestands des Urteils Nr. 59/70 mit keinem Wort erwähnt. Anders freilich Generalanwalt Roemer [35]. Er scheint die Einbeziehung dieses Artikels deshalb abzulehnen, weil sein Verfahren „schwerfällig" sei. Das genügt freilich für eine Würdigung nicht, zeigt doch der Kohlensektor, daß man mit diesem Verfahren durchaus zu Ergebnissen kommen kann.

Der Weg über Art. 95 Abs. 1 EGKSV vermeidet die Nachteile, die sich mit den beiden anderen Vorschriften verbinden: Er gestattet es, Subventionen dem Art. 67 EGKSV zu entziehen; damit verhindert er, daß derartige Subventionen in einer Weise gewährt werden, die dem Gemeinsamen Markt Abbruch tut. Wenngleich solche Subventionen damit dem Art. 4 Buchst. c EGKSV unterstehen, kann die Kommission sie doch mit Billigung des Ministerrats genehmigen, so daß die Montanindustrie nicht von nationalen Vorteilen ausgeschlossen bleibt, die der EWGV anderen Industrien des Gemeinsamen Marktes nicht verwehrt. Damit entfällt der Grund dafür, den Bereich der unter Art. 4 Buchst. c EGKSV fallenden Subventionen möglichst eng zu halten, der Grund also, den die Kommission und Generalanwalt

Hohen Behörde und der Kommission auf die parlamentarischen Anfragen als „zumindest sehr abwartend" bezeichnen konnte (a.a.O., S. 7): Der Abgeordnete Kriedemann gab in seiner Anfrage Nr. 100/68 vom 30. Mai 1968 (ABl. a.a.O.) seiner Beunruhigung darüber Ausdruck, „daß die Kommission ... zwanzig Monate nach Einführung dieser Maßnahmen des französischen Staates ... noch nicht einmal über alle Unterlagen verfügt, die sie zur Beurteilung der Tatbestände und zur Beantwortung der an sie gerichteten Anfragen ... für erforderlich hält". In seiner Anfrage Nr. 14/68 (ABl a.a.O.) hatte er darauf hingewiesen, daß die Kommission demgegenüber für ihre Stellungnahme zu dem komplexen Leber-Plan nur neun Wochen benötigt hatte. Der Abgeordnete stellte fest, daß „sich in die Besorgnis in steigendem Maße Zweifel aller Art mischen" (Anfrage Nr. 100/68). Alsdann dauerte es noch fast sieben Monate, bis die Kommission sich zu einer Anwort durchrang (ABl. a.a.O.).

[35] a.a.O., S. 16.

RoEMER für entscheidend angesehen haben. Man braucht nicht mehr, um dem Verbot von Art. 4 Buchst. c EGKSV zu entgehen, eine Zurücksetzung der Bundesrepublik gegenüber Frankreich in Kauf zu nehmen und einer Auflösung des Gemeinsamen Marktes sowie ungezügelten Subventionen tatenlos zuzusehen.

Auch dann bleibt noch die Frage, wie man die unter das Verbot von Art. 4 Buchst. c EGKSV und damit auch unter die Erlaubnismöglichkeit von Art. 95 Abs. 1 EGKSV fallenden Subventionen im einzelnen abgrenzen soll von jenem Bereich, für den Art. 67 EGKSV dem Belieben der Mitgliedstaaten praktisch freien Lauf läßt. Das braucht hier im einzelnen nicht geklärt zu werden, es ist aber klar, daß der Bereich des Art. 67 EGKSV im Interesse des Funktionierens des Gemeinsamen Marktes möglichst eng zu halten ist. Insbesondere sind alle Maßnahmen, die auf den Montansektor gezielt sind oder ihm vorwiegend zugute kommen wie etwa die Beihilfen im Rahmen der französischen Fünfjahrespläne der Koordinierung über die Art. 4 Buchst. c, 95 Abs. 1 EGKSV zu unterziehen.

Dabei ist freilich nicht daran zu denken, daß jede einzelne Subvention im Verfahren nach Art. 95 Abs. 1 EGKSV genehmigt wird. Das wäre in der Tat so schwerfällig, daß man an der Praktikabilität zweifeln müßte. Vielmehr muß eine allgemeine Entscheidung die Kriterien festlegen, die für die Genehmigung maßgebend sein sollen, und der Kommission muß dann grundsätzlich ohne Einschaltung des Ministerrats die Durchführung im einzelnen überlassen bleiben, wie es auch die Entscheidung 3/71 und die ihr vorangegangenen Entscheidungen vorsehen.

Die Entscheidung 3/71 ist allerdings bis Ende 1975 befristet. Das braucht bei einer neuen allgemeinen Entscheidung nicht notwendigerweise ebenso zu sein. Art. 95 Abs. 1 EGKSV läßt auch unbefristete Entscheidungen zu, so wie es auch Art. 235 EWGV tut.

Eine solche Entwicklung könnte den Anstoß dazu geben, das gesamte Subventionsrecht der EGKS neu zu durchdenken und in einer grundsätzlichen, auf Art. 95 Abs. 1 EGKSV gestützten Entscheidung für Kohle und Stahl zusammenzufassen und möglicherweise dem EWGV in gewisser Weise anzunähern.

Diese Entwicklung wird aber nur einsetzen, wenn der Gerichtshof der hier vertretenen Auffassung folgt und den Subventionsbegriff des Art. 4 Buchst. c EGKSV weit faßt. Erst dann sehen sich die Mitgliedstaaten gezwungen, sich im Ministerrat mit der Kommission über eine auf Art. 95 Abs. 1 EGKSV gestützte Subventionsentscheidung zu verständigen, um bestimmte Subventionen unter Aufsicht der Kommission weiter zahlen zu können. Es kommt darauf an, ob die Beteiligten dem Gerichtshof Gelegenheit geben, sich zur materiellen Seite des in der Rechtssache Nr. 59/70 aufgeworfenen Problems zu äußern [36, 37].

---

[36] Es ist nicht sicher, ob das geschieht. In der Rechtssache Nr. 2 und 3/60 wurde eine Klage gegen die Finanzpolitik der Hohen Behörde als unzulässig abge-

C. Zusammenfassung

Der EGKSV stellt die Kommission und den Gerichtshof nicht vor das Dilemma, Subventionen entweder nach dem zu rigorosen Verbot des Art. 4 Buchst. c EGKSV oder nach dem praktisch wirkungslosen Art. 67 EGKSV zu beurteilen. Vielmehr kann die Kommission eine nach Art. 4 Buchst. c EGKSV verbotene Subvention erlauben, wenn sie dazu ermächtigt ist; die Ermächtigung kann sie sich mit einer auf Art. 95 Abs. 1 EGKSV gestützten Entscheidung verschaffen, die sie mit einstimmiger Zustimmung des Ministerrats erläßt.

Deshalb ist man nicht — wie die Kommission und Generalanwalt ROEMER in der Rechtssache Nr. 59/70 gemeint haben — gezwungen, den Subventionsbegriff von Art. 4 Buchst. c EGKSV möglichst eng und damit den Anwendungsbereich von Art. 67 EGKSV möglichst weit zu fassen, um zu verhindern, daß die Montanindustrie von Beihilfen abgeschnitten wird. Das würde zu einer Desintegration des Gemeinsamen Marktes und einer entscheidenden Benachteiligung der deutschen Montanindustrie führen. Denn Frankreich könnte jede beliebige Subvention dadurch der supranationalen Kontrolle entziehen, daß es sie in einen Fünfjahresplan einbrächte; die Bundesrepublik könnte das nicht.

Man muß daher den Subventionsbegriff von Art. 4 Buchst. c EGKSV weit fassen, um die Subventionen im Interesse des Gemeinsamen Marktes durch eine auf Art. 95 Abs. 1 EGKSV gestützte Erlaubnispraxis der Kommission zu koordinieren. Nur so wird in der EGKS free trade mit fair trade verbunden. Ob das gelingt, entscheidet der Gerichtshof, falls ihn ein Kläger zulässig anruft. Bis dahin bleiben die in den französischen Fünfjahresplänen enthaltenen Subventionen insbesondere für die französische Stahlindustrie nach dem Willen der Kommission supranational unkoordiniert.

---

wiesen, und obwohl Generalanwalt ROEMER in seinen Schlußanträgen den Klägern teilweise recht gegeben hatte, konnte sich niemand mehr entschließen, eine zweite Klage anzustrengen, um ein Sachurteil zu erhalten. Andererseits ist im Komplex der Bergmannsprämie auf das Prozeßurteil in der Rechtssache Nr. 17/57 das Sachurteil in der Rechtssache Nr. 30/59 gefolgt (RsprGH V, 11 und VII, 99).

[37] Wenngleich damit die oben dargelegten Gefahren eines Dilemmas zwischen Art. 4 Buchst. c und Art. 67 EGKSV vermieden werden, so sind doch noch nicht alle Schwierigkeiten behoben. Insbesondere ist problematisch, nach welchen Maßstäben die Kommission in ihrer bisherigen Entscheidungspraxis die Vereinbarkeit von Subventionen mit dem Gemeinsamen Markt beurteilt hat. Dazu bedürfen die jährlichen Memoranden über die finanziellen Maßnahmen der Mitgliedstaaten zugunsten des Steinkohlenbergbaus einer kritischen Würdigung; der siebte derartige Bericht behandelt das Jahr 1971.

Das Konzernrecht der Europäischen Aktiengesellschaft — Vergleich und Auswirkungen auf deutsches Aktienrecht

Fridemann von Burchard und Ulrich Hüppe

1. Einleitung

Mit ihrem Vorschlag für *eine Verordnung des Rates über die Satzung einer Europäischen Aktiengesellschaft* [1] hat die EWG-Kommission eine in sich abgeschlossene Regelung europäischen Gesellschaftsrechtes mit einem vollständigen System von Normativbestimmungen ohne Bezugnahme auf nationales Recht vorgelegt. In ihrer Begründung weist die Kommission darauf hin, daß die im EWG-Vertrag (Art. 54, 220) vorgesehenen Möglichkeiten zur Harmonisierung des Gesellschaftsrechts sowie zur Sitzverlegung und Fusion über die Grenzen nicht ausreichen, um europäischen Gesellschaften eine entsprechende europäische Rechtsbasis zu schaffen; trotz Rechtsangleichung und Fusionsmöglichkeit muß nämlich für ein europäisches Unternehmen dennoch eine bestimmte nationale Rechtsordnung gewählt werden. Der erklärte Zweck der vorgelegten Verordnung ist es dagegen, europäisch zusammengesetzten und europäisch tätigen Unternehmen auch eine einheitliche, in sich abgeschlossene und in allen Mitgliedstaaten unmittelbar anwendbare europäische Rechtsordnung zur Verfügung zu stellen. Ob dieser Zweck erreicht werden kann, wird nicht zuletzt davon abhängen, ob das vorgelegte europäische Gesellschaftsrecht den Unternehmen der Mitgliedstaaten hinreichend interessante Möglichkeiten bietet und sich in die Wirtschafts- und Rechtsordnung der EWG-Staaten einpaßt. In bezug auf das Konzernrecht heißt das, daß die Konzernregelung des europäischen Gesellschaftsrechts ein für jede Konzernkette lückenloses und wirtschaftspolitisch praktikables Modell bieten muß.

Die Satzung der Europäischen Aktiengesellschaft („Societas Europaea — S. E.") enthält ein in sich abgeschlossenes Konzernrecht, das in vielen Punkten dem deutschen Aktienrecht als der einzigen gesetzlichen Regelung des Konzernphänomens im EWG-Raum durchaus vergleichbar ist, in anderen Punkten jedoch völlig neue Lösungen anbietet. Mehr noch als einen Vergleich zum deutschen Aktienrecht zu ziehen, erscheint es interessant, die

---

[1] Dem Rat am 30. 6. 1970 übermittelt, Bundestagsdrucksache VI/1109.

rechtlichen Auswirkungen aufzuzeigen, die die Satzung der S. E. bei einer Verbindung nationaler deutscher Unternehmer mit europäischen Gesellschaften unmittelbar auf das deutsche Aktienrecht und die Ordnung im Konzern haben würde.

2. Grundzüge des europäischen Konzernrechts

Zur Gründung einer S. E. sind nur nationale Aktiengesellschaften der Mitgliedstaaten zugelassen, von denen mindestens zwei verschiedenen Rechtsordnungen unterliegen müssen; die Gesellschaftsform der S. E. ist dabei beschränkt auf drei Gründungsfälle (Art. 2)[2]: Fusion von nationalen Gesellschaften (gegen Gewährung von Aktien der S. E. an die Aktionäre der fusionierenden Gesellschaften geht das Vermögen als Ganzes auf die S. E. über — Fusion durch Neugründung, Art. 21); Errichtung einer Holding-Gesellschaft (gegen Gewährung von Aktien der Holding-S. E. an die Aktionäre der Gründungsgesellschaften gehen die Aktien der Gründungsgesellschaften auf die Holding-S. E. über, wobei die Gründungsgesellschaften fortbestehen, Art. 29); Errichtung einer gemeinsamen Tochtergesellschaft. Eine bestehende S. E. kann sich in gleicher Weise an der Gründung weiterer europäischer Aktiengesellschaften beteiligen (Art. 3).

Der Konzerntatbestand i. S. der S. E.-Satzung ist erfüllt, wenn ein herrschendes und ein oder mehrere abhängige Unternehmen unter der einheitlichen Leitung des herrschenden Unternehmens zusammengefaßt sind, und eines der Unternehmen eine S. E. ist (Art. 223). Dabei wird ein Abhängigkeitsverhältnis bestimmt durch die Möglichkeit, einen beherrschenden Einfluß auszuüben (Art. 6).

Die Rechtsfolgen aus dem Konzerntatbestand, die materielle Konzernregelung, teilt die S. E.-Satzung in vier Gruppen ein:

a) Publizitätspflicht (Eintragung ins Handelsregister mit Bekanntmachung; Konzernabschluß und Konzernlagebericht), Art. 226 f.;

b) Schutzvorschriften für freie Aktionäre (die freien Aktionäre eines abhängigen Konzernunternehmens können wählen zwischen Barabfindung, Umtausch ihrer Aktien in Aktien des herrschenden Unternehmens und gegebenenfalls jährlich fälligem Ausgleich, zu dem sich das herrschende Unternehmen neben Barabfindung und Umtausch freiwillig verpflichten kann), Art. 228 ff.;

c) Schutzvorschriften für Gläubiger (gesamtschuldnerische Haftung des herrschenden Unternehmens), Art. 239;

d) Weisungsrecht des herrschenden Unternehmens, Art. 240;

Der Anwendungsbereich der Weisungsvorschrift und der Schutzvorschriften zugunsten der freien Aktionäre und Gläubiger ist in Art. 224 mit folgen-

---

[2] Artikel ohne Angabe des Gesetzes beziehen sich auf das Statut der Europäischen Aktiengesellschaft.

der Maßgabe geregelt: Ist die S. E. herrschendes Unternehmen, finden diese Vorschriften Anwendung auf abhängige Unternehmen mit Sitz innerhalb der EWG und auf ihre Beziehungen zur S. E.; ist die S. E. abhängiges Unternehmen, finden die Vorschriften Anwendung auf die S. E. und ihre Beziehungen zum herrschenden Unternehmen, ungeachtet dessen Sitzes.

Die Entscheidung über die Frage der Konzernzugehörigkeit i. S. des Statuts, sowohl bei der S. E. als auch bei von ihr abhängigen nationalen Unternehmen, ist nach Art. 225 dem Gerichtshof der Europäischen Gemeinschaften vorbehalten.

3. Verhältnis des S. E.-Statuts zum nationalen Recht

Konzernrecht hat unter anderem immer die Regelung von Beziehungen zwischen verschiedenen Unternehmen zum Inhalt; diese Unternehmen können im Falle des S. E.-Statuts die europäische Gesellschaft auf der einen und Gesellschaften nationaler Rechtsordnung auf der anderen Seite sein. Das S. E.-Statut greift damit unmittelbar in nationales Recht ein, der Konfliktfall ist zwangsläufig.

Nach dem Vorschlag der EWG-Kommission soll der Rat die Satzung der Europäischen Aktiengesellschaft als Verordnung, gestützt auf Art. 235 EWGV, erlassen. Wenn man von der Problematik des Art. 235 als Rechtsgrundlage für ein Tätigwerden des Rats absieht [3] (die nicht Gegenstand dieser Betrachtung sein kann), ergibt sich ohne Zweifel in Verbindung mit Art. 189 EWGV, daß der vorliegende Entwurf eines S. E.-Statuts in jedem Mitgliedstaat unmittelbares und verbindliches Recht wäre; das von den Organen der Gemeinschaft gesetzte europäische Recht bricht insofern entgegenstehendes Recht der Mitgliedstaaten [4].

Das Konzernrecht des S. E.-Statuts findet deshalb bei Vorliegen der entsprechenden Voraussetzungen unmittelbar auf deutsche nationale Gesellschaften Anwendung, die vorher dem Aktiengesetz unterlagen und jetzt in Konzernverbindungen mit einer Europäischen Gesellschaft getreten sind.

Hinsichtlich des Ausmaßes der Rechtsanwendung des Statuts ist zunächst auf Bestimmungen des Statuts selbst zu verweisen. In Art. 7 Ziff. 1 bestimmt das Statut, daß „die von dem Statut behandelten Gegenstände" der Anwendung des nationalen Rechts entzogen sind, selbst wenn Rechtsfragen im Statut nicht ausdrücklich geregelt sind. Bei Nichtregelung einer Frage ist nach den allgemeinen Grundsätzen des Statuts und notfalls nach gemeinsamen Regeln oder gemeinsamen Rechtsgrundsätzen der Rechtsordnungen der Mitgliedstaaten zu entscheiden; einzelnes nationales Recht kann nicht

---

[3] Vgl. WOHLFAHRTH-EVERLING-GLAESNER-SPRUNG, Die Europäische Wirtschaftsgemeinschaft, Art. 235 Anm. 6.

[4] Vgl. WOHLFAHRTH-EVERLING-GLAESNER-SPRUNG, Die Europäische Wirtschaftsgemeinschaft, Art. 189 Vorb. 4, Anm. 4.

einmal hilfsweise und zur Ergänzung mit herangezogen werden. Wie in Art. 7 Ziff. 2 ausdrücklich gesagt, werden nur die im Statut nicht behandelten Gegenstände nach im Einzelfall anwendbarem nationalem Recht beurteilt. Kernfrage der Rechtsanwendung ist somit die Auslegung des Begriffs der „von dem Statut behandelten Gegenstände". Nach der Begründung der Kommission zu Art. 7 gehören zu diesen Gegenständen zunächst einmal alle aktienrechtlichen Sachfragen. Im Rahmen des Konzernrechts sind als vom Statut behandelte Gegenstände die Konzernbeziehung als solche und die sich aus der festgestellten Konzernbeziehung ergebenden Rechtsfolgen für herrschendes und unabhängiges Unternehmen zu qualifizieren. Auf nähere Fragen wird bei der Betrachtung der einzelnen Konzernrechtsbestimmungen einzugehen sein.

4. Konzernbegriff

Zunächst ist nach der Übereinstimmung des S. E.-Konzernbegriffs mit dem Konzernbegriff des deutschen Aktienrechts zu fragen. Ist der deutsche Konzernbegriff umfassender, so entstehen naturgemäß keine Probleme, da deutsche Konzernunternehmen dann konzernrechtlich ausschließlich dem AktG unterworfen sind und von der europäischen Konzernregelung und den entsprechenden Rechtsfolgen nicht erfaßt werden. Ist der Konzernbegriff des S. E.-Statuts umfassender, so ist für deutsche Unternehmen die unangenehme Überraschung nicht auszuschließen, daß Tochtergesellschaften, die bisher lediglich als Beteiligungen angesehen wurden, bei Eingehen einer entsprechenden S. E.-Bindung plötzlich als Konzernunternehmen zu behandeln sind.

Die Kriterien des Konzerntatbestandes — Abhängigkeitsverhältnis und einheitliche Leitung — sind in § 18 AktG und Art. 223 nahezu wortgleich gefaßt einschließlich der Konzernvermutung bei einem Abhängigkeitsverhältnis; das S. E.-Statut kennt allerdings keinen Gleichordnungskonzern. Es ist bereits hier zu beachten, daß der unbestimmte Rechtsbegriff der einheitlichen Leitung durch die zukünftige Rechtsprechung des Europäischen Gerichtshofes eine ganz andere Ausgestaltung erfahren mag, als dies bisher im deutschen Schrifttum zum Aktiengesetz geschehen ist und durch etwaige Entscheidungen deutscher Gerichte noch geschehen wird.

Der Konzernverband des S. E.-Statuts greift in Art. 223 Ziff. 1 ausdrücklich über das EWG-Gebiet hinaus und schließt auch herrschende oder abhängige Unternehmen ein, die einer anderen Rechtsordnung als der eines EWG-Mitgliedstaates unterworfen sind. Auch der Konzernbegriff des deutschen Rechts ist auf Unternehmen anderer Rechtsordnung anwendbar, ohne daß dies allerdings ausdrücklich in den §§ 16 bis 18 AktG bestimmt ist. Die Definitionen der Mehrheitsbeteiligungen in § 16 AktG und der Abhängigkeit in § 17 AktG erfassen auch Beteiligungen über die Grenze hinweg; bei der Definition des Konzerns in § 18 AktG ist es gleichgültig, wo die Konzernunternehmen ihren Sitz haben und wo die Leitungsmacht ausgeübt wird [5].

Auch die Abhängigkeit als Kriterium des Konzerntatbestandes ist im deutschen und im europäischen Konzernrecht völlig gleichlautend definiert — als Möglichkeit, einen beherrschenden Einfluß auszuüben (§ 17 AktG, Art. 6). Nach § 17 Abs.1 AktG wie nach Art. 6 Ziff. 1 ist es unerheblich, ob das herrschende Unternehmen seinen Einfluß unmittelbar oder nur mittelbar ausüben vermag. Weiterhin werden in Art. 6 Ziff. 4, ähnlich der Regelung in § 16 AktG, zu den Kapitalanteilen des herrschenden Unternehmens die Anteile von abhängigen Unternehmen zugerechnet. Wie im deutschen Recht umschließt der Konzernbegriff des S. E.-Statuts also auch den mehrstufigen Konzern. Da es für die Anwendung des Konzernbegriffs im S. E.-Statut ausreichend ist, wenn eines der betroffenen Unternehmen eine S. E. ist, ist vom Vorliegen eines S. E.-Konzerns auszugehen, wenn eine S. E. in einem Konzernverband als Spitze, Zwischen- oder Endglied eingeordnet ist.

Neben der Definition des abhängigen Unternehmens enthält Art. 6 eine widerlegliche Vermutung für die Abhängigkeit bei einer Mehrheitsbeteiligung am Kapital, die der Vermutung in §§ 16, 17 AktG entspricht, und eine unwiderlegliche Vermutung in den folgenden drei Fällen, die im deutschen Aktiengesetz keine direkte Entsprechung hat. Abhängigkeit wird nach dieser Bestimmung unwiderleglich vermutet bei der Möglichkeit des herrschenden Unternehmens,

a) „über mehr als die Hälfte der Stimmrechte in dem anderen Unternehmen zu verfügen;

b) mehr als die Hälfte der Mitglieder des Geschäftsführungs- oder Kontrollorgans des anderen Unternehmens zu bestellen;

c) aufgrund von Verträgen einen überwiegenden Einfluß auf die Geschäftsführung des anderen Unternehmens auszuüben".

Die Möglichkeit a) — Verfügung über mehr als die Hälfte der Stimmrechte — ist im deutschen Recht als widerlegliche Vermutung enthalten. „Steht einem anderen Unternehmen die Mehrheit der Stimmrechte zu" (§ 16 I AktG), so liegt eine Mehrheitsbeteiligung vor, die gemäß § 17 II AktG eine Abhängigkeit widerlegt vermuten läßt. Diese Vermutung kann zwar in jeder geeigneten Weise entkräftet werden, entscheidend ist jedoch, daß dabei die Möglichkeit der Beherrschung verneint werden muß. Der Nachweis, daß der beherrschende Einfluß nicht ausgeübt wird, genügt nicht; es muß bewiesen werden, daß die Stimmrechtsmehrheit nicht ausgenutzt werden **kann** (z. B. gesetzliche, satzungsmäßige oder konsortialrechtliche Beschränkung) [6]. Wenn man die Möglichkeit, über die Stimmrechtsmehrheit

---

[5] Vgl. WÜRDINGER in GADOW-HEINICHEN, Großkommentar zum Aktiengesetz, § 18 Anm. 17

[6] Vgl. WÜRDINGER in GADOW-HEINICHEN, Großkommentar zum Aktiengesetz, § 17 Anm. 14 ff.; BAUMBACH-HUECK, Aktiengesetz, § 17 Anm. 6.

zu *verfügen*, im S. E.-Statut interpretiert als die Möglichkeit, die Stimmrechtsmehrheit auch auszunutzen und auszuüben, dann dürfte die Regelung des deutschen Rechts sich in der praktischen Auswirkung mit dem Konzernrecht des S. E.-Statuts decken, da es in beiden Fällen letztlich darauf ankommt, auf Grundlage einer Stimmrechtsmehrheit den Willen des herrschenden Unternehmens durchsetzen zu können.

Die Möglichkeit b) — Bestellung von mehr als der Hälfte der Mitglieder des Geschäftsführungs- oder Kontrollorgans — kann im Vergleich zum deutschen Recht in der praktischen Auswirkung keine ernsthaften Probleme aufwerfen, da auch nach deutschem Recht mit der Stimmenmehrheit in der Hauptversammlung und mit der Möglichkeit, diese Stimmenmehrheit unbeschränkt auszuüben, die Zusammensetzung von Aufsichtsrat und Vorstand bestimmt werden kann; dies bedeutet eine Beherrschungsmöglichkeit gemäß § 17 AktG, die nicht widerlegt werden kann [7].

Die Möglichkeit c) — überwiegender Einfluß aufgrund von Verträgen — wirft allerdings erhebliche Probleme auf. Das S. E.-Statut läßt es zunächst hier offen, auf welchen Verträgen der Einfluß beruhen muß; es kann sich demnach sowohl um Verträge mit abhängigen Unternehmen als auch um Verträge konsortialähnlicher Natur zwischen mehreren untereinander gleichberechtigten, aber gemeinsam herrschenden Aktionären eines abhängigen Unternehmens handeln.

Im Hinblick auf Konsortialverträge ist festzustellen, daß im S. E.-Statut wie im deutschen AktG dem Wortlaut nach ein Abhängigkeitsverhältnis nur zu *einem* herrschenden Unternehmen bestehen kann. Es ist daher die Frage, ob eine S. E.-Konzernverbindung überhaupt zwischen einer Tochtergesellschaft und mehreren untereinander gleichberechtigten, durch Konsortialvertrag verbundenen Muttergesellschaften bestehen kann. Dieser Fall dürfte bei der Verwirklichung der S. E. gerade in der Praxis recht häufig vorkommen, da die S. E.-Gesellschaftsform im Rahmen wirtschaftlicher Integration im Gemeinsamen Markt insbesondere für die Verfolgung gemeinsamer Vorhaben verschiedenstaatlicher nationaler Gesellschaften des EWG-Gebietes durch Gründung einer gemeinsamen Tochtergesellschaft geeignet zu sein scheint.

Die deutsche Konzernpraxis hat sich seit jeher der Steuerpraxis angeschlossen, die Ergebnisabführungsverträge einer Tochtergesellschaft mit mehreren, über eine Gesellschaft bürgerlichen Rechts verbundenen Muttergesellschaften anerkennt; das Reichsgericht hat in ständiger Rechtsprechung die Zulässigkeit und Verbindlichkeit konsortialrechtlicher Vereinbarungen zur Begründung eines Abhängigkeitsverhältnisses bejaht [8]. Wenn jedoch ein abhängiges Unternehmen von zwei Obergesellschaften, die über je 50%

---

[7] So auch WÜRDINGER, Großkommentar zum Aktiengesetz, § 17 Anm. 16.
[8] Vgl. GODIN-WILHELMI, Aktiengesetz, § 17 Anm. 2 mit Hinweisen.

Kapital und Stimmen verfügen, dadurch beherrscht wird, daß die beiden
Obergesellschaften ihre Stimmrechte gepoolt und sich zur gemeinsamen
Geschäftspolitik verpflichtet haben, so ist die Konzernzugehörigkeit der
abhängigen Gesellschaft nach dem AktG 1965 problematisch. Die Zuordnung der Tochtergesellschaft als Konzernunternehmen zu jeder der beiden
Obergesellschaften ist für die Konsolidierung allgemein anerkannt [8a]. Ebenso wird vom BAG für die Wahl der Arbeitnehmervertreter der Tochtergesellschaft zum Aufsichtsrat der beiden herrschenden Gesellschaften ein
Konzernverhältnis zwischen der Tochtergesellschaft und jeder Obergesellschaft angenommen [8b]. Ob die hier zutage tretende Praxis, ein Abhängigkeitsverhältnis zu bejahen, wenn zwei selbständige Unternehmen an einer
Gesellschaft mit je 50% Kapital und Stimmen beteiligt sind, einer Auslegung des Gesetzestextes standhält, ist allerdings mehr als zweifelhaft. Da in
einem solchen Fall keinem der in einem Konsortialverhältnis stehenden
Unternehmen die Möglichkeit gegeben ist, einseitig die Herrschaftsmacht
auszuüben, falls keine besonderen Umstände oder vertraglichen Bestimmungen dies ermöglichen, wird ein Abhängigkeitsverhältnis zu den Obergesellschaften, zu einer wie zu beiden, in der Literatur überwiegend abgelehnt [9].
Formell kann man hier zwar die durch den Konsortialvertrag gebildete
Gesellschaft bürgerlichen Rechts als Obergesellschaft ansehen, diese Lösung
ist jedoch u. E. rechtssystematisch falsch und scheitert u. a. daran, daß die als
Aktionärin auftretende Gesamthandsgemeinschaft nicht als Unternehmen
i. S. des AktG zu qualifizieren ist [10]. Die angeschnittene Frage, die nach
deutschem AktG als ungelöst zu betrachten ist, wird auch bei der Verwirklichung des S. E.-Statuts, das in diesem Punkt dem deutschen Konzernrecht völlig nachgebildet ist, zu erheblichen Problemen führen, die dadurch
verschärft werden, daß, wie noch zu zeigen ist, die Feststellung eines Abhängigkeitsverhältnisses zu weitaus starreren und strengeren Rechtsfolgen
führt als im deutschen Recht.

Die unwiderlegliche Vermutung beherrschenden Einflusses greift nach
dem S. E.-Statut schon bei der Möglichkeit *überwiegenden* Einflusses auf die
Geschäftsführung aufgrund von Verträgen ein. Diese Voraussetzung eines
Beherrschungverhältnisses stellt demnach wesentlich geringere Anforderungen als das deutsche Konzernrecht, das grundsätzlich eine umfassende Beherrschungsmöglichkeit verlangt und eine nur partiell beschränkte oder
überwiegende Einflußmöglichkeit nicht ausreichen läßt; das herrschende

---

[8a] Vgl. Begründung zum Regierungsentwurf Aktiengesetz 1965; GODIN-WIL-
HELMI, Aktiengesetz, § 329 Anm. 2 und BAUMBACH-HUECK, Aktiengesetz,
§ 329 Anm. 11.

[8b] BAG in Der Betrieb 1970, 1595.

[9] Vgl. BAUMBACH-HUECK, Aktiengesetz § 17 Anm. 4; WÜRDINGER, Großkommentar zum Aktiengesetz, § 17 Anm. 11 und § 18 Anm. 8.

[10] So WÜRDINGER, Großkommentar zum Aktiengesetz, § 17 Anm. 11.

Unternehmen muß die Möglichkeit haben, die gesamten geschäftlichen Dispositionen zu bestimmen und beliebige Einzelmaßnahmen zu erzwingen[11]. Die Aufstellung einer unwiderleglichen Vermutung bei Vorliegen eines so schillernden Tatbestandes wie des überwiegenden Einflusses auf die Geschäftsführung aufgrund horizontaler oder vertikaler Verträge bringt eine erhebliche Rechtsunsicherheit mit sich und zeigt eine vom deutschen Recht deutlich abweichende Bestimmung der Konzernzugehörigkeit. Wenn man einmal der Wunschvorstellung der Kommission folgt, daß das Modell des S. E.-Statuts Muster für ein harmonisiertes nationales Konzernrecht im EWG-Gebiet wird, so würde die Zuständigkeit des Europäischen Gerichtshofes einerseits und verschiedener nationaler Gerichte andererseits gerade bei Anwendung dieser unwiderleglichen Beherrschungsvermutung wegen des im hohen Maße unbestimmten Begriffs des überwiegenden Einflusses bald wieder zu erheblichen Rechtsunterschieden führen.

Da, wie oben gezeigt, ein dem S. E.-Statut unterliegender Konzerverband schon vorliegt, wenn eine S. E. an irgendeiner Stelle der Konzernkette als Spitze, Zwischen- oder Endglied eingeschaltet ist, haben die aufgezeigten Probleme des S. E.-Konzernbegriffs weitreichende Folgen. Welche rechtlichen Auswirkungen damit verbunden sind, wird unten bei der Betrachtung der materiellen Konzernregelung und ihrer Anwendung auch auf nationale Unternehmen zu zeigen sein.

5. Materielle Konzernregelung im einzelnen

5.1 Publizitätsvorschriften

Die Publizitätsvorschrift des Art. 226 (Eintragung der Konzerneigenschaft ins Handelsregister und entsprechende Bekanntmachung) bezieht sich nur auf die S. E. und nicht auf mit der S. E. verbundene nationale Gesellschaften. Da die Publizitätsvorschrift nach der Begründung der Kommission vor allem die freien Aktionäre und die Gläubiger abhängiger Gesellschaften über ihre Rechte aufklären soll, ist es nicht recht ersichtlich, wieso die Publizität auf die S. E. beschränkt bleibt; die den freien Aktionären und Gläubigern im Statut eingeräumten Schutzrechte erfordern eine entsprechende Publizität über das Abhängigkeitsverhältnis auch bei den im Konzernverband stehenden nationalen Unternehmen[12].

Die Pflicht zur Aufstellung eines Konzernabschlusses trifft nur die S. E. als herrschendes Unternehmen; ist die S. E. im Mittelbau eines Konzerns sowohl abhängiges als auch herrschendes Unternehmen, so hat sie einen Teilkonzernabschluß mit einem Teilkonzerngeschäftsbericht aufzustellen, soweit die Obergesellschaft die Publizitätsvorschriften nicht schon selbst erfüllt.

---

[11] So WÜRDINGER, Großkommentar zum Aktiengesetz, § 17 Anm. 4.
[12] So auch KOPPENSTEINER, Außenwirtschaftsdienst des BB, 1970, S. 437.

Allerdings können hier aufgrund des erweiterten Konzernbegriffs des Statuts der S. E. (s. oben 4) bisher nicht konsolidierungspflichtige Tochtergesellschaften weltweit ohne Änderung der Beziehungen zur herrschenden (Zwischen-)Gesellschaft in die Konsolidierung einbezogen werden.

Daneben bestehen nach dem S. E.-Statut Mitteilungspflichten für 10⁰/o übersteigende Beteiligungen einer S. E. an anderen Gesellschaften oder anderer Gesellschaften an einer S. E. (Art. 47 Ziff. 5), die den Mitteilungspflichten gemäß § 20 AktG entsprechen, im Falle der S. E. jedoch vor allem dazu dienen, das gemäß Art. 47 bestehende Verbot der wechselseitigen Beziehungen (mehr als 10⁰/o) zu sichern. Derartige Beteiligungen sind ferner im Anhang zum Jahresabschluß der S. E. anzugeben (Art. 191 Ziff. 3 und 4). Die Mitteilungspflichten gemäß Art. 47 Ziff. 5 gelten sowohl für die S. E. als auch für jede andere Gesellschaft, die in erwähnter Weise an der S. E. beteiligt ist. Dabei erscheint der im Text der Statuten erwähnte Begriff „Gesellschaften" als klärungsbedürftig. Der Europäische Gerichtshof wird im Zweifel interpretieren müssen, welche nationalen Rechtsformen von Unternehmen in den einzelnen EWG-Mitgliedstaaten als „Gesellschaft" anzusehen sind.

5.2 Schutzvorschriften und Weisungsrechte im einstufigen S. E.-Konzern

Art. 223 gibt in Verbindung mit Art. 6 — wie schon gesagt — eine dem deutschen Recht entsprechende Konzerndefinition, die auch mehrstufige Konzerne, in die eine S. E. eingeordnet ist, erfaßt. Der Kreis der Konzernunternehmen, auf die die Vorschriften des Statuts über den Schutz der freien Aktionäre und der Gläubiger sowie über das Weisungsrecht anwendbar sind, ist jedoch in der Rechtsanwendungsvorschrift des Art. 224 — wie oben (2) kurz umrissen — speziell abgegrenzt. Wie noch zu zeigen ist, ergeben sich daraus für den mehrstufigen Konzern außerordentliche Auslegungsschwierigkeiten und wohl auch Brüche in der Konzernrechtsregelung. Schutzvorschriften und Weisungsrechte sollen daher zur Erleichterung des Verständnisses hier zunächst nur für den einstufigen Konzern mit einer S. E. behandelt werden.

5.2.1 Schutzvorschriften für freie Aktionäre

Die Vorschriften zum Schutz der freien Aktionäre gemäß Art. 228 ff. bilden, verglichen mit dem deutschen Recht, eine sehr starre und in der Systematik einfache Regelung. Ohne Unterscheidung eines vertraglichen oder faktischen Konzerns haben die freien Aktionäre im S. E.-Konzernrecht ein Wahlrecht zwischen einer Barabfindung gegen Aktienhingabe, einem Umtauschrecht in Aktien des herrschenden Unternehmens und, soweit dies angeboten wird, einem jährlich fälligen, auf den Nennbetrag bezogenen Ausgleich. Ob das Schutzbedürfnis der freien Aktionäre es rechtfertigt, ihnen so weitgehende Rechte zuzubilligen, ist eine ordnungspolitische Frage. Diese

Lösung vermeidet jedenfalls die wenig praktikable und auch rechtspolitisch
sehr umstrittene Regelung des Abhängigkeitsberichtes im deutschen Konzernrecht für den faktischen Konzern. Da das Statut der S. E. keine Unternehmensverträge kennt und das Weisungsrecht an die Erfüllung der Schutzvorschriften geknüpft wird, muß man den S. E.-Konzern als einen legalisierten faktischen Konzern ansehen. Für diese Legalisierung muß allerdings
der Preis gezahlt werden, den freien Aktionären der abhängigen Konzerngesellschaften Abfindungsangebote zu machen und Gläubigerschutz zu gewähren. Das dürfte für manchen Konzern im Bereich anderer nationaler
Rechtsordnungen der EWG als der deutschen die S. E. als Konzern-Holding
von vornherein benachteiligen, da die Weisungsmöglichkeit im faktischen
Konzern dort nicht von der Übernahme von Schutzpflichten abhängt; auch
für deutsche Konzerne dürfte das mit Eingehen der Konzernbindung automatisch entstehende Doppelwahlrecht der freien Aktionäre u. U. ein nicht
unerhebliches Hindernis für den Gebrauch des S. E.-Statuts sein.

Das S. E.-Statut schützt freie Aktionäre eines beherrschten Konzernunternehmens nur, wenn ihr Unternehmen seinen Sitz in einem Mitgliedstaat
der EWG hat. Das Statut läßt den Aktionärsschutz außerhalb des EWG-
Raumes Sache des zuständigen nationalen Rechts sein.

Tritt die S. E. als abhängiges Unternehmen auf, so finden die Schutzvorschriften für freie Aktionäre gemäß Art. 224 Ziff. 2 Anwendung auf
die S. E. selbst und ihre Beziehungen zum herrschenden Unternehmen, gleich
wo dessen Sitz ist. Die freien Aktionäre der S. E. werden also unabhängig
vom Sitz des herrschenden Unternehmens geschützt, während es im umgekehrten Fall (S. E. als herrschendes Unternehmen) für den Anwendungsbereich der Schutzvorschriften auf den Sitz des abhängigen Unternehmens
innerhalb der EWG ankommt. Diese Abgrenzung, zu der sich die Kommission in ihrem Vorschlag auch in der Begründung zu Art. 224 ausdrücklich
bekennt, entspricht durchaus der herrschenden Meinung zu dem angesprochenen kollisionsrechtlichen Problemkreis [13].

Gegenüber herrschenden Gesellschaften nationalen Rechts mit Sitz im
EWG-Gebiet gewährt das Statut den freien Aktionären der S. E die vollen
Schutzrechte — also gegen Hergabe ihrer Aktien an der beherrschten S. E.
Barabfindung nach Art. 229 Ziff. 2 oder Aktien des herrschenden Unter-
nehmens nach Art. 230 Ziff. 2. Gegenüber herrschenden Unternehmen
mit Sitz außerhalb der EWG haben die freien Aktionäre der abhängigen
S. E. dagegen nur einen Anspruch auf Barabfindung. Die Gründe für diese
differenzierende Regelung sieht die Kommission in ihrer Begründung zu
Art. 230 darin, daß zur Abfindung in Aktien die Festsetzung eines Um-
tauschverhältnisses notwendig ist, das eine Bewertung des herrschenden und

---

[13] Vgl. KOPPENSTEINER, Außenwirtschaftsdienst des BB, 1970, S. 438 Anm. 52 mit
Verweisungen.

abhängigen Unternehmens voraussetzt; eine Prüfung der wirtschaftlichen Verhältnisse von Drittländerunternehmen kann indes nicht durchgeführt werden. — Aus der Sicht des internationalen Privatrechts wäre allerdings selbst ein Anspruch auf Aktientausch theoretisch begründbar, da die Rechte und Pflichten, die mit den Mitgliedschaftsrechten des Aktionärs verbunden sind, der Rechtsordnung unterliegen, die für diese Mitgliedschaftsrechte gelten [14]. Daß jedoch bei einem Anspruch auf Umtausch der Aktien nicht unerhebliche Schwierigkeiten auftauchen würden, da es sich hier um einen Anspruch handelt, der in das Gesellschaftsrecht der anderen Rechtsordnung eingreift und über einen reinen Vermögensanspruch hinausgeht, liegt auf der Hand. —

Die im S. E.-Statut gefundene Lösung (Beschränkung auf die Barabfindung bei herrschenden Unternehmen mit Sitz in Drittländern) ist deshalb als der praktikabelste Weg vorzuziehen. Unternehmen mit Sitz außerhalb des EWG-Gebietes sind jedoch dadurch im Vorteil gegenüber Gesellschaften mit Sitz innerhalb der EWG, wenn sie vom Statut Gebrauch machen.

5.2.2 Gläubigerschutz

Gemäß Art. 239 haftet das herrschende Konzernunternehmen für die Verbindlichkeiten des abhängigen Unternehmens gesamtschuldnerisch; die Haftung kann in Anspruch genommen werden, wenn der Gläubiger vergeblich versucht hat, Befriedigung beim abhängigen Unternehmen zu erlangen.

Diese mit der wirtschaftlichen Verantwortlichkeit des herrschenden Unternehmens begründete Haftungsregelung für den Konzern stellt, verglichen mit dem deutschen Recht, ein völliges Novum dar. Während die deutschen Bestimmungen — §§ 300 bis 303 AktG für den Vertragskonzern und §§ 311 ff. für den faktischen Konzern — sich damit begnügen, eine Erhaltung des wirtschaftlichen Vermögens des abhängigen Unternehmens zu sichern bzw. den Mißbrauch des Einflusses auf abhängige Unternehmen durch herrschende Unternehmen zu verhüten, läßt das Europäische Aktienrecht die Konzernspitze unbeschränkt für wirtschaftliche Mißgeschicke der abhängigen Tochtergesellschaften haften.

Über die Wirksamkeit der Bestimmungen des deutschen Aktienrechts zum Schutz der Gläubiger von abhängigen Konzernunternehmen kann man sicherlich geteilter Meinung sein, die generelle Haftung der Konzernobergesellschaft läßt sich aber, wie die Kommission in ihrer Begründung zu Art. 239 selbst sieht, rechtssystematisch kaum rechtfertigen. Sie stellt im Ergebnis einen völligen Haftungsdurchgriff dar und führt zu einer Übersicherung der Gläubiger, da die Obergesellschaft auch dann haftet, wenn der Zusammenbruch der abhängigen Gesellschaft auf Umständen beruht, die mit der Konzerneigenschaft in keinem Zusammenhang stehen.

---

[14] Vgl. für das deutsche Recht WÜRDINGER, Aktien- und Konzernrecht, 1966, S. 20 ff.

Ist die S. E. herrschendes Unternehmen, haftet sie für die Verbindlichkeiten nationaler abhängiger Konzernunternehmen mit Sitz innerhalb der Mitgliedsstaaten. Entsprechend der Regelung bei den Schutzvorschriften für freie Aktionäre werden auch hier die Gläubiger von nationalen abhängigen Konzernunternehmen mit Sitz in Drittländern nicht geschützt. Ist die S. E. abhängiges Unternehmen, haftet das nationale herrschende Unternehmen, gleichgültig, ob es seinen Sitz innerhalb oder außerhalb der EWG hat.

5.2.3 Weisungsrecht

Das europäische Konzernrecht geht — so auch die Begründung zu Art. 240 — vom Bestehen einer Weisungsmacht des herrschenden Konzernunternehmens gegenüber dem abhängigen aus, benutzt diese Weisungsmacht unter anderem auch als Tatbestandsmerkmal für den Konzernbegriff, enthält jedoch keine Bestimmungen über die Ausgestaltung des Konzernweisungsrechts. Art. 240 als einzige Vorschrift über das Weisungsrecht stellt klar, daß bei Gewährung der Schutzgarantien für die freien Aktionäre der Vorstand des abhängigen Unternehmens Weisungen des herrschenden Unternehmens nicht deshalb ablehnen kann, weil sie gegen die Interessen des abhängigen Unternehmens und damit auch gegen Interessen von freien Aktionären verstoßen würden.

Die S. E. als herrschendes Unternehmen ist in diesem Rahmen gesetzlich nicht gehindert, Weisungen an die Organe ihrer abhängigen Unternehmen, gleichgültig, ob diese ihren Sitz innerhalb oder außerhalb des EWG-Gebietes haben, zu geben. Weisungen braucht der Vorstand einer abhängigen S. E. dagegen nur zu befolgen, wenn sie von einem herrschenden Unternehmen mit Sitz im EWG-Gebiet ausgehen. Weisungen von einem herrschenden Unternehmen aus einem Drittland können dagegen mit Hinweis auf negative Auswirkungen für das abhängige Unternehmen abgelehnt werden; eine Regelung, die angesichts des auch hier gleichermaßen verbürgten Schutzes der freien Aktionäre und Gläubiger nicht konsequent ist, jedoch aus der Gefahr von Zugriffs- und Vollstreckungsschwierigkeiten verständlich ist. Man wird hier leicht die Gefahr einer sachlich nicht gerechtfertigten Diskriminierung von Unternehmen aus Drittländern sehen können [15].

5.2.4 Auswirkungen auf das deutsche Konzernrecht

Nur eine Gesamtübersicht, wie wir sie vorstehend versuchten zu geben, erlaubt eine abschließende Beurteilung, welche Normen des deutschen materiellen Konzernrechts auf die Verbindung zwischen S. E. und herrschendem oder beherrschtem deutschem Unternehmen noch Anwendung finden können, weil „dieser Gegenstand" nicht im Statut behandelt ist (Art. 7).

---

[15] Vgl. KOPPENSTEINER, Außenwirtschaftsdienst des BB, 1970, S. 436.

Bei der Betrachtung der Vorschriften des AktG über Unternehmensverträge (§§ 291 ff. AktG) auf ihre Anwendungsmöglichkeit beim Bestehen einer S. E.-Bindung ergibt sich folgendes: Die S. E.-Konzernregelung beruht auf einem legalisierten faktischen Konzern, d. h., daß die materiellen Konzernbeziehungen, sobald der Konzerntatbestand gegeben ist, ohne Bedürfnis und Möglichkeit einer vertraglichen Regelung durch das Gesetz bestimmt werden. Unternehmensverträge gemäß §§ 291 ff. AktG können also die Konzernbeziehungen materiell nicht regeln. Der Konzerntatbestand kann jedoch durchaus durch einen Beherrschungs- oder einen anderen Unternehmensvertrag begründet werden; Art. 6 Ziff. 2 c behandelt ausdrücklich die Begründung eines Abhängigkeitsverhältnisses durch unwiderlegliche Vermutung bei entsprechendem vertraglichem Einfluß. Auch im Geltungsbereich des S. E.-Statuts werden die in §§ 291 ff. AktG beschriebenen Verträge insoweit zulässig sein, als sie sich darauf beschränken, eine Konzernbeziehung herzustellen; die rechtliche Ausgestaltung dieser Konzernbeziehung ist dann allerdings der gesetzlichen Regelung des S. E.-Statuts vorbehalten.

Problematisch ist, ob die §§ 293 ff. AktG über Abschluß, Änderung und Beendigung der Unternehmensverträge Anwendung finden. Soweit die §§ 299 ff. AktG Verfahrens- und Sicherheitsvorschriften zugunsten der Aktionäre eines Unternehmens enthalten, das seine Selbständigkeit aufzugeben beabsichtigt, um in ein Abhängigkeitsverhältnis zu einem anderen Unternehmen zu treten, dürften sie durchaus anwendbar sein; denn sie bewahren die Aktionäre vor dem Eingehen einer voreiligen und unvorteilhaften konzernrechtlichen Bindung, während die dann entstehenden Konzernrechtsbeziehungen hier materiell nicht geregelt sind.

Die Weitergeltung der Unternehmensverträge der §§ 291 ff. AktG dürfte erst recht unproblematisch sein, soweit in ihnen Regelungen enthalten sind, die nichts spezifisch Konzernrechtliches betreffen oder darüber hinausgehen. So müßte der Abschluß von Ergebnisabführungsverträgen möglich sein, da sie die Gewinnabführung und Verlustübernahme behandeln und über § 7 b KStG steuerliche Auswirkungen haben. Ebenso wird man aber auch den Abschluß von Verträgen zur Bildung von Gewinngemeinschaften oder mit dem Inhalt von Betriebspacht- oder Betriebsüberlassungsverträgen (§ 292 AktG) für den S. E.-Konzern zulassen müssen. Die Art. 228—240 des S. E.-Statuts regeln die Beherrschung abhängiger Unternehmen und ihre Voraussetzungen, nicht aber die spezifischen Rechtsbeziehungen der vorgenannten Unternehmensverträge des deutschen Rechts, die, abgesehen von der damit entstehenden Beeinflussungsmöglichkeit, nicht typisch konzernrechtlichen Inhalts sind.

Dagegen ist im S. E.-Konzern der Abschnitt „Sicherung der Gesellschaft und der Gläubiger" (§§ 300—303 AktG) und der Abschnitt „Sicherung der außenstehenden Aktionäre bei Beherrschungs- und Gewinnabführungsverträgen" (§§ 304—307 AktG) auf den S. E.-Konzern nicht anwendbar. Das

S. E.-Statut hat den Schutz von freien Aktionären und Gläubigern anders geregelt. Man wird diese Regelung im Rahmen des legalisierten faktischen Konzerns des Statuts als abschließende Schutzregelung ansehen müssen, neben der eine vertragliche Regelung und auch ein zusätzlicher selbständiger Schutz der beherrschten Gesellschaften nach nationalem Recht ausgeschlossen ist. Das Statut berücksichtigt dabei allerdings *ein* im deutschen Aktienrecht anerkanntes weiteres Interesse am Bestand des Unternehmens nicht, das der Arbeitnehmer. Die Vorschriften der §§ 300 (gesetzliche Rücklage), 301 (Höchstbetrag der Gewinnabführung) und 302 (gesetzliche Verlustübernahmepflicht bei reinem Gewinnabführungsvertrag) dienen zwar in erster Linie der Erhaltung des Gesellschaftskapitals und der Sicherung der Gläubiger; damit wird jedoch auch konsequenterweise das Interesse der Arbeitnehmer am Bestand des Unternehmers geschützt. Das S. E.-Statut enhält dagegen keine Vorschrift, die auf eine Sicherung des Unternehmensbestandes abzielt. Man wird dies für rechtspolitisch bedauerlich halten müssen; da die entsprechenden konzernrechtlichen Beziehungen jedoch im S. E.-Statut gemäß Art. 7 erschöpfend geregelt sind, dürfte es nicht möglich sein, über das Ziel der Bestandssicherung eine Fortgeltung der §§ 300—302 AktG für deutsche Unternehmen zu postulieren.

Der gesamte zweite Teil des dritten Buches „Leitungsmacht und Verantwortlichkeit bei Abhängigkeit von Unternehmen" (§§ 308 ff. AktG) ist ferner für den S. E.-Konzern nicht anwendbar, und zwar der Abschnitt über die Verantwortlichkeit bei Fehlen eines Beherrschungsvertrages (§§ 311 ff. AktG) einschließlich des Abhängigkeitsberichtes schon ohnehin deshalb nicht, weil der S. E.-Konzern ein legalisierter faktischer Konzern ist. Auch die Kommission ist in ihrer Begründung zu Art. 224 der Meinung, daß §§ 311 ff. AktG nicht anwendbar sind, da das Statut auf anderem Wege alle Garantien zwingend vorschreibt, die das deutsche Recht mit dem Abschluß eines Beherrschungsvertrages verbindet. Aber auch der Abschnitt über Leitungsmacht und Verantwortlichkeit bei Bestehen eines Beherrschungsvertrages (§§ 308 ff. AktG), der das Verhältnis der Gesellschaften und ihrer Organe wie deren Haftung sehr differenziert regelt, kann keine Anwendung finden, denn der Gegenstand der Weisungsmöglichkeit im S. E.-Konzern ist in Art. 240 sehr lapidar, aber umfassend geregelt: Weisungen können nicht mit der Begründung abgelehnt werden, daß sie gegen das Interesse des abhängigen Konzernunternehmens verstoßen, da aufgrund des vollständigen Schutzes der freien Aktionäre und Gläubiger ein Bedürfnis für die Sicherung der Interessen des abhängigen Unternehmens nicht mehr besteht. Die Haftung für nachteilige Weisungen, wie sie § 309 AktG für die gesetzlichen Vertreter des herrschenden Unternehmens begründet, ist z. B. im S. E.-Statut durch die gesamtschuldnerische Haftung des herrschenden Unternehmens gegenüber den Gläubigern des abhängigen Unternehmens abschließend geregelt.

5.3 Schutzvorschriften und Weisungsrechte im mehrstufigen Konzern

Wie schon einleitend im Abschnitt 5.2 gesagt, ist der Kreis der Konzernunternehmen, auf die die Vorschriften des Statuts über den Schutz der freien Aktionäre und Gläubiger sowie über das Weisungsrecht anwendbar sind, in Art. 224 anders abgegrenzt als die allgemeine Konzerndefinition des Art. 223, die im Zusammenhang mit Art. 6 — ebenso wie im deutschen Recht — auch jedes mittelbar herrschende oder beherrschte Unternehmen in die Konzernkette einschließt.

Wenn auch das S. E.-Statut für sich in Anspruch nimmt, die Konzernbeziehungen der S. E. ausschließlich und erschöpfend zu regeln, so sind für die Frage der Ausdehnung der Konzernbestimmungen auf nationale Konzerne doch grundsätzlich zwei Möglichkeiten denkbar:

Im einen Fall regelt das S. E.-Statut sämtliche konzernrechtlich bestimmten Beziehungen im gesamten Konzern bis zur letzten, nur mittelbar beherrschten Konzerngeneration hinunter bzw. bis zur Konzernspitze hinauf, wenn auch nur irgendwo in der Konzernkette eine S. E. eingeordnet ist. Im anderen Fall regelt das S. E.-Statut nur die Beziehungen der S. E. zu der von ihr unmittelbar abhängigen nationalen Gesellschaft bzw. gegenüber der sie unmittelbar beherrschenden nationalen Gesellschaft.

Während Art. 224 Ziff. 1 von der S. E. als herrschendem Konzernunternehmen und von abhängigen Konzerunternehmen (Mehrzahl) spricht, beschränkt Art. 224 Ziff. 2 die genannten Vorschriften des S. E.-Statuts bei der beherrschten S. E. auf deren Beziehungen zu dem herrschenden Unternehmen (Einzahl). Damit liegt es nahe, nach dem Text der Vorschrift davon auszugehen, daß bei einer S. E. als herrschendem Unternehmen die gesamte Konzernkette, jedoch bei der S. E. als beherrschtem Unternehmen nur die unmittelbare Beziehung zum herrschenden Unternehmen erfaßt ist. Man sollte dieser philologischen Unterscheidung nicht allzuviel Bedeutung beimessen. Ein Abriß der Auswirkungen einer Ausdehnung der Konzernschutz- und Weisungsbestimmungen auf oberhalb oder unterhalb der S. E. sich fortsetzende Konzernketten zeigt allerdings, daß eine sinnvolle Anwendung der Konzernvorschriften des S. E.-Statuts zu einer Begrenzung bei Konzernketten führen muß.

Die nähere Betrachtung der Bestimmungen über Umtausch von Aktien freier Aktionäre gegen Aktien der herrschenden Gesellschaft (Art. 230) lassen erkennen, daß das Statut jedenfalls diesen Schutz nur den freien Aktionären einer unmittelbar von einer S. E. beherrschten Gesellschaft gewährt und nicht den freien Aktionären von Konzerngesellschaften der Enkelgeneration. Ebenso steht den freien Aktionären einer beherrschten S. E. ein Umtauschrecht für ihre Aktien gegen Aktien des herrschenden Unternehmens nur gegenüber dem unmittelbar herrschenden Unternehmen zu. Dieses Ergebnis folgt aus der Bestimmung des Art. 230 Ziff. 3, wonach eine S. E. als Konzern-zwischenglied den freien Aktionären eines von ihr abhängigen Konzern-unternehmens — ebenso wie ein nationales Unternehmen, das eine S. E. beherrscht, den freien Aktionären des beherrschten Unternehmens — anstelle der eigenen Aktien auch Aktien der darüber stehenden Konzerngesellschaft gewähren kann, aber nicht muß, wenn dieses herrschende Unternehmen selbst eine S. E. ist oder ihren Sitz im EWG-Gebiet hat. Also ist die mittelbar herrschende Konzernspitze in keinem Fall nach Art. 230 Ziff. 1 verpflichtet, den freien Aktionären ihrer beherrschten Enkelgesellschaften eigene Aktien zum Umtausch anzubieten.

Der Wortlaut des Art. 229 läßt dagegen mindestens (vgl. Art. 224 Ziff 1) [16] für die Konzernkette, die sich an eine S. E. anschließt, die Auslegung zu, daß auch freie Aktionäre mittelbar beherrschter Konzernunternehmen der Enkelgeneration einen unmittelbaren Anspruch auf Barabfindung bei Übertragung ihrer Aktien nicht nur gegen das unmittelbar herrschende Unternehmen, sondern auch gegen die S. E. als mittelbar herrschendes Unter-nehmen oder Konzernspitze haben. Es fehlt hier allerdings jede Regelung, wer die gegen Barabfindung zu übertragenden Aktien der beherrschten Gesellschaft übernehmen soll — eine Frage, die gemäß Art. 7 auch nicht nach nationalem Recht entschieden werden kann. Ob die Anwendung des Art. 229 auf die gesamte Konzernkette gewollt ist, erscheint deshalb sehr fraglich.

Die Gläubigerschutzvorschrift des Art. 239 könnte nach ihrem Wortlaut in Verbindung mit Art. 224 ebenfalls Anwendung finden für die vollstän-dige Konzernkette bis hin zur letzten nationalen Tochtergesellschaft. Auch hier ist jedoch, ähnlich wie bei Art 229, das Verhältnis mehrerer haftender Konzerngesellschaften untereinander nicht geregelt. Wenn die Gläubiger einer Konzerngesellschaft sich sogleich an die Konzernspitze wenden könnten, ohne die als Zwischenglied herrschende Gesellschaft in Anspruch zu nehmen, würde damit eine durch nichts begründete Übersicherung der Gläubiger ent-stehen. Letztlich haftet natürlich die Konzernspitze, wenn die Zwischen-glieder in der Konzernkette durch Inanspruchnahme zahlungsunfähig ge-worden sind; die Gläubiger werden sich jedoch zunächst einmal an die un-mittelbar übergeordnete Gesellschaft wenden müssen.

Das Weisungsrecht des Art. 240 setzt voraus, daß den Aktionären des abhängigen Konzernunternehmens die Garantien des Art. 228 ff. gewährt sind und daß die Gläubiger gemäß Art. 239 geschützt sind; nur insoweit ist es dem Vertretungsorgan des abhängigen Unternehmens gestattet, Wei-sungen zu befolgen, die sich gegen Interessen des eigenen Unternehmens richten. Art. 240 steht damit in zwingendem Zusammenhang zu den Schutzvorschriften für Aktionäre und Gläubiger. Da, wie oben gezeigt, die

---

[16] Wegen der Fassung von Art. 224 Ziff. 1, die von der S. E. als herrschendem Unternehmen und (mehreren) abhängigen Unternehmen spricht.

Anwendung der Schutzvorschriften auf alle Konzernketten nur teilweise überhaupt infrage kommt und im ganzen sehr zweifelhaft ist, kann Art. 240 nur für unmittelbar von der S. E. abhängige Unternehmen und nicht für mittelbar abhängige Konzerntöchter gelten.

Die Beschränkung der Schutz- und Weisungsregelungen des S. E.-Statuts auf das unmittelbar mit der S. E. verbundene Glied einer Konzernkette erscheint auch aus dem Gesichtspunkt der Aufgabe und der Grenzen des Statuts einer Europäischen Aktiengesellschaft sinnvoll: Die Anwendung der Schutz- und Weisungsregelungen des S. E.-Statuts bei Einschaltung einer S. E. in einen nationalen oder internationalen mehrstufigen Konzern auf sämtliche Glieder der Konzernkette würde einen nicht gewollten und nicht gerechtfertigten Eingriff in vielfältige Rechtsbeziehungen nationaler Unternehmen zur Folge haben. Da das S. E.-Statut nicht die Aufgabe haben kann, die Harmonisierung von Schutzbestimmungen nationaler Gesellschaften zu ersetzen, kann die Unterschiedlichkeit nationaler Regelung des Gesellschafts- und Konzernrechts und der Wunsch nach Rechtseinheit zur Begründung eines extensiven Anwendungsbereiches der Konzernregelung des S. E.-Statutes nicht herangezogen werden.

Auch die auf eine Stufe beschränkte S. E.-Konzernregelung wirft jedoch bei ihrer Verbindung mit dem nationalen Rechtskreis Probleme auf, wobei im Rahmen dieser Arbeit nur das deutsche Recht betrachtet werden kann.

Bei der Verbindung der S. E. mit einem Unternehmen des deutschen Rechtskreises ist wieder die Unterscheidung zwischen einem Vertragskonzern und einem faktischen Konzern zu machen.

Nur bei Vorliegen eines Vertragskonzerns würden mittelbare Weisungen der deutschen Konzernobergesellschaft sich ohne Schwierigkeiten auf die S. E. auswirken oder Weisungen der S. E. mittelbar an deutsche Enkelgesellschaften weitergegeben werden können, wobei Rechtsschutz und Rechtsfolge für die mittelbaren Konzernverbindungen zur S. E. dem nationalen Recht vorbehalten bleiben.

Bei der Verbindung einer S. E. zum mehrstufigen faktischen Konzern kann das Weisungsrecht der S. E. als Obergesellschaft sich nicht nur aus Gründen der beschränkten Anwendung des S. E.-Statuts, sondern auch wegen der Schutzvorschriften der §§ 311 ff. AktG sich nur auf die unmittelbar beherrschte nationale Gesellschaft erstrecken, die Weisungen der S. E. an ihre Tochtergesellschaften nur unter Berücksichtigung der Beschränkungen des § 311 AktG weitergeben kann. Im umgekehrten Falle — die S. E. als beherrschtes Unternehmen im mehrstufigen faktischen Konzern — sind die Wirkungen der §§ 311 ff. AktG zugunsten der S. E. durchaus zweifelhaft. Denn mittelbar gegebene Weisungen der Konzernspitze für die Geschäftstätigkeit der S. E. verletzen die Interessen aller zwischengeschalteten Gesellschaften des faktischen Konzerns und insbesondere die des nach dem S. E.-Statut weisungsbefugten, der S. E. unmittelbar vorgeschalteten Unternehmens nur dann, wenn man annimmt, daß dadurch der Wert ihrer Beteiligungen an der S. E. herabgemindert wird; eine solche Interessenverletzung ist aber Voraussetzung für das in § 311 AktG enthaltene Weisungsverbot. Die S. E. ist daher Weisungen der unmittelbar herrschenden deutschen Gesellschaft ohne den Schutz des § 311 AktG ausgesetzt; als Ausgleich bestehen hier nur die Schutzvorschriften des S. E.-Statuts, die lediglich auf die unmittelbar herrschende Gesellschaft, also das Zwischenglied im mehrstufigen Konzern, Anwendung finden. Es zeigen sich hier deutlich die Schwierigkeiten der Verbindung einer S. E. mit einem mehrstufigen nationalen oder internationalen Konzern und die Problematik der Regelung des S. E.-Statuts mit denen fremder Konzernrechtsordnungen.

Trotz dieser Schwierigkeiten erscheint uns jedoch eine Abgrenzung zwischen nationalem Konzernrecht und dem Konzernrecht des S. E.-Statuts, wonach sich das S. E.-Statut nur auf die Konzernbeziehung zu dem nächsten vorgeordneten oder nächsten nachgeordneten Unternehmen bezieht, als sachgerecht und durchaus den gesetzgeberischen Intentionen beim Vorschlag des S. E.-Statuts entsprechend. Eine andere Lösung würde neben den schon gezeigten Problemen außerdem wegen des Eingriffs in nationale Rechtsordnungen zu erheblichen Rechtsunsicherheiten führen, da gleiche Sachverhalte einer unterschiedlichen Jurisdiktion durch den Europäischen Gerichtshof und nationale Gerichte unterworfen wären, je nachdem, ob in einer gesellschaftsrechtlichen Verflechtung eine S. E. im Spiele ist oder nicht.

Die Einräumung von Vertretungs- und Geschäftsführungsbefugnissen in Personenhandelsgesellschaften an gesellschaftsfremde Personen

Klaus Dellmann

I. Problemstellung

Die Ausgestaltung von Gesellschaftsverträgen bei Personengesellschaften wird immer variationsreicher. Um den Anforderungen der modernen industriellen Wirtschaft und individuellen Bedürfnissen gerecht zu werden, ist es in der Praxis mehr und mehr üblich geworden, Elemente aus unterschiedlichen Gesellschaftsformen zu vermischen sowie sonstige Typendehnungen einzuführen, d. h. eine Gesellschaftsform auf ursprünglich nicht vorgesehene geschäftliche Zwecke auszuweiten. Gleichzeitig häufen sich die Fälle, in denen Rechtsprechung [1] und Schrifttum [2] prüfen, ob spezielle — unter Berufung auf die im Personengesellschaftsrecht geltende Vertragsfreiheit — gewählte Bestimmungen eines Gesellschaftsvertrages oder Gestaltungen einer Gesellschaftsform rechtswirksam sind. Hierbei wird die grundsätzliche Frage nach den Grenzen der Vertragsfreiheit im Personengesellschaftsrecht angesprochen und eine Entwicklung sichtbar, der eine nur durch zwingendes Recht und das Verbot der Sittenwidrigkeit begrenzte Gestaltungsfreiheit zu weitgehend erscheint [3].

---

[1] Die für den Bereich des Personengesellschaftsrechts ergangene Rspr. stellt es bei ihrer Kontrolle der Grenzen der Vertragsfreiheit ausschließlich auf das Argument ab, vertragliche Vereinbarungen dürften nicht gegen das „Wesen" der Gesellschaft verstoßen; so z. B. RG ZAKDR 44, 129 f. (in einer kritischen Anmerkung a.a.O. lehnt Hueck das Wesensargument ab); RGZ 165, 260, 265; BGHZ 3, 354, 357; 10, 44, 48; 41, 367, 369.

[2] Im Gegensatz zur Rspr. (Fn. 1) versucht die Literatur, zur Eingrenzung der Vertragsfreiheit zahlreiche andere Kriterien heranzuziehen. Im einzelnen wird hierzu auf die gerade in jüngster Zeit erschienenen Veröffentlichungen verwiesen, wie: Teichmann, Gestaltungsfreiheit in Gesellschaftsverträgen, München 1970; Nitschke, Die körperschaftlich strukturierte Personengesellschaft, Bielefeld 1970; H. P. Westermann, Vertragsfreiheit und Typengesetzlichkeit im Recht der Personengesellschaften, Berlin-Heidelberg-New York 1970.

[3] H. P. Westermann a.a.O. (Fn. 2) weist im Vorwort darauf hin, daß z. Zt. „eine Entwicklungsphase des Gesellschaftsrechts" feststellbar sei, „die sich durch das Bemühen um die Grenzen der Vertragsfreiheit und um die grundlegenden Strukturprobleme der Verbandstypen kennzeichnet".

Es muß verneint werden, aufgrund der bisher vorliegenden Untersuchungen die Frage nach den Grenzen der Vertragsfreiheit im Personengesellschaftsrecht generell beantworten zu können. Man wird sich z. Z. damit begnügen müssen, die Frage Punkt für Punkt zu untersuchen und zu entscheiden [4] und „bis zur endgültigen Befestigung des dogmatischen Bodens gewisser Rechtsinstitute allgemeine, die eigentliche Problematik notdürftig zudeckende Metaphern als Arbeitsmittel dem ungewissen Vordringen in die Tiefe der Dinge" vorzuziehen [5].

Die vorliegende Ausarbeitung soll insoweit hierzu einen Beitrag leisten, als sie es sich zur Aufgabe macht, den Möglichkeiten der Einräumung von Mitverwaltungsrechten in Personenhandelsgesellschaften an Gesellschaftsfremde nachzugehen und etwaige Grenzen der Gestaltungsmöglichkeiten aufzuweisen. Bei der Verwendung des Begriffs „Verwaltungsrechte" wird ausgegangen von der wohl allgemein üblichen Einteilung der Mitgliedsrechte in Vermögens- und Verwaltungsrechte [6]. Das zur Abgrenzung der Mitverwaltungsrechte von den Vermögensrechten entscheidende Merkmal liegt darin, daß die Mitverwaltungsrechte eine Teilhabe am Gesellschaftsgeschehen und am Willensbildungsprozeß gewähren [7]. Hierzu gehören u. a. Geschäftsführungsbefugnis und Vertretungsmacht [8], das Stimmrecht, das Informations- und Kontrollrecht sowie das Recht auf Mitwirkung bei der Liquidation. Die vorliegende Untersuchung beschränkt sich auf die Erörterung der Frage, inwieweit Gesellschaftsfremden Vertretung und Geschäftsführung übertragen werden kann [9].

Zur Abgrenzung des Themenbereiches muß darauf hingewiesen werden, daß Ausgangspunkt der Abhandlung die Frage nach den Grenzen der Vertragsfreiheit ist. Bei den nachstehenden Ausführungen ist daher stets zu unterstellen, daß alle Gesellschafter mit den angesprochenen Vertragsregelungen einverstanden sind. Klargestellt werden muß auch, daß nicht geprüft wird, inwieweit Gesellschaftsfremde mittels „Abspaltung" von Rechten eines Gesellschafters oder kraft Vollmacht in der Gesellschaft Rechtsposi-

---

[4] So auch NITSCHKE, a.a.O. (Fn. 2), S. 8.

[5] H. P. WESTERMANN, a.a.O. (Fn. 2), S. 162.

[6] HUECK, Das Recht der offenen Handelsgesellschaft, 1964, S. 193; weitere Literaturnachweise bei WIEDEMANN, Die Übertragung und Vererbung von Mitgliedschaftsrechten bei Handelsgesellschaften, München-Berlin 1965, S. 32, Anm. 2.

[7] TEICHMANN, a.a.O. (Fn. 2), S. 142 f., 176.

[8] a.A. WIEDEMANN, a.a.O. (Fn. 6), S. 35, der Vertretungsmacht und Geschäftsführungsbefugnis nicht zu den Verwaltungsrechten zählt, die Organstellung vielmehr als ein Amt kennzeichnet. Insoweit ablehnend TEICHMANN, a.a.O. (Fn. 2), S. 176.

[9] Die Beteiligung Dritter an den sonstigen Verwaltungsrechten ist in der bereits erwähnten Monographie von NITSCHKE (Fn. 2), neben anderen Themen ausführlich abgehandelt worden.

tionen erhalten können; vielmehr soll erörtert werden, inwieweit es möglich ist, Gesellschaftsfremde durch Neubegründung von Verwaltungsrechten in ihrer Person am gesellschaftlichen Geschehen zu beteiligen.

II. Die Beteiligung Gesellschaftsfremder in den Vertretungsorganen

1. Die Frage, inwieweit die Ausstattung einer gesellschaftsfremden Person mit eigenen, nicht abgeleiteten Vertretungsbefugnissen zulässig ist, gehört zu den in Theorie und Praxis bedeutsamen und seit über 100 Jahren [10] diskutierten Fragen. Nach heute herrschender Meinung [11] gilt für Personengesellschaften [12] das Prinzip der Selbstorganschaft. Dies bedeutet, daß die Gesellschaft nur durch Gesellschafter organschaftlich vertreten werden darf [13] oder anders formuliert, daß die Verwaltungsrechte eines Gesellschafters der Mitgliedschaft anhaften und mit ihr unzertrennbar verbunden sind [14].

Dieser nach der herrschenden Meinung als unabdingbar geltende Grundsatz erfährt zwei Ausnahmen. Nach dem Gesetz (§ 146 HGB) darf ein Gesellschaftsfremder zum Liquidator bestellt werden. Die Rechtsprechung [15] macht die zweite Ausnahme, indem sie es für zulässig erklärt, in einem Prozeß über eine Ausschließungsklage durch einstweilige Verfügung dem Beklagten die Geschäftsführungs- und Vertretungsmacht zu entziehen und einen Gesellschaftsfremden als organschaftlichen Vertreter einzusetzen [16].

Da der BGH nach Meinung FISCHERs [17] die Unabdingbarkeit der Selbstorganschaft bei Personengesellschaften „abschließend" entschieden haben soll, könnte es müßig sein, das Für und Wider erneut zu erörtern. Dennoch sind in jüngster Zeit Untersuchungen [18] veröffentlicht worden, in denen der

---

[10] SCHOPP, Rechtspfleger 1963, S. 188, Anm. 18.

[11] BGHZ 26, 330, 333; 33, 105, 108; 41, 367, 369; 51, 198, 200. HUECK, a.a.O. (Fn. 6), S. 174 sowie in JZ 1961, 89. BAUMBACH-DUDEN: Handelsgesetzbuch 19. Aufl., München 1971, § 125, Anm. 4. SCHLEGELBERGER-GESSLER, HGB, 4. Aufl., Berlin-Frankfurt 1960, 1963, 1965, § 125, Anm. 11; WIEDEMANN, a.a.O. (Fn. 6), S. 372 und die dort in Anm. 2 aufgeführte weitere Literatur; NITSCHKE, a.a.O. (Fn. 2), S. 214. — Anderer Ansicht sind: TEICHMANN, a.a.O. (Fn. 2), S. 116 ff.; MÜLLER, NJW 1955, 1909, 1910; H. P. WESTERMANN, a.a.O. (Fn. 2), § 5 III, S. 148 ff.; § 10, S. 328 ff.; § 12, S. 443 ff.

[12] In Kapitalgesellschaften gilt der Grundsatz der Drittorganschaft.

[13] Vgl. NITSCHKE, a.a.O. (Fn. 2), S. 214, 215.

[14] WIEDEMANN, a.a.O. (Fn. 6), S. 277; SIEBERT, StBJB 1955/56, S. 299, 320 f.; WEIPERT, JR 1954, 60; BAUMBACH-DUDEN, § 109, Anm. 6 A; SOERGEL/SCHULTZE v. LASAULX, 10. Aufl. 1968, § 717, Anm. 6.

[15] BGHZ 33, 105, 111.

[16] Entsprechendes soll auch im Rahmen eines Abberufungsprozesses gelten, so z. B. HUECK, a.a.O. (Fn. 6), S. 218; H. P. WESTERMANN, a.a.O. (Fn. 2), S. 458; REIFF, NJW 1964, S. 1940, 1942; WIEDEMANN, a.a.O. (Fn. 6), S. 375; zweifelnd FISCHER, Anmerkung zu BGH LM 8, 9, 10 zu § 140 HGB.

[17] FISCHER, a.a.O. (Fn. 16).

[18] H. P. WESTERMANN, a.a.O., und TEICHMANN, a.a.O. (Fn. 2).

Fragenbereich erneut durchdacht wird und deren Argumente gewichtig genug sind, um Zweifel an der Endgültigkeit der z. Z. herrschenden Meinung auszulösen.

2. Nach der Rechtsprechung des BGH beruht das Prinzip der Selbstorganschaft vornehmlich auf dem Argument, zum Wesen der Personengesellschaft gehöre deren Selbstvertretung durch mindestens einen unbeschränkt haftenden Gesellschafter, der für die Handlungen der Gesellschaft persönlich die volle Verantwortung trage; ein Nichtgesellschafter scheide daher für die in §§ 125 ff. HGB geregelte organschaftliche Vertretung grundsätzlich aus [19].

Es ist TEICHMANN [20] zuzustimmen, wenn er feststellt, daß der BGH in seinen Entscheidungen weder das „Wesen" der Gesellschaft definiert, noch einen systematischen Kriterienkatalog entwickelt habe und auch bei der oben zitierten Entscheidung kein präzises Merkmal aufführe, demgegenüber ein Vertoß untragbar sei. Die Kritik TEICHMANNs wird bestätigt durch die tiefschürfenden Argumente in der Studie SCHEUERLEs über „das Wesen des Wesens" [21].

3. Das Schrifttum hat versucht, den globalen Begriff des „Wesens" auszufüllen, indem es die Selbstorganschaft als Leitidee des Typus der Personengesellschaft ausbaut und zum zwingenden, unabdingbaren Prinzip macht.

Im wesentlichen wird so argumentiert: das Prinzip der Selbstorganschaft stehe in engster Verbindung mit der im Personengesellschaftsrecht geltenden Leitidee einer Entsprechung von Herrschaft und Haftung. Ebenso wie der Gleichbehandlungsgrundsatz, die Personenbezogenheit und die Selbstkontrolle sei es ein Strukturelement dieser genannten Leitidee. Die Verbindung von Herrschaft und Haftung bedeute, daß niemand ein Unternehmen führen dürfe, der nicht das volle haftungsrechtliche Risiko trage (keine Herrschaft ohne Haftung). Führe man das Prinzip der Selbstorganschaft nicht durch, so sei der mit Vertretungsbefugnissen ausgestattete Dritte berechtigt, die Komplementäre unbeschränkt persönlich zu verpflichten.

Selbstorganschaft bei Personengesellschaften bedeute demgegenüber persönlich unbeschränkte Haftung des organschaftlichen Vertreters, darin liege das Machtkorrektiv. Wegen der fehlenden Haftung entfalle bei der Drittorganschaft dieses Korrektiv. Bei den Kapitalgesellschaften bestehe für die Vertretungsorgane ein anderes Korrektiv, indem die Organpersonen besonderen Überwachungs- sowie zivil- und strafrechtlichen Verantwortungsnormen unterlägen [22]. Dieses Verhältnis von Herrschaft und Haftung bilde ein zwingendes Ordnungselement der gesetzlichen Typenordnung. Die Zulassung der Drittorganschaft bei Personengesellschaften führe zu einer uner-

---

[19] BGHZ 41, 367, 369.
[20] TEICHMANN, a.a.O. (Fn. 2), S. 7, 118.
[21] SCHEUERLE, Das Wesen des Wesens, AcP 163, 429.
[22] NITSCHKE, a.a.O. (Fn. 2), S. 216 f., 238 f.

wünschten Typenvermischung, die aus rechtssystematischen und rechtsdogmatischen Gründen nicht geduldet werden dürfte [23], oder — in einer anderen Version — die Selbstorganschaft führe bei Personengesellschaften zu einer Verrenkung, stelle einen Mißbrauch einer Gesellschaftsform dar, dem nach dem Ordnungsprinzip entgegengetreten werden müsse [24].

Ist der Grundsatz „keine Herrschaft ohne Haftung" bei den oben erwähnten Lösungsmodellen auf gesellschaftsrechtliche Erwägungen gestützt, so gibt es andererseits Versuche, den Grundsatz an dem Gesellschaftsrecht übergeordneten Maximen des Wirtschaftsrechts, insbesondere der Wettbewerbsordnung, oder des Wirtschaftsverfassungsrechts auszurichten [25]. Unternehmungen und ihre Strukturen dürften, so wird argumentiert, nicht allein aus der isolierten Betrachtungsweise des Gesellschaftsrechts gesehen werden. Das Gesellschaftsrecht stamme in seinen Grundgedanken aus einer Zeit, in der man an eine „aus klaren rechtlichen Wertvorstellungen integrierten Wirtschaftsrechtsordnung" noch nicht gedacht habe [26]. Man müsse daher die „vom Gesetzgeber isoliert geschaffenen Gesellschaftsformen nachträglich zu einer einheitlichen Typenordnung als Teilbereich der Wirtschaftsrechtsordnung harmonisieren" [27] und ihnen damit einen Ordnungswert verschaffen, dessen Nichtbeachtung den Vorwurf des Institutionsmißbrauchs zur Folge habe. So soll z. B. nach den Vorstellungen des Neoliberalismus der Unternehmer, in dessen Hand Unternehmensbesitz und -leitung vereinigt ist, durch seine unbeschränkte Haftung von unwirtschaftlichem Verhalten abgehalten werden. Mit dem Wegfall der persönlichen Verantwortung entfalle ein funktionsfähiger Wettbewerb [28]. Über ein zwingendes Grundprinzip der Wirtschaftsverfassung dürfe sich die Privatautonomie nicht hinwegsetzen.

Die Kritik dieses die Selbstorganschaft aus Gründen des Gleichlaufs von Herrschaft und Haftung fordernden Schrifttums soll sich zunächst mit den

---

[23] PAULICK, Die eingetragene Genossenschaft als Beispiel gesetzlicher Typenbeschränkung. Zugleich ein Beitrag zur Typenlehre im Gesellschaftsrecht. Tübingen 1954, S. 84; HAUPT-REINHARDT, Gesellschaftsrecht, 4. Aufl., Tübingen 1952, § 22 III.

[24] J. v. GIERKE, Handelsrecht und Schiffahrtsrecht 8. Aufl., Berlin 1958, S. 207.

[25] Vgl. die eingehende Darstellung hierzu bei TEICHMANN, a.a.O. (Fn. 2), S. 9 ff. (vornehmlich unter dem allgemeinen Gesichtspunkt, inwieweit eine Einschränkung der Vertragsfreiheit aus Gesichtspunkten der Wirtschaftsverfassung und Gesamtrechtsordnung möglich ist); H. P. WESTERMANN, a.a.O. (Fn. 2), S. 88 ff., 272 ff.

[26] KUHN, Strohmanngründungen bei Kapitalgesellschaften, Tübingen 1964, S. 48. KUHN spricht in diesem Zusammenhang vom Kapitalgesellschaftsrecht; nach seiner Meinung ist eines der Grundprinzipien der kapitalgesellschaftsrechtlichen Typenordnung ebenfalls der mit der verteilten Lenkungsmacht korrespondierende Ausschluß der Haftung der Gesellschafter.

[27] KUHN, a.a.O. (Fn. 26), S. 48, 169.

[28] Vgl. die bei TEICHMANN, a.a.O. (Fn. 2), S. 126, Anm. 132, hierzu aufgeführten Literaturnachweise.

Argumenten befassen, die eine Eingrenzung der Privatautonomie aus wirtschaftsverfassungsrechtlichen oder wirtschaftsrechtlichen Normen herleiten.

Im Grundgesetz besteht keine Norm, die zur Begründung eines solchen Prinzips geeignet wäre. In der Literatur wird die Frage aufgeworfen, ob das Rechts- und Sozialstaatsprinzip als Kriterium für die Gestaltungsgrenzen herangezogen werden könne [29]. Man sieht übereinstimmend hierfür keinen Ansatzpunkt, nachdem das Bundesverfassungsgericht [30] zu dem Ergebnis gekommen ist, daß das Grundgesetz weder die wirtschaftspolitische Neutralität der Regierungs- und Gesetzgebungsgewalt noch eine nur mit marktkonformen Mitteln zu steuernde „soziale Marktwirtschaft" garantiere. Sogar für den Fall aber, daß der Grundsatz nicht wirtschaftspolitisch neutral wäre und einige Grundzüge einer Marktordnung mit dem Ziel sozialer Gerechtigkeit aufweisen sollte, ließen sich daraus keine konkreten Schlüsse auf die Einzelgestaltung der Personenunternehmen ziehen. Jedenfalls sei dies so lange nicht möglich, wie kraft ausdrücklicher Normierung durch den einfachen Gesetzgeber bei der GmbH die Möglichkeit beschränkter Haftung trotz voller Entscheidungsgewalt zulässig sei [31]. Dem ist sicherlich zuzustimmen.

Soweit wirtschaftsrechtliche Gesichtspunkte für die Durchdringung des Gesellschaftsrechts herangezogen werden sollen, könnte nur das GWB als integrierendes Gesetz in Betracht kommen. Echte Normenberührung besteht im Hinblick auf eine mögliche Überschneidung zwischen dem Wettbewerbsverbot der Gesellschafter einer oHG (§§ 112, 113 HGB) und der zwingenden Vorschrift des § 1 GWB. Der BGH [32] hat sich nicht veranlaßt gesehen, abschließend zu den Kollisionsmöglichkeiten Stellung zu nehmen, namentlich die in Betracht kommenden Abgrenzungsprobleme näher zu kennzeichnen und im einzelnen festzulegen, wann und unter welchen Umständen hier unter Berücksichtigung des mit § 1 GWB verfolgten Gesetzeszweckes der Anwendungsbereich des § 1 GWB zugunsten der §§ 112, 113 HGB einzuschränken ist. Wie auch immer eine abschließende Entscheidung ausfallen möge, ein über diese wettbewerbsbeschränkende Abrede hinausgehender Einfluß des GWB auf das Gesellschaftsrecht ist nicht festzustellen [33].

Es ist auch nicht nachzuweisen, daß der Gleichlauf von Herrschaft und Haftung als tragender Grundsatz im Gesellschaftsrecht besteht. Tatsache ist vielmehr, daß gemäß § 125 I HGB unbeschränkt haftende Gesellschafter bis auf geringe unverzichtbare Rechte auf ihre Mitwirkung an der Unternehmensführung verzichten können und gleichwohl voll haftend bleiben.

---

[29] SANDROCK, Grundbegriffe des Gesetzes gegen Wettbewerbsbeschränkungen, München 1968, S. 41, 49, 52 f.; H. P. WESTERMANN, a.a.O. (Fn. 2), S. 274, 91 f.
[30] BVerfGE 4, 7; 7, 377, 400; 14, 19, 23.
[31] Vgl. Fn. 29.
[32] BGHZ 38, 306 ff.
[33] So auch KUHN, a.a.O. (Fn. 26), S. 49; TEICHMANN, a.a.O. (Fn. 2), S. 12.

Wenn nach der herrschenden Auffassung alle Gesellschafter bis auf einen auf diese Weise auf ihr aktives Mitwirken verzichten können, dürfte es schwer zu begründen sein, warum der Verzicht anstelle zugunsten eines Mitgesellschafters nicht zugunsten eines Gesellschaftsfremden ausgesprochen werden darf. Die Entmachtung des verzichtenden Gesellschafters tritt in jedem Fall ein und der Umfang des Risikos bleibt gleich [34]. Man wird dieser Betrachtung des gleichbleibenden Risikos nicht mit dem Hinweis begegnen können, ein Mitgesellschafter sei generell vertrauenswürdiger und sorgfältiger als ein Dritter. Es ist ferner nicht zu übersehen, daß die Zulässigkeit der organschaftlichen Vertretung einer Personengesellschaft durch eine juristische Person das Prinzip „keine Herrschaft ohne Haftung" besonders fragwürdig werden läßt. Hat beispielsweise eine oHG sowohl juristische als auch natürliche Personen als Gesellschafter, so kann der Vorstand einer vertretungsberechtigten AG eine natürliche Person verpflichten, ohne selbst zu haften [35]. Mit Recht weist H. P. WESTERMANN [36] für diese Fälle darauf hin, daß die Organperson zwar den körperschaftlichen Machtkorrektiven, nicht jedoch einer unbeschränkten Haftung für die Schulden der oHG unterliege, ein Machtkorrektiv also insoweit fehle. Es zeigt sich also, daß im Bereich der Personengesellschaften Haftungsbeschränkung und Herrschaft keine unvereinbaren Gegensätze sind.

Zum Schutz von Gläubigerinteressen benötigt man das Prinzip des Gleichlaufs von Herrschaft und Haftung nicht. Der Gläubiger hat keine Veranlassung, im geschäftlichen Verkehr mit in der Form von Personengesellschaften geführten Unternehmen davon auszugehen, der persönlich haftende Gesellschafter führe auch die Gesellschaft [37]. Wenn er dies jemals hätte annehmen dürfen, so würde sich diese Situation geändert haben, nachdem — wie oben in anderem Zusammenhang erwähnt — die Organpersonen einer Kapitalgesellschaft, die Gesellschafterin einer Personengesellschaft ist, die anderen Gesellschafter, die natürliche Personen sind, unbeschränkt verpflichten dürfen, ohne selbst eine Haftung zu übernehmen. Inwieweit der organschaftlich auftretende Dritte einen besonderen Vertrauenstatbestand setzt, der nach den Grundsätzen des Rechtsscheins zu einer persönlichen Haftung führen kann, ist in diesem Zusammenhang nicht von Belang [38]. Vom Standpunkt des Gläubigerschutzes aus gesehen, kann ein durch die Zulassung der Drittorganschaft bedingter Strukturwandel der Personengesellschaft so lange nicht beanstandet werden, wie etwaige Manipulationen mit dem den Gläubigern haftenden Vermögen nicht vorgenommen werden. Um

---

[34] TEICHMANN, a.a.O. (Fn. 2), S. 118 f.; H. P. WESTERMANN, a.a.O. (Fn. 2), S. 332.

[35] Ein von NITSCHKE, a.a.O. (Fn. 2), S. 251, gebrachtes Beispiel.

[36] H. P. WESTERMANN, a.a.O. (Fn. 2), S. 280.

[37] BGHZ 45, 204 ff.

[38] Vgl. insoweit auch H. P. WESTERMANN, a.a.O. (Fn. 2), S. 337 i. Vbdg. mit S. 262 ff.

derartige Gefahren auszuschließen, bedarf es jedoch nicht der Anwendung des Prinzips vom Gleichlauf von Herrschaft und Haftung.

Nicht anders fällt die Entscheidung aus, wenn die Problematik im Hinblick auf das gesellschaftliche Innenverhältnis beurteilt wird. In diesem Zusammenhang wird das Argument vorgebracht, die Einsetzung eines nicht haftenden Gesellschaftsfremden als vertretungsberechtigtes Organ führe zur unzulässigen Selbstbindung der Gesellschafter [39]. Zur Abwehr dieser Gefahr von den Gesellschaftern und zum Schutz der Gesellschaft vor Überfremdung sei die Beibehaltung des zwingenden Prinzips der Selbstorganschaft notwendig. REINHARDT [40] bewertet die mögliche Abhängigkeit eines Gesellschafters von der Entscheidungsgewalt eines Gesellschaftsfremden geradezu als vorrangiges Problem. Auf der anderen Seite darf nicht außer acht gelassen werden, daß alle Gesellschafter bereit sind, ihre Entscheidungsfreiheit zugunsten eines Nichtgesellschafters einzuschränken oder preiszugeben. Aus diesem Gesichtswinkel gesehen, besteht eine Konfrontation zweier schutzwürdiger Prinzipien: des Rechtes der Gesellschafter auf Entscheidungsfreiheit und des berechtigten Interesses der Gesellschaft, vor Überfremdung, sowie des Interesses der Gesellschafter, vor unzumutbarer Beherrschung durch Dritte geschützt zu sein.

Demgegenüber bleibt zunächst die Frage zu stellen, aus welchen Gründen die betroffenen Gesellschafter hier eines besonderen Schutzes bedürfen, warum insbesondere gegenüber Auswüchsen in der Vertragsgestaltung nicht die allgemeinen Rechtsbehelfe ausreichende Hilfe gewähren können.

Selbst wenn man aber die allgemeinen Rechtsbehelfe für unzureichend hält, muß man, um eine sachgerechte Lösung zu finden, nicht die unabdingbare Selbstorganschaft als Regulativ fordern. Es trifft sicherlich zu, wie WIEDEMANN [41] es formuliert hat, daß die gesetzliche Regelung „in der Personengesellschaft eine Organisationsform zur Verfügung" stellt, „in der die Bestellung, Abberufung und Auswahl, also die Kontrolle der Gesellschaftsorgane durch die Verbindung zur Mitgliedschaft geregelt ist (§§ 125—127 HGB), eine Ordnung, die funktionsfähig und sachgerecht ausgebildet ist. Eine andere Organisation ist wohl denkbar, sie müßte aber im wesentlichen von der Rechtsprechung erst geschaffen werden ..., und zwar in vorsichtiger Analogie zu anderen Formen der Fremdverwaltung". Wenn WIEDEMANN trotz der Erkenntnis, daß die Selbstorganschaft zwar zum typus der Personengesellschaft gehört, jedoch kein zwingendes Prinzip ist, den von ihm für denkbar gehaltenen Drittorgangesellschaftsmodellen nicht nachgeht, so liegt dies daran, daß er das wirtschaftliche Bedürfnis an einer solchen Entwicklung verneint. Läßt man einmal außer acht, daß ein fehlen-

---

[39] SCHLEGELBERGER-GESSLER, a.a.O. (Fn. 11), § 125, Anm. 11.
[40] REINHARDT, Die Fortentwicklung des Rechts der offenen Handelsgesellschaft und Kommanditgesellschaft, Zeitschrift des Bernischen Juristenvereins 103, 329, 353.
[41] WIEDEMANN, a.a.O. (Fn. 6), S. 374.

des wirtschaftliches Bedürfnis kein Grund sein dürfte, eine vertragliche
Regelung für unzulässig zu halten [42], so bleibt das weitere Bedenken gegen
ihn bestehen, daß die angebotenen Hilfslösungen (Wahl der GmbH & Co.
KG als Gesellschaftsform oder die Aufnahme des Fremdverwalters als Gesellschafter ohne Kapitalanteil) zu völlig unbefriedigenden Ergebnissen
führen können [43]. Mit WIEDEMANN kann sicherlich davon ausgegangen werden, daß der Gesetzgeber den Gesichtspunkt der Zuordnung von Haftung
und Entscheidungsmacht bei der Normierung der Gesellschaftstypen vor
Augen gehabt hat. Damit ist aber nicht festgestellt, daß er ein zwingendes
Element in die Gesellschaftsordnung eingeführt hat. Es dürfen zwar nicht
die schwierigen Probleme übersehen werden, die entstehen, wenn an der
Haftung nicht beteiligte Personen für die Entscheidungen des Unternehmens
zuständig sind. Es wäre jedoch verfehlt, die dispositiven Gestaltungen im
Personengesellschaftsrecht durch typologisches Denken „einzufrieren" mit
der Folge, daß die Strukturen des auf die Verhältnisse der zweiten Hälfte
des 19. Jahrhunderts zugeschnittenen Gesellschaftsrechts beanspruchen könnten, als ausschließliche Modelle für die Unternehmensgestaltung zu dienen.
Richtiger könnte es z. B. sein, anstelle dieser Schemalösung eine verfeinerte
Interessenjurisprudenz einzusetzen [44], und zwar, worauf WIEDEMANN, wie
oben erwähnt, hinweist, in vorsichtiger Analogie zu anderen Formen der
Fremdverwaltung.

Einen solchen Weg geht z. B. H. P. WESTERMANN [45]. Er betrachtet das
Problem der Fremdorganschaft im wesentlichen unter dem Gesichtspunkt
der Zumutbarkeit. Mit Hilfe dieses Kriteriums zielt er darauf ab, die Maßstäbe für die Ausgestaltung der Drittorganschaft zu gewinnen. Er versucht,
dem einzelnen Gesellschafter einen Kernbereich an Mitwirkungsrechten zu
erhalten, indem er die Widerruflichkeit der Bestellung des Fremdorgans und
die Unentziehbarkeit gewisser Mitgliedsrechte in Erwägung zieht, um so die
Gesellschaft gegen eine Überfremdung und den einzelnen Gesellschafter
gegen eine Majorisierung zu sichern.

TEICHMANN [46] geht einen anderen Weg. Auch er verwirft das zwingende
Prinzip der Selbstorganschaft und hält die Fremdverwaltung für zulässig.

---

[42] So auch TEICHMANN, a.a.O. (Fn. 2), S. 124.

[43] Hierzu ausführlich H. P. WESTERMANN, a.a.O. (Fn. 2), S. 335 f. Er weist darauf
hin, daß besondere Schwierigkeiten auftreten können, wenn das letzte Eigen-
organ ausscheidet. Zwar leite die Rechtsprechung aus der gesellschaftlichen Treu-
bindung notfalls eine Pflicht zur Umwandlung der Gesellschaft her. Diese Lösung sei aber, weil sehr tiefgreifend, in der zur Verfügung stehenden Zeit zu-
meist nicht durchführbar, jedenfalls nicht in jedem Fall sinnvoll zu gestalten.
Überdies könnten alle Beteiligten einschließlich des Richters überfordert werden.

[44] So auch MERTENS, Die Einmann-GmbH & Co. KG und das Problem der gesellschaftsrechtlichen Grundtypenvermischung, NJW 1966, S. 1049, 1051.

[45] H. P. WESTERMANN, a.a.O. (Fn. 2), S. 342, 445 ff.

[46] TEICHMANN, a.a.O. (Fn. 2).

Den sachlichen Gehalt der Fremdverwaltung wünscht er jedoch einzugrenzen. Als Ausgangspunkt für die Frage, welches die Kriterien sind, durch die Gesellschaftsverträge in ihrer privatautonomen Gestaltung begrenzt werden, wählt er die institutionelle Theorie. Unter Institutionalisierung versteht er „die allmähliche Verfestigung vertraglicher Gestaltungsmöglichkeiten zu mehr oder weniger starren Konturen, die für die Beteiligten verbindlich sind ...". Der Erstarrungsvorgang wird sowohl durch den Gesetzgeber als auch durch die Rechtsprechung vollzogen. Entscheidend für die institutionelle Lehre ist es, „bestimmte Motive herauszufinden, die zur Begrenzung der Vertragsfreiheit führen." Als solche Motivationen erkennt er das öffentliche Interesse, den Gesellschafter- und Gläubigerschutz und die Funktion (formelle und materielle Funktion) an. Mit der hier besonders interessierenden materiellen Funktion wird die Notwendigkeit umschrieben, „bestimmte ethische Grundprinzipien, die zwischen staatlicher Gewalt und Bürger gelten, in das Verhalten der Gesellschafter untereinander aufzunehmen". Diese Grundprinzipien konkretisieren sich nach seiner Meinung in 3 Regeln: Macht und Kontrolle sind in der Gesellschaft voneinander zu trennen, der einzelne muß zumindest mittelbar am Willensbildungsprozeß in der Gesellschaft teilnehmen können, einem Gesellschaftsfremden darf eine gestaltende Teilnahme am Willensbildungsprozeß nicht eingeräumt werden [47]. Mittels dieser Kriterien bestimmt er die Grenzen der Vertragsgestaltung u. a. auch bei der Beteiligung Dritter an Organbefugnissen [48]. Da er die Stimmbefugnis des Gesellschafters als „politisches Recht" bewertet, wendet er diesen Gedanken wegen der Gleichheit der Interessenlage auf die Mitwirkung in einem Organ an. Er kommt zu dem Schluß, daß die materielle Funktion (das Hineindringen demokratischer Selbstverständlichkeit in das Privatrecht) es fordere, daß allein die Mitglieder einer Gemeinschaft den Gesamtwillen bilden dürften, ihnen allein die gestaltende Verantwortung für das Geschehen zustehe und daher diese Verantwortung nicht auf außenstehende Personen übertragen werden dürfe [49]. Wegen der Bedenken, die hiergegen vorzubringen sind, wird auf die Ausführungen von GESSLER [50] verwiesen. Obgleich GESSLER bei seiner Kritik der von TEICHMANN vorgeschlagenen 4 Motivationen die „Funktion" als gestaltungsbegrenzendes Kriterium am wenigsten infrage stellt, müssen starke Bedenken gegen die einfache Übernahme politischer Prinzipien ins Privatrecht erhoben werden. Hinzu kommt, daß die Prozedur der Institutionalisierung, und sofern ist GESSLER zuzustimmen, ein zu unsicheres Verfahren ist, um Rechtsprechung und Praxis jeweils Gewißheit darüber zu geben, wann Entwicklungen das endgültige Stadium der Institu-

---

[47] TEICHMANN, a.a.O. (Fn. 2), S. 250, 251.
[48] TEICHMANN, a.a.O. (Fn. 2), § 17.
[49] TEICHMANN, a.a.O. (Fn. 2), S. 191, 196.
[50] GESSLER in ZHR 1971, 90 ff.

tion erreicht haben. Demgegenüber scheint der auf dem Erfordernis der
Zumutbarkeit beruhende Lösungsvorschlag H. P. WESTERMANNs weniger
starr, dafür aber praktikabler zu sein.

III. Die Beteiligung Gesellschaftsfremder in Organen der Geschäftsführung

Auch hier hält die herrschende Meinung [51] an dem Prinzip der unabdingbaren Selbstorganschaft fest und hält die Übertragung von organschaftlichen Geschäftsführungsbefugnissen an Gesellschaftsfremde für unzulässig. Die hiergegen zu richtende Kritik deckt sich mit den gegen die Versagung der Drittorganschaft in der Vertretung unter II vorgetragenen Argumenten.

Die herrschende Ansicht hat dagegen keine Bedenken, einen Kommanditisten an der Geschäftsführung zu beteiligen und ihm sogar unter Ausschluß aller persönlich haftenden Gesellschafter die alleinige Geschäftsführungsbefugnis zu übertragen [52]. Obwohl es sich in diesem Fall nicht um
die Übertragung organschaftlicher Befugnisse an eine gesellschaftsfremde
Person handelt und daher mit dem hier interessierenden Fragenbereich der
Drittorganschaft kein unmittelbarer Zusammenhang besteht, ergeben sich aus
dieser Lehre einige Folgerungen, die die Bedenken gegen die Unabdingbarkeit der Selbstorganschaft nur verstärken können.

Wenn die Selbstorganschaft deshalb zwingend sein soll, weil nur bei ihr
gewährleistet sei, daß die Herrschaftsbefugnis mit einem Machtkorrektiv
versehen sei, so ist nicht einzusehen, welches das Machtkorrektiv für den mit
alleiniger organschaftlicher Geschäftsführungsbefugnis ausgestatteten Kommanditisten sein soll. Zu denken ist an folgende Situation: einem Kommanditisten ist unter Ausschluß aller persönlich haftenden Gesellschafter die
organschaftliche Geschäftsführungsbefugnis übertragen worden; neben ihm
ist ein Komplementär, zwar ohne Geschäftsführungsbefugnis, jedoch nach
der herrschenden Lehre der organschaftliche Vertreter der Gesellschaft. Bei
dieser Konstellation trifft der Kommanditist alle Entscheidungen, die er bei
der fehlenden Vertretungsmacht jedoch nicht selbst rechtswirksam durchführen kann. Der Komplementär wird zum rein ausführenden Organ des
Kommanditisten. Bei Anwendung der auf dem Prinzip des Gleichlaufs von
Herrschaft und Haftung aufbauenden Selbstorganschaft ist dies ein nicht
annehmbares Ergebnis, weil als Machtkorrektiv die unbeschränkte Haftung
des Machtinhabers gefordert wird. Es ist daher für NITSCHKE [53] nur folge-

---

[51] Eine umfassende Zusammenstellung von Rechtsprechungs- u. Literaturnachweisen gibt zu dieser Frage H. P. WESTERMANN, a.a.O. (Fn. 2), S. 329 f., Anm. 8 b.
[52] BGHZ 17, 392, 394; 51, 198, 201; sowie die von NITSCHKE, a.a.O. (Fn. 2), S.
259, Anm. 17, aufgeführte weitere Rechtsprechung und Literatur.
[53] NITSCHKE, a.a.O. (Fn. 2), S. 259.

richtig, wenn er nicht nur den Dritten, sondern auch den Kommanditisten von der organschaftlichen Geschäftsführungsbefugnis entgegen der herrschenden Ansicht ausgeschaltet sehen will.

Vollends fragwürdig wird die starre Selbstorganschaft durch eine sich neuerdings anbahnende Rechtsprechung des BGH [54]. Im Zusammenhang mit der Entscheidung darüber, ob die Zusammenarbeit zwischen einem Kommanditisten, der als wirtschaftlicher Alleininhaber der Gesellschaft zu betrachten ist, und einem vermögenslosen Komplementär ein Hindernis für den Kommanditisten darstelle, sich auf die Haftungsbeschränkung zu berufen, hat der BGH folgende Feststellungen getroffen: Selbst wenn der Kommanditist die gesamten Machtbefugnisse eines persönlich haftenden Gesellschafters besitze, führe dies nicht zu einer unbeschränkten Haftung. Ein Zusammenhang zwischen Handlungsbefugnis und Haftung sei in der Kommanditgesellschaft nicht zwingendes Recht. Die gegenteilige Ansicht könne „zu einer unheilvollen Rechtsunsicherheit" führen [55]. Die Rechtsentwicklung der letzten 50—60 Jahre lehre, daß „die Führung eines Handelsgeschäftes mit einer nur beschränkten Haftung durch eine einzelne oder durch mehrere natürliche Personen aus unserem Rechtsleben überhaupt nicht mehr fortzudenken sei [56]. Und letztlich: Die Tatsache allein, daß ein geschäftsführungsberechtigter Kommanditist eine vermögenslose Person als Komplementär vorschiebe, sei kein die Haftungsbeschränkung aufhebender Mißbrauch. Relevant sei vielmehr für eine Aufhebung der Haftungsbeschränkung nur eine Irreführung über die für den Rechtsverkehr „entscheidenden Punkte" [57], oder der Einsatz der Rechtsform zur Verfolgung von Zielen, „für die diese Rechtsform nicht bestimmt ist". Jeder Gesellschafter komme seiner Pflicht zur Unterrichtung der Öffentlichkeit nach, „wenn er kundgibt, ob er unbeschränkt oder beschränkt" haftet [58]. Diese Entscheidung läßt allerdings die Frage aufkommen, mit welcher Begründung der BGH die Übertragung organschaftlicher Geschäftsführungsbefugnisse an einen Gesellschaftsfremden in Zukunft versagen kann, und welche durchgreifenden Bedenken er gegen die Einsetzung eines Kommanditisten oder Dritten zum organschaftlichen Vertretungsorgan erheben will [59].

---

[54] BGHZ 45, 204 ff.
[55] BGHZ 45, 204, 206.
[56] BGHZ 45, 204, 207.
[57] BGHZ 45, 204, 209.
[58] BGHZ 45, 204, 208.
[59] So auch die Fragestellung von NITSCHKE, a.a.O. (Fn 2), S. 262.

Die Gesamthand als Besitzer

WERNER FLUME

1. Der Besitz der Gesamthand als Gruppe

Es ist die Frage: Ist die Gesamthand als Gruppe Besitzer oder sind Besitzer die einzelnen Gesamthänder? Es ist selbstverständlich, daß die Gruppe als solche nicht die tatsächliche Herrschaft ausüben kann. Das ist bei der Gesamthand als Gruppe nicht anders als bei der juristischen Person. Vielmehr ist nur zu fragen, ob die Ausübung der tatsächlichen Herrschaft, sei es durch die Gesamthänder oder durch Besitzdiener im Sinne des § 855 BGB, der Gesamthand, d. h. der Gruppe, oder je den einzelnen Gesamthändern als „Besitz" für die Anwendung der Vorschriften zugerechnet wird, die für den „Besitz" Rechtsfolgen bestimmen.

Die Untersuchung wird im folgenden für die Gesellschaft, und zwar die OHG und KG und die Gesellschaft des bürgerlichen Rechts durchgeführt. Die Problematik ist aber eine solche nicht gerade der Gesellschaft, sondern der Gesamthand. Die für die Gesellschaft gewonnenen Ergebnisse gelten deshalb grundsätzlich allgemein für die Gesamthand.

Für die juristische Person ist es heute anerkannt, daß ihr der Besitz zugerechnet wird, wenn ein Organ die tatsächliche Herrschaft ausübt. Das Organ, so sagt man, ist nicht Besitzdiener [1] oder Besitzmittler, sondern übt für die juristische Person die Sachherrschaft aus [2]. Außer Frage steht es ferner, daß bei Ausübung der tatsächlichen Herrschaft durch einen Besitzdiener im Sinne des § 855 die juristische Person Besitzer ist.

Bei der Gesellschaft ist es nicht anders. Die Gesellschaft als Gruppe ist Besitzer, wenn die tatsächliche Herrschaft durch Gesellschafter oder durch Besitzdiener für die Gesellschaft ausgeübt wird. Der für die Gesellschaft die tatsächliche Besitzherrschaft ausübende Gesellschafter ist dem Organ der juristischen Person für die Frage der Zurechnung des Besitzes gleichzustellen.

---

[1] Nach BALLERSTEDT, JuS 1965, 276, nimmt das Organ der juristischen Person „eine am ehesten dem Besitzdiener vergleichbare Stellung" ein.

[2] BGH, LM Art. 11 Bayer. LandkreisO Nr. 1; SOERGEL-MÜHL, § 854 BGB N. 11; PALANDT-DEGENHARDT, § 854 BGB N. 5 b; HECK, Sachenrecht, § 18 V; WOLFF-RAISER, Sachenrecht, § 5 I; besonders eingehend WESTERMANN, Sachenrecht, § 20 II.

2. Der Meinungsstand in Literatur und Rechtsprechung

GIERKE hat die Ansicht vertreten, es sei „der Besitz von Gesellschaftern an einer zum Gesellschaftsvermögen gehörigen Sache Mitbesitz zu gesamter Hand, mögen nun Alle unmittelbar oder Alle bloß mittelbar oder mag ein einzelner Gesellschafter allein unmittelbar besitzen" [3]. Nach GIERKE besitzt der Gesamthänder, der sich bei der Ausübung der Sachherrschaft tatsächlich so verhält, „wie es dem Verhältnis einer Rechtsgemeinschaft zur gesamten Hand entspricht", in Hinblick auf das „innere Moment der Willensrichtung", auch wenn er die tatsächliche Herrschaft allein ausübt, „nur zur gesamten Hand mit seinen Genossen" [4]. GIERKE sieht das Problem von dem einzelnen Gesellschafter und nicht von der Gesellschaft her. Es soll nach GIERKE nicht dem einzelnen Gesellschafter, „der die Sachherrschaft weder ganz noch teilweise für sich allein, sondern nur als Mitträger einer verbundenen Personenmehrheit haben will und die tatsächliche Gewalt, obschon ohne äußere Nötigung, nur im Sinne solcher Gemeinschaft handhabt, ein Sonderbesitz aufgedrängt werden" [5]. Betrachtet man die Problematik jedoch von der Gesellschaft her, so steht die Zurechnung des Besitzes an die Gesellschaft als solche, als Gruppe, und nicht die Möglichkeit eines Besitzes im Sinne tatsächlicher Herrschaftsausübung durch die Gesellschafter als Sonderbesitz oder „Gesamthandsbesitz" eines jeden Gesellschafters in Frage.

Die Literatur folgt allgemein der von MARTIN WOLFF [6] gleich nach Inkrafttreten des BGB entwickelten Begriffsbestimmung für den gesamthänderischen Mitbesitz als den Besitz, bei welchem die tatsächliche Herrschaft von mehreren nur gemeinsam ausgeübt werden kann. Gesamthänderischer unmittelbarer Besitz liegt danach vor bei dem Mitbesitz unter Verschluß, der nur gemeinsam von den Mitbesitzern geöffnet werden kann, oder wenn ein Besitzdiener für die Ausübung der tatsächlichen Herrschaft nur den gemeinsamen Weisungen der Mitbesitzer zu folgen hat. Mittelbarer Gesamthandsbesitz soll vorliegen, wenn der unmittelbare Besitzer die Sache nur an sämtliche Mitbesitzer gemeinsam herausgeben darf. Dem gesamthänderischen Besitz wird von MARTIN WOLFF gegenübergestellt der „schlichte" Mitbesitz [7], bei dem „jeder der Mitbesitzer die Sachherrschaft hat" [8].

---

[3] GIERKE, Privatrecht II, § 114 N. 56.

[4] GIERKE, a.a.O., N. 54; zustimmend KIPP in WINDSCHEID-KIPP, Pandektenrecht I, 790; siehe auch STROHAL, JherJb 38, 113 ff.; zustimmend auch entgegen seiner früheren Ansicht MARTIN WOLFF, Sachenrecht, § 9 N. 6, ebenso WOLFF-RAISER, a.a.O.

[5] GIERKE, a.a.O.

[6] JherJb 44 (1902), 143 ff., 159 ff.

[7] MARTIN WOLFF, a.a.O., S. 157 ff.

[8] MARTIN WOLFF, a.a.O., S. 162.

Bei der Gesellschaft soll nach der h. M. in der Literatur grundsätzlich schlichter Mitbesitz der Gesellschafter bestehen [9]. MARTIN WOLFF selbst hat jedoch auf Grund der Ausführungen von GIERKE seine Ansicht später geändert und gemeint, es bestehe Mitbesitz zur gesamten Hand, „meist, nicht immer, beim Mitbesitze von Personen, die in einem Gesamtrechtsverhältnis stehen" [10].

Für den Fall, daß Gesellschafter von der Geschäftsführung ausgeschlossen sind, sind die Ansichten in der Literatur geteilt. Teils nimmt man an, daß auch die von der Geschäftsführung ausgeschlossenen Gesellschafter schlichte, unmittelbare Mitbesitzer sind [11], teils meint man, sie seien mittelbare Mitbesitzer und nur die geschäftsführenden Gesellschafter unmittelbare Besitzer [12]. Mehrere nach § 709 BGB nur gemeinsam geschäftsführungsberechtigte Geschäftsführer sollen gesamthänderisch gebundenen Mitbesitz haben [13]. Bei HUECK heißt es dagegen mit völliger Selbstverständlichkeit: „Die OHG kann ferner Besitz haben" [14].

STEINDORFF [15] hat die Ansicht vertreten, daß bei der Personengesellschaft, insbesondere bei der OHG und KG, die sämtlichen Gesellschafter unmittelbare Besitzer sind und daß die geschäftsführenden Gesellschafter oder bei der KG der Komplementär ebenso wie die Besitzdiener den Besitz für die nicht geschäftsführenden Gesellschafter ausüben. Der durch die geschäftsführenden Gesellschafter ausgeübte sachenrechtlich unmittelbare Besitz sämtlicher Gesellschafter soll zugleich gesellschaftsrechtlich der gesamthänderischen Bindung unterliegen. Da nun die von der Geschäftsführung ausgeschlossenen Gesellschafter tatsächlich keine Herrschaft ausüben, kann es sich bei der These des unmittelbaren Besitzes der von der Geschäftsführung ausgeschlossenen Gesellschafter nur um eine Zurechnung der tatsächlichen Herrschaftsausübung durch die geschäftsführenden Gesellschafter handeln. Diese Zurechnung an die einzelnen von der Geschäftsführung ausgeschlossenen Gesellschafter hat aber, was die Herrschaft anbetrifft, keine Fundierung. Nur hinsichtlich der Gesellschaft, nicht aber hinsichtlich der einzelnen Gesellschafter kann man davon sprechen, daß ihnen ein Herrschaftsbereich zustände. Wenn STEINDORFF ferner sagt, daß der unmittelbare Mitbesitz des

---

[9] Vgl. vor allem STEINDORFF, Festgabe KRONSTEIN, 1967, 151 ff.; ULRICH HUBER, Vermögensanteil, Kapitalanteil und Gesellschaftsanteil an Personalgesellschaften des Handelsrechts, S. 111 ff.; vgl. auch PALANDT-DEGENHARDT, § 854 BGB, N. 6; STAUDINGER-SEUFERT, § 866 BGB N. 2; SOERGEL-SCHULTZE-v. LASAULX, § 718 BGB, N. 15 ff.

[10] So auch noch WOLFF-RAISER, Sachenrecht § 9 II, 2.

[11] So z. B. STEINDORFF, a.a.O., S. 170.

[12] So BALLERSTEDT, JuS 1965, 276; ULRICH HUBER, a.a.O., S. 113; BAUR, Sachenrecht § 7 D II, 1 b.

[13] So BALLERSTEDT, a.a.O.

[14] ALFRED HUECK, OHG, 4. Aufl., S. 272.

[15] STEINDORFF, a.a.O., 151 ff., 169 ff.; JZ 1968, 70.

einzelnen Gesellschafters der gesamthänderischen Bindung unterliegt, so hat diese Aussage in Wirklichkeit zum Inhalt, daß der Besitz der Gesellschaft, d. h. der Gruppe als solcher, zugerechnet wird [16].

In der Rechtsprechung ist es anerkannt, daß die OHG als solche Besitz haben kann. STEINDORFF berichtet über Entscheidungen des Landgerichts und des Oberlandesgerichts Stuttgart aus den Jahren 1966 und 1967, die übereinstimmend davon ausgingen, daß wie im Verhältnis der juristischen Person und ihres Organs auch bei der OHG der geschäftsführende Gesellschafter den Besitz für die OHG ausübe und die OHG und nicht der geschäftsführende Gesellschafter Besitzer sei [17]. In einer neueren Entscheidung des V. Senats des BGH [18] heißt es: „Die Möglichkeit eines Besitzerwerbs durch offene Handelsgesellschaften steht außer Zweifel." Der V. Senat des BGH berief sich dabei auf eine Entscheidung des VIII. Senats vom 1. 4. 1963 [19]. Es ging in dieser letzteren Entscheidung um die Besitzfrage in dem Falle, daß bei einer Bau-Arbeitsgemeinschaft in der Rechtsform einer bürgerlichrechtlichen Gesellschaft ein Gesellschafter der Arbeitsgemeinschaft Baugeräte überlassen hatte. Nach der Ansicht des VIII. Senats hatte der Gesellschafter, „sei es daß er die Baugeräte an die Gesellschaft vermietet hatte, sei es daß er sie in Erfüllung der Beitragpflicht nach § 706 BGB überlassen hatte, seinen unmittelbaren Besitz aufgegeben und war mittelbarer Besitzer geworden, die Gesellschaft, also die Gesellschafter als Gesamthand, hatten den unmittelbaren Gesamthandsbesitz erlangt". Ungeachtet dessen, daß nach dieser Formulierung die Gesellschaft den Besitz haben soll, beruht die Entscheidung des VIII. Senats nicht darauf [20].

3. Die Zurechnung der tatsächlichen Herrschaftsausübung durch den Gesellschafter oder den Besitzdiener an die Gesellschaft als Gruppe

Man muß für die Gesellschaft wie für die juristische Person hinsichtlich des Besitzes die tatsächliche Ausübung der Herrschaft und die Zurechnung dieser Ausübung als Besitz an die Gesellschaft oder juristische Person unterscheiden. Gehen wir aus von der juristischen Person, so macht es den Vertretern der h. M. anscheinend keine Schwierigkeiten, sich die juristische

---

[16] Mit Recht hat ULRICH HUBER, a.a.O., S. 113, darauf hingewiesen, daß STEINDORFF in Wirklichkeit der Gesamthandsgemeinschaft als solcher den Besitz durch den geschäftsführenden Gesellschafter ebenso zurechnet, wie die Zurechnung bei der juristischen Person auf Grund der Ausübung der tatsächlichen Herrschaft durch das Organ geschieht.

[17] STEINDORFF, a.a.O., S. 152, N. 3 und 4.

[18] JZ 1968, 69.

[19] WM 1963, 560=LM BGB § 987 Nr. 7, Die Entsch. RG, Jur. Rdsch. 1927 Nr. 802 ist nur im Leitsatz veröffentlicht.

[20] So richtig STEINDORFF, JZ 1968, 70. In der Entscheidung VIII ZR 48/70 vom 27. 10. 1971 (WM 1971, 1434) läßt der VIII. Senat die Besitzfrage offen; anscheinend neigt er aber der Annahme zu, daß die Gesellschaft Besitz hat.

Person als „Besitzer" zu denken, wenn ihre Besitzdiener die Sachgewalt ausüben [21]. Nicht anders ist es bei der OHG oder Gesellschaft des bürgerlichen Rechts. Der Prokurist ist Besitzdiener für die OHG und nicht je für die einzelnen Gesellschafter, erst recht nicht für diejenigen, die von der Geschäftsführung ausgeschlossen sind. Die Gesellschaft als Gruppe, die OHG, ist gegenüber dem Prokuristen der Besitzherr. Nur gegenüber der Gruppe, der OHG, nicht aber je gegenüber den einzelnen Gesellschaftern, besteht die Weisungsabhängigkeit des Besitzdieners, und der geschäftsführungsberechtigte Gesellschafter übt für die Gruppe, für die OHG oder die Gesellschaft des bürgerlichen Rechts, nicht aber je für die einzelnen Gesellschafter, die Weisungsmacht gegenüber dem Besitzdiener aus.

Wenn die h. M. für die juristische Person annimmt, daß der Besitz für sie durch das Organ begründet und erhalten wird und das gleiche nicht im Verhältnis des Gesellschafters zur Gesellschaft gelten lassen will, so beruht dies auf einer Mystifizierung der Organstellung für die juristische Person. Bei der juristischen Person wie bei der Gesellschaft handelt es sich — wie übrigens auch bei der Besitzdienerschaft — um eine Zurechnung der tatsächlichen Herrschaftsausübung durch eine natürliche Person. Es ist nicht ersichtlich, wieso die Zurechnung an eine Gruppe nicht ebenso erfolgen könnte wie an eine juristische Person [22]. Es bedarf für die Gesellschaft aber auch gar nicht der Begründung durch die „Analogie" zur juristischen Person. Für die Gruppe gilt vielmehr aus sich heraus das gleiche wie für die juristische Person.

4. Die Ausübung der tatsächlichen Herrschaft im Herrschaftsbereich der Gesellschaft und die willentliche Ausübung der Herrschaft für die Gesellschaft als Voraussetzungen der Zurechnung des Besitzes an die Gesellschaft

Wie für die juristische Person das Organ den Besitz an einer Sache nur begründet, wenn das Organ innerhalb der Organisation der juristischen Person für diese die tatsächliche Herrschaft an der Sache ausübt, so gilt das gleiche für das Verhältnis von Gesellschafter und Gesellschaft. Wie das Organ im Verhältnis zur juristischen Person kann auch der Gesellschafter im Verhältnis zur Gesellschaft selbst unmittelbarer Besitzer sein, so daß die Gesellschaft mittelbarer Besitzer ist. Wenn auch die juristische Person wie die Gesellschaft nicht selbst eine persönliche tatsächliche Herrschaft ausüben können, sollte man doch ihnen einen Besitz nur zurechnen, wenn die tatsächliche Herrschaft in ihrem Bereich ausgeübt wird. Dies ist grundsätzlich auch räumlich zu verstehen. Allerdings wird man sagen können, daß der Besitz der juristischen Person oder der Gesellschaft nicht unterbrochen wird,

---

[21] Vgl. z. B. WESTERMANN, Sachenrecht § 20 II, 1.
[22] Dagegen wendet sich STEINDORFF, a.a.O., S. 153.

wenn das Organ oder der Gesellschafter eine Sache nur vorübergehend aus
den Räumen der juristischen Person oder der Gesellschaft entfernt und in
den eigenen räumlichen Bereich übernimmt. Wenn aber das Organ oder der
Gesellschafter auf längere Dauer eine Sache der juristischen Person oder der
Gesellschaft in seinen eigenen Räumen in Verwahrung nimmt, so ist das
Organ oder der Gesellschafter unmittelbarer Besitzer und die juristische Person oder die Gesellschaft nur mittelbarer Besitzer. So wird es in der Regel
sein, wenn die juristische Person oder die Gesellschaft keine eigenen Räume
hat und die ihnen gehörenden Sachen sich bei dem Organ oder Gesellschafter befinden.

Die juristische Person oder die Gesellschaft können zwar nicht wie eine
natürliche Person eine tatsächliche Herrschaft ausüben. Sie können aber
einen Herrschaftsbereich haben, der durch den ihnen zugeordneten Raum
und ihre Organisation bestimmt wird. Innerhalb dieses Herrschaftsbereichs
üben für die juristische Person oder Gesellschaft die natürlichen Personen die
tatsächliche Herrschaft aus.

Die Situation ist insofern hinsichtlich des Organs der juristischen Person
oder des Gesellschafters einer Personalgesellschaft nicht anders als hinsichtlich der Personen, die bei Eingliederung in eine Organisation die Stellung
eines Besitzdieners haben. Wenn ein Prokurist Gegenstände des Geschäfts
für länger in seiner Wohnung in Verwahrung nimmt, wenn er z. B. einen
Teil der Buchhaltung in seiner Wohnung führt, so ist er hinsichtlich der in
seiner Verwahrung befindlichen Geschäftsgegenstände nicht Besitzdiener,
sondern unmittelbarer Fremdbesitzer.

Es sind hiernach zwei Momente, welche — über den Besitzdiener oder
das Organ oder den Gesellschafter — die Zurechnung des Besitzes für die
juristische Person oder die Gesellschaft begründen, einmal die Willensrichtung der natürlichen Person, nur für die juristische Person oder die Gesellschaft die tatsächliche Herrschaft auszuüben, und ferner die Einordnung
der natürlichen Person und der Sache bei der Ausübung der tatsächlichen
Herrschaft in den Herrschaftsbereich der juristischen Person oder Gesellschaft. Der Besitz der juristischen Person oder der Gesellschaft kraft Zurechnung der Ausübung der tatsächlichen Herrschaft durch Besitzdiener,
Organ oder Gesellschafter endet deshalb, wenn die fragliche natürliche Person ihren Willen dahin ändert, daß sie für sich besitzen will, womit sie —
wenn auch durch verbotene Eigenmacht — zum Eigenbesitzer wird, oder
wenn die Sache aus dem Herrschaftsbereich der juristischen Person oder
Gesellschaft ausscheidet. Wenn der Besitzdiener oder das Organ oder der
Gesellschafter die Sache, hinsichtlich deren er die tatsächliche Herrschaft für
die juristische Person oder Gesellschaft ausübt, aus deren Herrschaftsbereich
in den eigenen Herrschaftsbereich verbringt, wird er, wenn er nicht kraft
seines Willens Eigenbesitz begründet, zum unmittelbaren Fremdbesitzer und
die juristische Person oder Gesellschaft zum mittelbaren Besitzer.

5. Die Anerkennung der Möglichkeit eines Besitzes der Gesellschaft als Voraussetzung einer sinnvollen Anwendung der Vorschriften über Besitzfolgen

Die Zurechnung des Besitzes an die Gesellschaft als solche — wie bei der juristischen Person — ist Voraussetzung dafür, daß die Vorschriften, welche an den Besitz als Tatbestand Rechtsfolgen knüpfen, sinnvoll im Bereich der Gesellschaft angewandt werden können. Beim Tode eines geschäftsführenden Gesellschafters haben die Erben, die nicht kraft Gesellschaftsvertrags selbst auch geschäftsführende Gesellschafter sind, mit dem Besitz für die Gesellschaft nichts zu tun. Der Gesellschafter, der die Geschäftsführungsberechtigung verliert, hört damit auf, für die Gesellschaft den Besitz auszuüben. Das gleiche gilt, wenn ein Gesellschafter aus der Gesellschaft ausscheidet. Würde er die tatsächliche Herrschaft weiter ausüben, so wäre dies, wenn es gegen den Willen der für die Gesellschaft Handelnden, der Besitzdiener oder geschäftsführenden Gesellschafter, geschieht, verbotene Eigenmacht. Kraft verbotener Eigenmacht würde der nicht mehr geschäftsführungsberechtigte oder ausgeschiedene Gesellschafter anstelle der Gesellschaft zum unmittelbaren Besitzer. Nur wenn der ausscheidende Gesellschafter mit Zustimmung der Gesellschaft die tatsächliche Herrschaft weiter ausübt, wird er je nach der tatsächlichen Gestaltung entweder zum Besitzdiener oder zum unmittelbaren Fremdbesitzer.

Nicht zu folgen ist der Ansicht, daß bei der juristischen Person das Organ mit dem Ende der Organstellung per se an Stelle der juristischen Person Besitzer werde und daher auch Besitzschutz genieße [23]. Mit dem Ende der Organstellung hat sich das Organ — nicht anders als der Besitzdiener — der Ausübung der tatsächlichen Herrschaft zu enthalten. Ebenso wie der Prokurist, auch wenn er Niederlassungsleiter ist, nicht mit der Beendigung der Prokuristenstellung per se vom Besitzdiener zum Besitzer avanciert, kann dies auch für das Organ einer juristischen Person oder den geschäftsführenden Gesellschafter einer Personalgesellschaft nach Beendigung ihrer Stellung nicht zutreffen. Zum Besitzer können sie vielmehr, wenn sich die Sache im Herrschaftsbereich der juristischen Person oder der Gesellschaft befindet, nur durch verbotene Eigenmacht werden, es sei denn, daß ihnen der Besitz durch die nunmehr für die juristische Person oder Gesellschaft rechtmäßig Handelnden anvertraut wird.

Die Regelung des Besitzschutzes kann gerade bei der Entziehung der Geschäftsführungsberechtigung oder bei der Beendigung der Gesellschafterstellung von Bedeutung sein. Der ausgeschiedene oder nicht mehr geschäftsführungsberechtigte Gesellschafter genießt selbst keinen Besitzschutz, wie er ja auch als geschäftsführungsberechtigter Gesellschafter nur für die Gesellschaft den Besitzschutz wahrnehmen konnte. Die für die Gesellschaft Han-

---

[23] WESTERMANN, Sachenrecht § 20 II, 2.

delnden haben gegenüber demjenigen, der die Geschäftsführungsbefugnis verloren hat oder aus der Gesellschaft ausgeschieden ist, das Recht der Besitzwehr und Besitzkehr nach §§ 859, 860 BGB. In dem Besitzprozeß für die Gesellschaft wäre als Einwendung allerdings die Verteidigung des Beklagten zuzulassen, daß er noch geschäftsführungsberechtigter Gesellschafter sei und nur für die Gesellschaft deren Besitz tatsächlich ausübe.

Für die Anwendung des § 935 BGB, d. h. für die Frage, ob der gutgläubige Erwerb durch das „Abhandenkommen" ausgeschlossen wird, ist die Besitzfrage betreffs des geschäftsführungsberechtigten Gesellschafters wie betreffs des Organs der juristischen Person ohne Belang, soweit die Verfügung über die der Gesellschaft gehörende Sache durch die Vertretungsmacht gedeckt ist. Problematisch sind nur die Fälle, in denen der Gesellschafter im eigenen Namen verfügt. Nach dem Sinn der Regelung des § 935 BGB sollte man für den geschäftsführungsberechtigten Gesellschafter wie für das Organ der juristischen Person [24] annehmen, daß sie, solange sie diese Stellung innehaben, ungeachtet dessen, ob sie im eigenen Namen oder im Namen der juristischen Person oder der Gesellschaft verfügen, hinsichtlich der Besitzaufgabe in jedem Falle für die Gesellschaft oder juristische Person handeln und deshalb kein Abhandenkommen vorliegt.

Hinsichtlich der an den Besitz als Tatbestand geknüpften Rechte wie aber vor allem hinsichtlich der mit dem Besitz verbundenen Verpflichtungen ist Voraussetzung dafür, daß solche Rechte und Verpflichtungen für und gegen die Gesellschaft entstehen, daß der Gesellschaft selbst und nicht nur den Gesellschaftern die Ausübung der tatsächlichen Herrschaft durch Besitzdiener oder geschäftsführungsberechtigte Gesellschafter als Besitz zugerechnet wird. Damit die Gesellschaft den deliktischen Schutz des Besitzes nach § 823 BGB genießt oder der Gesellschaft die Rechte nach §§ 1007, 986 ff. zustehen, ist Voraussetzung, daß sie selbst berechtigter Besitzer ist oder gewesen ist. Wenn man nur einen Besitz der einzelnen Gesellschafter, sei es unmittelbaren Mitbesitz aller Gesellschafter oder unmittelbaren schlichten oder gesamthänderischen Mitbesitz nur der geschäftsführenden Gesellschafter und mittelbaren Mitbesitz der von der Geschäftsführung ausgeschlossenen Gesellschafter annimmt, besteht kein Besitz der Gesellschaft. Daß das Besitzrecht der Gesamthand zugerechnet wird, reicht aber nicht aus, um der Gesellschaft den Besitzschutz nach § 823 BGB und die Besitzansprüche nach §§ 1007, 987 ff. zuzuerkennen. Vielmehr muß der Besitz selbst, d. h. die tatsächliche Herrschaft, der Gesellschaft zugerechnet werden, damit die Gesellschaft auf Grund des Besitzes Ansprüche nach §§ 823, 1007, 987 BGB geltend machen kann.

Nicht anders ist es hinsichtlich der Anwendung der §§ 937, 955, 1006 BGB. Es ist sicher ein notwendiges Ergebnis, daß die Rechtsfolgen der §§

---

[24] Vgl. auch WESTERMANN, Sachenrecht § 49 I, 6.

937, 955, 1006 BGB unmittelbar für die OHG wie für die Gesellschaft des bürgerlichen Rechts eintreten. Hinsichtlich der OHG ergibt sich dies nicht aus § 124 HGB [25]. Die Rechtsfolgen sind nach §§ 937, 955, 1006 BGB geknüpft an den Besitz als tatsächliche Herrschaft, mag diese auch im Verhältnis des mittelbaren Besitzes ausgeübt werden. Sollen die Rechtsfolgen nach §§ 937, 955, 1006 BGB zugunsten der Gesellschaft eintreten, muß diese selbst Besitzerin sein. Dies ist aber nur der Fall, wenn sie mittelbare Besitzerin ist oder ihr die Ausübung der tatsächlichen Herrschaft durch Besitzdiener oder Gesellschafter als Besitz zugerechnet wird.

Auf den Besitz der Gesellschaft selbst kommt es vor allem an hinsichtlich der Ansprüche, die sich gegen den Besitzer richten. Die Paradigmen sind die Ansprüche nach §§ 985, 987 ff. BGB. Nur der Besitzer ist nach § 985 BGB zur Herausgabe verpflichtet und hat nach §§ 987 ff. die Nutzungen herauszugeben oder Schadensersatz zu leisten.

Was die Rechte des Besitzers anbetrifft, so mag man sich die Zuständigkeit der Gesellschaft für diese Rechte mit der Gesamthandslehre als Gesamthandsvermögenslehre so erklären, daß die auf der Grundlage des Besitzes der einzelnen Gesellschafter entstehenden Rechte kraft irgendeiner Transsubstantiation als Teil des Gesamthandsvermögens auf die Gesellschaft übergehen [26]. Hinsichtlich der Verpflichtungen, die an den Besitz geknüpft sind, ist aber ein solcher Übergang auf die Gesellschaft nicht möglich. Die Gesellschaft kann vielmehr nach §§ 985, 987 ff. BGB nur haften, wenn die Ansprüche ihr gegenüber originär entstehen, d. h. aber wenn die Gesellschaft selbst als Besitzerin angesehen wird. Bleibt man deshalb bei einem Besitz der Gesellschafter stehen, so käme man nicht zu einer Haftung der Gesellschaft nach §§ 985, 987 BGB. Aus einem Urteil gegen die Gesellschafter könnte man nach § 124 II HGB nicht gegen die OHG vollstrecken, und auch bei der Gesellschaft des bürgerlichen Rechts würde es sich nicht um eine Gesellschaftsschuld handeln.

Hinsichtlich der §§ 985, 987 ff. BGB ist es offensichtlich, daß ohne die Annahme eines Besitzes der Gesellschaft einfach nicht auszukommen ist. Nicht nur bestände ohne die Zurechnung des Besitzes an die Gesellschaft keine Haftung der Gesellschaft, sondern mangels Haftung der Gesellschaft würde auch keine Haftung der nicht geschäftsführenden Gesellschafter gegeben sein, da bei der OHG die Haftung nach § 128 HGB eben nur für die Verbindlichkeiten der Gesellschaft, nicht aber für solche der anderen Ge-

---

[25] So allerdings BALLERSTEDT, a.a.O., S. 277.

[26] So meint BALLERSTEDT, a.a.O., S. 277, es erscheine geboten, die Wirkungen, die das Gesetz in §§ 937, 955, 1006 BGB an den Eigenbesitz knüpfe, über § 124 HGB unmittelbar der OHG zuzurechnen. Sicher ist es richtig, die fraglichen Wirkungen unmittelbar der Gesellschaft zuzurechnen. Nur ist nicht zu sehen, wie die Zurechnung zu begründen ist, wenn man der Gesellschaft nicht den Besitz zurechnet.

sellschafter besteht und ebenso bei der Gesellschaft des bürgerlichen Rechts kein Haftungsgrund für die nicht geschäftsführenden Gesellschafter gegeben wäre.

Für den Herausgabeanspruch gegen die Gesellschaft nach § 985 BGB wie für die Folgeansprüche nach §§ 987 ff. BGB haften bei der OHG die Gesellschafter nach § 128 HGB [27]. Die gleiche Haftung trifft aber die Gesellschafter auch bei der Gesellschaft des bürgerlichen Rechts [28]. Das Urteil gegen den Gesellschafter auf Herausgabe hat, wenn er nicht selbst unmittelbarer Besitzer und die Gesellschaft mittelbarer Besitzer ist, nur einen Sinn bei der Gesellschaft des bürgerlichen Rechts für die Vollstreckung in das Gesellschaftsvermögen. Die Haftungsklage gegen den Gesellschafter ist dagegen bei der OHG wie bei der Gesellschaft des bürgerlichen Rechts meist nur als Interesseklage sinnvoll. Die Haftung des Gesellschafters bleibt auch beim Ausscheiden aus der Gesellschaft für den vorher entstandenen Anspruch nach § 985 BGB und dann auch für die nach dem Ausscheiden entstehenden Folgeansprüche [29] bestehen.

Für die Haftung nach § 836 BGB hat BALLERSTEDT [30] angenommen, daß bei der OHG die Gesellschaft nach § 31 BGB für den geschäftsführenden Gesellschafter als Besitzer haftet und nach § 128 HGB neben der Gesellschaft die Haftung aller Gesellschafter, auch der nicht geschäftsführenden, besteht. Nimmt man an, daß der geschäftsführende Gesellschafter selbst Besitzer ist, so würde nicht nur die Gesellschaft nach § 31 BGB für das nach § 836 BGB vermutete Verschulden des Gesellschafters haften, sondern auch der Gesellschafter persönlich — unabhängig von der Gesellschaft und nicht nur nach § 128 HGB — nach § 836 BGB und nicht nur nach § 823 BGB schadensersatzpflichtig sein. Demgegenüber dürfte es sachgerechter sein, daß die Haftung als Besitzer nach § 836 BGB nur die Gesellschaft trifft, daß der Gesellschafter zwar für die Schadensersatzpflicht der Gesellschaft nach § 128 HGB haftet, daß er aber selbständig nur nach § 823 BGB und nicht nach § 836 BGB schadensersatzpflichtig ist.

Hinsichtlich der Gesellschaft des bürgerlichen Rechts ist es nicht anders als bei der OHG. Auch sie ist Besitzerin und unterliegt der Haftung nach § 836 BGB, und auch sie hat wie die OHG nach § 31 BGB für den geschäftsführenden Gesellschafter einzustehen [31]. Eine Entlastungsmöglichkeit käme auch bei der Gesellschaft des bürgerlichen Rechts hinsichtlich der Haf-

---

[27] So mit Recht FLECHTHEIM bei Düringer-Hachenburg, Kom HGB § 128 Anm. 3; anders BALLERSTEDT, a.a.O., S. 277.

[28] Die Begründung dieser allgemeinen These muß an anderer Stelle erfolgen.

[29] Auf die Begrenzung der Haftung ist hier nicht einzugehen. Die Problematik der Entscheidung BGH 36, 224 ff., besteht auch hinsichtlich der Ansprüche nach §§ 987 ff. Zu BGH 36, 224 ff. vgl. ROBERT FISCHER, Kom HGB § 128 Anm. 53.

[30] JuS 1965, 272 ff.

[31] Zur Anwendung des § 31 BGB auf die Gesellschaft des bürgerlichen Rechts sei hier verwiesen auf Fabricius, Gedächtnisschrift RUDOLF SCHMIDT, 1966, 171 ff.

tung aus § 836 BGB für die nicht geschäftsführenden Gesellschafter nicht in Frage, da alle Gesellschafter für die Verpflichtung der Gesellschaft persönlich haften.

Wendet man § 31 BGB auf die Gesellschaft des bürgerlichen Rechts nicht an, so haftet die Gesellschaft nach der hier vertretenen Meinung als Besitzerin gemäß § 836 BGB, es sei denn, sie beweist, daß die von ihr für das Gebäude etc. bestellten Personen zum Zwecke der Abwendung der Gefahr die im Verkehr erforderliche Sorgfalt beobachtet haben. Nimmt man dagegen nicht an, daß die Gesellschaft des bürgerlichen Rechts Besitzerin ist, so würde bei Nichtanwendung des § 31 BGB, wenn nur ein Gesellschafter, z. B. weil er von der Geschäftsführung ausgeschlossen ist, sich entlasten könnte, die Haftung der Gesellschaft nach § 836 BGB nicht durchzusetzen sein. Das Gesellschaftsvermögen der Gesellschaft des bürgerlichen Rechts würde in diesem Fall der Haftung nach § 836 BGB nicht unterliegen — eine nicht sachgerechte Lösung.

Geht man davon aus, daß von den geschäftsführenden Gesellschaftern im Ergebnis nicht anders als von Besitzdienern der Besitz als tatsächliche Herrschaft für die Gesellschaft ausgeübt werden kann und dann der Besitz der Gesellschaft zugerechnet wird, so ist daneben für eine besondere besitzrechtliche Stellung je der einzelnen Gesellschafter nur auf Grund ihrer Eigenschaft als Gesellschafter kein Raum. Selbstverständlich kann der einzelne Gesellschafter als unmittelbarer Besitzer der Gesellschaft als mittelbarem Besitzer den mittelbaren Besitz vermitteln, wenn die Sache, um deren Besitz es geht, sich nicht im Herrschaftsbereich der Gesellschaft, sondern dem des Gesellschafters befindet. Übt der Gesellschafter dagegen wie das Organ der juristischen Person die tatsächliche Herrschaft im Herrschaftsbereich der Gesellschaft für diese aus, so ist per definitionem nur die Gesellschaft Besitzer.

Es hat keinen Sinn, die Zurechnung des Besitzes durch die Gesellschaft hindurch an die einzelnen Gesellschafter vorzunehmen und neben der Gesellschaft als Besitzer auch die einzelnen Gesellschafter als Mitbesitzer anzusehen. Allerdings sind bei der Gesamthand die Gesamthänder von der Gesamthand nicht geschieden. Vielmehr sind die Gesamthänder in ihrer Verbundenheit ja die Gesamthand. Infolge der Existenz der Gesamthand als Gruppe sind die Gruppenangelegenheiten nur Angelegenheiten der Gruppe und nicht je der einzelnen Angehörigen der Gruppe. Das gilt auch für die Zurechnung des Besitzes. Bei der Gesellschaft des bürgerlichen Rechts ist für die Klage gegen die Gesellschafter zur Erlangung des zur Vollstreckung in das Gesellschaftsvermögen nach § 736 ZPO notwendigen Titels dem einzelnen Gesellschafter als Mitglied der Gruppe auch der Besitz der Gruppe zuzurechnen.

Wie eingangs gesagt, gilt das für die Gesellschaft Gesagte allgemein für die Gesamthand. Die Gesamthand als Gruppe ist unmittelbarer Besitzer, so-

weit die Sache sich in ihrem Herrschaftsbereich befindet und Besitzdiener
oder Gesamthänder die tatsächliche Herrschaft für sie ausüben. Schon bei
der Gesellschaft des bürgerlichen Rechts wird es — anders als in der Regel
bei der OHG — öfters so sein, daß die Gesellschaft selbst gar keinen Herrschaftsbereich hat, so daß ihr auch ein unmittelbarer Besitz nicht zugerechnet
werden kann. Dies gilt auch für sonstige Fälle der Gesamthand [32].

Bei der Gütergemeinschaft, bei welcher ein Ehegatte das Gesamtgut
allein verwaltet, und bei der fortgesetzten Gütergemeinschaft wird man
den verwaltenden Ehegatten allein als unmittelbaren Besitzer ansehen
müssen. Dem entspricht die Regelung von § 740 ZPO, daß zur Zwangsvollstreckung in das Gesamtgut ein Urteil gegen den allein verwaltenden Ehegatten erforderlich und genügend ist und das gleiche bei der fortgesetzten
Gütergemeinschaft hinsichtlich des überlebenden Ehegatten gilt.

Sind mehrere Miterben vorhanden, so geht auf die Miterben als Gesamthand, d. h. auf die Gruppe, nach § 857 BGB der Besitz über. Es werden
dann aber in aller Regel für die Erbschaftssachen Einzelpersonen, entweder
Erben oder Testamentsvollstrecker oder von den Erben Beauftragte, unmittelbare Fremdbesitzer für die Erbengemeinschaft als mittelbaren Besitzer
werden.

---

[32] Ebenso ist es beim Idealverein, der keine eigenen Vereinsräume hat. Wenn der
Schützenverein e. V. eine Vereinsfahne hat, die im Hause des Vereinsvorsitzenden aufbewahrt wird (vgl. WESTERMANN, Sachenrecht § 20 II, 2), so ist der Ver-
einsvorsitzende Besitzer der Fahne. Daß die Vermutung des § 1006 nicht zugunsten des Vereinsvorsitzenden gilt, liegt nicht daran, daß der Verein und nicht
der Vorsitzende Besitzer wäre. Vielmehr ist die Vermutung des § 1006 wider-
leglich, und sie wird dadurch widerlegt, daß es sich gerade um die Vereinsfahne
handelt. Der Verein ist für die Klage aus § 985 richtiger Beklagter nur als
mittelbarer Besitzer.

Deliktische Haftung des Gesellschafters einer Kapitalgesellschaft gegenüber Dritten

Wolfgang Hefermehl

Für die Verbindlichkeiten einer AG oder GmbH haftet den Gläubigern nur das Gesellschaftsvermögen (§ 1 Abs. 1 AktG, § 13 Abs. 2 GmbHG). Die Gesellschafter sind von der persönlichen Haftung für die Verbindlichkeiten der Gesellschaft freigestellt. Wer von dem Vorstandsmitglied einer AG oder dem Geschäftsführer einer GmbH durch eine zum Schadenersatz verpflichtende Handlung geschädigt wird, kann das Organmitglied persönlich und, wenn dieses in Ausführung der ihm zustehenden Verpflichtungen gehandelt hat, nach § 31 BGB die Gesellschaft in Anspruch nehmen. Die Gesellschafter einer GmbH sind jedoch ebensowenig wie die Aktionäre einer AG für Rechtsverletzungen der Gesellschaft verantwortlich. Daran kann auch der Umstand, daß GmbH-Gesellschaftern je nach der Ausgestaltung der Satzung eine mehr oder weniger große Einwirkungsmöglichkeit auf die Tätigkeit der Geschäftsführer zusteht, nichts ändern. Zwar wäre mit dem Wesen einer juristischen Person eine persönliche Haftung der Gesellschafter nicht unvereinbar [1], wohl aber mit dem gesetzlichen Zweck einer AG oder GmbH, die eine Beteiligung unter sachgerechter Begrenzung des Risikos ermöglichen sollen.

Von dem Grundsatz der ausschließlichen Haftung des Gesellschaftsvermögens bestehen weder im Recht des eingetragenen Vereins noch im Aktien- und GmbH-Recht ausdrücklich normierte Ausnahmen. Lediglich für den Bereich der AG hat der Gesetzgeber in § 322 AktG angeordnet, daß eine Hauptgesellschaft für die Verbindlichkeiten der eingegliederten Gesellschaft haftet. Hier handelt es sich um eine besonders enge konzernmäßige Bindung, bei der die Mehrzahl der im aktienrechtlichen Konzernrecht geltenden Garantien für die Aufrechterhaltung der Vermögenssubstanz einer abhängigen Gesellschaft außer Kraft gesetzt sind. Von diesem Sonderfall abgesehen, hat der Gesetzgeber die Regelung der Frage, unter welchen Voraussetzungen die Gläubiger einer juristischen Person sich an die hinter ihr stehenden Mitglieder halten können, der Rechtsprechung überlassen. Das Reichsgericht und ihm folgend der Bundesgerichtshof haben in ständiger

---

[1] Das zeigen die Kommanditgesellschaft auf Aktien (§ 278 Abs. 1 AktG) und die Genossenschaft mit Nachschußpflicht (§§ 105, 119, 131 GenG).

Rechtsprechung betont, daß die Rechtsform der juristischen Person grundsätzlich Beachtung verdient und über sie „nicht leichtfertig und schrankenlos hinweggegangen werden darf" [2]. Das gilt auch für den Fall, daß sich bei einer AG oder GmbH sämtliche Anteile in einer Hand vereinigen [3]. Ausnahmen von diesem Grundsatz sind im Einzelfall nur gerechtfertigt, wenn seine Anwendung unter Wertung der Interessenlage zu Treu und Glauben widersprechenden Ergebnissen führt und die Ausnutzung der rechtlichen Verschiedenheit zwischen der juristischen Person und den hinter ihr stehenden natürlichen Personen einen Rechtsmißbrauch darstellt [4]. Dann ist es ausnahmsweise möglich, auf die Gesellschafter „zurückzugreifen". Die Grundsätze über den Haftungsdurchgriff bei Kapitalgesellschaften gelten nicht nur für vertragliche Beziehungen zwischen einer juristischen Person und Dritten, sondern sind auch auf deliktische Ansprüche Dritter anzuwenden. Auch gegenüber einem Gläubiger aus unerlaubter Handlung kann die Berufung auf die rechtliche Selbständigkeit der juristischen Person im Einzelfall einen Rechtsmißbrauch darstellen. Der Fall vertraglicher Beziehung zwischen einer juristischen Person und Dritten ist deshalb nicht der einzig mögliche, sondern lediglich der hauptsächliche Anwendungsfall der Durchgriffslehre [5]. Entsprechend dem Ausnahmecharakter des Haftungsdurchgriffs muß es sich jedoch stets um ganz außerordentliche Umstände von weittragender Bedeutung handeln, die es rechtfertigen, sich über die Trennung von juristischer Person und Gesellschafter hinwegzusetzen.

Bei der Durchgriffshaftung geht es um die Haftung des Gesellschafters für einen primär gegen die Gesellschaft gerichteten Anspruch unter dem Gesichtspunkt einer Begrenzung der Verselbständigung einer juristischen Person. Davon zu trennen ist die Frage, ob ein Gesellschafter Dritten gegenüber auf Grund eigenen Verhaltens persönlich haften kann. Einer solchen, auf einem besonderen Rechtsgrund beruhenden Haftung eines Gesellschafters steht der Grundsatz der ausschließlichen Haftung des Gesellschaftsvermögens für die Verbindlichkeiten der Gesellschaft nicht entgegen. Zwischen der unmittelbaren Haftung eines Gesellschafters aus besonderem Haftungsgrund und der Ausnahmecharakter besitzenden Durchgriffshaftung besteht nur insoweit ein innerer Zusammenhang, als für einen Haftungsdurchgriff kein

---

[2] RGZ 156 S. 271/277; 169 S. 240/248; BGHZ 20 S. 4/11; 26 S. 31/37; 54 S. 222/224.

[3] RGZ 129 S. 50/53; 156 S. 271/277; 169 S. 240/248; BGHZ 20 S. 4/11; 26 S. 31/37.

[4] Zur Problematik des Haftungsdurchgriffs vgl. insbesondere SERICK, Rechtsform und Realität juristischer Personen, 1955; DROBNIG, Haftungsdurchgriff bei Kapitalgesellschaften, 1959; SERICK, Durchgriffsprobleme bei Vertragsstörungen, 1959; O. KUHN, Strohmanngründung bei Kapitalgesellschaften, 1964; E. REHBINDER, Konzernaußenrecht und allgemeines Privatrecht, 1969, S. 85 ff.; ferner SOERGEL-SCHULTZE-V. LASAULX, BGB vor § 21 Rdz. 36 ff.

[5] RGZ 156 S. 271/277; BGHZ 54 S. 222.

Anlaß besteht, wenn der Gesellschafter ohnehin dem Dritten persönlich haftet [6]. Eine solche Haftung ist der Durchgriffshaftung schon im Hinblick auf deren Ausnahmecharakter vorgeordnet. Kein Zweifel kann daher bestehen, daß sich die Haftung eines Gesellschafters für eine Gesellschaftsschuld aus einem besonderen mit ihm geschlossenen Vertrag ergeben kann, wie z. B. einem Bürgschafts- oder Schuldmitübernahmevertrag. Das Aktiengesetz selbst sieht ferner für gewisse Fälle eine Haftung der Aktionäre gegenüber den Gläubigern der Gesellschaft, soweit sie von dieser keine Befriedigung erlangen können, in der Form vor, daß sie im eigenen Namen einen Ersatzanspruch der Gesellschaft gegen die Aktionäre geltend machen können, die verbotswidrig Zahlungen von der Gesellschaft empfangen haben (§ 62 AktG). Darüber hinaus stellt sich die Frage, ob ein Gesellschafter für ein deliktisches Verhalten auf Grund eines besonderen Haftungstatbestands unmittelbar zum Schadenersatz verpflichtet sein kann. Eine Haftung könnte sich einmal aus dem allgemeinen Deliktsrecht, den §§ 823, 826, 831 BGB, zum anderen aus speziellen Haftungsvorschriften ergeben, wie vor allem im Bereich des gewerblichen Rechtsschutzes aus §§ 47, 6, 30 PatG, §§ 15, 5 GebrMG, §§ 1, 13 Abs. 3 UWG oder des Urheberrechts aus § 97 UrhG. Problematisch könnte eine unmittelbare außervertragliche Haftung des Gesellschafters gegenüber Dritten allerdings dann sein, wenn sie auf einem Verhalten des Gesellschafters in der Sozialsphäre beruht. Gesellschafter einer GmbH erteilen z. B. ihrem Geschäftsführer eine Weisung, deren Befolgung zur Verletzung des Rechts oder Rechtsguts eines Dritten führt, oder sie setzen durch ihre Mitwirkung bei einem Gesellschafterbeschluß, der vom Geschäftsführer ausgeführt wird, eine adäquate Ursache für die Schädigung eines Dritten. Der Umstand, daß eine Person als Gesellschafter im körperschaftlichen Bereich einer juristischen Person handelt, schließt jedoch nicht von vornherein aus, daß diese Handlung zugleich als Individualhandlung zu werten ist, die für ihn eine Außenhaftung gegenüber Dritten nach allgemeinem Deliktsrecht oder anderen Vorschriften begründet. Auch das Handeln eines Willensorgans der Gesellschaft, das nach § 31 BGB der Gesellschaft zugeordnet wird, stellt zugleich eine eigene Handlung des Willensorgans dar, die seine persönliche Haftung begründen kann. Eine andere Frage ist es, ob etwa das Gesellschaftsrecht eine unmittelbare Haftung des Gesellschafters gegenüber Dritten für ein Verhalten innerhalb der Gesellschaftssphäre ausschließt. Das Gesellschaftsrecht regelt indessen außer den Rechtsbeziehungen der Gesellschaft zu ihren Gesellschaftern nur die Beziehungen der Gesellschaft und ihrer Gesellschafter zu den Gläubigern der Gesellschaft. Auch das aktienrechtliche Konzernrecht befaßt sich lediglich mit der Haftung des herrschenden Unternehmens und seiner Organe gegenüber der beherrschten Gesellschaft (§§ 309, 317, 323 AktG)

---

[6] Zur Problematik vgl. E. REHBINDER, a.a.O., S. 90 ff.

und für den Sonderfall der eingegliederten Gesellschaft mit der allgemeinen
Schuldenhaftung des herrschenden Unternehmens gegenüber den Gesellschaftsgläubigern (§ 322 AktG). Wenn das AktG und das GmbHG die Frage,
ob ein Gesellschafter nach allgemeinem Deliktsrecht oder speziellen Haftungsvorschriften Dritten unmittelbar verantwortlich sein kann, offen läßt,
so kann aus dem Schweigen nicht gefolgert werden, daß eine solche Haftung
ausgeschlossen sein soll. Darin läge zudem eine sachlich nicht zu rechtferti-
gende Beeinträchtigung der Rechtsstellung Dritter. Das Trennungsprinzip
bewirkt allein den Ausschluß der persönlichen Haftung der Gesellschafter
für die Schulden der Gesellschaft, gibt aber dem einzelnen Gesellschafter
keinen Freibrief für ein Verhalten, das gegenüber Dritten einen besonderen
Haftungstatbestand verwirklicht. Der Bundesgerichtshof hat mit Recht eine
deliktische Haftung der Gesellschafter einer GmbH gegenüber Dritten für
die ihrem Geschäftsführer erteilten Weisungen bejaht, allerdings nur unter
den Voraussetzungen des § 826 BGB, also bei vorsätzlicher sittenwidriger
Schädigung [7]. Aber warum die außervertragliche Haftung auf den Tatbestand des § 826 BGB begrenzt sein soll, ist nicht einzusehen [8]. Es sollen
daher im folgenden die Möglichkeiten *deliktischer* Haftung eines Gesellschafters gegenüber Dritten für eigenes Verhalten oder für das der Gesellschaft näher untersucht werden. Die Bedeutung einer Außenhaftung des
Gesellschafters beschränkt sich weder rechtlich noch tatsächlich auf das Bestehen konzernrechtlicher Beziehungen. Es handelt sich um ein allgemeines
Haftungsproblem, dem allerdings im Konzernrecht besonderes Gewicht zukommt, weil die Zusammenfassung von Unternehmen unter einheitlicher
Leitung eher einen Ansatzpunkt für die Außenhaftung des herrschenden
Unternehmens zu bieten scheint.

I.

Eine deliktische Haftung kann sich für einen Gesellschafter daraus ergeben, daß er entweder selbst als Willensorgan der Gesellschaft einem
Dritten einen Schaden zufügt oder an der zum Schadenersatz verpflichten-
den Handlung eines Organmitglieds teilnimmt.

1. Ist ein Gesellschafter zugleich Vorstandsmitglied einer AG oder
Geschäftsführer einer GmbH, so haftet er persönlich für den Schaden, den
er im Tätigkeitsbereich der Gesellschaft durch eine von ihm begangene zum
Schadenersatz verpflichtende Handlung einem Dritten zufügt. Hat er z. B.
die Verletzung eines fremden Schutzrechts selbst veranlaßt, so ist er kraft
positiven Tuns als Täter verantwortlich. Hat er die Rechtsverletzung lediglich nicht verhindert, obwohl er sie als Organmitglied hätte verhindern können, so kann er wegen pflichtwidriger Unterlassung mitverantwortlich sein.

---

[7] BGHZ 31 S. 258/277; 36 S. 296/312.
[8] PLEYER, GmbH-Rdsch. 1960 S. 45; E. REHBINDER, a.a.O., S. 502.

Die Pflicht aller Organmitglieder, stets das gesamte Unternehmen im Auge zu behalten und sich gegenseitig zu überwachen, wird der Berufung auf eine Zuständigkeitsverteilung innerhalb des Organs häufig entgegenstehen. Das schließt nicht aus, daß bei einem besonders großen Betrieb und streng durchgeführter Arbeitsteilung innerhalb des Leitungsorgans einzelne Organmitglieder keine Mitverantwortung trifft [9]. Eine juristische Person kann nicht Willensträger einer AG oder GmbH sein. Wird bei einem Konzern die einheitliche Leitung durch Personalunion der Willensorgane effiziert, so ist es gerechtfertigt, für schadenstiftende Handlungen, die ein Vorstandsmitglied als Willensorgan der abhängigen Gesellschaft begeht, nach § 31 BGB nicht nur die Haftung dieser, sondern auch der herrschenden Gesellschaft zu bejahen, wenn die Handlung zugleich in deren Leitungsbereich fällt [10].

Es kann vorkommen, daß ein Gesellschafter nicht formell durch einen wirksamen Bestellungsakt zum Vorstandsmitglied oder Geschäftsführer bestellt wurde, sich aber dennoch als solcher betätigt und die organschaftlichen Befugnisse ausübt. In einem solchen Fall kann der Gesellschafter ebenso wie ein Organmitglied für alles, was im Unternehmen geschieht, als verantwortlich angesehen und daher kraft seiner faktischen Organstellung für eine im Betrieb der Gesellschaft vorkommende zum Schadenersatz verpflichtende Handlung als Organ haftbar gemacht werden. Die Gleichstellung eines Gesellschafters mit einem Organmitglied ist jedoch nur in besonders gelagerten Ausnahmefällen gerechtfertigt. Wenn ein Gesellschafter alle Geschäftsanteile einer GmbH besitzt und die Geschäftsführer daher in hohem Maße von ihm abhängig sind, so erhält er dadurch noch nicht den Überblick und die Einwirkungsmöglichkeiten auf alle Einzelheiten des Betriebsablaufs, die es rechtfertigen würden, ihn gleich einem Vorstandsmitglied oder Geschäftsführer als Garanten für das Geschehen im Betrieb gegenüber Dritten zu behandeln. Auch wenn einem Gesellschafter nach der inneren Organisation einer Gesellschaft — was bei der Elastizität der GmbH-rechtlichen Regeln ohne weiteres möglich ist — weitgehende Weisungsrechte gegenüber den Geschäftsführern zustehen, und er diese Rechte gelegentlich oder auch häufiger ausübt, ist er noch nicht einem Geschäftsführer gleichzustellen. Andernfalls würde der Unterschied zwischen dem von persönlicher Verantwortung grundsätzlich freigestellten GmbH-Gesellschafter und dem Gesellschafter einer OHG verwischt. Erst wenn ein Gesellschafter sich ständig und in einem solchen Umfang in der Leitung einer GmbH betätigt, daß seine Tätigkeit tatsächlich die eines Geschäftsführers ist, ist es sachgerecht, ihn ebenso wie einen Geschäftsführer als Garanten für alles Geschehen im Betrieb der GmbH verantwortlich zu machen und damit als Organ haften zu lassen.

---

[9] RG GRUR 1935 S. 99/101.

[10] KRONSTEIN, Die abhängige juristische Person, 1931, S. 81; E. REHBINDER, a.a.O., S. 501/505.

2. Auch ohne Betätigung als Organmitglied kann ein Gesellschafter verantwortlich sein, wenn in seiner Person die Voraussetzungen *mittelbarer Täterschaft* vorliegen. Das ist der Fall, wenn er die zum Schadenersatz verpflichtende Handlung zwar nicht selbst begangen, jedoch vorsätzlich bewirkt hat, daß ein Organmitglied die Tat als sein unselbständig handelndes Werkzeug ausführte, das seinerseits nicht den vollen Tatbestand der unerlaubten Handlung — sei es wegen fehlender Rechtswidrigkeit, sei es wegen fehlenden Vorsatzes oder anderer subjektiver Voraussetzungen — verwirklichte.

3. Eine täterschaftliche Haftung kommt ferner in Betracht, wenn sich ein Gesellschafter als *Mittäter* an einer unerlaubten Handlung eines Organmitglieds beteiligt hat. Er ist dann nach § 830 Abs. 1 Satz 1 BGB schadenersatzpflichtig. Der Begriff der Mittäterschaft ist für den gesamten Bereich der Rechtsordnung der gleiche; er hat im Zivilrecht denselben Inhalt wie im Strafrecht [11]. Das bedeutet einerseits, daß es im Zivilrecht ebenso wie im Strafrecht für die Mittäterschaft nicht auf die Größe des objektiven Tatbeitrags ankommt und daher bereits eine bloße Vorbereitungs- oder Unterstützungshandlung, sogar eine nur psychische Beistandsleistung, wie z. B. eine durch Ermunterung unterstützende Tätigkeit, ausreichen kann [12]. Anderseits setzt Mittäterschaft aber im Zivilrecht ebenso wie im Strafrecht ein gemeinschaftliches, auf vorsätzliche Tatbegehung gerichtetes Wollen voraus, wobei jeder Mittäter beabsichtigen muß, die Tat nicht nur als fremde zu fördern, sondern zugleich als eigene zu verwirklichen [13]. Für den Bereich des Zivilrechts hat das Reichsgericht zwar in einer älteren Entscheidung aus dem Jahre 1904 die Ansicht vertreten, Mittäterschaft könne auch bei nur tatsächlichem Zusammenwirken der Handlungen mehrerer vorliegen, wobei es sich sogar um fahrlässige Handlungen handeln könne [14]. Diese Ansicht, die auch im älteren Schrifttum teilweise vertreten wurde [15], ist vom Bundesgerichtshof in einem Urteil vom 16. Juni 1959 ausdrücklich aufgegeben worden [16], nachdem dieser bereits in früheren Entscheidungen den gemeinschaftlichen Willen zur Tatausführung als Voraussetzung der Mittäterschaft bezeichnet hatte [17]. Auch das zivilrechtliche Schrifttum geht heute davon aus, daß Mittäterschaft ohne gemeinschaftlichen Willen zur Tatausführung nicht möglich ist [18]. Mit-

---

[11] BGHZ 8 S. 288/292; SOERGEL-ZEUNER, BGB, § 830, Rdz. 4; ERMAN-DREES, BGB, § 830 Rdz. 2.

[12] So für das Strafrecht: BGHSt 11 S. 268/271; 16 S. 12/14; ebenso für das Zivilrecht: BGHZ 8 S. 288/294; 17 S. 327/333.

[13] RGSt 63 S. 101/102; 66 S. 236/240; 71 S. 23/24; BGHSt 11 S. 268/272; 16 S. 12/14.

[14] RGZ 58 S. 357/359.

[15] Vgl. OERTMANN, BGB, 2. Aufl. 1906, § 830 Anm. 2.

[16] BGHZ 30 S. 203/206.

[17] BGHZ 8 S. 288/294; 17 S. 327/333.

[18] SOERGEL-ZEUNER, BGB, § 830, Rdz. 4; ERMAN-DREES, BGB, § 830 Anm. 2.

täterschaft setzt daher bei allen Beteiligten *vorsätzliches* Handeln voraus, wobei allerdings bei Delikten, die keine qualifizierten Vorsatzformen zur Voraussetzung haben, bedingter Vorsatz genügt.

Der Begriff des Vorsatzes umfaßt Momente des Wissens und Wollens. Das gilt auch für den bedingten Vorsatz. Diese Vorsatzform erfordert zwar im Gegensatz zum direkten Vorsatz keine sichere Kenntnis des Täters davon, daß seine Handlung zu einem rechtsverletzenden Erfolg führen wird. Sie setzt jedoch zum einen voraus, daß der Täter zumindest mit der Möglichkeit eines rechtsverletzenden Erfolges rechnet. Zum anderen erfüllt allein die Kenntnis von der Möglichkeit eines verletzenden Erfolges noch nicht die Voraussetzungen des bedingten Vorsatzes. Es ist weiter erforderlich — und darin unterscheidet sich der bedingte Vorsatz von der bewußten Fahrlässigkeit —, daß der Täter den als möglich vorgestellten Erfolg auch in seinen Willen aufnimmt und mit ihm für den Fall seines Eintritts einverstanden ist [19]. Die zuletzt genannte Voraussetzung für das Vorliegen bedingten Vorsatzes wird in einer häufig gebrauchten einprägsamen Formel dahin umschrieben, der Täter müsse den rechtsverletzenden Erfolg seines Handelns „billigend" in Kauf genommen haben.

4. Statt einer Haftung als Täter kann nach § 830 Abs. 2 BGB eine Haftung des Gesellschafters als *Anstifter* oder *Gehilfe* an der unerlaubten Handlung eines Organmitglieds in Betracht kommen. Die Begriffe der Anstiftung und Beihilfe im Bereich des Zivilrechts und damit auch auf dem Gebiet der zivilrechtlichen Haftung für Verletzung fremder Rechte decken sich mit den in §§ 48, 49 StGB umschriebenen Rechtsinstituten der Anstiftung und Beihilfe [20]. Anstiftung setzt daher im Bereich der zivilrechtlichen Deliktshaftung ebenso wie im Bereich der strafrechtlichen Verantwortlichkeit [21] die *vorsätzliche* Bestimmung eines anderen zur Begehung einer vorsätzlichen Tat voraus [22]. Beihilfe verlangt im Rahmen der zivilrechtlichen Haftung ebenso wie auf dem Gebiet des Strafrechts [23] ein vorsätzliches Mitwirken bei der vorsätzlichen Tat eines anderen [24]. Da Anstifter und Gehilfen nach § 830 Abs. 2 BGB wie Mittäter haften, kommt der Unterscheidung dieser Begehungsformen für das Zivilrecht keine Bedeutung zu.

Bei *Patentverletzungen* ist das Reichsgericht zwar eine Zeitlang davon ausgegangen, daß Beihilfe auch durch fahrlässige oder jedenfalls grob fahrlässige Mitwirkung an fremder Patentverletzung verwirklicht werden

---

[19] BGHZ 7 S. 311/313; RG GRUR 1941 S. 102/103.

[20] BGHZ 8 S. 288/292; BAG NJW 1964 S. 887; RGZ 65 S. 157/160; SOERGEL-ZEUNER, BGB, § 830 Rdz. 6.

[21] Vgl. hierzu BGHSt 9 S. 370/375 ff.

[22] SOERGEL-ZEUNER, BGB, § 830 Rdz. 6.

[23] Vgl. hierzu BGHSt a.a.O.

[24] BAG a.a.O.; RGZ 65 S. 157/160; 129 S. 330/332; 133 S. 326/329; 149 S. 12/18; RG GRUR 1937 S. 670/672; SOERGEL-ZEUNER, BGB, § 830, Rdz. 6; BENKARD-BOCK-BRUCHHAUSEN, PatG, § 6 Anm. 48; REIMER-NASTELSKI, PatG, § 6 Anm. 93.

könne [25]. Diese dogmatisch nicht haltbare Position hat das Reichsgericht jedoch im Zusammenhang mit der noch zu behandelnden Rechtsfigur der mittelbaren Patentverletzung aufgegeben und seitdem Beihilfe nur noch bei *vorsätzlicher* Mitwirkung an fremder Patentverletzung angenommen [26]. Auch das patentrechtliche Schrifttum ist heute einhellig der Auffassung, daß Beihilfe zur Patentverletzung nur durch vorsätzliche Förderung eines vorsätzlichen Eingriffs in ein fremdes Patent begangen werden kann [27]. Sowohl bei der Anstiftung als auch bei der Beihilfe genügt auf seiten des Haupttäters und des Teilnehmers jede Form des Vorsatzes und damit auch der bedingte Vorsatz [28].

Die Haftung eines Gesellschafters als Anstifter, Gehilfe oder Mittäter an unerlaubten Handlungen, die von der Gesellschaft begangen sind, gewinnt naturgemäß besondere Bedeutung bei *konzernrechtlichen* Beziehungen [29]. Hat ein herrschendes Unternehmen einer abhängigen Gesellschaft eine *Weisung* erteilt, die zur Begehung einer unerlaubten Handlung durch diese führt, so haftet sie dem geschädigten Dritten nach § 830 Abs. 2 BGB, wenn sie nicht bereits Mittäterin sein sollte [30], jedenfalls als Anstifterin wie eine Mittäterin [31]. Das Bestehen eines Beherrschungsvertrages schließt die deliktische Haftung des Weisungen erteilenden herrschenden Unternehmens gegenüber Dritten nicht aus [32].

5. Das Reichsgericht und ihm folgend der Bundesgerichtshof machen in ständiger Rechtsprechung den Lieferanten von Gegenständen, die in patentverletzender Weise verwendet werden können, wegen *mittelbarer Patentverletzung* für die von seinen Abnehmern unter Verwendung der Gegenstände begangenen patentverletzenden Handlungen haftbar [33]. Dabei wird der Anwendungsbereich der mittelbaren Patentverletzungen nicht auf Gegenstände beschränkt, die nur in patentverletzender Weise verwendet werden können, sondern auch auf solche Erzeugnisse ausgedehnt, die sowohl einem neutralen Zweck als auch einer patentverletzenden Verwendung zugeführt

---

[25] RGZ 65 S. 135/140; RG GRUR 1924 S. 159/160.

[26] RGZ 133 S. 326/329; 149 S. 12/18; RG GRUR 1937 S. 670/672.

[27] BOCK-BRUCHHAUSEN, a.a.O.; NASTELSKI, a.a.O.

[28] RGSt 72 S. 26/29; RGZ 99 S. 90/94/95; SCHÖNKE-SCHRÖDER, StGB, 15. Aufl. 1970, § 48 Anm. 9 und § 49 Anm. 14; SOERGEL-ZEUNER, BGB, § 830 Rdz. 6.

[29] Hierüber eingehend E. REHBINDER, a.a.O., S. 494 ff.; KRONSTEIN, Die abhängige juristische Person, 1931, S. 72 ff., 81 ff.

[30] Vgl. RG GRUR 1935 S. 99/101: Ein Konzernunternehmen, das einem anderen zur Herstellung von Kunstseide erforderliche Grundstücke, Gebäude und Maschinen verpachtet hatte, wurde als Mittäterin an der durch Herstellung der Kunstseide begangenen Patentverletzung angesehen.

[31] KRONSTEIN, a.a.O., S. 81.

[32] Zutreffend E. REHBINDER, a.a.O., S. 502.

[33] RG MuW 1927/1928 S. 312/313; RGZ 133 S. 326/329 mit weiteren Nachweisen; RGZ 149 S. 12 ff.; RG GRUR 1936 S. 871/873; BGH GRUR 1958 S. 179/182 (Resin); 1961 S. 627 f. (Metallspritzverfahren); 1964 S. 496 ff. (Formsand).

werden können [34]. Um eine mittelbare Täterschaft [35] handelt es sich in diesen Fällen nicht, da der Lieferant kein eigenes Interesse daran hat, daß seine Abnehmer die gelieferten Gegenstände in patentverletzender Weise verwenden. Sein Interesse erschöpft sich im Absatz der Gegenstände und erstreckt sich nicht auf ihre weitere Verwendung. Das wird besonders deutlich bei Gegenständen, die sowohl einer patentfreien als auch einer patentverletzenden Benutzung zugeführt werden können.

Die Rechtsfigur der mittelbaren Patentverletzung erweist sich damit als eine gewohnheitsrechtlich anerkannte, von der Patentverletzung in mittelbarer Täterschaft zu unterscheidende besondere Form der Teilnahme an fremder patentverletzender Handlung. Der innere Grund für die Entwicklung dieses Rechtsinstitutes ist in zwei Richtungen zu suchen: Zum einen erlaubt die besondere Ausgestaltung des § 47 PatG es nicht, ebenso wie in § 823 Abs. 1 BGB jeden, der schuldhaft eine Ursache für einen Verletzungserfolg setzt, als Verletzer in Anspruch zu nehmen, sondern gestattet nur ein Vorgehen gegen denjenigen, der eine fremde Erfindung gewerbsmäßig benutzt oder dazu anstiftet oder Beihilfe leistet. Zum anderen besteht aber in vielen Fällen ein dringendes Bedürfnis, das Übel unendeckt bleibender Patentverletzungen durch unbekannte Abnehmer an der Wurzel zu packen, ein Bedürfnis, dem die klassischen Rechtsfiguren der Anstiftung und Beihilfe wegen ihrer strengen Voraussetzungen im subjektiven Bereich (vorsätzliche Bestimmung zu bzw. vorsätzliche Unterstützung bei vorsätzlicher Tat) nicht gerecht zu werden vermögen [36].

II.

Besondere Bedeutung kommt der Frage zu, ob ein Gesellschafter nach § 831 BGB für deliktisches Handeln der Gesellschaft und ihrer Organmitglieder geschädigten Dritten gegenüber unmittelbar ersatzpflichtig werden kann. Diese Frage stellt sich insbesondere, wenn zwischen einer herrschenden und einer abhängigen Gesellschaft eine *Konzernbeziehung* besteht.

§ 831 BGB begründet die Haftung des Geschäftsherrn für das Handeln „eines anderen", den er zu einer Verrichtung bestellt hat, den sog. Verrichtungsgehilfen. Wer für den eigenen Lebens- und Tätigkeitsbereich zu seinem Nutzen einen Gehilfen heranzieht, darf einen Dritten, dem durch die Verrichtung des Gehilfen ein Schaden zugefügt wird, nicht auf die Haftung des Gehilfen verweisen, sondern trägt selbst die Verantwortung,

---

[34] BGH GRUR 1961 S. 627 (Metallspritzverfahren); 1964 S. 496/497 (Formsand II); BENKARD-BOCK-BRUCHHAUSEN, PatG, § 6 Anm. 54; REIMER-NASTELSKI, PatG, § 6 Anm. 98, 100.

[35] Vgl. oben I 2.

[36] BGH GRUR 1961 S. 627 (Metallspritzverfahren); BGHZ 42 S. 118/122 (Personalausweise); BENKARD-BOCK-BRUCHHAUSEN, PatG, § 6 Anm. 52.

es sei denn, daß er sich durch den Nachweis sorgfältiger Auswahl und Beaufsichtigung entlasten kann [37].

Zu seinem Verrichtungsgehilfen kann ein Gesellschafter aber nicht die Gesellschaftsorgane — Vorstand einer AG, Geschäftsführer einer GmbH — bestellen. Sie stehen als Willensorgane in einer unmittelbaren Beziehung zur Gesellschaft, nicht jedoch zu einem Gesellschafter, der die Gesellschaft beherrscht [38]. Nur die *Gesellschaft* selbst könnte daher im Verhältnis zu einem Gesellschafter, der sie beherrscht, als Verrichtungsgehilfe anzusehen sein.

Ob auch eine *juristische Person* Verrichtungsgehilfe im Sinne des § 831 BGB sein kann, hat die Rechtsprechung bisher noch nicht entschieden; jedoch liegen zu den dem § 831 BGB ähnlichen Vorschriften des § 13 Abs. 3 UWG und des § 12 RabattG Entscheidungen vor. So ist das Reichsgericht davon ausgegangen, daß eine juristische Person „Beauftragter" im Sinne des § 13 Abs. 3 UWG sein kann [39]. Ferner hat der Bundesgerichtshof ein in der Rechtsform einer GmbH geführtes Einzelhandelsunternehmen als „Beauftragten" seines Gesellschafter-Geschäftsführers im Sinne von § 12 Abs. 2 RabattG angesehen [40].

Wenn man auch bei § 831 BGB nach seiner Entstehungsgeschichte ausschließlich an natürliche Personen gedacht hat [41], so schließt dies jedoch nicht aus, daß „ein anderer" nicht nur eine natürliche, sondern auch eine juristische Person sein kann. Vor allem wird im konzernrechtlichen Schrifttum angenommen, daß juristische Personen Verrichtungsgehilfen im Sinne des § 831 BGB sein können [42].

Läßt sich demnach auch eine juristische Person als Verrichtungsgehilfe im Sinne des § 831 BGB qualifizieren, so ist doch im konkreten Fall eine Anwendung der Vorschrift nur möglich, wenn die juristische Person die besonderen Voraussetzungen erfüllt, die an die Stellung eines Verrichtungsgehilfen geknüpft werden.

---

[37] VON CAEMMERER, Festschrift Deutscher Juristentag, 1960, S. 117; BAUR, JZ 1962 S. 14 ff.; HELM AcP 166 S. 389 ff.; ERDSIEK, Juristen-Jahrbuch, 8. Band 1967/ 1968, S. 36 ff.; STEINDORFF AcP 170 S. 93 ff.

[38] HERZOG AcP 133 S. 52/60.

[39] RGZ 150 S. 265/271; E. REHBINDER, Konzernaußenrecht und allgemeines Privatrecht, 1969, S. 525 ff.; a. M. BALLERSTEDT Betrieb 1956 S. 813/814.

[40] BGH GRUR 1963 S. 88/89 (Verona Gerät); BAUMBACH-HEFERMEHL, Wettbewerbs- und Warenzeichenrecht, Band I, 10. Aufl. 1971, RabattG § 12 Anm. 2.

[41] Vgl. Mot. II S. 796: „Angestellte und Arbeiter". Ihre Verschuldensunfähigkeit war der entscheidende Gesichtspunkt, um Widerrechtlichkeit, nicht Verschulden, vorauszusetzen.

[42] E. REHBINDER, a.a.O., S. 529; HERZOG AcP 133 S. 60; RASCH, Deutsches Konzernrecht, 4. Aufl. 1968, S. 235; BALLERSTEDT Betrieb 1956 S. 814; SCHILLING JZ 1953 S. 162; STAUDINGER-GEILER, BGB, 10. Aufl., Anhang zu §§ 705 ff. Anm. 29; HAMBURGER, Schuldenhaftung für Konzerngesellschaften, 1932, S. 15.

Verrichtungsgehilfe kann nur sein, wer zu dem „Geschäftsherrn" in einem tatsächlichen und rechtlichen Abhängigkeitsverhältnis steht. Ebenso wie eine natürliche Person muß eine juristische Person zur Ausführung einer bestimmten Tätigkeit dergestalt bestellt sein, daß der Bestellende ihr gegenüber als der Geschäftsherr erscheint. Ein nach außen selbständig und im eigenen Namen handelndes Unternehmen wird deshalb nur selten Verrichtungsgehilfe im Sinne des § 831 BGB sein [43]. Wohl aber könnte dies der Fall sein, wenn sich ein Unternehmen in einem konzernrechtlichen Abhängigkeitsverhältnis befindet. Hieraus erklärt sich zugleich, warum die Frage, ob juristische Personen Verrichtungsgehilfen sein können, nur im konzernrechtlichen Schrifttum erörtert worden ist.

Eine Gesellschaft, die einen Mehrheits- oder Alleingesellschafter hat, wird in der Regel von dessen Willen abhängig sein. Sie wird insofern für ihn tätig, als ihm der durch ihre Tätigkeit erzielte Gewinn ausschließlich oder überwiegend zufließt. Dennoch ist nicht jeder Mehrheits- oder Alleingesellschafter im Verhältnis zur Gesellschaft als Geschäftsherr im Sinne des § 831 BGB anzusehen. Dadurch würde der für die Einmanngesellschaft und erst recht für die nur unter Mehrheitseinfluß stehende Gesellschaft geltende Grundsatz der rechtlichen Trennung von Gesellschaft und Gesellschafter für das Gebiet der deliktischen Haftung weitgehend aufgehoben [44].

Wenn auch das Schicksal der Gesellschaft in hohem Maße von den Entscheidungen der Gesellschafter abhängt, so ist das Verhältnis der Gesellschafter zur Gesellschaft doch von ganz anderer Art, als § 831 BGB voraussetzt. Daß jemand Mehrheits- oder Alleingesellschafter ist, macht ihn keineswegs zum Geschäftsherrn und die Gesellschaft zum Verrichtungsgehilfen, wenn nicht die Bestellung zu einer bestimmten Tätigkeit hinzukommt, die den Gesellschafter als Geschäftsherrn gegenüber der Gesellschaft erscheinen läßt. Mit Recht knüpft daher das Schrifttum die Haftung eines Gesellschafters nach § 831 BGB an weitergehende Voraussetzungen als nur an das Vorliegen einer Mehrheits- oder Alleinbeteiligung [45].

Dabei begnügt sich ein Teil der Autoren mit dem Vorliegen eines Organschaftsvertrages, der weitgehend einem Beherrschungsvertrag im Sinne des § 291 Abs. 1 Satz 1 AktG entspricht [46], durch den sich die beherrschte Gesellschaft der Leitung des herrschenden Gesellschafters unterstellt. Das bedeutet nicht, daß die beherrschte Gesellschaft kein eigenes Leitungsorgan mehr behält, sondern nur, daß der herrschende Gesellschafter berechtigt ist, dem

---

[43] RGZ 170 S. 1/8; ERMAN-DREES, BGB, § 831 Anm. 3 a.

[44] Zur Anerkennung der Einmanngesellschaft durch den Gesetzgeber vgl. § 319 AktG; zur Anerkennung durch die Rechtsprechung vgl. BGHZ 21 S. 378/383/ 384; 22 S. 226/229/230; 54 S. 222/224; RGZ 129 S. 50/53 mit weiteren Nachweisen.

[45] E. REHBINDER, a.a.O.; RASCH, a.a.O.; HERZOG, a.a.O.

[46] RASCH, a.a.O., S. 234/235; GEILER, a.a.O.

Leitungsorgan der beherrschten Gesellschaft Weisungen zu erteilen (so für die AG § 308 AktG). Ein Beherrschungsvertrag ändert für sich allein noch nichts an der Tatsache, daß das Leitungsorgan der beherrschten Gesellschaft diese nach eigenem Gutdünken und in der Weise leitet, wie die Mitglieder des Leitungsorgans dies für das Gesellschaftsinteresse dienlich halten. Daran würde auch ein mit dem Beherrschungsvertrag verbundener Gewinnabführungsvertrag nichts ändern. Der Umstand, daß der Gewinn aus der Tätigkeit einem einzigen Gesellschafter zufließt, macht die Tätigkeit nicht zu einer für den Gesellschafter ausgeführten Verrichtung im Sinne des § 831 BGB. Auch der Abschluß eines — möglicherweise mit einem Gewinnabführungsvertrag verbundenen — Beherrschungsvertrages kann demnach die gesamte Tätigkeit der beherrschten Gesellschaft noch nicht zu einer im Sinne des § 831 BGB für den herrschenden Gesellschafter ausgeführten Verrichtung machen [47].

Werden auf Grund des Beherrschungsvertrages *Weisungen* erteilt, so wird dadurch regelmäßig nicht die gesamte Tätigkeit der beherrschten Gesellschaft zu einer Gehilfenverrichtung für den herrschenden Gesellschafter. Einmal kommt nur der durch Weisungen des herrschenden Gesellschafters beeinflußte Teil der Tätigkeit der beherrschten Gesellschaft in Betracht, da höchstens insoweit von einer Bestellung zu einer Verrichtung im Sinne des § 831 BGB die Rede sein kann [48]. Zum anderen ist nicht jede Handlung, die die beherrschte Gesellschaft auf Weisung des herrschenden Gesellschafters vornimmt, als eine für diesen ausgeführte Verrichtung anzusehen. Sofern es sich um Weisungen handelt, die unmittelbar den Belangen der beherrschten Gesellschaft dienen sollen und lediglich mittelbar über den von ihr zu erzielenden Gewinn auch die Interessen des herrschenden Gesellschafters berühren, ist ihre Ausführung nicht als Gehilfenverrichtung im Verhältnis zur herrschenden Gesellschaft zu werten. Diese handelt nicht als Geschäftsherr, sondern nimmt lediglich die ihr als Gesellschafter zustehenden Rechte wahr. Sie handelt fremd-, nicht eigenunternehmerisch. Nur Handlungen, zu denen der herrschende Gesellschafter die beherrschte Gesellschaft wegen eines unmittelbar auf die Vornahme der Handlung gerichteten eigenen unternehmerischen Interesses anweist, wie z. B. die Herstellung eines Vorproduktes für andere Konzernunternehmen oder die Übernahme von Hilfsfunktionen für diese, können eine Gehilfenverrichtung im Sinne des § 831 BGB darstellen [49].

---

[47] Ebenso E. REHBINDER, a.a.O., S. 537; HERZOG, a.a.O., S. 66; BALLERSTEDT, a.a.O., S. 814.

[48] So auch HERZOG, a.a.O., S. 66, der verlangt, daß „auch im übrigen ein Auftrag zu einer Verrichtung im Sinne des § 831 BGB vorliegt"; a. M. E. REHBINDER, a.a.O.

[49] Ähnlich E. REHBINDER, a.a.O., S. 538, der § 831 BGB auf „Delikte, die objektiv final auf Förderung der Obergesellschaft im Rahmen der Konzernkompetenz der Untergesellschaft gerichtet sind", anwenden will.

Die Bestellung zur Verrichtung, wie sie § 831 BGB voraussetzt, braucht nicht nur durch ein gültiges Rechtsgeschäft zu geschehen, sondern kann rein faktischer Art sein [50]. Dieser Grundsatz ist auch bei einer Anwendung des § 831 BGB auf konzernmäßig verbundene Unternehmen zu beachten [51]. Es kann deshalb für die Anwendung des § 831 BGB nicht entscheidend darauf ankommen, ob eine Gesellschaft durch einen Beherrschungsvertrag rechtlich verpflichtet ist, die Weisungen des herrschenden Gesellschafters zu befolgen. Auch bei einem faktischen Konzern können die Voraussetzungen eines Bestellungsverhältnisses, wie es § 831 BGB verlangt, vorliegen.

Der Begriff der Gesellschaft wurde in den bisherigen Ausführungen meist ohne nähere Konkretisierung der Rechtsform — AG oder GmbH — verwendet. Richtet man den Blick speziell auf die GmbH, so zeigt sich, daß die durch einen Beherrschungsvertrag begründete Organschaft eine typisch aktienrechtliche Erscheinung ist. Ihre rechtliche Bedeutung liegt darin, daß sie den zu den strukturellen Besonderheiten des Aktienrechts gehörenden Ausschluß der Gesellschafter von der Entscheidung über Fragen der Geschäftsführung (§ 119 Abs. 2 AktG) überwindet. Das GmbH-Recht kennt einen solchen grundsätzlichen Ausschluß der Gesellschafter von der Geschäftsführung nicht. Für den Mehrheits- oder Alleingesellschafter einer GmbH besteht daher weit seltener die Notwendigkeit zum Abschluß eines Beherrschungsvertrages als für den Mehrheits- oder Alleinaktionär einer AG. In der Regel wird ein GmbH-Gesellschafter die Gesellschaft schon dadurch in gleichem Maße seinen Weisungen unterwerfen können wie eine durch Beherrschungsvertrag gebundene AG, daß er von den durch das GmbH-Recht gebotenen Möglichkeiten der freien inneren Gestaltung der Organisation Gebrauch macht. Es besteht deshalb kein Anlaß, bei der GmbH eine Haftung des Allein- oder Mehrheitsgesellschafters nach § 831 BGB vom Vorliegen eines Beherrschungsvertrages abhängig zu machen. Aber auch die Notwendigkeit einer Eingrenzung der Haftung des herrschenden Gesellschafters für deliktisches Handeln der Gesellschaft wird durch einen Blick auf die Unterschiede des GmbH-Rechts gegenüber dem Aktiengesetz bestätigt. Die das GmbH-Recht kennzeichnende Möglichkeit der unmittelbaren Einflußnahme der Gesellschafter auf die Geschäftsführung der Gesellschaft läßt die Grenze zwischen Organschaft und bloßer Mehrheits- oder Alleinbeteiligung fließend werden. Um so weniger darf hier jede Einflußnahme oder sogar nur die Möglichkeit der Einflußnahme auf die Geschäftsführung als Anzeichen für ein Organschaftsverhältnis gewertet und eine Veranwortlichkeit des herrschenden Gesellschafters für die gesamte Tätigkeit der GmbH nach § 831

---

[50] RG JW 1912 S. 296 SOERGEL-ZEUNER, BGB, 10. Aufl. 1969, § 831 Rdz. 25; ERMAN-DREES, BGB, 4. Aufl. 1967, § 831 Anm. 3 a; HAAGER, RGRK BGB, 11. Aufl. 1960, § 831 Anm. 11.

[51] Ebenso E. REHBINDER, a.a.O., S. 539; a. M. RASCH, Deutsches Konzernrecht, 2. Aufl. 1955, S. 178.

BGB angenommen werden. Eine sachgerechte und die Rechte der Gesellschafter im Kernbereich der Gesellschaft respektierende Anwendung des § 831 BGB kann auch im Bereich des GmbH-Rechts nur darin bestehen, daß ein herrschender Gesellschafter allein für diejenigen rechtswidrigen Handlungen der GmbH verantwortlich gemacht werden kann, die auf seine Veranlassung hin erfolgt sind und an deren Vornahme er ein unmittelbares, über sein Interesse am Geschäftsgewinn der GmbH hinausreichendes, unternehmerisches Eigeninteresse hat. Erst dann kann das für die Anwendung des § 831 BGB unerläßliche tatsächliche und rechtliche Abhängigkeitsverhältnis zwischen einem Geschäftsherrn und einem von ihm bestellten und in seinem Herrschaftsbereich tätigen Verrichtungsgehilfen bestehen, das die Haftung des Geschäftsherrn für den in Ausführung einer Verrichtung einem Dritten zugefügten Schaden begründet. Bei dieser Haftung handelt es sich um die Zurechnung von Risiken für Verrichtungen im eigenen Lebens- und Tätigkeitsbereich. Das Abhängigkeitsverhältnis zwischen einem herrschenden Gesellschafter und der von ihm beherrschten Gesellschaft macht den Gesellschafter noch nicht zum Geschäftsherrn und die Gesellschaft nicht zu einem von ihm zu einer Verrichtung bestellten Gehilfen. An diesem Rechtszustand wird sich auch durch die befürwortete Neufassung des § 831 BGB nichts ändern. Während heute den Geschäftsherrn eine Verschuldenshaftung für Unrechtshandlungen des Gehilfen trifft, da er sich durch den Nachweis fehlenden Auswahl- und Aufsichtsverschuldens exkulpieren kann, soll nach dem Referentenentwurf eines Gesetzes zur Änderung und Ergänzung schadenersatzrechtlicher Vorschriften [52] § 831 BGB künftig eine Erfolgshaftung des Geschäftsherrn vorsehen, die jedoch zum Nachteil des Geschädigten nur eingreift, wenn der Verrichtungsgehilfe einem Dritten schuldhaft einen Schaden zugefügt hat. Das Grunderfordernis einer Haftung nach § 831 BGB, die besondere Beziehung zwischen einem Geschäftsherrn und seinem Verrichtungsgehilfen, wird dadurch nicht berührt.

III.

Die von einem Gesellschafter gemeinschaftlich mit Organmitgliedern begangene unerlaubte Handlung stellt meist schon eine *selbständige* unerlaubte Handlung des Gesellschafters dar. Hat z. B. der Mehrheitsgesellschafter einer GmbH den Geschäftsführer zur Begehung einer unerlaubten Handlung angestiftet, so haftet er dem geschädigten Dritten nicht nur nach § 830 BGB unter dem Gesichtspunkt gemeinschaftlicher Begehung für den gesamten Schaden, sondern auch selbständig nach § 826 BGB, weil die durch Anstiftung des Geschäftsführers bewirkte Schädigung des Dritten gewöhnlich auch als eine vorsätzliche sittenwidrige Schadenszufügung anzusehen ist. Die

---

[52] Januar 1967.

Verantwortlichkeit eines Gesellschafters als Teilnehmer an einer gemeinschaftlich begangenen unerlaubten Handlung nach § 830 BGB schließt demnach seine Verantwortlichkeit nach § 826 BGB nicht aus, wenn dessen Tatbestand verwirklicht ist.

Aber auch wenn ein Gesellschafter nicht gemeinschaftlich mit einem Organmitglied als Mittäter, Gehilfe oder Anstifter, sondern als Neben- oder Alleintäter gehandelt hat, kann er nach § 826 BGB für den von ihm einem Dritten in sittenwidriger Weise vorsätzlich zugefügten Schaden verantwortlich sein. Ein Mehrheitsaktionär gibt z. B. in der Hauptversammlung einer AG, um Kreditgeber zu täuschen, die bewußt unrichtige Erklärung ab, er werde seine Beteiligung nicht aufgeben und die Gesellschaft auch künftig unterstützen, wodurch eine Bank zur Kreditgewährung veranlaßt wird.

Führt das Verhalten eines Gesellschafters zu einer Rechts- oder Rechtsgutverletzung eines Dritten, so fragt es sich, ob eine Haftung nach § 823 Abs. 1 BGB schon bei *leichter Fahrlässigkeit* eintreten kann [53]. Der allgemein gehaltene Terminus „verletzen" in § 823 Abs. 1 BGB erlaubt eine weite Auslegung und umfaßt alle Handlungen, die für den Verletzungserfolg adäquat sind. Der Mehrheitsgesellschafter einer GmbH erteilt z. B. — wozu er im Gegensatz zum Mehrheitsaktionär berechtigt ist — dem Geschäftsführer eine Weisung, die von diesem befolgt wird und einen Dritten durch Verletzung eines Rechts oder Rechtsgutes schädigt. Der adäquate Kausalzusammenhang zwischen der Weisung des Gesellschafters und dem Schaden des Dritten wird durch den sich einschaltenden eigenen Entschluß des Geschäftsführers nicht ausgeschlossen. Es ist nicht ungewöhnlich und liegt nicht außerhalb jeder Wahrscheinlichkeit, daß der Geschäftsführer eine ihm vom Gesellschafter erteilte Weisung befolgt, und zwar möglicherweise sogar dann, wenn ihre Erteilung gesetzwidrig ist. Das die Weisung befolgende Verhalten des selbständig handelnden Geschäftsführers „unterbricht" jedenfalls nicht die Verursachung durch das Verhalten des Gesellschafters. Die Frage ist jedoch, ob der rechtliche Verantwortungsbereich eines Gesellschafters so weit reicht, daß er schon für die mittelbare Verletzung des Rechts oder Rechtsguts eines Dritten verantwortlich ist. Die Rechtswidrigkeit seines Ver-

---

[53] Eine Schadenersatzpflicht wegen Patent- oder Gebrauchsmusterverletzung kann sich allein aus §§ 47 PatG, 15 GebrMG ergeben. Beide Vorschriften stellen nicht wie § 823 Abs. 1 BGB schlechthin auf eine Verletzung der geschützten Rechte ab, sondern drücken sich viel konkreter aus. Nur derjenige kann auf Schadenersatz in Anspruch genommen werden, der die geschützte Erfindung oder das Gebrauchsmuster benutzt, und zwar in einer der vier Benutzungsformen, die die §§ 6 PatG, 5 GebrMG dem Berechtigten vorbehalten. Eine Anwendung des § 823 Abs. 1 BGB verbietet sich aber nicht nur im Hinblick auf die genaue Umschreibung der Verletzungshandlung, sondern auch deshalb, weil die Benutzung gewerbsmäßig geschehen muß, und für nur leichte Fahrlässigkeit eine Haftungsmilderung in § 47 Abs. 2 Satz 2 PatG und § 15 Abs. 2 Satz 2 GebrMG vorgesehen ist.

haltens läßt sich jedenfalls in Fällen mittelbarer Verursachung nicht schon aus dem Erfolg ableiten [54], sondern setzt voraus, daß der Gesellschafter einer GmbH bei der Erteilung einer Weisung oder bei der Stimmabgabe in der Gesellschafterversammlung eine ihm gegenüber Dritten obliegende Verhaltenspflicht verletzt hat. Übt ein Gesellschafter seine ihm zustehenden Befugnisse bei der internen Willensbildung der Gesellschaft aus, so nimmt er seine Interessen wahr, hat jedoch nicht die Pflicht, hierbei auch die Interessen Dritter zu wahren. Die Verantwortung für die Ausführung eines Beschlusses oder einer Weisung liegt bei den Willensorganen der Gesellschaft. Handlungen eines Gesellschafters in der Sphäre der Gesellschaft schließen zwar ihre Wertung als Individualhandlungen nicht aus, jedoch ist an sie ein anderer Maßstab anzulegen als an Handlungen, die sich nicht als gesellschaftliche Betätigung darstellen. Der Gesellschafter wäre zudem gewöhnlich nicht in der Lage, Nachforschungen darüber anzustellen, ob die Ausführung eines Beschlusses oder einer Weisung zur Schädigung Dritter führen kann. Würde man den Gesellschaftern bei ihrer Betätigung in der Sphäre der Gesellschaft allgemeine Rechtspflichten gegenüber Dritten auferlegen, die eine Haftung auch für bloße Fahrlässigkeit begründen, so gliche ihr Verantwortungsbereich dem der Willensorgane. Das aber widerspräche der Zuständigkeitsordnung einer GmbH oder AG, nach der nur die Organe, die für die Gesellschaft nach außen handeln, die allgemeinen Rechtspflichten gegenüber Dritten zu beachten haben, nicht aber die Gesellschafter im Vorfeld der internen Willensbildung. Eine Haftung der Gesellschafter nach § 823 Abs. 1 BGB für durch Handlungen in der Gesellschaftssphäre fahrlässig verursachte Schädigungen ist daher zu verneinen. Ein Gesellschafter haftet Dritten gegenüber, wenn er nicht als Mittäter, Gehilfe oder Anstifter nach § 830 BGB oder unter den Voraussetzungen des § 831 BGB für Unrechtshandlungen der Gesellschaft verantwortlich ist, nur bei sittenwidriger vorsätzlicher Schädigung nach § 826 BGB.

Das Kammergericht hat in einer älteren Entscheidung aus dem Jahre 1935 [55] einen GmbH-Gesellschafter zum Schadenersatz für eine von der GmbH begangene Warenzeichenverletzung verurteilt, weil es ihn für den „wahren Finanzier" der GmbH hielt und er der GmbH außerdem ein ihm gehörendes Grundstück mietweise überlassen hatte. Die entscheidenden Sätze der Begründung des Urteils lauten:

„In dieser Eigenschaft als der wahre Finanzier der Bekl. zu 1 hatte der Bekl. zu 3, auch wenn er nicht Geschäftsführer war, schon weil jede Ausgabe und jede Einnahme ihn selbst letzten Endes betraf, den Geschäftsgang aufs sorg-

---

[54] STOLL AcP 162 S. 203/234; VON CAEMMERER, Festschrift Deutscher Juristentag 1860—1960, S. 49/96 ff.; LARENZ, Lehrbuch des Schuldrechts, II, 8. Aufl. 1967, S. 424 ff.; DEUTSCH, Fahrlässigkeit und erforderliche Sorgfalt, 1963, S. 225 ff., 282, 408 (These 7).
[55] GRUR 1936 S. 329.

fältigste zu überwachen. Dies um so mehr, als er aus der Bekl. zu 1 auch dadurch Gewinne ziehen wollte, daß er laut dem zwischen ihm und der Bekl.
zu 1 geschlossenen Mietvertrag vom 26. Mai 1933 ein ihm gehöriges Grundstück gegen Entgelt überließ ... Es kann dem Bekl. zu 3 nicht das Recht zuge-
billigt werden, sich hinter der Bekl. zu 1, einer GmbH, zu verstecken, wo
er in Wahrheit derjenige war, auf dem wirtschaftlich die volle Verantwortung
ruhte, da er die Betriebsmittel zur Verfügung stellte und den Hauptteil des
Gewinnes einziehen sollte."

Wenn man davon ausgeht, daß dem Kammergericht der zwischen dem
damaligen Beklagten zu 3 und der Beklagten zu 1 bestehende Mietvertrag
nur zur zusätzlichen Verstärkung seiner Urteilsbegründung diente, so muß
man annehmen, daß das Gericht der Ansicht war, ein Gesellschafter, der
eine GmbH ausschließlich finanziere und dem die Gewinne zumindest zum
überwiegenden Teil zuflössen sei bereits deshalb zur sorgfältigen Über-
wachung der Geschäftstätigkeit verpflichtet und könne daher für Schutz-
rechtsverletzungen der GmbH verantwortlich gemacht werden. Aber jeder
Alleingesellschafter ist der „wahre Finanzier" und auch der alleinige Ge-
winnbezugsberechtigte seiner GmbH. Häufig wird auch ein Mehrheitsgesellschafter der alleinige Geldgeber sein und zugleich ein Anrecht auf den
Hauptteil des Gewinns besitzen. Solche Gesellschafter werden stets von jeder
Einnahme und Ausgabe der GmbH „letzten Endes" selbst betroffen. Die
Ansicht des Kammergerichts läuft darauf hinaus, eine unmittelbare persönliche Verantwortung jedes Alleingesellschafters und u. U. auch von Mehrheitsgesellschaftern für alles Geschehen im Betrieb zu begründen. Damit ver-
stößt sie gegen zwei Grundprinzipien des geltenden Aktien- und GmbH-
Rechts. Der eine dieser Grundsätze ist die haftungsmäßige Trennung von
Gesellschaft und Gesellschaftern, der auch für den Fall der Einmann-GmbH
grundsätzlich Beachtung verlangt. Dieser Grundsatz würde für den Bereich
der deliktischen Haftung bedeutungslos, wenn es möglich wäre, einen
Allein- oder Mehrheitsgesellschafter durch die Auferlegung einer umfassenden
Aufsichtspflicht für alles Geschehen im Geschäftsbetrieb der GmbH verantwortlich zu machen. Zum anderen verstieße eine umfassende Aufsichtspflicht
von Allein- oder Mehrheitsgesellschaftern über den Geschäftsbetrieb der
Gesellschaft gegen den Grundsatz, daß die Geschäftsführung und damit
auch die Verantwortung für alles, was im Bereich der Gesellschaft geschieht,
den Vorstandsmitgliedern bzw. den Geschäftsführern als dem zentralen
Leitungs- und Ausführungsorgan der Gesellschaft obliegt.

Der Einfluß von Steuergesetzen auf die Kautelarpraxis bei besonderer Berücksichtigung der Pläne für die Steuerreform 1974

ALEXANDER KNUR

Seit dem Erlaß der Reichssteuergesetze von 1920, insbesondere von 1925 hat die Kautelarpraxis sich zunehmend mit den für die Vertragsgestaltung in Betracht kommenden Steuerproblemen befassen müssen. Anfangs hielt sich dies noch in mäßigen Grenzen. Die Tatsache jedoch, daß ALFRED KARGERS Buch über steuerlich zweckmäßige Testamente und Schenkungen im Jahre 1930 bereits in fünfter Auflage erschienen ist und die davor liegenden Auflagen 10 000 Exemplare umfaßten[1], gibt zu denken und läßt ahnen, in wieviel größerem Umfang ein Erbschaftsteuerrecht den Rechts- und Steuerberater beschäftigen wird, das weit über das Erbschaftsteuerrecht hinausgeht, das sich aus dem Erbschaftsteuergesetz 1925 ergibt. Das steuerrechtliche Schrifttum zum Recht der Personengesellschaften und der Kapitalgesellschaften sowie der Unternehmenszusammenfassungen in den letzten 20 Jahren, insbesondere das im letzten Jahrzehnt erschienene läßt erkennen, in wieviel größerem Umfang in neuerer Zeit die Kautelarpraxis von Steuerproblemen beeinflußt ist. Man kann diese Entwicklung nicht als eine glückliche bezeichnen. Wenn, wie es heute vielfach der Fall ist, vornehmlich aus dem Steuerrecht, insbesondere den Steuergesetzen stammende Faktoren eine Vertragsgestaltung bestimmen oder gar den Bürger dazu bestimmen, dies oder jenes, ihm mitunter gar nicht Zuträgliche zu tun, sollte der Gesetzgeber sich darüber klar werden, daß er hier oder dort den Bogen überspannt hat oder zu überspannen sucht. Deshalb soll an einigen markanten Fällen untersucht werden, womit die Kautelarpraxis nicht nur auf Grund des geltenden Rechts, sondern auf Grund der Pläne für die auf das Jahr 1974 bezogene Steuerreform zu rechnen hat und inwieweit dem Gesetzgeber es obliegt, eine Regelung zu treffen, die nicht zu sachlich ungerechtfertigten Entscheidungen verleitet. Die Steuerreformpläne liefern dazu reichlich Stoff. Im Rahmen einer zeitlich und räumlich beschränkten Stellungnahme können deshalb nur einige markante und wichtige Punkte behandelt werden. Hierzu bieten sich einige erbschaftsteuerliche Fragen an, die sich aus dem Referentenentwurf des Bundesministerium für Wirtschaft

---

[1] Vgl. Vorwort der 5. Aufl., Berlin 1930.

und Finanzen für ein Erbschaft- und Schenkungssteuergesetz ergeben, und die Fragen nach der Unternehmensgestaltung auf Grund der Pläne für die Körperschaftsteuerreform und die Vermögensteuerreform.

1. Fragen der Erbschaftsteuerreform

Das Statistische Bundesamt[2] hat in jüngster Zeit die Erbschaftsteuerstatistik für die Jahre 1967 bis 1969 unter Heranziehung der Ergebnisse für das Jahr 1962 ausgewertet. Für 1967 sind rund 73 900, für 1968 rund 83 000, für 1969 rund 92 700 unbeschränkt steuerpflichtige Erwerbsanfälle mit einem von Todeswegen, im steigenden Maße durch Schenkung übertragenen Vermögen im Gesamtwert von 2,3 (1967), 2,6 (1968) und 3,7 (1969) Mrd. DM endgültig veranlagt worden. Gegenüber 1962 hat sich die Zahl mehr als verdoppelt. Fast verdoppelt hat sich auch der Wert des steuerpflichtigen Erwerbs und die darauf zu entrichtende Steuer.

Für den Rechtsberater ist dies nicht verwunderlich. Er kann bestätigen, daß das Statistische Bundesamt einen zwar erheblichen Teil der erbschaftsteuerpflichtigen Vorgänge, vor allem Schenkungen erfaßt hat, nicht aber die Fälle, in denen infolge eines geringen Einheitswertes der den Kindern oder Enkelkindern zugebilligte Freibetrag von 30 000,— DM oder 20 000,— DM nicht überschritten worden ist, etwa weil der auf den 1. Januar 1935 festgestellte Einheitswert des geschenkten Grundstücks oder die im Rahmen einer gemischten Schenkung übernommene Gegenleistung eine Steuerpflicht nicht auslöste. Diese recht zahlreichen Fälle dürfen nicht außer Betracht gelassen werden, weil sie für die Einstellung des Schenkers zu erbschaftsteuerpflichtigen Vorgängen ebenso symptomatisch sind wie die Zuwendungen, die der Erbschaftsteuer oder der Schenkungssteuer wegen des Werts des Anfalls oder des Verwandtschaftsgrades des Beschenkten unterworfen sind.

Der Trend, durch eine Schenkung, möglichst durch eine gemischte Schenkung Erbschaftsteuer zu vermeiden, mindestens aber die Erbschaftsteuer erheblich zu mindern, ist seit dem Jahre 1964 festzustellen, seitdem es sich mehr und mehr herumgesprochen hat, daß mit einer erheblichen Erhöhung der Grundstückseinheitswerte zu rechnen sei. Anfangs spielte die Frage nach Erhöhung der Erbschaftssteuersätze nicht einmal eine Rolle. Allein die Befürchtung, der Gesetzgeber könne überraschend, mehr oder weniger über Nacht die neuen Einheitswerte mit steuerlicher Relevanz ausstatten, hatte ein besonderes Gewicht. Seit dem Jahre 1967 jedoch, d. h. nach Bekanntgabe der Reformvorschläge des Wissenschaftlichen Beirats des Bundesfinanzministeriums, hat selbst die Eigentümer verhältnismäßig kleiner Vermögen der Gedanke an die Erbschaftsteuerpflicht naher Angehöriger beim Erbgang beunruhigt. Jeder seriöse Rechtsberater kennt eine Fülle von Beispielen, in denen nur zur Vermeidung einer vielleicht nach Jahren anfallenden Erb-

---

[2] Vgl. WuStat 1971, 510 ff.

schaftsteuer Vermögen, das man vielleicht einmal selber noch benötigte, von seinem Inhaber hingegeben werden sollte oder gar hingegeben wurde, ohne zu bedenken, daß bis zum Erbfall mehr Lasten, vor allem steuerliche Lasten entstanden, die die im schlimmsten Fall zu erwartende Erbschaftsteuer überstiegen. Einer der harmlosen Fälle ist der in seinen Auswirkungen nicht bedachte Fall, daß eine Witwe einem Kind das von ihrem verstorbenen Ehemann geerbte und von ihr selbst bewohnte Haus unter Vorbehalt des lebenslänglichen Nießbrauchs schenkt, ohne zu bedenken, daß die Abschreibungen auf das Haus, vielleicht sogar 7 b Abschreibungen ihre Einkünfte nicht mehr zu mindern vermögen, der Mietwert ihrer Wohnung nicht mehr nach den Einfamilienhausvorschriften, sondern nach den allgemeinen Vorschriften anzusetzen ist, während dem Beschenkten die ihm zufallenden Abschreibungen gar nichts nützen, weil ihm dafür ausreichende Einkünfte nicht zustehen. Ernster liegt schon der Fall der Aufnahme von Kindern und sogar von Schwiegerkindern in das väterliche Unternehmen, um demnächst Erbschaftsteuer zu sparen, mitunter auch Unternehmensgewinne zur Vermeidung der Progressionsspitze der Einkommensteuer zu vermeiden, ohne zu bedenken, welches Kind das väterliche Unternehmen fortführen soll und mit welchen die Erbschaftsteuer weit übertreffenden Abfindungsbeträgen der Übernehmer des Unternehmens nach dem Tod des Vaters zu rechnen hat. Oft stellt sich in diesen Fällen heraus, daß die Angehörigen der älteren und der jüngeren Generation, auch wenn sie nur in einem Unternehmen miteinander vereinigt sind, nicht zueinander passen, daß die Ehe eines Kindes, das mit seinem Ehegatten in das Unternehmen aufgenommen worden ist, brüchig und geschieden wird. Die dann meist unvermeidliche Beendigung der Zugehörigkeit zu dem Unternehmen läßt in solchen Fällen sich durchweg nur mit erheblichen, die zu vermeidende steuerliche Belastung weit in den Schatten stellenden Geldopfern in der Form von Abfindungen ermöglichen.

Erwähnungswert sind diese Beispiele nur deshalb, weil sie zeigen, wie empfindlich, man kann schon sagen, mißtrauisch der Bürger ist, wenn die Eigentumsgarantie des Grundgesetzes irgendwie angetastet wird, sei es auch nur mit Steuern, die das von ihm erworbene Vermögen, das er auch als Vermögen seiner Familie betrachtet, geringfügig zu schmälern geeignet sind.

Diese Gesichtspunkte dürfen bei einer Reform des Erbschaftsteuerrechts nicht außer Betracht bleiben. Sie machen es erforderlich, den Anreiz zu vorzeitigen steuersparenden Verfügungen zu beseitigen. Insoweit gibt der Referentenentwurf eines Erbschafts- und Schenkungsteuergesetzes an mehreren Stellen Anlaß zu Bedenken.

Dies gilt zunächst für die Sätze der Steuerklassen I und II. Diese dürfen nicht nur im Verhältnis zu den Steuersätzen des geltenden Rechts gesehen werden, sondern müssen unter Berücksichtigung der im Vergleich zum geltenden Recht anzusetzenden höheren Einheitswerte und des für sie geltenden Multiplikators gesehen werden. Eine Faustregel, nach der man sich durchaus richten kann, besagt, daß die auf den 1. Januar 1964 festgestellten Einheitswerte das Dreifache der auf den 1. Januar 1935 erstellten Einheitswerte betragen sollen. Diese neuen Einheitswerte sollen für die Erbschaft- oder Schenkungsteuer mit 140% angesetzt werden. Geht heute ein Grundstück mit einem auf den 1. Januar 1935 festgestellten Einheitswert von 30 000,— DM von einem Elternteil auf ein Kind im Erbgang oder im Wege der Schenkung über, so vollzieht sich der Übergang mit Rücksicht auf den Freibetrag von 30 000,— DM steuerfrei. Beim Übergang nach 1973 wäre aber nach dem Referentenentwurf unter den angegebenen Voraussetzungen von einem Wert von 126 000,— DM auszugehen. Trotz des in § 16 Abs. 1 RefE angesetzten Freibetrag in Höhe von 50 000,— DM, wäre der Anfall an das Kind in Höhe von 76 000,— DM mit einer Erbschaft- oder Schenkungsteuer von 3040,— DM zu erfassen. Sogar bei einem heutigen Einheitswert von 20 000,— DM ergäbe sich noch ein steuerpflichtiger Anfall von 34 000,— DM mit einer Steuerlast von 1020,— DM. Dabei handelt es sich hier um Fälle des kleinbürgerlichen Bereichs, bei denen die Erhebung einer Erbschaft- oder Schenkungsteuer nur Verdruß zur Folge hat. Im Grunde liegt dies weniger an den Steuersätzen als vielmehr an der völlig unzureichenden Anhebung der Freibeträge. Dies wird ohne weiteres klar, wenn man die Entwicklung der Freibeträge mit der Entwicklung des Preisindexes für Wohngebäude [3] vergleicht. Für die Steuerklasse I kannte das Erbschaftsteuergesetz 1925 schon einen Freibetrag von 20 000,— RM, das Erbschaftsteuergesetz 1934 den noch heute geltenden Freibetrag von 30 000,— RM. Der Preisindex für Wohngebäude bezifferte sich auf der Basis 1962 = 100 für 1925 auf 37,2 für 1934 und 1935 auf 28,7 und, um eine weitere Vergleichsmöglichkeit aufzuzeigen, für 1950 auf 54,8. Für Mai 1971 ergibt sich ein Index von 159,8. Im Vergleich zu diesem Index hat sich der Index

für 1925   auf das 4,3 fache,

für 1934/35 auf das 5,6 fache,

für 1950   auf das 2,9 fache

erhöht. Allein hieraus ergibt sich die Unzulänglichkeit der im Referentenentwurf angesetzten Freibeträge. Verdoppelt man diese Freibeträge, so hält man sich noch an der untersten Grenze dessen, was sich aus der Entwertung der Kaufkraft der Mark ergibt. Was auf dem Spiele steht, wird klar, wenn man die finanziellen Auswirkungen berücksichtigt, die 1954 erwogen worden sind, als es sich darum handelte, erbschaftsteuerliche Erleichterungen, insbesondere auch in bezug auf die Freibeträge, im Vergleich zum vorher geltenden Recht zu gewähren. Damals handelte es sich sowohl um die Ermäßigung der Steuersätze als auch um die Erhöhung der Frei-

---

[3] Siehe Stat. Jahrbuch 1971, 437 und WuStat 1971, 413.

beträge. Man hatte errechnet, daß ohne die Änderungen des Erbschaftsteuergesetzes für 1955 mit einem Erbschaftsteueraufkommen von 80 Millionen Mark hätte gerechnet werden können, daß aber die vorgenommenen Änderungen das Aufkommen auf 30 Millionen Mark vermindern würden [4]. Es belief sich nun aber das Steueraufkommen

für 1967 auf 227,5 Millionen DM
für 1968 auf 262,6 Millionen DM
für 1969 auf 302,8 Millionen DM.

Im Jahre 1969 lag überdies die festgesetzte Steuerschuld um 95% über der des Jahres 1962 [5]. Hieraus ergibt sich nicht nur eine stets steigende Tendenz, sondern auch, daß die Ende 1954 angestellten Schätzungen bereits im Jahre 1962 um mehr als das Fünffache übertroffen wurden. Für den Gesetzgeber sollte dies ein Grund sein, wenigstens durch Gewährung von wirklich ausreichenden Freibeträgen dazu beizutragen, daß zum Zweck von Steuerersparung sachwidrige Vertragsgestaltungen unterbleiben.

Ein weiteres Beispiel für die Bedeutung und den Einfluß der von der Bundesregierung geplanten Steuerreformen auf die Kautelarpraxis bietet der Bereich des ehelichen Güterrechts.

Im geltenden Recht spielt auf Grund einer gefestigten höchstrichterlichen Rechtsprechung die Frage nach der Wahl des ehelichen Güterstandes in erbschaftsteuerlicher Hinsicht eine geringe Rolle. Durch § 6 Abs. 1 ErbStG in der zur Zeit geltenden Fassung ist sichergestellt, daß — ausgehend von der bürgerlich-rechtlichen Regelung, die zusätzliche Erbquote gemäß § 1371 Abs. 1 BGB ohne Rücksicht darauf, ob ein ausgleichungspflichtiger Zugewinn vorhanden ist, wie ein Zugewinnausgleichungsanspruch behandelt wird, mithin nicht als Erwerb im Sinne des § 2 des Erbschaftsteuergesetzes gilt. Im Falle der Zugewinngemeinschaft bleibt der Erwerb des überlebenden Ehegatten folglich in Höhe dieser zusätzlichen Erbquote neben sonstigen Freibeträgen von der Erbschaftsteuer befreit. In bezug auf die Gütergemeinschaft hat sich die höchstrichterliche Rechtsprechung dahin gefestigt, daß eine infolge der Begründung der allgemeinen Gütergemeinschaft eintretende objektive Bereicherung eines der Ehegatten nur in den besonderen Ausnahmefällen einen schenkungssteuerpflichtigen Erwerb darstellt, in denen durch den Abschluß des Ehevertrags nicht in erster Linie die Ordnung der ehelichen Lebensgemeinschaft, sondern schon erbrechtliche Wirkungen herbeigeführt werden sollten [6]. In dieser Rechtsprechung kommt die richtige Überlegung zum Ausdruck, daß die Wahl eines Güterstandes im Grundsatz mit einer Schenkung nichts zu tun hat. Demnach kann man heute davon ausgehen, daß die Freiheit in der Wahl der Güterstände durch erbschaftsteuer-

---

[4] Vgl. STENGER in DStZ 1954, 429.
[5] WuStat 1971, 512.
[6] Vgl. BFH in BStBl III 1964, 202; ferner BGH 86, 314.

liche Gesichtspunkte nicht wesentlich eingeschränkt wird. Gesichtspunkte
der Ordnung der ehelichen Lebensgemeinschaft und nicht erbschaftsteuerliche, und damit in diesem Zusammenhang sachwidrige Überlegungen sind
die entscheidenden Kriterien für die Wahl dieses oder jenes Güterstandes.
Diese Situation würde sich wesentlich ändern, wenn die im Referentenentwurf zum Erbschaftsteuergesetz vorgesehene Regelung Gesetz wird.
Wenn das künftige Erbschaftsteuergesetz — wie in § 7 Abs. 1 Ziffer 4 des
Referentenentwurfs vorgesehen — „die Bereicherung, die ein Ehegatte bei
Vereinbarung der Gütergemeinschaft (§ 1415 des Bürgerlichen Gesetzbuches)
erfährt" ausdrücklich als „Schenkung im Sinne des Gesetzes" bezeichnet, so
muß angenommen werden, daß dann jede infolge der vereinbarten Gütergemeinschaft nur objektiv eintretende Bereicherung völlig unabhängig von
einer seitens der Eheleute mit dem Ehevertrag verfolgten Absicht der Schenkungsteuerpflicht unterliegt. Es müßten folglich auch solche Vermögensver-
schiebungen von der Schenkungsteuer erfaßt werden, die zwangsläufig damit
verbunden sind, zum Beispiel der Fall, daß junge Eheleute, die rein um der
Ordnung ihrer ehelichen Gemeinschaft wegen als Alternative zum gesetzlichen Güterstand die Gütergemeinschaft wählen. Dies müßte zwangsläufig
dazu führen, daß sachwidrige Kriterien die Wahl eines Güterstandes bestimmen und insbesondere der Güterstand der Gütergemeinschaft noch mehr
als bisher zurückgedrängt und die Vertragsfreiheit im Bereich des Ehe-
güterrechts erheblich eingeschränkt wird. Gerade auf die Wahrung der Vertragsfreiheit innerhalb der zur Zeit bestehenden Grenzen sollte man auf
güterrechtlichem Gebiet aber deshalb bedacht sein, weil das geltende Recht
im Gegensatz zur früheren Vielfalt nur noch drei Güterstände kennt. Hinzu
kommt, daß die Erschwerung der Vereinbarung der Gütergemeinschaft durch
eine mit dem Referentenentwurf beabsichtigte Regelung die nach der
heutigen Rechtslage anzunehmende grundsätzliche Gleichwertigkeit der
Gütergemeinschaft im Verhältnis zur Zugewinngemeinschaft beseitigt. Die
Notwendigkeit der Beibehaltung dieser Gleichwertigkeit ergibt sich daraus,
daß vor Inkrafttreten des Gleichberechtigungsgesetzes ernsthaft erwogen
wurde, die Gütergemeinschaft als gesetzlichen Güterstand einzuführen [7], da
die Gütergemeinschaft als dem sittlichen Wesen der Ehe am ehesten entsprechend angesehen wurde und die Einführung der Gütergemeinschaft als
gesetzlicher Güterstand letztlich nur wegen der im System der Gütergemeinschaft auftretenden Schwierigkeiten der praktischen Gestaltung — insbesondere in Verwaltungs- und Haftungsfragen — unterblieben ist.

Für die Zugewinngemeinschaft sieht § 5 Abs. 1 des Referentenentwurfs
vor, falls der gesetzliche Güterstand durch den Tod eines Ehegatten be-
endet und der Zugewinn nicht nach § 1371 Abs. 2 BGB ausgeglichen wird —
beim überlebenden Ehegatten der Betrag, den er im Falle des § 1371 Abs. 2

---

[7] Vgl. Hinweise bei STAUDINGER-FELGENTRAEGER, Vormerkungen vor § 1415 BGB;
SOERGEL-SIEBERT-GAUL vor § 1415 BGB Anm. 6.

BGB als Ausgleichsforderung geltend machen könnte, nicht als steuerpflichtiger Erwerb von Todeswegen gilt. Dies bedeutet, daß in bezug auf den zusätzlichen Erbteil gemäß § 1371 Abs. 1 BGB eine erbschaftsteuerliche Begünstigung nur dann und insoweit in Betracht kommt, als der überlebende Ehegatte einen fiktiven Zugewinnausgleichsanspruch nachweisen kann, und führt dazu, daß die in § 1371 Abs. 1 BGB vorgesehene erbrechtliche Lösung praktisch ausgehöhlt wird. Gerade wegen der in den meisten Fällen auftretenden praktischen Schwierigkeiten bei der Feststellung und Durchsetzung eines Zugewinnausgleichsanspruchs hat man sich letztlich für die erbrechtliche Lösung entschieden und dieser Praktikabilität wegen die erbschaftsteuerliche Regelung der bürgerlichrechtlichen Betrachtung folgen lassen. Alle Nachteile und praktisch nicht zu lösenden Schwierigkeiten, die mit Einführung der erbrechtlichen Lösung vermieden wurden, würden aber wieder auftreten, wenn der überlebende Ehegatte zwecks Erlangung einer entsprechenden Steuervergünstigung genötigt wäre, dem Finanzamt einen fiktiven Zugewinnausgleichsanspruch nachzuweisen oder wenigstens glaubhaft zu machen. Zudem verkennen die Verfasser des Referentenentwurfs, daß die Rechtfertigung für die Gewährung der zusätzlichen Erbquote im Falle des § 1371 Abs. 1 BGB im Bereich des ehelichen Güterrechts liegt und schon deshalb eine erbschaftsteuerliche Erfassung der zusätzlichen Quote ausscheidet. Die Steuerreformkommission hatte schon gute Gründe, bei ihren Vorschlägen es bei dem geltenden Recht zu belassen [8].

Was nun die Regelung der steuerlichen Behandlung des Zugewinnausgleichsanspruchs im besonderen anbetrifft, so darf nicht übersehen werden, daß § 5 Abs. 2 RefE wie auch schon § 6 Abs. 2 ErbschStG das für das Güterrecht geltende Prinzip der Vertragsfreiheit außer acht läßt. Der Zugewinnausgleichsanspruch soll nur dann nicht als Erwerb im Sinne der §§ 3 und 7 gelten, wenn der Zugewinn nach § 1371 Abs. 2 BGB ausgeglichen wird, d. h., wenn der überlebende Ehegatte weder Erbe noch Vermächtnisnehmer ist. Es ist aber unbestritten, daß der Ausgleich des Zugewinns ehevertraglich auch dann zugelassen werden kann, wenn der überlebende Ehegatte Erbe wird oder mit einem Vermächtnis bedacht wird [9]. Kommt es zu einer solchen ehevertraglichen Regelung, so besteht kein Grund, sie zu diskriminieren. Dem Gesetzgeber ist es verwehrt, in einem solchen Fall durch eine Vorschrift im Erbschaftsteuergesetz dem erbenden überlebenden Ehegatten im Vergleich zu dem von der Erbschaft ausgeschlossenen Ehegatten schlechter zu stellen.

Die im Referentenentwurf vorgesehene Regelung läuft im Grunde darauf hinaus, nur den Ehegatten zu treffen, der sich der Problematik der gesetzlichen Bestimmungen nicht bewußt wird, der mithin sich nicht über die

---

[8] Vgl. Gutachten VII TZ 233 bis 236.
[9] Vgl. STAUDINGER-FELGENTRAEGER § 1371 BGB Anm. 143 und das dort angeführte Schrifttum.

Möglichkeiten der Steuerersparnis beraten läßt, meist nur deshalb, weil Vermögensveränderungen, die man landläufig nicht als unentgeltliche Zuwendung betrachtet, durch das Gesetz dennoch zu einer solchen abgestempelt werden. Der Hinweis hierauf zeigt aber auch, daß das, was das geltende Recht sachgerecht behandelt, durch die geplante Steuerregelung zu Vertragsgestaltungen führen muß, die den Beteiligten bei Aufrechterhaltung der geltenden Ordnung erspart blieben. Bei der Zugewinngemeinschaft wären ehevertragliche Regelungen nebst einer laufenden Inventarisierung einschließlich einer in Zeitabständen vorzunehmenden Bewertung des jedem Ehegatten gehörenden Vermögens unabweisbar, Dinge, an die heute fast niemand denkt. Bei Vereinbarung der Gütergemeinschaft käme man zur Vermeidung von Schenkungsteuer nicht daran vorbei, die Vermögensgegenstände, die infolge des Übergangs in das Gesamtgut zu einer Schenkungsteuerpflicht führen, zum Vorbehaltsgut zu erklären und die Vorbehaltsgutseigenschaft solange aufrecht zu erhalten, als die Umwandlung in Gesamtgut steuerschädlich wäre. Im Grunde bedeutet dies alles, daß Eheverträge. die seit der Einführung der Zugewinngemeinschaft mit ihrer erbrechtlichen Regelung für den Fall des Todes des erstversterbenden Eheteils zur Ausnahme geworden sind, in großem Umfang wieder vereinbart würden, im Grunde nur, weil der Steuergesetzgeber ein familienrechtliches Problem in ein erbrechtliches verwandelt hätte, im Grunde ohne greifbaren Erfolg. Denn man muß bedenken, daß die Lebenserwartung der Frau größer ist als die des Mannes und daß der größere Zugewinn in der Regel beim Ehemann zu erwarten ist, er auch in der Regel das größere Vermögen hinterläßt. Die Änderung des gegenwärtigen Rechtszustandes würde infolgedessen dem Steuerfiskus keine zusätzlichen Einnahmen verschaffen, die Finanzämter aber mit zusätzlicher Verwaltungsarbeit belasten.

2. Der Einfluß der Steuergesetze auf die Wahl der Unternehmensform

Man kann schon in den Verdacht geraten, Eulen nach Athen zu tragen, wenn man darauf hinweist, daß es in den vergangenen fünfzig Jahren dem Steuergesetzgeber nicht gelungen ist, für die gewerblichen Unternehmen die Besteuerung in einer der Unternehmensform angepaßten Weise zu ordnen. Dennoch ist ein solcher Hinweis notwendig, weil die Fehlgriffe, die sich seit dem Jahre 1920 immer wieder ereignet haben, der Kautelarjurisprudenz nahezu ununterbrochen ein großes Betätigungsfeld bereitet haben, keineswegs immer zur Freude der Unternehmer, die oft nach wenigen Jahren erkennen mußten, daß die Unternehmensform, zu der sie sich meist nur aus steuerlichen Gründen entschlossen hatten, nicht die dem Unternehmen adäquate Form darstellte. Die inzwischen fast in Vergessenheit geratene Betriebsaufspaltung in eine „Besitzgesellschaft und eine Produktionsgesellschaft" oder in eine „Produktionsgesellschaft und eine Vertriebsgesellschaft"[10] liefert für die Zeit von 1920 bis über das Jahr 1950 hinaus ein besonders eindrucksvolles Beispiel. Mittlerweile ist an die Stelle dieser Unternehmensgestaltung die GmbH & Co., d. h. eine Kommanditgesellschaft, deren einziger persönlich haftender Gesellschafter eine Kapitalgesellschaft, fast immer eine GmbH ist[11], getreten. Aber während bei der Betriebsaufspaltung fast nur steuerliche Gründe eine Rolle spielen, stehen bei der GmbH & Co. das Bedürfnis, Steuern zu sparen und zugleich die der Kapitalgesellschaft und den Kommanditisten kraft Gesetzes zugestandene Haftungsbeschränkung zu erlangen, gleichermaßen im Vordergrund. Das hat letzten Endes dazu geführt, daß eine von der Rechtspraxis früherer Jahrhunderte, von ADHGB ausgestaltete und von HGB übernommene und unverfälscht von erfahrenen Praktikern[12] bis zur kapitalistischen Kommanditgesellschaft fortentwickelte Unternehmensform ihres sie rechtfertigendes Elements entkleidet wurde, nämlich des voll verantwortlichen Komplementärs in Gestalt einer natürlichen Person, die wegen der Haftung bis über den Tod hinaus den Gesellschaftsgläubigern eine viel größere Garantie bietet als eine GmbH mit kleinem Vermögen und vor allem niedrigem Stammkapital und Kommanditisten mit unzureichenden Haft- und Pflichteinlagen. Wenn in der Vergangenheit die Öffentlichkeit an dieser Unternehmensform nicht mehr Anstoß genommen hat, als es der Fall ist, so liegt dies ausschließlich daran, daß in den letzten zehn bis zwanzig Jahren die Zahl der Konkurse verhältnismäßig gering war. Aber schon das Jahr 1967 hat gezeigt, daß die GmbH & Co. wegen ihrer vielfach mangelhaften Kapitalausstattung und wegen ihrer zum Leichtsinn, mindestens aber zur Sorglosigkeit verleitenden Haftungsbeschränkung wohl die anfälligste Unternehmensform ist. Besondere Bedenken ergeben sich daraus, daß die GmbH & Co. auf dem Baumarkt eine besonders große Verbreitung gefunden hat und daß zu ihren Geschäftspartnern unerfahrene Wohnungssuchende gehören, die mühsam zusammengetragene Ersparnisse aufs Spiel setzen, ohne sicher zu sein, gefahrlos zu einem Eigenheim oder wenigstens zu einer Eigentumswohnung zu kommen. Sicher gibt es sehr seriöse in der Form der GmbH & Co. betriebene Wohnungsbauunternehmen, denen sich ein Wohnungssuchender gefahrlos anvertrauen kann. Ihnen steht aber eine verhältnismäßig große Zahl, ebenfalls in der Form der GmbH & Co. bestehen-

---

[10] Vgl. hierzu die Kommentare zum EstG und KStG, auch KNUR in Festschrift für SCHMIDT-RIMPLER, Karlsruhe 1957, 303 ff.

[11] Der Fall der sogenannten doppelstöckigen GmbH & Co., deren Propagierung ihren Erfindern durch das zu erwartende Gesetz zur Änderung des Kapitalverkehrsteuergesetzes (BR Drucks. 531/71 wenig Freude bereiten wird, mag in diesem Zusammenhang außer Betracht bleiben. Vgl. §. 5 Abs. 2 Ziff. 3 Satz 3 des Gesetzentwurfs.

[12] Vgl. besonders BOESEBECK, Die kapitalistische Kommanditgesellschaft, Frankfurt a. M. 1938.

der Wohnungsbauunternehmen gegenüber, vor deren Geschäftspraktiken, vor allem in jüngster Zeit, in der Öffentlichkeit gewarnt worden ist. Sicher ist überdies, daß der Gefahrenherd auf den Wohnungsbau nicht beschränkt ist, sondern auch andere Bereiche davon erfaßt sind und zunehmend erfaßt werden.

Erfreulich ist, daß im Zuge der Reform des GmbH-Rechts dem Mißstand gesteuert werden soll, und zwar nicht nur bei der GmbH, sondern auch bei der GmbH & Co., hier im Einführungsgesetz zum neuen GmbH-Gesetz. Unzureichend ist aber nach wie vor die geplante Fixierung des Mindeststammkapitals. Offenbar um die nach § 4 KStG körperschaftsteuerfreien Gesellschaften zu schonen, will man sich allenthalben mit dem seit 1892 geltenden Mindestkapital von 20 000,— DM begnügen, die notwendige Korrektur nur durch das Erfordernis der Volleinzahlung dieses Kapitals vornehmen. Wie unzureichend dies ist, ergibt eine einfache Überlegung. Im Jahre 1913, dem letzten Jahr vor dem ersten Weltkrieg, bezifferte sich der Preisindex für Wohngebäude (1962 = 100) auf 21,8 [13]. Damals mochten bei einem Stammkapital von 20 000,— Mark 5 000,— Mark eingezahlte Stammeinlagen genügen, wenn damit die Verpflichtungen der Gesellschaftsgründer zur Leistung der restlichen Stammeinlagen von 15 000,— Mark verbunden war. Mittlerweile ist aber, wie schon erwähnt, bis zum Mai 1971 der Preisindex für Wohngebäude auf 159,8 [14] gestiegen. Bezogen auf diese Steigerung müßte die Mindesteinzahlung das 7,3fache, also mehr als 35 000,— DM betragen. Die vom Bundesjustizministerium ursprünglich geplante Fixierung des Mindestkapitals auf 50 000,— DM bei einer Mindesteinzahlung von 20 000,— DM dürfte nach wie vor an der untersten Grenze des Vertretbaren liegen [14a]. Zwar soll eine weitere Korrektur dadurch erfolgen, daß Gesellschafterdarlehen eine besondere Diskriminierung erfahren. Aber die Voraussetzungen, unter denen die Gesellschafter und ihre Hintermänner nach § 49 des RegEntw. auch die Kommanditisten der GmbH & Co. und ihre Hintermänner in Anspruch genommen werden könnten, sind im Grunde doch so schwach, daß es letzten Endes darauf ankommt, ob die Darlehnsgewährung noch zu einer Zeit erfolgt ist, in der man nur ahnen konnte, ob das Darlehn kapitalersetzenden Charakter hat, aber nicht den Nachweis der Kapitalersetzung erbringen kann. Daran wird auch die mit dem Gesetz der Änderung des Kapitalverkehrsteuergesetzes in Aussicht genommene Erfassung von Gesellschaftsdarlehen von der Gesellschaftsteuer, wenn sie kapitalersetzenden Charakter haben, wenig ändern (§ 3 Abs. 1 RegEntw.), zumal die Hervorkehrung des Falls, daß durch die Darlehnsgewährung die Zahlungsunfähigkeit abgewendet oder hinausgeschoben wird, durch die Einschränkung, die der Bundesfinanzhof durch sein Urteil vom

---

[13] Stat. Jahrbuch 1971, 437.
[14] WuStat 1971, 413.
[14a] Vgl. hierzu auch BALLERSTEDT in ZHR 135, 384 ff.

3. 12. 1969 [15] postuliert hat, die Anwendung der Vorschrift in der Praxis erschwert wird.

Bei den Beratungen über die GmbH-Reform und die Reform des Rechts der GmbH & Co. ist immer wieder klar geworden, daß die Neuordnung des Gesellschaftsrechts nicht ausreicht, um die ständig wachsenden Ansprüche zu beheben. Seit langem besteht Klarheit darüber, daß nur eine grundlegende Reform vor allem des Körperschaftsteuerrechts, die die Wahl der Unternehmensform nicht beeinträchtigt, einen Wandel schaffen kann [16].

Erfreulich ist, daß die Ende 1968 eingesetzte Steuerreformkommission sich diesen Erwägungen nicht verschlossen hat. Auch sie hat anerkannt, daß die Entscheidung, ob ein Unternehmen als Personengesellschaft oder als Kapitalgesellschaft geführt werden soll, nicht allein auf Grund handelsrechtlicher oder betriebswirtschaftlicher Überlegungen getroffen, sondern durch steuerliche Erwägungen bestimmt wird. Betriebsaufspaltungen und die im Gesellschaftsrecht nicht vorgesehene GmbH & Co. sind dabei als Unternehmensgestaltungen, die sich als bedauerliche Hilfskonstruktionen, die in erster Linie dem früheren und geltenden Körperschaftsteuersystem zuzuschreiben sind, besonders erwähnt [17]. Auch Koch [18] und Wrede [19] beanstanden mit Recht, daß die unterschiedliche Besteuerung von Personen- und Kapitalgesellschaften die Ursache dafür bilden, daß die Wahl der Unternehmensform nicht allein nach den wirtschaftlichen Erfordernissen geschieht, sondern häufig in erster Linie an den steuerlichen Konsequenzen orientiert ist. Wrede erwähnt besonders, daß die Gründung zahlreicher Gesellschaften in der Form der GmbH & Co. ein deutlicher Beweis hierfür sei. Die Vermehrung der Zahl der Gesellschaften mit beschränkter Haftung von Ende 1954 = 25 250 [20] bis Ende 1970 = 80 146 [21], von denen Ende 1968 34 987 = 51,8 %, ein Stammkapital von nicht mehr als 20 000,— DM hatten, während von den Neugründungen des Jahres 1970 (10 272) 44 % in erster Linie Beteiligungs- und Vermögensverwaltungsgesellschaften betrafen [22], mithin wiederum in den Bereich der bedenklichen Neugründungen gehören, sind Beweis genug dafür, wie stark die Wahl der Unternehmensform von steuerlichen Gesichtspunkten bestimmt ist.

Steuerreformkommission und Bundesregierung glauben nun im „Anrechnungssystem" den Stein der Weisen gefunden zu haben. Losgelöst von

---

[15] BStBl 1970 II S. 279, vgl. amtl. Begründung, Allg. Teil Nr. 2.

[16] Vgl. hierzu schon Hausmeyer, GmbH-Rundschau 1970, 29 und das dort angeführte Schrifttum, insbesondere auch Deutler in DB 1970, 385.

[17] Vgl. Gutachten der Steuerreformkommission 1971 (Schriftenreihe des Bundesministeriums der Finanzen, Bonn 1971) KSt IV TZ 17.

[18] DStZ 1971, 227.

[19] Bulletin des Presse- und Informationsamts der Bundesregierung 1971. 1028.

[20] Stat. Jahrbuch 1955, 196.

[21] WuStat 1971, 179.

[22] Handelsblatt vom 6. April 1971.

allen sonstigen Belastungen gewerblichen Vermögens und gewerblicher Er-
träge scheint das Anrechnungssystem in der Tat die Wahl der Unternehmensform von steuerlichen Überlegungen zu befreien. Instruktiv dafür ist das
von WREDE [23] in Anlehnung an das von der Steuerreformkommission [24]
gebrachte Beispiel, nämlich der Fall der Einmann-Gesellschaft, deren Gewinn vor Abzug der Körperschaftsteuer 100 Einheiten ergibt, von der die
Körperschaftsteuer mit 56 Einheiten abzuziehen ist, so daß der ausschüttungsfähige Gewinn sich auf 44 Einheiten beziffert. Wird dieser Gewinn in der
Tat auch ausgeschüttet, so hat der Gesellschafter zwar Einnahmen aus
Kapitalvermögen von 100 Einheiten, so daß, wenn weitere Einkünfte, Freibeträge und Sonderausgaben außer Betracht bleiben, es letzten Endes darauf
ankommt, mit welcher durchschnittlichen einkommensteuerlichen Belastung
der Gesellschafter zu rechnen hat. Hat er mit der von der Bundesregierung
in Aussicht genommenen Progressionsspitze von 56% zu rechnen und
können Kirchensteuer und Vermögensteuer außer Ansatz bleiben, so verbleibt ihm zwar die ausgeschüttete Dividende, er hätte aber mit einer
darüber hinausgehenden Einkommensteuerlast nicht zu rechnen. Hat er aber
entsprechend dem von WREDE dargestellten Beispiel nur mit einer Einkom-
mensteuerspitzenbelastung von 30% zu rechnen, so würde das Anrechnungssystem ihm eine Steuererstattung von 26 Einheiten (56 — 30) bescheren,
so daß es in diesem Fall auf die Unternehmensform nicht ankäme. Gerade
dies ist nun aber der nicht einmal im Märchenbuch zu findende Fall der vermögenslosen Einmann-GmbH, die zwar mit 56% Körperschaftsteuer be-
lastete Gewinne erzielt, mit anderen Ertragsteuern nicht zu rechnen hat und
ihre Gewinne, soweit sie zur Zahlung von Körperschaftsteuer nicht benötigt
werden, ausschüttet. Dabei mag es nicht einmal stören, daß eine Gewinnausschüttung für das Jahr der Gewinnerzielung deshalb unterbleibt, weil
der Gesellschafter im Jahre des Dividendenbezugs mit der Progressionsspitze der Einkommensteuer zu rechnen hat, aber in einem Jahr nachgeholt
wird, in dem die Progressionsspitze nicht erreicht wird.

So wie es hier und dort geschieht, mag man das Anrechnungssystem
erklären können, eine solche Darstellung liefert aber keine Antwort auf die
hier zu stellende Frage.

Sowohl die Kapitalgesellschaft als auch der Inhaber eines einzelkauf-
männischen Unternehmens und die Gesellschafter einer Personengesellschaft
dürfen nicht nur die körperschaftsteuerliche oder einkommensteuerliche
Belastung für die gewerblichen Einkünfte in ihre Rechnung einbeziehen,
sondern müssen auch das dem Gewerbebetrieb oder der Beteiligung an
einer Kapitalgesellschaft zugeordnete Vermögen, darunter besonders auch
die Grundstücke, das Gewerbekapital und den Gewerbeertrag einschließlich

---

[23] Bulletin a.a.O. 1026.
[24] Gutachten IV TZ 112.

Dauerschulden und Dauerschuldzinsen, in einer Reihe von Fällen bis Ende 1978 die Vermögensabgabe nach dem Lastenausgleichsgesetz berücksichtigen. Hierdurch ergeben sich zusätzliche steuerliche Belastungen, die auch beim Anrechnungssystem nicht außer Betracht bleiben dürfen, und die, je nach der Größenordnung, die Frage nach der Wahl der Unternehmensform unter einem ganz anderen Aspekt erscheinen lassen. Wie groß diese zusätzliche, das Anrechnungssystem störende Belastung ist, läßt sich am ehesten durch Ermittlung der sogenannten Nullwerte feststellen. Da man sie zu allen Zeiten ermittelt hat, für das geltende Steuerrecht sich sogar Faustregeln ergeben, ist ein Vergleich unschwer möglich und damit auch die Antwort auf die Frage erleichtert, ob das Anrechnungssystem dazu geeignet ist, die Wahl der Unternehmensform nur von handelsrechtlichen und betriebswirtschaftlichen Erwägungen abhängig zu machen.

Um zu einer den Normalfall treffenden Nullwertberechnung zu gelangen, sei von dem von HAAS und BACHER [25] ermittelten Nullwert bei mittlerer Belastung mit fixen Steuern (Modellfall 2) ausgegangen. Dabei müssen jedoch die Besonderheiten berücksichtigt werden, die sich aus den Steuerreformplänen ergeben. Abweichend von der zitierten Darstellung muß mit einem Körperschaftsteuersatz von $56^0/_0$ gerechnet werden, wie im Beispiel jedoch mit einer Gewerbesteuerbelastung von $15^0/_0$ ($5^0/_0$ Meßbetrag mal $300^0/_0$ Hebesatz), einer Gewerbekapitalsteuer auf Grund von Hinzurechnungen für Dauerschulden aus 150 (statt aus 100), bei der Gewerbeertragsteuer wegen Hinzurechnungen für Dauerschuldzinsen in Höhe von $4^0/_0$ des Eigenkapitals von 100 ($= 8^0/_0$ aus einem Viertel des angenommenen Fremdkapitals von 200) $= 4$. Die Grundsteuer wird mit $2^0/_0$ aus einem Fünftel des Eigenkapitals von 100 $= 0,4$ angesetzt. Nicht berücksichtigt sei eine Aufsichtsratsvergütung, weil im Referentenentwurf des KStG § 12 Ziff. 3 des geltenden Gesetzes gestrichen werden soll. Insoweit ist bei der Ermittlung des Ertrags vor Steuern die Aufsichtsratsvergütung bereits abzusetzen. Die Vermögensabgabe nach dem Lastenausgleichsgesetz soll, obwohl sie immerhin noch fünf Jahre in Rechnung gestellt werden muß, außer Ansatz bleiben, weil sie bei der Vermögensteuer zu einer, wenn auch mäßigen Entlastung führen soll.

Bei der Ermittlung des Nullwerts wird man aber nicht unberücksichtigt lassen dürfen, daß die Einheitswerte der Grundstücke ab 1974 stärker ins Gewicht fallen werden und auch die Grundsteuer sich erhöhen wird. Geht man vom Dreifachen des für 1935 festgestellten Einheitswerts aus und berücksichtigt man überdies, daß er für die Vermögensteuer (wie für die Erbschaftsteuer) mit $140^0/_0$ der für den 1. Januar 1964 sich ergebenden Werte anzusetzen ist, die Gewerbekapitalsteuer etwa mit 190 statt mit 150 des Eigenkapitals und die Grundsteuer mit einem Mehr von einem Fünftel

---

[25] Formeln für die Steuer- und Wirtschaftspraxis Berlin 1969 S. 62 ff.

der heute anzusetzenden Steuer, so kann man das, was auf den Steuerpflichtigen zukommt, nur ermessen, wenn man den heute geltenden Werten die zu erwartenden gegenüberstellt.

Geht man von dem angegebenen Beispiel und einem Körperschaftsteuersatz von 56% und einer Gewerbesteuerbelastung von 15% aus, so errechnet sich der Belastungsfaktor nach der Formel $\dfrac{100}{100 - \text{KSt Satz}} \times (1 + \dfrac{\text{Meßsatz}}{100} \times \dfrac{\text{Hebesatz}}{100}$, in unserem Fall $= \dfrac{100}{100 - 56} \times 1{,}15 = 2{,}613636$.

Es ergibt sich nunmehr folgende Nullwertberechnung, je nachdem man bei der Vermögensteuer von dem Faktor 1 oder mit Rücksicht auf die Erhöhung der Einheitswerte für die 20% des derzeitigen Eigenkapitals ausmachenden Grundstücke auf das 4,2fache des heutigen Einheitswerts von dem Faktor 1,64, bei der Gewerbekapitalsteuer in dem einen Fall von 150%, in dem anderen von 190% des bisher anzusetzenden Eigenkapitals und schließlich bei der Grundsteuer einmal von 20%, zum anderen von 24% des hisherigen Eigenkapitals ausgeht:

1. Vermögensteuer
   Belastungsfaktor KSt bei Nicht-
   ausschüttung = 2,2727 × Belastungs-
   faktor Gewerbesteuer   1,15 × 1 = 2,6136 oder × 1,64 = 4,2863
2. Gewerbeertragsteuer auf Dauer-
   schuldzinsen von 4% aus Eigenkapital
   $100 = \dfrac{4 \times 5 \times 300}{100 \times 100} =$ 0,6000   0,6000
3. Gewerbekapitalsteuer:
   6‰ aus Gewerbekapital
   a = 150 =   0,9000
   b = 190 =   1,1400
4. Grundsteuer
   a 2% aus 20 =   0,4000
   b 2% aus 24 =   0,4800

Gesamtbetrag der fixen Steuern (Nullwert)   4,5136   6,5063

Dies bedeutet, daß bei einem Eigenkapital, das man bei den heute geltenden Einheitswerten mit 1 000 000,— DM, bei den jedoch zu erwartenden höheren Einheitswerten mit 1 640 000,— DM ansetzt, bei einem Körperschaftsteuersatz von 56% der Gesamtbetrag der fixen Steuern sich in dem einen Fall auf 45 136,— DM, in dem anderen auf 65 063,— DM beziffert. Zur Diskussion stehen in Zukunft dann nicht mehr 54 864,— DM, sondern nur noch 34 937,— DM, über die nur unter Berücksichtigung der darauf noch lastenden Körperschaftsteuer verfügt werden kann.

Wird man sich dieser besonderen Lage bewußt, so muß es von vornherein zweifelhaft sein, daß bei Einführung des Anrechnungssystems es nicht mehr auf die Unternehmerform ankommt, m. a. W., daß letzten Endes der Einzelunternehmer und der Kommanditist einer GmbH & Co.

nicht besser stehen als der Inhaber von Anteilen an einer Kapitalgesellschaft. Völlige Klarheit erlangt man aber nur an Hand einiger typischer Beispiele, die man bis ins Einzelne durchrechnet. Dies geschieht auf den Seiten 127 ff. Hierzu sei vorweg bemerkt, daß bei der Ermittlung der Einkommensteuer und der Vermögensteuer der natürlichen Personen allenthalben Sonderausgaben und Freibeträge außer Betracht gelassen sind. Es wird m. a. W. unterstellt, daß außer den in den Beispielen angesetzten Einkünften und dem dort angesetzten Vermögen noch Einkünfte und Vermögen vorhanden sind, durch die Sonderausgaben und Freibeträge aufgezehrt werden. Um die Übersicht nicht zu erschweren, wird auch allenthalben von einem unverheirateten Steuerpflichtigen ausgegangen.

Die Untersuchung erstreckt sich auf folgende Fälle:

1. einen unverheirateten Einzelunternehmer mit einem Eigenkapital von
   a) 1 000 000,— DM unter Ansatz der Grundstücke mit dem Einheitswert von 1935, und zwar unter der Annahme, daß dieser Grundstückswert sich auf 20% des Eigenkapitals beziffert,
   b) 1 640 000,— DM unter Ansatz der Grundstücke mit dem 4,2fachen des zu a) angenommenen Einheitswerts,
   ferner mit Erträgen vor Steuern von 125 000,— DM, 250 000,— DM, 375 000,— DM und 500 000 DM,

2. einen unverheirateten alleinigen Kommanditisten einer GmbH & Co. mit Eigenkapitalbeträgen wie im ersten Fall und Erträgen vor Steuern in Höhe von 100 000,— DM, 200 000,— DM, 300 000,— DM und 400 000,— DM. Hierbei wird davon ausgegangen, daß der GmbH jeweils der Unterschied zwischen dem Ertrag des Kommanditisten und dem des Einzelkaufmanns zufließt, mithin 25 000,— DM, 50 000,— DM, 75 000,— DM oder 100 000,— DM, und daß ihr ein Kapitalanteil an der Kommanditgesellschaft nicht zusteht,

3. eine Einmann-GmbH mit einem Stammkapital von 1 000 000,— DM und Eigenkapitalbeträgen wiederum wie im ersten Fall mit Erträgen vor Steuern wie im zweiten Fall (100 000,— DM, 200 000,— DM, 300 000,— DM und 400 000,— DM) sowie mit Geschäftsführergehältern von 25 000,— DM, 50 000,— DM, 75 000,— DM und 100 000,— DM

4. den unverheirateten geschäftsführenden Gesellschafter der unter Ziffer 3 beschriebenen Einmann-GmbH,

5. den unverheirateten nicht geschäftsführenden Gesellschafter der unter Ziffer 3 beschriebenen Einmann-GmbH,

6. eine Betriebsaufspaltung dergestalt, daß in vier Fällen von einem Stammkapital und einem Eigenkapital von 400 000,— DM, im fünften Fall von einem Stamm- und Eigenkapital von 800 000,— DM, von Geschäftsführerbezügen wie in den Fällen zu Ziffer 3 (im Fall V wie im Fall IV in Höhe von 100 000,— DM) ausgegangen wird. Sechs

Zehntel des in den übrigen Fällen (vgl. Ziff. 1, 2 und 3) angenommenen
Vermögens, gegliedert in Gebäude mit einem nach den zur Zeit geltenden Bewertungsvorschriften sich ergebenden Wert von 200 000,— DM
(im Fall V 400 000,— DM) und Maschinen im Wert von 400 000,— DM
(im Fall V 800 000,— DM), gehören dem Gesellschafter einer Betriebs-
GmbH, während das Umlaufvermögen Eigentum der Betriebs-GmbH
ist. Zwischen der Betriebs-GmbH und ihrem Gesellschafter besteht ein
Pachtverhältnis in bezug auf das Anlagevermögen mit einem Pachtzins,
der sich in den Fällen I bis IV wie folgt zusammensetzt:

a) 5% des Wertes der Anlagen (600 000,— DM)   = 30 000,— DM,
b) Afa für die Gebäude = 2% von 200 000,— DM   = 4 000,— DM,
c) Afa für die Maschinen = 10% von 400 00,— DM   = 40 000,— DM
                                                    ─────────────
                              insgesamt also   74 000,— DM.

Im Fall V ist jeweils von dem doppelten Betrag auszugehen. Der Ertrag
der Betriebs-GmbH vor Steuern ist wegen des Pachtzinses und wegen des
Wegfalls von Abschreibungen auf Gebäude und Maschinen jeweils um
30 000,— DM, im Fall V um 60 000,— DM, niedriger als in den übrigen
Fällen angesetzt.

In den Fällen, in denen die Vermögensteuer, die auf die Anteile an
einer Kapitalgesellschaft, nach Lage der Verhältnisse an einer personenbe-
zogenen GmbH, zu ermitteln ist, geschieht dies allenthalben unter Anwendung der Grundsätze des Stuttgarter Verfahrens (VSt-Richtlinien Abschnitt
76 ff).

Das „Stuttgarter Verfahren" stellt ein Hilfsmittel dar, den gemeinen
Wert von Anteilen an Kapitalgesellschaften — wie in § 11 Abs. 2 BewG
vorgeschrieben — unter Berücksichtigung des Vermögens und der Ertragsaussichten der Kapitalgesellschaften zu schätzen. Bei diesem Verfahren wird
unterstellt, daß der Käufer eines Anteils bei der Beurteilung des Kaufpreises
in erster Linie von dem Vermögen der Gesellschaft ausgeht, wobei allerdings in seine Überlegungen auch die Ertragsaussichten sowie die Möglichkeit der ökonomischen Realisierung der von ihm erworbenen Anteilsrechte
einbezogen werden.

Das Vermögen und der Vermögenswert der Kapitalgesellschaft werden
durch die Einführung des Anrechnungssystems nicht berührt. Desgleichen
nicht die Ertragsaussichten der Gesellschaft.

Fraglich könnte sein, ob der bisher vorgenommene Abschlag von dem
Betriebsvermögen in Höhe von 10 vom Hundert noch weiter gerechtfertigt
ist und ob die Art und Weise, wie der gemeine Wert aus dem Vermögenswert und dem Ertragshundertsatz nach dem geltenden Recht zu ermitteln
ist, beibehalten werden kann.

Die Kürzung des Betriebsvermögens um 10 v. H. wird damit begründet,
daß das Vermögen der Gesellschaft mitunter für den einzelnen Anteils-

eigner nicht denselben Wert hat wie für das Unternehmen, weil z. B. die Rücklagen einer jeden Gesellschaft bis zu einer gewissen Höhe eine Vorsorge für Krisenzeiten darstellen und zumindest insoweit nicht als Teil des Vermögenswertes des Gesellschaftsanteiles gelten können. Man könnte meinen, daß ein derartiger Abschlag nach Einführung des Anrechnungssystems nicht mehr gerechtfertigt sei, weil gleichsam als Ausgleich infolge dieses Systems mit jedem Anteil in Ansehung der zugehörigen Rücklagen ein Körperschaftsteuerguthaben verbunden sei, das spätestens bei der Liquidation der Gesellschaft realisiert werde. M. E. wäre diese Folgerung nicht gerechtfertigt. Zunächst ist zu berücksichtigen, daß die Bewertung und die Anrechnung der Körperschaftsteuerguthaben in den Fällen nicht möglich und gerechtfertigt ist, in denen mit der vollen Ausschüttung oder Umwandlung der Rücklagen nicht gerechnet werden kann, die Inanspruchung der Anrechnungsbeträge also in die Zukunft rückt, oder aber Minderheitsbeteiligungen in Frage stehen, bei denen der Erwerber keinen Einfluß auf die Inanspruchnahme der Anrechnungsbeträge hat. Entscheidend kommt hinzu, daß § 11 Abs. 2 BewG die Schätzung des gemeinen Wertes der Anteile verlangt und § 9, der den gemeinen Wert definiert, bestimmt, daß persönliche Verhältnisse bei der Ermittlung des gemeinen Wertes nicht zu berücksichtigen sind. Die Frage der Anrechenbarkeit des Körperschaftsteuerguthabens muß aber gerade als ein persönlicher Umstand i. S. des § 9 BewG angesehen werden, so daß eine Berücksichtigung bei der Ermittlung des gemeinen Wertes nicht erfolgen darf. Entscheidend ist insoweit, daß die Auswirkung der Anrechnung der gezahlten Körperschaftsteuer auf die Vermögensverhältnisse des einzelnen Gesellschafters von dessen persönlicher Einkommensteuerbelastungshöhe abhängt und von einer bestimmten Stufe an nicht mehr zu Mehreinnahmen führt. Die Anrechenbarkeit der gezahlten Körperschaftsteuer vermag die Bemessung des Preises folglich nur aus Gründen zu beeinflussen, die gerade in der Person des jeweiligen Erwerbers — seinen ganz besonderen Einkommensverhältnissen — begründet sind, so daß dieser Umstand den gemeinen Wert nicht zu beeinflussen vermag.

Hieraus ergibt sich zugleich, daß das Anrechnungssystem auch keine andere als bisher im Stuttgarter Verfahren praktizierte Berücksichtigung der Ertragsaussichten verlangt oder ermöglicht, etwa mit der Begründung, daß die Anrechnung der gezahlten Körperschaftsteuer den Reinertrag des Gesellschaftsanteils steigere. Auch insoweit ist entscheidend, daß die Frage, ob überhaupt eine Steigerung des Reinertrages eintritt und wie hoch diese Steigerung im Einzelfall ist, ganz von den einkommensteuerlichen Verhältnissen des einzelnen Gesellschafters abhängt, so daß auch insoweit lediglich persönliche Momente die individuelle Preisbemessung, nicht aber den gemeinen Wert beeinflussen können.

Es besteht somit kein Anhalt dafür, daß das Anrechnungssystem das Stuttgarter Verfahren beeinflussen könnte.

Die auf den Seiten 127 ff. dargestellten Beispiele ergeben nun das folgende Bild, wobei zur Klarstellung noch darauf hingewiesen sei, daß ein Geschäftsführergehalt jeweils der in Betracht kommenden GmbH zugeordnet ist und insoweit den Ertrag der GmbH vor Steuern mindert [26].

In den ersten fünf Beispielen [27] beziffert sich, je nach Berücksichtigung der zur Zeit geltenden Einheitswerte und der zu erwartenden Einheitswerte mit einem Zuschlag von 40% der Ertrag nach Steuern im Verhältnis zum Ertrag vor Steuern [28] unter Angabe der jeweils unterschiedlichen prozentualen Belastung bei einem Jahresertrag vor Steuern von 125 000,— DM, 250 000,— DM, 375 000,— DM, und 500 000,— DM bei einem Einzelunternehmen, 100 000,— DM, 200 000, 300 000,— DM und 400 000,— DM in den anderen Fällen, unter der weiteren Voraussetzung, daß das Eigenkapital sich nach den vor 1974 geltenden Bewertungsgrundsätzen auf 1 000 000,— DM, nach den ab 1974 geltenden Bewertungsgrundsätzen jedoch auf 1 640 000,— DM beziffert

1. beim unverheirateten Einzelunternehmer mit einem Eigenkapital von

a) 1 000 000,— DM b) 1 640 000,— DM

und einem Ertrag vor Steuern von

125 000,— DM	und einem Ertrag nach Steuern von	42 000,— DM = 33,6%	36 600,— DM = 29,3%
250 000,— DM	„ „ „	85 383,— DM = 34,0%	80 416,— DM = 32,0%
375 000,— DM	„ „ „	127 752,— DM = 34,0%	122 228,— DM = 32,6%
500 000,— DM	„ „ „	170 099,— DM = 34,2%	164 577,— DM = 32,9%

2. beim unverheirateten alleinigen Kommanditisten einer GmbH & Co. mit einem Eigenkapital von

a) 1 000 000,— DM b) 1 640 000,— DM

und einem Ertrag vor Steuern von

100 000,— DM	und einem Ertrag nach Steuern von	33 772,— DM = 33,8%	28 085,— DM = 28,0%
200 000,— DM	„ „ „	68 221,— DM = 34,0%	63 478,— DM = 31,7%
300 000,— DM	„ „ „	102 341,— DM = 34,1%	96 819,— DM = 32,2%
400 000,— DM	„ „ „	136 220,— DM = 34,0%	130 698,— DM = 32,7%

---

[26] Das Geschäftsführergehalt beziffert sich jeweils auf ein Fünftel des Ertrages eines Einzelunternehmers vor Steuern, höchstens auf 100 000,— DM.

[27] Siehe Seiten 127 ff.

[28] Unter Berücksichtigung der Besonderheit, die sich für Geschäftsführergehälter ergibt.

3. Bei der Einmann-GmbH mit einem Eigenkapital von

a) 1 000 000,— DM b) 1 640 000,— DM

und einem Ertrag vor Steuern von

100 000,— DM	und einem Ertrag nach Steuern von	20 991,— DM = 21,0%	13 368,— DM = 13,4%
200 000,— DM	„ „ „	59 252,— DM = 29,6%	51 640,— DM = 25,8%
300 000,— DM	„ „ „	97 513,— DM = 32,5%	89 889,— DM = 29,9%
400 000,— DM	„ „ „	135 774,— DM = 33,9%	128 115,— DM = 32,0%

4. beim unverheirateten geschäftsführenden Gesellschafter einer Einmann-GmbH, diese mit einem Stammkapital von 1 000 000,— DM, einem Eigenkapital von

a) 1 000 000,— DM b) 1 640 000,— DM

und einem Ertrag vor Steuern von

100 000,— DM	und einem Ertrag nach Steuern von	35 497,— DM = 28,4%	25 773,— DM = 20,6%
200 000,— DM	„ „ „	78 830,— DM = 31,5%	70 455,— DM = 28,0%
300 000,— DM	„ „ „	121 451,— DM = 32,4%	112 728,— DM = 30,0%
400 000,— DM	„ „ „	163 743,— DM = 32,7%	156 193,— DM = 31,2%

5. beim unverheirateten Gesellschafter einer Einmann-GmbH, diese mit einem Stammkapital von 1 000 000,— DM, einem Eigenkapital von

a) 1 000 000,— DM b) 1 640 000,— DM

und einem Ertrag vor Steuern von

100 000,— DM	und einem Ertrag nach Steuern von	24 286,— DM = 24,0%	12 794,— DM = 12,8%
200 000,— DM	„ „ „	59 141,— DM = 29,6%	51 004,— DM = 25,5%
300 000,— DM	„ „ „	90 688,— DM = 30,2%	83 497,— DM = 27,8%
400 000,— DM	„ „ „	125 086,— DM = 31,3%	116 084,— DM = 29,0%

Bei der Betriebsaufspaltung ergibt sich ein Ertrag nach Steuern im Verhältnis zum Ertrag vor Steuern

	im Fall I	im Fall II	im Fall III	im Fall IV
bei einer Betriebs-GmbH mit einem Eigenkapital von	400 000,— DM	400 000,— DM	400 000,— DM	400 000,— DM
nach Abzug eines Geschäftsführergehalts von	25 000,— DM	50 000.— DM	75 000,— DM	100 000,— DM
und eines um den Betrag der Abschreibungen	(44 000,— DM)	(44 000,— DM)	(44 000,— DM)	(44 000,— DM)
geminderten Pachtzinses von	30 000,— DM	30 000,— DM	30 000,— DM	30 000,— DM
demnach bei einem Ertrag vor Steuern von	70 000,— DM	170 000,— DM	270 000,— DM	370 000,— DM
wenn im übrigen die Verhältnissse ab 1974 zugrunde gelegt werden, ein Ertrag nach Steuern von	20 862,— DM = 29,8%	59 123,— DM = 34,8%	97 385,— DM = 36,0%	135 646,— DM = 36,6%
beim unverheirateten Alleininhaber eines der vorgenannten Betriebs-GmbH verpachteten Anlagevermögens in den Fällen I bis IV von 1 240 000,— DM, wenn er zugleich Alleininhaber der GmbH-Anteile und Geschäftsführer der GmbH ist, wenn ihm also der Pachtzins, der ausgeschüttete Gewinn und das Gehalt zustehen, ein Ertrag nach Steuern von	35 024,— DM = 28,0%	77 268,— DM = 30,9%	122 497,— DM = 32,7%	164 990,— DM = 33,0%
im Gegensatz dazu beim unverheirateten Einzelunternehmer in den Fällen I bis IV	36 600,— DM = 29,3%	80 416,— DM = 32,0%	122 288,— DM = 32,6%	164 577,— DM = 32,9%

Im Fall V hätte man von einer Betriebs-GmbH mit einem Eigenkapital von 800 000,— DM, einem Geschäftsführergehalt von 100 000,— DM, einem um den Betrag der Abschreibungen (88 000,— DM) geminderten Pachtzins von 60 000,— DM auszugehen, demnach bei einem Ertrag vor Steuern von 940 000,— DM, und wenn im übrigen die Verhältnisse ab 1974 zugrunde gelegt werden, ein Ertrag nach Steuern von 347 062,— DM = 36,9%.

Dem unverheirateten Alleininhaber des einer solchen Betriebs-GmbH verpachteten Anlagevermögens von 2 480 000,— DM, der zugleich Alleininhaber der GmbH-Anteile, jedoch nicht Geschäftsführer der GmbH ist, dem also der Pachtzins und der ausgeschüttete Gewinn zustehen, verbleibt ein Ertrag nach Steuern von 304 185,— DM = 30,4%

im Gegensatz dazu dem alleinigen unverheirateten Kommanditisten einer GmbH & Co. mit einem Eigenkapital von 3 280 000,— DM und einem Jahresertrag vor Steuern von 1 000 000,— DM 318 711,— DM = 31,9%

Die vorstehende Auswertung der Beispiele zeigt, daß das Körperschaftsteueranrechnungsverfahren ohne weiteres nicht geeignet ist, die Wahl der Unternehmensform vornehmlich nach gesellschaftsrechtlichen und betriebswirtschaftlichen Grundsätzen zu treffen. Dies wird besonders deutlich in den Fällen, in denen der Ertrag vor Steuern 10 bis 12,5% des vor 1974 in Betracht kommenden Eigenkapitals, aber doch bezogen auf das nach den zu erwartenden Bewertungsvorschriften sich ergebene Eigenkapital beträgt. Dem unverheirateten Einzelunternehmer mit einem Ertrag vor Steuern von 125 000,— DM verbleiben noch 29,3% jenes Ertrages, dem unverheirateten Kommanditisten einer gleichzustellenden GmbH & Co. 28%, der Einmann-GmbH nur 13,4%, dem unverheirateten geschäftsführenden Gesellschafter einer solchen Einmann-GmbH nur 20,6% und dem unverheirateten nichtgeschäftsführenden Gesellschafter sogar nur 12,8%, diesem mithin nur 46% dessen, was dem gleichzustellenden Kommanditisten einer GmbH & Co. verbleibt. Nur wenn man mit hohen Erträgen im Verhältnis zum Eigenkapital rechnen kann, dürfte die Wahl der Unternehmensform von steuerlichen Gesichtspunkten weniger beeinflußt werden. Aber auch hier ist der Unterschied noch so groß, daß er immer noch ins Gewicht fällt. Am ehesten wird das Anrechnungsverfahren noch dazu führen, daß die Betriebsaufspaltung wieder interessant wird. Denn bei ihr spielt die Belastung sowohl der Kapitalgesellschaft als auch des Inhabers der Anteile an der Kapitalgesellschaft mit der Vermögensteuer eine geringere Rolle als in den anderen Fällen, weil das der Betriebs-GmbH verpachtete Vermögen nur einmal, und auch nur mit 0,7% belastet ist und weil auf Grund des Anrechnungsverfahrens der GmbH mehr als bisher entnommen werden kann. Die zusätzlichen Entnahmen könnten es den Anteilsinhabern sogar ermöglichen, Investitionen in bezug auf das verpachtete Anlagevermögens in größerem Umfang vorzunehmen als das geltende Recht es gestattet. Dies könnte sogar zur Folge haben, daß eine Vermögensvermehrung in geringerem Maße bei der Betriebs-GmbH, im größeren bei dem Anteilsinhaber eintritt.

So verfehlt es für den Steuergesetzgeber wäre, die Unternehmer nach wie vor in die GmbH & Co. zu drängen, so verfehlt wäre es aber auch, den Unternehmer zum Zweck der Steuerersparnis in die Betriebsaufspaltung zu drängen. Der Sache werden nur Steuergesetze gerecht, die dem Unternehmer die von der steuerrechtlichen Gestaltung unabhängige Wahl der Unternehmensform ermöglichen. Das Körperschaftsteueranrechnungsverfahren hat schon seinen guten Sinn, wenn die zusätzliche Belastung der Kapitalgesellschaften mit fixen Steuern durch die auf ihnen auch noch lastende Körperschaftsteuer von 56% ausgeglichen wird durch eine Entlastung des Anteilsinhabers. Dies könnte durch Freistellung der Anteile an der Kapitalgesellschaft von der Vermögensteuer geschehen. Geschähe dies, so ergäbe sich folgendes:

Würde unter Ansatz des Eigenkapitals nach den zu erwartenden Bewertungsvorschriften, der Ertrag des Einzelunternehmens vor Steuern

125 000,— DM   250 000,— DM   375 000,— DM   500 000,— DM

betragen, so bezifferte sich der Ertrag des unverheirateten geschäftsführenden Gesellschafters der eingangs zu Ziff. 3 erwähnten Einmann-GmbH nach Steuern auf

34 193,— DM   78 715,— DM   122 050,— DM   165 965,— DM

im Gegensatz dazu der Ertrag des unverheirateten Einzelunternehmers auf

36 600,— DM   80 416,— DM   122 228,— DM   164 577,— DM

mit einem Unterschied von

— 2 407,— DM   — 1 701,— DM   — 178,— DM   + 1 388,— DM

Würde unter Ansatz des Eigenkapitals nach den zu erwartenden Bewertungsvorschriften der Ertrag des alleinigen Kommanditisten einer GmbH & Co. vor Steuern

100 000,— DM   200 000,— DM   300 000,— DM   400 000,— DM

betragen, so bezifferte sich der Ertrag des unverheirateten nicht geschäftsführenden Gesellschafters der eingangs zu Ziff 3. erwähnten Einmann-GmbH nach Steuern auf

21 216,— DM   59 264,— DM   92 819, — DM   127 004,— DM

im Gegensatz dazu der Ertrag des unverheirateten Kommanditisten der GmbH & Co. auf

28 085,— DM   63 478,— DM   96 819,— DM   130 698,— DM

mit einem Unterschied von

— 6 869,— DM   — 4 214,— DM   — 4 000,— DM   — 3 694,— DM

Aus dieser Darstellung ergibt sich, daß bei Beseitigung der Vermögensteuer auf die Anteile an einer Kapitalgesellschaft für geschäftsführende Gesellschafter der Kapitalgesellschaft steuerliche Gesichtspunkte kaum noch ausschlaggebend sein könnten, für nicht geschäftsführende Gesellschafter nur noch im geringen Maße. Jedenfalls würden durch Beseitigung der Doppelbelastung der Kapitalgesellschaft und der Anteile an ihr die steuerlichen Gesichtspunkte so stark in den Hintergrund gedrängt, daß gesellschaftsrechtliche und betriebswirtschaftliche den Vorrang erhielten.

Es zeigt sich auch hier, daß die Steuerreformkommission auf dem richtigen Weg war, als sie die Beseitigung der Doppelbelastung der Kapitalgesellschaft und der Anteilsinhaber mit der Vermögensteuer erwog [29]. Wenn es sich nur darum handelt, die Wahl der Unternehmensform zu erleichtern, könnte die Beseitigung der Doppelbelastung genügen, wenn die Kapitalgesellschaft personenbezogen ist. Insoweit sollte die Doppelbelastung jedenfalls beseitigt werden. Dabei dürfte der Begriff der Personenbezogenheit auch nicht zu eng gefaßt werden.

---

[29] Vgl. VII TZ 92 ff. des Gutachtens.

Darstellung der Beispiele zu der Übersicht auf Seiten 122 ff.

Unverheirateter Einzelunternehmer mit einem Eigenkapital

vor 1974 von 1 000 000,— DM

ab   1974 von 1 640 000,— DM

Jahresertrag   125 000,— DM

1. Gewerbekapitalsteuer

   6‰ von

   a) 150% des Eigenkapitals
      von 1 000 000,— DM: 9 000,— DM   11 400,— DM

   b) 190% wie vor:

2. Grundsteuer

   2% von

   a) 20% des Eigenkapitals
      von 1 000 000,— DM: 4 000,— DM   4 800,— DM

   b) 24% wie vor:

3. Gewerbeertragsteuer auf Dauer-
   schuldzinsen § 8 Abs. 1 GewStG   6 000,— DM   6 000,— DM

   (6‰ des Eigenkapitals = 6 000,— DM)

4. Gewerbeertragsteuer der natürlichen
   Personen § 11 Abs. 2 Ziffer 1 GewStG

   a) nach geltendem Recht   12 260,— DM   11 739,— DM

   b) nach Referentenentwurf

5. Einkommensteuer
   (berechnet vom Rest ohne Berücksichtigung von Sonderausgaben und
   Freibeträgen)   ca. 41 000,— DM   ca. 39 400,— DM

   a) von 93 740,— DM

   b) von 91 061,— DM

6. Kirchensteuer   ca. 3 690,— DM   ca. 3 540,— DM
   (wegen der Abzugsfähigkeit von
   der Einkommensteuer 9% der ESt)

7. Vermögensteuer   7 000,— DM   11 480,— DM

   a) von 1 000 000,— DM

   b) von 1 640 000,— DM

8. Rest   ca. 42 000,— DM   ca. 36 600,— DM

Unverheirateter alleiniger Kommanditist einer GmbH & Co. mit einem
Eigenkapital a) vor 1974 von 1 000 000,— DM

            b) ab   1974 von 1 640 000,— DM

Jahresertrag vor Steuern 100 000,— DM

1. Gewerbekapitalsteuer

   6‰ von

   a) 150% des Eigenkapitals
         von 1 000 000,— DM: 9 000,— DM   11 400,— DM

   b) 190% wie vor:

2. Grundsteuer

   2% von

   a) 20% des Eigenkapitals
         von 1 000 000,— DM   4 000,— DM   4 800,— DM

   b) 24% wie vor

3. Gewerbeertragsteuer auf Dauerschuldzinsen, § 8 Abs. 1 GewStG

   6‰ des Eigenkapitals von
   1 000 000,— DM = 6 000,— DM)   6 000,— DM   6 000,— DM

4. Gewerbeertragsteuer der natürlichen
   Personen, § 11 Abs. 2 Ziff. 1 GewStG

   a) nach geltendem Recht   9 000,— DM   8 478,— DM

   b) nach Referentenentwurf

5. Einkommensteuer berechnet vom
   Rest (von

   a) 72 000,— DM,

   b) 69 322,— DM)

   ohne Berücksichtigung von Sonder-
   ausgaben und Freibeträgen   ca. 28 650,— DM   ca. 27 300,— DM

6. Kirchensteuer (wegen der Abzugsfähigkeit von der Einkommensteuer
   9% der ESt)   2 578,— DM   2 457,— DM

7. Vermögensteuer   7 000,— DM   11 480,— DM

8. Ertrag nach Steuern   33 772,— DM   28 085,— DM

Einmann GmbH mit einem Eigenkapital vor 1974 von 1 000 000,— DM, ab 1974
von 1 640 000,— DM

Jahresertrag nach Abzug eines Geschäftsführergehalts von 25 000,— DM in Höhe
von DM 100 000,—

1. Gewerbekapitalsteuer

   6‰ von
   a) 150% des Eigenkapitals
      von 1 000 000,— DM: 9 000,— DM   11 400,— DM

   b) 190% wie vor:

2. Grundsteuer

   2% von
   a) 20% des Eigenkapitals
      von 1 000 000,— DM   4 000,— DM   4 800,— DM

   b) 24% wie vor

3. Gewerbeertragsteuer auf Dauerschuldzinsen, § 8 Abs. 1 GewStG

   6‰ des Eigenkapitals von
   1 000 000,— DM = 6 000,— DM)   6 000,— DM   6 000,— DM

4. Gewerbeertragsteuer der Körperschaften § 11 Abs. 2 Ziffer 2 GewStG
   (Rest des Ertrags × 0,130434)

   a) 81 000,— DM   10 565,— DM   10 147,— DM

   b) 77 800,— DM

5. Körperschaftsteuer
   (berechnet vom Rest)

   a) 70 435,— DM   39 443,— DM   37 885,— DM

   b) 67 652,— DM

6. Vermögensteuer von

   a) 1 000 000,— DM   10 000,— DM   16 400,— DM

   b) 1 640 000,— DM

7. Körperschaftsteuer-Anrechnungsbetrag bei voller Ausschüttung des
   Rests

   a) 20 991,— DM   26 716,— DM   17 014,— DM

   b) 13 368,— DM

   127,2728% des ausgeschütteten
   Betrages

Unverheirateter geschäftsführender Gesellschafter einer Einmann-GmbH, diese mit einem Stammkapital von 1 000 000,— DM, mit einem Eigenkapital

a) vor 1974 von 1 000 000,— DM

b) ab 1974 von 1 640 000,— DM

Jahresertrag der GmbH nach Abzug eines Geschäftsführergehalts

von DM 25 000,— DM in Höhe

von DM 100 000,— DM

	Verhältnisse bei Eigenkapital von	
	1 000 000,— DM	1 640 000,— DM
1. Gehalt	25 000,— DM	25 000,— DM
2. Ausgeschütteter Gewinn	20 991,— DM	13 368,— DM
3. Berechnung der ESt u. d. KiSt		
a) Einkommensteuer		
aa) Summe der Posten zu 1 und 2	45 991,— DM	38 368,— DM
bb) KSt Anrechnungsbetrag	26 716,— DM	17 014,— DM
	72 707,— DM	55 382,— DM
cc) Einkommensteuer	ca. 29 000,— DM	ca. 19 440,— DM
dd) Kirchensteuer (wegen ihrer Abzugsfähigkeit 9% der ESt)	2 610,— DM	1 749,— DM
ee) Anrechnung der KSt	26 716,— DM	17 014,— DM
ff) Rest der Steuerbelastung aus ESt u. KiSt	4 894,— DM	4 175,— DM
4. Vermögensteuer von dem nach dem Stuttgarter Verfahren ermittelten Wert der Anteile	5 600,— DM	8 420,— DM
5. Ertrag nach Steuern	35 497,— DM	25 773,— DM
beim Einzelkaufmann	42 000,— DM	36 600,— DM
6. Überschuß des Einzelkaufmanns	6 503,— DM	10 827,— DM

Unverheirateter Gesellschafter einer Einmann-GmbH, diese mit einem Stammkapital von 1 000 000,— DM, einem Eigenkapital

a) vor 1974 von 1 000 000,— DM,

b) ab 1974 von 1 640 000,— DM

Jahresertrag der GmbH in Höhe von 100 000,— DM

1. Ausgeschütteter Gewinn   20 991,— DM   13 368,— DM

2. Berechnung der ESt u. d. KiSt

   a) Einkommensteuer

      aa) Posten zu 1:   20 991,— DM   13 368,— DM

      bb) KSt Anrechnungsbetrag   26 716,— DM   17 014,— DM

          Summe: 47 707,— DM   30 382,— DM

      cc) Einkommensteuer   ca. 16 350,— DM   ca. 8 410,— DM

      dd) Kirchensteuer (wegen ihrer
          Abzugsfähigkeit 9% der ESt)   1 471,— DM   756,— DM

      ee) Anrechnung der KSt   26 716,— DM   17 014,— DM

      ff) Rest der Steuerbelastung
          aus ESt u. KiSt (+)
          oder Steuergutschrift (—)   + 8 895,— DM   — 7 848,— DM

3. Vermögensteuer von dem nach
   dem Stuttgarter Verfahren ermittelten
   Wert der Anteile   5 600,— DM   8 422,— DM

4. Ertrag nach Steuern   24 286,— DM   12 794,— DM

   im Vergleich dazu beim
   Kommanditisten   33 772,— DM   28 085,— DM

5. Unterschiedsbetrag   9 485,— DM   15 291,— DM

Betriebs-GmbH mit einem Eigenkapital und Stammkapital von 400 000,— DM nach Abzug eines sich auf DM 25 000,— beziffernden Geschäftsführergehalts und eines um den Betrag der Abschreibungen (44 000,— DM) geminderten Pachtzinses von 30 000,— DM, demnach mit einem Ertrag vor Steuern von DM 70 000,— im übrigen den Verhältnissen ab 1974 angepaßt.

1. Gewerbekapitalsteuer   3 020,— DM

2. Gewerbeertragsteuer auf Dauerschulden   2 000,— DM
   (§ 8 Abs. 1 GewStG)

3. Gewerbeertragsteuer der Körperschaften
   (§ 11 Abs. 2 Ziff. 2 GewStG) vom Rest des Ertrages
   = DM 64 980,— $\times$ 0,130434   8 475,— DM

4. Körperschaftsteuer (berechnet vom Rest
   DM 56 505,—)   31 643,— DM

5. Vermögensteuer   4 000,— DM

6. Körperschaftsteuer-Anrechnungsbetrag bei voller
   Ausschüttung des Rests (DM 20 862,—)
   = 127,2728% des ausgeschütteten Betrags   26 552,— DM

Unverheirateter Alleininhaber des einer Einmann-Betriebs GmbH gewidmeten Anlagevermögens, die GmbH mit einem Eigenkapital und einem Stammkapital von 400 000,— DM, der Inhaber der GmbH-Anteile mit einem der GmbH verpachteten Anlagevermögen von 1 240 000,— DM, wobei auch im übrigen die beim Einzelunternehmer und der GmbH ab 1974 zu erwartenden Verhältnisse zugrunde gelegt sind.

1. Pachtzins nach Abschreibungen	30 000,— DM
2. Gewerbekapitalsteuer	8 380,— DM
3. Grundsteuer	4 800,— DM
4. Gewerbeertragsteuer auf Dauerschulden (§ 8 Abs. 1 GewStG)	4 000,— DM
5. Gewerbeertragsteuer der natürlichen Personen (§ 11 Abs. 2 Ziff. 1 GewStG)	2 000,— DM
6. a) Rest des Ertrags aus der Verpachtung	10 820,— DM
b) Ausgeschütteter Gewinn	20 862,— DM
c) Gehalt	25 000,— DM
Summe	56 682,— DM
7. KSt Anrechnungsbetrag	26 552,— DM
8. Zu versteuerndes Einkommen	83 234,— DM
9. Einkommensteuer	ca. 34 193,— DM
10. Kirchensteuer (9% d. ESt)	3 077,— DM
11. KSt Anrechnungsbetrag (—) oder Steuergutschrift (+)	26 552,— DM / DM
12. Vermögensteuer vom Wert des reinen Anlagevermögens und dem Wert der GmbH Anteile nach dem Stuttgarter Verfahren	10 940,— DM
13. Ertrag nach Steuern	35 024,— DM
Im Gegensatz dazu beim Einzelunternehmer	36 600,— DM
14. Unterschiedsbetrag	1 576,— DM

Unverheirateter Einzelunternehmer mit einem Eigenkapital

vor 1974 von 1 000 000,— DM

ab   1974 von 1 640 000,— DM

Jahresertrag   250 000,— DM

1. Gewerbekapitalsteuer

   6‰ von

   a) 150% des Eigenkapitals
           von 1 000 000,— DM: 9 000,— DM   11 400,— DM

   b) 190% wie vor:

2. Grundsteuer

   2% von

   a) 20% des Eigenkapitals
           von 1 000 000,— DM   4 000,— DM   4 800,— DM

   b) 24% wie vor:

3. Gewerbeertragsteuer auf Dauerschuldzinsen § 8 Abs. 1 GewStG
   (6‰ des Eigenkapitals = 6 000,— DM)   6 000,— DM   6 000,— DM

4. Gewerbeertragsteuer der natürlichen
   Personen § 11 Abs. 2 Ziff. 1 GewStG

   a) nach geltendem Recht   28 560,— DM   26 600,— DM

   b) nach Referentenentwurf

5. Einkommensteuer
   (berechnet vom Rest ohne Berücksichtigung von Sonderausgaben und
   Freibeträgen)

   a) von 202 400,— DM   100 970,— DM   100 279,— DM

   b) von 201 200,— DM

6. Kirchensteuer   9 087,— DM   9 025,— DM
   (wegen der Abzugsfähigkeit von der
   Einkommensteuer 9% der ESt)

7. Vermögensteuer

   a) von 1 000 000,— DM   7 000,— DM   11 480,— DM

   b) von 1 640 000,— DM
                                             ____________   ____________

8. Rest   85 383,— DM   80 416,— DM

Unverheirateter alleiniger Kommanditist einer GmbH & Co. mit einem
Eigenkapital

a) vor 1974 von 1 000 000,— DM

b) ab 1974 von 1 640 000,— DM

Jahresertrag vor Steuern 200 000,— DM

1. Gewerbekapitalsteuer

   6‰ von
   a) 150% des Eigenkapitals
       von 1 000 000,— DM   9 000,— DM   11 400,— DM

   b) 190% wie vor:

2. Grundsteuer

   2% von
   a) 20% des Eigenkapitals
       von 1 000 000,— DM   4 000,— DM   4 800,— DM

   b) 24% wie vor:

3. Gewerbeertragsteuer auf Dauerschuldzinsen § 8 Abs. 1 GewStG
   (6‰ des Eigenkapitals von
   1 000 000,— DM = 6 000,— DM   6 000,— DM   6 000,— DM

4. Gewerbeertragsteuer der natürlichen
   Personen, § 11 Abs. 2 Ziff. 1 GewStG

   a) nach geltendem Recht   22 043,— DM   20 080,— DM

   b) nach Referentenentwurf

5. Einkommensteuer (berechnet
   vom Rest) von

   a) 158 956,— DM

   b) 157 718,— DM

   ohne Berücksichtigung von Sonder-
   ausgaben und Freibeträgen   76 882,— DM   75 929,— DM

6. Kirchensteuer (wegen der Abzugsfähigkeit von der Einkommensteuer
   9% der ESt)   6 914,— DM   6 833,— DM

7. Vermögensteuer   7 000,— DM   11 480,— DM

8. Ertrag nach Steuern   68 221,— DM   63 478,— DM

Einmann GmbH mit einem Eigenkapital vor 1974 von 1 000 000,— DM, ab 1974 von 1 640 000,— DM

Jahresertrag nach Abzug eines Geschäftsführergehalts von 50 000,— DM in Höhe von 200 000,— DM

1. Gewerbekapitalsteuer

   6‰ von

   a) 150% des Eigenkapitals

      von 1 000 000,— DM: 9 000,— DM   11 400,— DM

   b) 190% wie vor:

2. Grundsteuer

   2% von

   a) 20% des Eigenkapitals

      von 1 000 000,— DM   4 000,— DM   4 800,— DM

   b) 24% wie vor:

3. Gewerbeertragsteuer auf Dauerschuldzinsen § 8 Abs. 1 GewStG
   (6‰ des Eigenkapitals von
   1 000 000,— DM = 6 000,— DM)   6 000,— DM   6 000,— DM

4. Gewerbeertragsteuer der Körperschaften § 11 Abs. 2 Ziff. 2 GewStG
   (Rest des Ertrags × 0,130434)

   a) 181 000,— DM   23 608,— DM   23 190,— DM

   b) 177 800,— DM

5. Körperschaftsteuer
   (berechnet vom Rest)

   a) 157 390,— DM   88 139,— DM   86 570,— DM

   b) 154 600,— DM

6. Vermögensteuer von

   a) 1 000 000,— DM   10 000,— DM   16 400,— DM

   b) 1 640 000,— DM

7. Körperschaftsteuer-Anrechnungsbetrag bei voller Ausschüttung des
   Rests

   a) 59 252,— DM   75 412,— DM   65 724,— DM

   b) 51 640,— DM

   127,2728% des ausgeschütteten
   Betrages

Unverheirateter geschäftsführender Gesellschafter einer Einmann-GmbH, diese
mit einem Stammkapital von 1 000 000,— DM, mit einem Eigenkapital

a) vor 1974 von 1 000 000,— DM,

b) ab   1974 von 1 640 000,— DM

Jahresertrag der GmbH nach Abzug eines Geschäftsführergehalts

von   50 000,— DM in Höhe

von 200 000,— DM

	Verhältnisse bei Eigenkapital von	
	1 000 000,— DM	1 640 000,— DM
1. Gehalt	50 000,— DM	50 000,— DM
2. Ausgeschütteter Gewinn	59 252,— DM	51 640,— DM
3. Berechnung der ESt u. d. KiSt		
a) Einkommensteuer		
aa) Summe der Posten zu 1 und 2	109 252,— DM	101 640,— DM
bb) KSt Anrechnungsbetrag	75 412,— DM	65 724,— DM
	184 664,— DM	167 364,— DM
cc) Einkommensteuer	91 019,— DM	81 330,— DM
dd) Kirchensteuer (wegen ihrer Abzugsfähigkeit 9% der ESt)	8 192,— DM	7 319,— DM
ee) Anrechnung der KSt	75 412,— DM	65 724,— DM
ff) Rest der Steuerbelastung aus ESt u. KiSt	23 799,— DM	22 925,— DM
4. Vermögensteuer von dem nach dem Stuttgarter Verfahren ermittelten Wert der Anteile	6 623,— DM	8 260,— DM
5. Ertrag nach Steuern	78 830,— DM	70 455,— DM
beim Einzelkaufmann	85 383,— DM	80 416,— DM
6. Überschuß des Einzelkaufmanns	6 553,— DM	9 961,— DM

Unverheirateter Gesellschafter einer Einmann-GmbH, diese mit einem Stammkapital von 1 000 000,— DM, einem Eigenkapital

a) vor 1974 von 1 000 000,— DM,

b) ab 1974 von 1 640 000,— DM

Jahresertrag der GmbH in Höhe von 200 000,— DM

1. Ausgeschütteter Gewinn	59 252,— DM	51 640,— DM
2. Berechnung der ESt u. d. KiSt		
a) Einkommensteuer		
aa) Post zu 1:	59 252,— DM	51 640,— DM
bb) KSt Anrechnungsbetrag	75 412,— DM	65 724,— DM
Summe:	134 664,— DM	117 364,— DM
cc) Einkommensteuer	63 008,— DM	ca. 53 300,— DM
dd) Kirchensteuer (wegen ihrer Abzugsfähigkeit 9% der ESt)	5 670,— DM	ca. 4 800,— DM
ee) Anrechnung der KSt	75 412,— DM	65 724,— DM
ff) Rest der Steuerbelastung aus ESt u. KiSt (+) oder Steuergutschrift (—)	6 733,— DM	7 624,— DM
3. Vermögensteuer von dem nach dem Stuttgarter Verfahren ermittelten Wert der Anteile	6 623,— DM	8 260,— DM
4. Ertrag nach Steuern	59 141,— DM	51 004,— DM
im Vergleich dazu beim Kommanditisten	68 221,— DM	63 478,— DM
5. Unterschiedsbetrag	9 080,— DM	12 474,— DM

Betriebs-GmbH mit einem Eigenkapital und Stammkapital von 400 000,— DM nach Abzug eines sich auf 50 000,— DM beziffernden Geschäftsführergehalts und eines um den Betrag der Abschreibungen (44 000,— DM) geminderten Pachtzinses von 30 000,— DM, demnach mit einem Ertrag vor Steuern von 170 000,— DM im übrigen den Verhältnissen ab 1974 angepaßt.

1. Gewerbekapitalsteuer   3 020,— DM

2. Gewerbeertragsteuer auf Dauerschulden
   (§ 8 Abs. 1 GewStG)   2 000,— DM

3. Gewerbeertragsteuer der Körperschaften
   (§ 11 Abs. 2 Ziff. 2 GewStG) vom Rest des Ertrages = 164 980,— DM × 0,130434   21 519,— DM

4. Körperschaftsteuer (berechnet vom Rest
   143 461,— DM   80 338,— DM

5. Vermögensteuer   4 000,— DM

6. Körperschaftsteuer-Anrechnungsbetrag bei voller
   Ausschüttung des Rests (59 123,— DM)
   = 127,2728% des ausgeschütteten Betrags   75 247,— DM

Unverheirateter Alleininhaber des einer Einmann-Betriebs-GmbH gewidmeten Anlagevermögens, die GmbH mit einem Eigenkapital und einem Stammkapital von 400 000,— DM, der Inhaber der GmbH-Anteile mit einem der GmbH verpachteten Anlagevermögen von 1 240 000,— DM, wobei auch im übrigen die beim Einzelunternehmer und der GmbH ab 1974 zu erwartenden Verhältnisse zugrunde gelegt sind.

1. Pachtzins nach Abschreibungen	30 000,— DM
2. Gewerbekapitalsteuer	8 380,— DM
3. Grundsteuer	4 800,— DM
4. Gewerbeertragsteuer auf Dauerschulden (§ 8 Abs. 1 GewStG)	4 000,— DM
5. Gewerbeertragsteuer der natürlichen Personen (§ 11 Abs. 2 Ziff. 1 GewStG)	2 000,— DM
6. a) Rest des Ertrags aus der Verpachtung	10 820,— DM
b) Ausgeschütteter Gewinn	59 123,— DM
c) Gehalt	50 000,— DM
Summe	119 943,— DM
7. KSt Anrechnungsbetrag	75 247,— DM
8. Zu versteuerndes Einkommen	195 190,— DM
9. Einkommensteuer	97 113,— DM
10. Kirchensteuer (9% d. ESt)	8 740,— DM
11. KSt Anrechnungsbetrag (—) oder Steuergutschrift (+)	75 247,— DM / DM
12. Vermögensteuer vom Wert des reinen Anlagevermögens und dem Wert der GmbH-Anteile nach dem Suttgarter Verfahren	12 069,— DM
13. Ertrag nach Steuern	77 268,— DM
Im Gegensatz dazu beim Einzelunternehmer	80 416,— DM
14. Unterschiedsbetrag:	3 148,— DM

Unverheirateter Einzelunternehmer mit einem Eigenkapital

vor 1974 von 1 000 000,— DM,

ab 1974 von 1 640 000,— DM

Jahresertrag   375 000,— DM

1. Gewerbekapitalsteuer

   6‰ von
   a) 150% des Eigenkapitals
       von 1 000 000,— DM: 9 000,— DM   11 400,— DM

   b) 190% wie vor:

2. Grundsteuer

   2% von
   a) 20% des Eigenkapitals
       von 1 000 000,— DM: 4 000,— DM   4 800,— DM

   b) 24% wie vor:

3. Gewerbeertragsteuer auf Dauerschuldzinsen § 8 Abs. 1 GewStG
   (6‰ des Eigenkapitals = 6 000,— DM)   6 000,— DM   6 000,— DM

4. Gewerbeertragsteuer der natürlichen
   Personen § 11 Abs. 2 Ziff. 1 GewStG

   a) nach geltendem Recht   44 869,— DM   44 347,— DM

   b) nach Referentenentwurf

5. Einkommensteuer
   (berechnet vom Rest ohne Berücksichtigung von Sonderausgaben und
   Freibeträgen)   161 816,— DM   160 317,— DM

   a) von 311 130,— DM

   b) von 308 452,— DM

6. Kirchensteuer
   (wegen der Abzugsfähigkeit von der
   Einkommensteuer 9% der ESt)   14 563,— DM   14 428,— DM

7. Vermögensteuer   7 000,— DM   11 480,— DM

   a) von 1 000 000,— DM

   b) von 1 640 00,— DM

8. Rest   127 752,— DM   122 228,— DM

Unverheirateter alleiniger Kommanditist einer GmbH & Co. mit einem Eigenkapital

a) vor 1974 von 1 000 000,— DM,

b) ab   1974 von 1 640 000,— DM

Jahresertrag vor Steuern 300 000,— DM

1. Gewerbekapitalsteuer

   6‰ von
   a) 150% des Eigenkapitals
         von 1 000 000,— DM: 9 000,— DM   11 400,— DM
   b) 190% wie vor:

2. Grundsteuer

   2% von
   a) 20% des Eigenkapitals
         von 1 000 000,— DM: 4 000,— DM   4 800,— DM
   b) 24% wie vor:

3. Gewerbeertragsteuer auf Dauerschuldzinsen § 8 Abs. 1 GewStG
   (6‰ des Eigenkapitals von
   1 000 000,— DM = 6 000,— DM)   6 000,— DM   6 000,— DM

4. Gewerbeertragsteuer der natürlichen
   Personen, § 11 Abs. 2 Ziff. 1 GewStG
   a) nach geltendem Recht   35 087,— DM   34 565,— DM
   b) nach Referentenentwurf

5. Einkommensteuer berechnet
   vom Rest (von
   a) 245 913,— DM,
   b) 243 235,— DM)
   ohne Berücksichtigung von Sonderausgaben und Freibeträgen   125 295,— DM   123 795,— DM

6. Kirchensteuer (wegen der Abzugsfähigkeit von der Einkommensteuer
   9% der ESt)   11 277,— DM   11 141,— DM

7. Vermögensteuer   7 000,— DM   11 480,— DM

8. Ertrag nach Steuern   102 341,— DM   96 819,— DM

Einmann-GmbH mit einem Eigenkapital vor 1974 von 1 000 000,— DM,
ab 1974 von 1 640 000,— DM

Jahresertrag nach Abzug eines Geschäftsführergehalts von 75 000,— DM in Höhe
von 300 000,— DM.

1. Gewerbekapitalsteuer

   6‰ von

   a) 150% des Eigenkapitals
      von 1 000 000,— DM: 9 000,— DM   11 400,— DM

   b) 190% wie vor:

2. Grundsteuer

   2% von

   a) 20% des Eigenkapitals
      von 1 000 000,— DM: 4 000,— DM   4 800,— DM

   b) 24% wie vor:

3. Gewerbeertragsteuer auf Dauerschuldzinsen § 8 Abs. 1 GewStG
   (6‰ des Eigenkapitals von
   1 000 000,— DM = 6 000,— DM) 6 000,— DM   6 000,— DM

4. Gewerbeertragsteuer der Körperschaften § 11 Abs. 2 Ziff. 2 GewStG
   (Rest des Ertrags $\times$ 0,130434)

   a) 281 000,— DM   36 652,— DM   36 234,— DM

   b) 277 800,— DM

5. Körperschaftsteuer
   (berechnet vom Rest)

   a) 244 348,— DM   136 834,— DM 135 277,— DM

   b) 241 566,— DM

6. Vermögensteuer von

   a) 1 000 000,— DM   10 000,— DM   16 400,— DM

   b) 1 640 000,— DM

7. Körperschaftsteuer-Anrechnungsbetrag bei voller Ausschüttung des
   Rests

   a) 97 513,— DM   124 108,— DM 114 404,— DM

   b) 89 889,— DM

   127,2728% des ausgeschütteten
   Betrages

Unverheirateter geschäftsführender Gesellschafter einer Einmann-GmbH, diese
mit einem Stammkapital von 1 000 000,— DM, mit einem Eigenkapital

a) vor 1974 von 1 000 000,— DM,

b) ab 1974 von 1 640 000,— DM

Jahresgehalt der GmbH nach Abzug eines Geschäftsführergehalts von
 75 000,— DM in Höhe von
300 000,— DM

	Verhältnisse bei Eigenkapital von	
	1 000 000,— DM	1 640 000,— DM
1. Gehalt	75 000,— DM	75 000,— DM
2. Ausgeschütteter Gewinn	97 513,— DM	89 889,— DM
3. Berechnung der ESt u. d. KiSt		
a) Einkommensteuer		
aa) Summe der Posten zu 1 und 2	172 513,— DM	164 889,— DM
bb) KSt Anrechnungsbetrag	124 108,— DM	114 404,— DM
	296 621,— DM	279 293,— DM
cc) Einkommensteuer	153 692,— DM	143 988,— DM
dd) Kirchensteuer (wegen ihrer Abzugsfähigkeit 9% der ESt)	13 832,— DM	12 959,— DM
ee) Anrechnung der KSt	124 108,— DM	114 108,— DM
ff) Rest der Steuerbelastung aus ESt u. KiSt	43 416,— DM	42 839,— DM
4. Vermögensteuer von dem nach dem Stuttgarter Verfahren ermittelten Wert der Anteile	7 646,— DM	9 322,— DM
5. Ertrag nach Steuern	121 451,— DM	112 728,— DM
beim Einzelkaufmann	127 752,— DM	122 228,— DM
6. Überschuß des Einzelkaufmanns	6 301,— DM	9 500,— DM

Unverheirateter Gesellschafter einer Einmann-GmbH, diese mit einem Stammkapital von 1 000 000,— DM, einem Eigenkapital

a) vor 1974 von 1 000 000,— DM,

b) ab   1974 von 1 640 000,— DM

Jahresertrag der GmbH in Höhe von 300 000,— DM

1. Ausgeschütteter Gewinn	97 513,— DM	89 889,— DM
2. Berechnung der ESt u. d. KiSt		
a) Einkommensteuer		
aa) Post zu 1:	97 513,— DM	89 889,— DM
bb) KSt Anrechnungsbetrag	124 108,— DM	114 404,— DM
Summe:	221 621,— DM	204 293,— DM
cc) Einkommensteuer	113 107,— DM	102 011,— DM
dd) Kirchensteuer (wegen ihrer Abzugsfähigkeit 9% der ESt)	10 180,— DM	9 180,— DM
ee) Anrechnung der KSt	124 108,— DM	114 404,— DM
ff) Rest der Steuerbelastung aus ESt u. KiSt (+) oder Steuergutschrift (—)	+ 821,— DM	+ 2 930,— DM
3. Vermögensteuer von dem nach dem Stuttgarter Verfahren ermittelten Werte der Anteile	7 646,— DM	9 322,— DM
4. Ertrag nach Steuern	90 688,— DM	83 497,— DM
im Vergleich dazu beim Kommanditisten	102 341,— DM	96 819,— DM
5. Unterschiedsbetrag	11 653,— DM	13 322,— DM

Betriebs-GmbH mit einem Eigenkapital und Stammkapital von 400 000,— DM nach Abzug eines sich auf 75 000,— DM beziffernden Geschäftsführergehalts und eines um den Betrag der Abschreibungen (44 000,— DM) geminderten Pachtzinses von 30 000,— DM, demnach mit einem Ertrag vor Steuern von 270 000,— DM im übrigen den Verhältnissen ab 1974 angepaßt.

1. Gewerbekapitalsteuer   3 020,— DM

2. Gewerbeertragsteuer auf Dauerschulden   2 000,— DM
   (§ 8 Abs. 1 GewStG)

3. Gewerbeertragsteuer der Körperschaften
   (§ 11 Abs. 2 Ziff. 2 GewStG) vom Rest des Ertrages = 264 980,— DM × 0,130434   34 562,— DM

4. Körperschaftsteuer (berechnet vom Rest
   230 417,— DM)   129 033,— DM

5. Vermögensteuer   4 000,— DM

6. Körperschaftsteuer--Anrechnungsbetrag
   bei voller Ausschüttung des Rests (97 385,— DM
   = 127,2728% des ausgeschütteten Betrags   123 945,— DM

Unverheirateter Alleininhaber des einer Einmann-Betriebs GmbH gewidmeten Anlagevermögens, die GmbH mit einem Eigenkapital und einem Stammkapital von 400 000,— DM, der Inhaber der GmbH-Anteile mit einem der GmbH verpachteten Anlagevermögen von 1 240 000,— DM, wobei auch im übrigen die beim Einzelunternehmer und der GmbH ab 1974 zu erwartenden Verhältnisse zugrunde gelegt sind.

1. Pachtzins nach Abschreibungen	30 000,— DM
2. Gewerbekapitalsteuer	8 380,— DM
3. Grundsteuer	4 800,— DM
4. Gewerbeertragsteuer auf Dauerschulden (§ 8 Abs. 1 GewStG)	4 000,— DM
5. Gewerbeertragsteuer der natürlichen Personen (§ 11 Abs. 2 Ziff. 1 GewStG)	2 000,— DM
6. a) Rest des Ertrags aus der Verpachtung	10 820,— DM
b) Ausgeschütteter Gewinn	97 385,— DM
c) Gehalt	75 000,— DM
Summe	183 205,— DM
7. KSt Anrechnungsbetrag	123 945,— DM
8. Zu versteuerndes Einkommen	307 150,— DM
9. Einkommensteuer	159 588,— DM
10. Kirchensteuer (9% d. Est)	14 362,— DM
11. KSt Anrechnungsbetrag (—) oder Steuergutschrift (+)	123 945,— DM DM
12. Vermögensteuer vom Wert des reinen Anlagevermögens und dem Wert der GmbH Anteile nach dem Stuttgarter Verfahren	10 703,— DM
13. Ertrag nach Steuern Im Gegensatz dazu beim Einzelunternehmer	122 497,— DM 122 228,— DM
14. Unterschiedsbetrag:	269,— DM

Unverheirateter Einzelunternehmer mit einem Eigenkapital

vor 1974 von 1 000 000,— DM,

ab   1974 von 1 640 000,— DM

Jahresertrag   500 000,— DM

1. Gewerbekapitalsteuer

   6‰ von

   a) 150% des Eigenkapitals
          von 1 000 000,— DM: 9 000,— DM   11 400,— DM

   b) 190% wie vor:

2. Grundsteuer

   2% von

   a) 20% des Eigenkapitals   4 000,— DM   4 800,— DM
          von 1 000 000,— DM:

   b) 24% wie vor:

3. Gewerbeertragsteuer auf Dauerschuldzinsen § 8 Abs. 1 GewStG
   (6‰ des Eigenkapitals = 6 000,— DM)   6 000,— DM   6 000,— DM

4. Gewerbeertragsteuer der natürlichen
   Personen § 11 Abs. 2 Ziff. 1 GewStG

   a) nach geltendem Recht   61 174,— DM   60 651,— DM

   b) nach Referentenentwurf

5. Einkommensteuer
   (berechnet vom Rest ohne Berücksichtigung von Sonderausgaben und
   Freibeträgen)

   a) von 419 826,— DM   222 686,— DM   221 186,— DM

   b) von 417 146,— DM

6. Kirchensteuer
   (wegen der Abzugsfähigkeit von der
   Einkommensteuer 9% der ESt)   20 041,— DM   19 906,— DM

7. Vermögensteuer

   a) von 1 000 000,— DM   7 000,— DM   11 480,— DM

   b) von 1 640 000,— DM
                                          ___________   ___________

8. Rest   170 099,— DM   164 577,— DM

Unverheirateter alleiniger Kommanditist einer GmbH & Co. mit einem Eigenkapital

a) vor 1974 von 1 000 00,— DM,

b) ab 1974 von 1 640 000,— DM

Jahresertrag vor Steuern 400 000,— DM

1. Gewerbekapitalsteuer

   6‰ von
   a) 150% des Eigenkapitals
       von 1 000 000,— DM: 9 000,— DM   11 400,— DM
   b) 190% wie vor:

2. Grundsteuer

   2% von
   a) 20% des Eigenkapitals
       von 1 000 000,— DM: 4 000,— DM   4 800,— DM
   b) 24% wie vor:

3. Gewerbeertragsteuer auf Dauerschuldzinsen § 8 Abs. 1 GewStG
   (6‰ des Eigenkapitals von   6 000,— DM   6 000,— DM
   1 000 000,— DM = 6 000,— DM)

4. Gewerbeertragsteuer der natürlichen
   Personen, § 11 Abs. 2 Ziff. 1 GewStG
   a) nach geltendem Recht   48 130,— DM   47 608,— DM
   b) nach Referentenentwurf

5. Einkommensteuer berechnet vom Rest
   (332 869,— DM bzw. 330 191,— DM)
   ohne Berücksichtigung von Sonder-
   ausgaben und Freibeträgen   173 990,— DM   172 490,— DM

6. Kirchensteuer (wegen der Abzugsfähigkeit von der Einkommensteuer
   9% der ESt)   15 659,— DM   15 524,— DM

7. Vermögensteuer   7 000,— DM   11 480,— DM

8. Ertrag nach Steuern   136 220,— DM   130 698,— DM

Einmann-GmbH mit einem Eigenkapital vor 1974 von 1 000 000,— DM, ab 1974 von 1 640 000,— DM

Jahresertrag nach Abzug eines Geschäftsführergehalts von 100 000,— DM in Höhe von 400 000,— DM

1. Gewerbekapitalsteuer

   6‰ von

   a) 150% des Eigenkapitals

           von 1 000 000,— DM: 9 000,— DM   11 400,— DM

   b) 190% wie vor:

2. Grundsteuer

   2% von

   a) 20% des Eigenkapitals

           von 1 000 000,— DM: 4 000,— DM   4 800,— DM

   b) 24% wie vor:

3. Gewerbeertragsteuer auf Dauerschuldzinsen § 8 Abs. 1 GewStG
   (6‰ des Eigenkapitals von   6 000,— DM   6 000,— DM
   1 000 000,— DM = 6 000,— DM)

4. Gewerbeertragsteuer der Körperschaften § 11 Abs. 2 Ziff. 2 GewStG
   (Rest des Ertrags × 0,130434)

   a) 381 000,— DM   49 695,— DM   49 278,— DM

   b) 377 800,— DM

5. Körperschaftsteuer
   (berechnet vom Rest)

   a) 331 304,— DM   185 530,— DM   183 972,— DM

   b) 328 522,— DM

6. Vermögensteuer von

   a) 1 000 000,— DM   10 000,— DM   16 400,— DM

   b) 1 640 000,— DM

7. Körperschaftsteuer-Anrechnungsbetrag bei voller Ausschüttung
   des Rests

   a) 135 774,— DM

   b) 128 150,— DM

127,2728% des ausgeschütteten   172 803,— DM   163 100,— DM
Betrages

Unverheirateter geschäftsführender Gesellschafter einer Einmann-GmbH, diese mit einem Stammkapital von 1 000 000,— DM, mit einem Eigenkapital

a) vor 1974 von 1 000 000,— DM,

b) ab　1974 von 1 640 000,— DM

Jahresertrag der GmbH nach Abzug eines Geschäftsführergehalts von

100 000,— DM in Höhe von

400 000,— DM

	Verhältnisse bei Eigenkapital von	
	1 000 000,— DM	1 640 000,— DM
1. Gehalt	100 000,— DM	100 000,— DM
2. Ausgeschütteter Gewinn	135 000,— DM	128 150,— DM
3. Berechnung der ESt u. d. KiSt		
a) Einkommensteuer		
aa) Summe der Posten zu 1 und 2	235 000,— DM	228 150,— DM
bb) KSt Anrechnungsbetrag	172 803,— DM	163 100,— DM
	407 803,— DM	391 250,— DM
cc) Einkommensteuer	215 954,— DM	206 684,— DM
dd) Kirchensteuer (wegen ihrer Abzugsfähigkeit 9% der ESt)	19 436,— DM	18 601,— DM
ee) Anrechnung der KSt	172 803,— DM	163 100,— DM
ff) Rest der Steuerbelastung aus ESt u. KiSt	62 587,— DM	62 185,— DM
4. Vermögensteuer von dem nach dem Stuttgarter Verfahren ermittelten Wert der Anteile	8 670,— DM	9 772,— DM
5. Ertrag nach Steuern	163 743,— DM	156 193,— DM
beim Einzelkaufmann	170 099,— DM	164 577,— DM
6. Überschuß des Einzelkaufmanns	6 356,— DM	8 384,— DM

Unverheirateter Gesellschafter einer Einmann-GmbH, diese mit einem Stammkapital von 1 000 000,— DM, einem Eigenkapital

a) vor 1974 von 1 000 000,— DM,

b) ab   1974 von 1 640 000,— DM

Jahresertrag der GmbH in Höhe von 400 000,— DM

1. Ausgeschütteter Gewinn	135 774,— DM	128 150,— DM
2. Berechnung der ESt u. d. KiSt		
a) Einkommensteuer		
aa) Post zu 1:	135 774,— DM	128 150,— DM
bb) KSt Anrechnungsbetrag	172 803,— DM	163 100,— DM
Summe:	308 577,— DM	291 250,— DM
cc) Einkommensteuer	160 387,— DM	150 684,— DM
dd) Kirchensteuer (wegen ihrer Abzugsfähigkeit 9% der ESt)	14 435,— DM	13 562,— DM
ee) Anrechnung der KSt	172 803,— DM	163 100,— DM
ff) Rest der Steuerbelastung aus ESt u. KiSt (+) oder Steuergutschrift (—)	+ 2 019,— DM	+ 1 146,— DM
3. Vermögensteuer von dem nach dem Stuttgarter Verfahren ermittelten Werte der Anteile	8 669,— DM	10 920,— DM
4. Ertrag nach Steuern	125 086,— DM	116 084,— DM
im Vergleich dazu beim Kommanditisten	136 220,— DM	130 698,— DM
5. Unterschiedsbetrag	11 134,— DM	14 614,— DM

Betriebs-GmbH mit einem Eigenkapital und Stammkapital von 400 000,— DM nach Abzug eines sich auf 100 000,— DM beziffernden Geschäftsführergehalts und eines um den Betrag der Abschreibungen (44 000,— DM) geminderten Pachtzinses von 30 000,— DM, demnach mit einem Ertrag vor Steuern von 370 000,— DM im übrigen den Verhältnissen ab 1974 angepaßt.

1. Gewerbekapitalsteuer   3 020,— DM

2. Gewerbeertragsteuer auf Dauerschulden   2 000,— DM
   (§ 8 Abs. 1 GewStG)

3. Gewerbeertragsteuer der Körperschaften
   (§ 11 Abs. 2 Ziff. 2 GewStG) vom Rest des
   Ertrages = 364 980,— DM × 0,130434   47 605,— DM

4. Körperschaftsteuer (berechnet vom Rest
   317 374,— DM)   177 729,— DM

5. Vermögensteuer   4 000,— DM

6. Körperschaftsteuer-Anrechnungsbetrag bei voller
   Ausschüttung des Rests (135 646,— DM)
   = 127,2728% des ausgeschütteten Betrags   172 640,— DM

Unverheirateter Alleininhaber des einer Einmann-Betriebs-GmbH gewidmeten Anlagevermögens, die GmbH mit einem Eigenkapital und einem Stammkapital von 400 000,— DM, der Inhaber der GmbH-Anteile mit einem der GmbH verpachteten Anlagevermögen von 1 240 000,— DM, wobei auch im übrigen die beim Einzelunternehmer und der GmbH ab 1974 zu erwartenden Verhältnisse zugrunde gelegt sind.

1. Pachtzins nach Abschreibungen	30 000,— DM
2. Gewerbeertragsteuer	8 380,— DM
3. Grundsteuer	4 800,— DM
4. Gewerbeertragsteuer auf Dauerschulden (§ 8 Abs. 1 GewStG)	4 000,— DM
5. Gewerbeertragsteuer der natürlichen Personen (§ 11 Abs. 2 Ziff. 1 GewStG)	2 000,— DM
6. a) Rest des Ertrags aus der Verpachtung	10 820,— DM
b) Ausgeschütteter Gewinn	135 646,— DM
c) Gehalt	100 000,— DM
Summe	246 466,— DM
7. KSt Anrechnungsbetrag	172 640,— DM
8. Zu versteuerndes Einkommen	419 106,— DM
9. Einkommensteuer	222 283,— DM
10. Kirchensteuer (9% d. ESt)	20 005,— DM
11. KSt Anrechnungsbetrag (—) oder Steuergutschrift (+)	172 640,— DM DM
12. Vermögensteuer vom Wert des reinen Anlagevermögens und dem Wert der GmbH Anteile nach dem Stuttgarter Verfahren	11 828,— DM
13. Ertrag nach Steuern	164 990,— DM
Im Gegensatz dazu beim Einzelunternehmer	164 577,— DM
14. Unterschiedsbetrag:	413,— DM

Unverheirateter alleiniger Kommanditist einer GmbH & Co. mit einem Eigenkapital ab 1974 von 3 280 000,— DM

Jahresertrag vor Steuern 1 000 000,— DM.

1. Gewerbekapitalsteuer
   6‰ von 150% des Eigenkapitals
   von 2 000 000,— DM   12 000,— DM

2. Grundsteuer
   2% von 20% des Eigenkapitals
   von 480 000,— DM   9 600,— DM

3. Gewerbeertragsteuer auf Dauerschuldzinsen,
   § 8 Abs. 1 GewStG (6‰ von 2 000 000,— DM)   12 000,— DM

4. Gewerbeertragsteuer der natürlichen Personen,
   § 11 Abs. 2 Ziff. 1 GewStG nach Referentenentwurf   124 381,— DM

5. Einkommensteuer berechnet vom Rest
   (842 019,— DM) ohne Berücksichtigung von
   Sonderausgaben und Freibeträgen   459 035,— DM

6. Kirchensteuer (wegen der Abzugsfähigkeit von der
   Einkommensteuer 9% der ESt)   41 313,— DM

7. Vermögensteuer   22 960,— DM

8. Ertrag nach Steuern   318 711,— DM

Betriebs-GmbH mit einem Eigenkapital und Stammkapital von 800 000,— DM nach Abzug eines sich auf 100 000,— DM beziffernden Geschäftsführergehalts und eines um den Betrag der Abschreibungen (88 000,— DM) geminderten Pachtzinses von 60 000,— DM, demnach mit einem Ertrag vor Steuern von 940 000,— DM im übrigen den Verhältnissen ab 1974 angepaßt.

1. Gewerbekapitalsteuer   7 200,— DM

2. Gewerbeertragsteuer auf Dauerschulden   4 800,— DM
   (§ 8 Abs. 1 GewStG)

3. Gewerbeertragsteuer der Körperschaften
   (§ 11 Abs. 2 Ziff. 2 GewStG) vom Rest des
   Ertrags = 928 000,— DM × 0,130434   121 042,— DM

4. Körperschaftsteuer (berechnet vom Rest
   806 957,— DM)   451 896,— DM

5. Vermögensteuer   8 000,— DM

6. Körperschaftsteuer-Anrechnungsbetrag bei voller
   Ausschüttung des Rests (347 062,— DM)
   = 127,2728% des ausgeschütteten Betrags   441 715 ,— DM

Unverheirateter Alleininhaber des einer Einmann-Betriebs-GmbH gewidmeten Anlagevermögens, die GmbH mit einem Eigenkapital und einem Stammkapital von 800 000,— DM, der Inhaber der GmbH-Anteile mit einem der GmbH verpachteten Anlagevermögen von 2 480 000,— DM, wobei auch im übrigen die beim alleinigen Kommanditisten einer GmbH & Co. und der GmbH ab 1974 zu erwartenden Verhältnisse zugrunde gelegt sind.

1. Pachtzins nach Abschreibungen	60 000,— DM
2. Gewerbekapitalsteuer	13 680,— DM
3. Grundsteuer	9 600,— DM
4. Gewerbeertragsteuer auf Dauerschulden (§ 8 Abs. 1 GewStG)	7 200,— DM
5. Gewerbeertragsteuer der natürlichen Personen (§ 11 Abs. 2 Ziff. 1 GewStG)	2 180,— DM
6. a) Rest des Ertrags aus der Verpachtung	13 660,— DM
b) Ausgeschütteter Gewinn	347 062,— DM
Summe	360 722,— DM
7. KSt Anrechnungsbetrag	441 715,— DM
8. Zu versteuerndes Einkommen	802 437,— DM
9. Einkommensteuer	436 960,— DM
10. Kirchensteuer (9% d. ESt)	39 326,— DM
11. KSt Anrechnungsbetrag (—) oder Steuergutschrift (+)	— 441 715,— DM DM
12. Vermögensteuer vom Wert des reinen Anlagevermögens und dem Wert der GmbH-Anteile nach dem Stuttgarter Verfahren	21 966,— DM
13. Ertrag nach Steuern	304 185,— DM
Im Gegensatz dazu beim alleinigen Kommanditisten einer GmbH & Co.	318 711,— DM
14. Unterschiedsbetrag	14 525,— DM

Nießbrauch am Anteil von Personengesellschaften

Max Kreifels

I.

Es mag etwa 15 Jahre her sein, daß der Jubilar mit dem Verfasser zur Klärung eines wirtschaftlich bedeutsamen Streitfalles Möglichkeit und Inhalt eines Nießbrauchs am Anteil einer Personenhandelsgesellschaft eingehend diskutierte. In diesem Fall hat das damals zuständige Schiedsgericht die im konkreten Fall vereinbarte Nießbrauchsbestellung am Anteil der persönlich haftenden Gesellschafterin einer Kommanditgesellschaft für zulässig gehalten und entsprechende Konsequenzen gezogen. Die schwierigen, in ihrer Gesamtheit erstmalig von von Godin [1] untersuchten dogmatischen Fragen sind in der Zwischenzeit immer noch nicht geklärt. Das Aufeinandertreffen von zwei so verschiedenen Rechtsinstituten wie der Personenhandelsgesellschaft einerseits und dem Nießbrauch andererseits führt offenbar zu kaum lösbaren, grundsätzlichen Schwierigkeiten.

Dabei besteht, wie der Praktiker weiß, ein Bedürfnis, das Rechtsinstitut des Nießbrauchs auch für Mitgliedschaftsrechte an Personenhandelsgesellschaften einzusetzen. Der Unternehmer-Vater, der sich zurückziehen möchte und aus verständlichen Gründen seine wohlerworbenen Rechte vor dem Ableben nicht vollständig aufgeben will, ist ebenso an einer solchen Regelung interessiert wie der Unternehmer-Ehegatte, der seiner ihn überlebenden Witwe Nutzungsrechte an seinem Gesellschaftsanteil auch über seinen Tod hinaus überlassen will. Steuerrechtliche Überlegungen geben zusätzlichen Anlaß, nießbrauchsrechtliche Vereinbarungen hinsichtlich eines Anteils an einer Personengesellschaft zu treffen. Während Vor- und Nacherbfall gemäß § 7 ErbschStG als zwei selbständige Erbschaftsteuerfälle gelten, wird beim Nießbrauchvermächtnis der Vermächtnisnehmer lediglich mit dem kapitalisierten Ertrag erbschaftsteuerlich belastet; der Erbe kann den Kapitalwert des Nießbrauchvermächtnisses als Verbindlichkeit von der Erbschaft abziehen. Der Wegfall des Nießbrauchs nach Fristablauf oder mit dem Tod des Berechtigten löst keine weitere Erbschaftsteuer aus. Mit dem Nießbrauchsvermächtnis wird deshalb der Nachlaß im Ergebnis nur einmal mit

---

[1] Nutzungsrecht an Unternehmen und Unternehmensbeteiligungen, Berlin 1949.

der Erbschaftsteuer belastet[2]. Auch bei einer Übertragung unter Lebenden bei Nießbrauchsvorbehalt wird der kapitalisierte Nießbrauch vom schenkungssteuerpflichtigen Erwerb abgezogen. Das Erlöschen des Nießbrauchs durch Fristablauf oder beim Tod des Berechtigten bleibt steuerfrei[3].

Es sprechen also gewichtige Gründe dafür, die Bestellung eines Nießbrauchs am Anteil einer Personengesellschaft zu ermöglichen. Ob und inwieweit dies nach dem derzeitigen Stand der Meinungen in Judikatur und Literatur möglich ist, soll Gegenstand der folgenden Ausführungen sein.

II.

1. Der Nießbrauch ist das dingliche, höchstpersönliche Recht zur umfassenden Nutzung des mit ihm belasteten Gegenstandes, §§ 1030 ff. BGB. Er ist grundsätzlich unübertragbar und unvererblich. Lediglich seine Ausübung kann einem anderen überlassen werden, § 1059 BGB.

Gegenstand des Nießbrauchs können — bewegliche und unbewegliche — Sachen, aber auch Rechte sein, §§ 1030, 1068 BGB.

Als Nießbrauchsberechtigter kommt jede natürliche und juristische Person in Betracht, auch eine offene Handelsgesellschaft oder eine Kommanditgesellschaft, die insoweit wie juristische Personen behandelt werden. Steht der Nießbrauch einer juristischen Person zu, dann ist er ausnahmsweise übertragbar, §§ 1059 a ff. BGB.

Durch Ausschluß einzelner Nutzungen kann der Nießbrauch modifiziert werden, § 1030 Abs. 2 BGB. Immer beinhaltet der Nießbrauch nur das Recht, den belasteten Gegenstand zu nutzen, nicht aber das Recht, über seine Substanz zu verfügen. Von diesem Grundsatz macht lediglich § 1067 BGB für den Nießbrauch an verbrauchbaren Sachen eine Ausnahme. Hier deutet das Gesetz die Nutzungsmöglichkeit eines Nießbrauchs in Eigentumserwerb an den verbrauchbaren Sachen um, weil deren Nutzung ohne Eingriff in die Sachsubstanz nicht möglich ist.

2. Die Bestellung eines Nießbrauchs an einem von einem Einzelinhaber betriebenen Handelsgeschäft ist zulässig. Das ergibt sich aus der ausdrücklichen Vorschrift des § 22 Abs. 2 HGB.

Die Bestellung des Nießbrauchs erfolgt durch Bestellung an den einzelnen, dem Erwerbsgeschäft gewidmeten Sachen und Rechten. Gleichwohl besteht der Nießbrauch in diesem Fall gleichzeitig mit absolutem Rechtsschutz an dem Handelsgeschäft als Wirtschaftseinheit. Der Nießbrauch gestattet dem Berechtigten den Gebrauch dieser Wirtschaftseinheit durch Ausnutzung der in dem Unternehmen begründeten Möglichkeit eines dauernden

---

[2] Vgl. §§ 14, 15 BewG.
[3] TROLL, Rechtzeitig schenken, Vermögensübertragungen und Schenkungen im Steuerrecht, Stuttgart 1971, S. 201 ff.

Umsatzes bestimmter Güter und durch Benutzung der diesem Zwecke dienenden Anlagen [4].

Bemerkenswert erscheint, daß das Gesetz in § 22 Abs. 2 HGB ausdrücklich von der Übernahme eines Handelsgeschäfts aufgrund eines Nießbrauchs, eines Pachtvertrages oder eines ähnlichen Verhältnisses spricht. Es unterstellt damit also die Möglichkeit, die Wirtschaftseinheit „Geschäft" als solche im Wege der Bestellung eines Nießbrauchs auf einen Dritten zu übertragen. In seiner Entscheidung vom 6. Oktober 1931 hat das frühere Reichsgericht [5] ausgeführt, Anlaß zur Einfügung des Abs. 2 in § 22 HGB seien Zweifel gewesen, die sich aus der früheren Rechtsanwendung in der Frage ergeben hätten, die gerade im § 22 geregelt werden sollte, nämlich in der Richtung, ob auch der Pächter, der Nießbraucher usw. berechtigt seien, die bisherige Firma fortzuführen.

Obwohl also die Bestellung des Nießbrauchs durch Belastung der einzelnen dem Erwerbsgeschäft gewidmeten Rechte und Sachen erfolgt, besteht der Nießbrauch am Unternehmen als Ganzes. Hierzu bedarf es nicht der Konstruktion eines absoluten Rechts am Unternehmen. Der Gesetzgeber hatte es vielmehr in der Hand, mit seinen Regeln auch an wirtschaftliche Tatbestände und insbesondere an die Tatsache wirtschaftlicher Einheiten anzuknüpfen. Deshalb sind auch die Nutzungen, die der Nießbrauchberechtigte in diesem Falle gemäß § 100 BGB zieht, nicht solche einzelner Geschäftsbestandteile, sondern Nutzungen des Unternehmens als Einheit [6].

Mir scheint, daß diese für das Einzelkaufmannsgeschäft vom Gesetz getroffene Regelung Bedeutung auch für die Nießbrauchsbestellung an Anteilen von Personengesellschaften hat. Darauf wird noch zurückzukommen sein.

3. Der Gesellschaftsanteil an einer Personenhandelsgesellschaft beinhaltet ein Recht, oder besser: ein Bündel von Rechten und — korrespondierend — von Pflichten. Gemäß § 1068 Abs. 1 BGB kann Gegenstand des Nießbrauchs auch ein Recht sein. Von hierher bestehen also keine Bedenken gegen die Zulassung eines Nießbrauchs auch an Mitgliedschaftsrechten einer Personengesellschaft.

Paragraph 1069 BGB schreibt vor, daß die Bestellung des Nießbrauchs an einem Recht nach dem für die Übertragung des Rechts geltenden Vorschriften zu erfolgen habe.

Damit ist implizite gesagt, daß eine Nießbrauchsbestellung nur an übertragbaren Rechten möglich ist. Nach §§ 717, 719 BGB, die auf Personenhandelsgesellschaften unmittelbar anwendbar sind, können Ansprüche, die den Gesellschaftern aus dem Gesellschaftsverhältnis gegeneinander zustehen,

---

[4] Vgl. Würdinger, HGB Großkommentar 3. Aufl., Berlin 1967, § 22 Anm. 51 unter Hinweis auf von Godin, Nutzungsrecht an Unternehmen und Unternehmensbeteiligungen, S. 16 ff.

[5] RGZ 133, 318 ff.—322.

[6] So ausdrücklich Würdinger, a.a.O., S. 22 Anm. 51 a. E.

nicht übertragen werden; ebensowenig kann ein Gesellschafter über seinen Anteil an dem Gesellschaftsvermögen und an den einzelnen dazu gehörenden Gegenständen verfügen. Soweit also der Gesellschaftsvertrag von der Möglichkeit der Abdingung der disponiblen Vorschriften der §§ 717, 719 BGB keinen Gebrauch macht, ist eine Nießbrauchsbestellung wegen fehlender Übertragbarkeit des im Gesellschaftsanteil verkörperten Rechts unmöglich.

Gestattet dagegen der Gesellschaftsvertrag oder die — jederzeit mögliche spätere — Zustimmung aller Gesellschafter oder der für derartige Fragen im Gesellschaftsvertrag vorgesehenen Mehrheit die Übertragung des Gesellschaftsanteils, ist auch eine Nießbrauchsbestellung möglich und zulässig.

Der hiergegen vorgetragene Einwand, bei einem Gesellschaftsanteil an einer Personengesellschaft handele es sich nicht um ein Recht, sondern lediglich um ein besonderes Rechtsverhältnis, ist nach meiner Auffassung nicht durchschlagend. Richtig ist an diesem Einwand sicherlich, daß es sich bei dem Geschäftsanteil an der Personengesellschaft nicht um ein Recht wie etwa ein Forderungsrecht aus Kauf- oder Werkvertrag handelt. Anteil am Gesellschaftsvermögen bedeutet Mitgliedschaft und als solche das Rechtsverhältnis der Zugehörigkeit eines Gesellschafters zur Gemeinschaft und die sich hieraus ergebenden Berechtigungen. Der Anteil am Gesellschaftsvermögen umfaßt auch die Mitberechtigung an den Bestandteilen des Gesellschaftsvermögens und die Ansprüche gegen die anderen Gesellschafter[7]. Ebenso wie die Inhaberschaft an einem Einzelkaufmannsgeschäft nicht ein einheitliches Recht, sondern eine Berechtigung an einer Sachgesamtheit und den sich daraus ergebenden wirtschaftlichen Möglichkeiten darstellt, ist der Gesellschaftsanteil an einer Personenhandelsgesellschaft eine solche Berechtigung. Der Unterschied besteht lediglich darin, daß diese Berechtigung gesamthänderisch gegenüber den Mitgesellschaften gebunden ist. Sofern diese, ein für allemal durch den Gesellschaftsvertrag oder im Einzelfall durch ihre Zustimmung eine Übertragung einer derartigen Berechtigung auf einen Dritten zulassen, ist kein Grund ersichtlich, auch die Bestellung eines Nießbrauchs zuzulassen, wie dies für das Einzelkaufmannsgeschäft in § 22 Abs. 2 HGB geschehen ist. Auch hier gilt: volenti non fit iniuria.

4. Erscheint hiernach grundsätzlich geklärt, daß die Bestellung des Nießbrauchs am Anteil einer Personengesellschaft dann zulässig ist, wenn der Gesellschaftsvertrag oder die spätere Zustimmung der Mitgesellschafter die Übertragung der in dem Anteil gebündelten Rechte erlauben, bleibt immer noch die Frage offen, mit welchem Inhalt und mit welcher Ausgestaltung die Bestellung des Nießbrauchs am Anteil an einer Personenhandelsgesellschaft rechtlich möglich ist. Oder anders formuliert: Setzt das Recht der Personenhandelsgesellschaften der Ausgestaltung des Nießbrauchs bestimmte Schranken?

---

[7] GEILER-KESSLER in STAUDINGERS Kommentar zum BGB 11. Aufl. 1958 Vorbemerkung vor §§ 705 ff. Rn. 43 f. mit weiteren Nachweisen.

a) § 717 Satz 2 BGB bestimmt, daß Ansprüche eines Gesellschafters auf seinen Gewinnanteil oder auf dasjenige, was ihm bei der Auseinandersetzung zukommt, abgetreten werden können. Sofern der Gesellschaftsvertrag diese vom Gesetz vorgesehene Abtretbarkeit nicht ausschließt, bestehen keine Bedenken, insoweit auch die Bestellung eines Nießbrauchs zuzulassen. Das entspricht einhelliger Auffassung[8]. Eine solche Nießbrauchsbestellung gibt dem Berechtigten jedoch nur sehr bescheidene Rechte. Die Bestellung des Nießbrauchs hat in diesem Falle lediglich zur Folge, daß ihm an dem ausbezahlten Gewinn ein Nießbrauch zusteht. Praktisch bedeutet das, daß die ausbezahlten Gewinne anzulegen und dem Nießbrauchsberechtigten die sich daraus ergebenden Früchte — insbesondere Zinsen — zu überlassen sind. Der Nießbraucher ist in diesem Falle der Gefahr ausgesetzt, daß der Nießbrauchsbesteller — Gesellschafter — durch Änderungen des Gesellschaftsvertrages oder durch Mitwirkung an Beschlüssen im Rahmen des Gesellschaftsvertrages, insbesondere bei Ermessensentscheidungen über die Festlegung des auszuschüttenden Gewinnes, die wirtschaftliche Stellung des Nießbrauchsberechtigten verschlechtert.

b) Umstritten ist, ob es — bei grundsätzlicher Abtretbarkeit der Gesellschaftsanteile nach Gesellschaftsvertrag oder Vereinbarung der Gesellschafter — zulässig ist, dem Nießbraucher das Recht zu geben, sämtliche Gesellschafterrechte, insbesondere also auch die gesellschaftsrechtlichen Mitwirkungsrechte, zur eigenen Ausübung zu übertragen.

Gegen die Zulässigkeit wird eingewendet, daß das Recht der Personengesellschaften eine „Aufspaltung" von Mitgliedschaftsrechten nicht zulasse[9].

Diesen Einwand halte ich für unbegründet. Insbesondere ist nicht zu erkennen, inwieweit die Bestellung des Nießbrauchsrechtes dergestalt, daß dem Nießbraucher auch die gesamten Mitwirkungsrechte übertragen werden, gegen zwingende Vorschriften des Handelsrechtes[10] verstoßen sollte. Ebenso wie es den Gesellschaftern und Beteiligten einer Gesamthand unbenommen ist, durch übereinstimmenden Consensus oder einen mit entsprechender Wirkung ausgestatteten Mehrheitsbeschluß an die Stelle eines Gesamthänders einen anderen zu setzen, muß es ihnen auch möglich sein, lediglich einen Nießbraucher unter Übertragung des Rechtes auf gesellschaftsrechtliche Mitwirkung zu „dulden".

---

[8] BAUR in SOERGEL-SIEBERT BGB 10. Aufl. 1968 § 1068 Rn. 7; ULRICH HUBER, Vermögensanteil, Kapitalanteil und Gesellschaftsanteil an Personalgesellschaften des Handelsrechts, Heidelberg 1970, S. 413; SUDHOFF in NJW 1971, 481 ff. bis 484 —; ROHLFF in NJW 1971, 1337 ff.; WIEDEMANN, Die Übertragung und Vererbung von Mitgliedschaftsrechten bei Handelsgesellschaften, München und Berlin 1965, S. 401.

[9] Grundlegend zum Aufspaltungsverbot BGHZ 3, 354 = NJW 52, 178 mit zustimmender Anmerkung HUECK in JZ 52, 115; BGHZ 20, 363 = NJW 56, 1198; ROHLFF NJW 1971 1337 ff.—1339 — mit weiteren Nachweisen.

[10] So ROHLFF, a.a.O., S. 1398.

Faßt man den Betrieb einer Personenhandelsgesellschaft als die Bündelung der wirtschaftlichen Tätigkeit verschiedener Einzelkaufleute auf, dann wird hier die notwendige Analogie zu § 22 Abs. 2 HGB deutlich: Was dem Inhaber eines Einzelkaufmannsgeschäftes kraft ausdrücklicher gesetzlicher Bestimmung gestattet ist, kann dem in einer Gesamthänderschaft gebundenen Mitgesellschafter einer Personenhandelsgesellschaft nicht mit durchschlagenden Gründen verwehrt werden.

Richtig betrachtet liegt bei einer derartigen Bestellung des Nießbrauches keinerlei Auf- oder Abspaltung von Mitgliedsrechten vor. Tatsächlich bleibt der Nießbrauchsbesteller lediglich als im Hintergrund stehender Gesellschafter beteiligt, während die gesamte Ausübung seiner Mitwirkungs- und Mitgliedschaftsrechte dem Nießbrauchsberechtigten übertragen werden.

Nicht notwendig ist in einem solchen Fall die Übertragung der Gesellschafterrechte im Wege eines Treuhandvertrages. Die Vertragsbeteiligten wollen gerade kein Treuhandverhältnis, sondern ein echtes Nießbrauchsverhältnis begründen. Wenn sich dies nach ihrem Willen auf den gesamten Geschäftsanteil und auf die Ausübung der daran haftenden Mitwirkungsrechte erstreckt, wird der Nießbrauchsberechtigte — mit vorweggenommener oder später erteilter Zustimmung der Mitgesellschafter — für die Dauer des Nießbrauchs Vollmitglied der Gesellschaft [11].

Wird so verfahren, dann wird der Nießbraucher während der Dauer des Nießbrauchs Gesellschafter mit allen Rechten und Pflichten, die einem derartigen Gesellschafter nach außen und innen obliegen. Der Nießbraucher hat dann auch Geschäftsführungsbefugnis, Vertretungsmacht und Stimmrecht bei Gesellschafterbeschlüssen. Den Gesellschaftsgläubigern haftet er, sofern sein Nießbrauch sich auf einen Geschäftsanteil eines persönlich haftenden Gesellschafters erstreckt, unbeschränkt, und zwar auch für die vor seinem Beitritt entstandenen Schulden. Auf der anderen Seite scheidet der Nießbrauchsbesteller für die Dauer des Nießbrauchs aus seiner Stellung als persönlich haftender Gesellschafter oder als Kommanditist aus. Endet der Nießbrauch, tritt der Nießbrauchsbesteller oder treten seine Erben — nach Maßgabe der gesellschaftsrechtlichen und erbrechtlichen Verfügungen — wieder in ihre alte Stellung ein [12].

c) Es liegt auf der Hand, daß die vorstehend unter a) und b) behandelten Formen der Bestellung eines Nießbrauchs nicht allen praktischen und wirtschaftlichen Bedürfnissen gerecht werden. Insbesondere bei der Kommanditgesellschaft, denkbarerweise aber auch im Rahmen einer oHG, kann das durchaus legitime Bedürfnis bestehen, dem Nießbrauchsberechtigten lediglich — und zwar originär — das Recht auf Erwerb der ausgeschütteten und ausschüttungsfähigen Gewinne einer Personenhandelsgesellschaft zuzu-

---

[11] So auch HUECK, Das Recht der offenen Handelsgesellschaft, 4. Aufl. 1971, S. 401.
[12] Vgl. HUECK, a.a.O., S. 401.

wenden, ohne ihm gleichzeitig die volle Stellung eines Mitgesellschafters im Innen- und Außenverhältnis zu verschaffen.

Es ist deshalb in der Literatur vorgeschlagen worden, den Nießbrauch am „Gewinnstammrecht" des Gesellschafters einer Personenhandelsgesellschaft zuzulassen [13]. Ein derartiger Nießbrauch beläßt die sämtlichen Mitverwaltungsrechte bei dem nießbrauchsbestellenden Gesellschafter. Er geht jedoch über den Nießbrauch an den Gewinnauszahlungsansprüchen hinaus. Vorbild ist die Regelung des § 1073 BGB, wonach der Nießbraucher einer Leibrente oder eines ähnlichen Rechts diejenigen einzelnen Leistungen für sich beanspruchen kann, die aufgrund des Leibrentenrechtes oder des ähnlichen Rechtes gefordert werden können.

Gerade der Vater-Unternehmer oder der Unternehmer-Ehegatte hat in aller Regel ein wirtschaftlich legitimes Interesse daran, in dieser Weise über die ihm nach dem Gesellschaftsvertrag zustehenden, zukünftigen Gewinnansprüche im ganzen verfügen zu können. Sein Interesse geht, insbesondere unter steuerrechtlichen Aspekten berechtigterweise dahin, dem Nießbrauchsberechtigten die an sich ihm aufgrund seiner Stellung als Mitgesellschafter jeweils zufallenden und von Jahr zu Jahr zu konkretisierenden Gewinnansprüche direkt und originär zuzuwenden. Der Nießbrauchsbesteller will nach wie vor, aufgrund seiner unternehmerischen Erfahrung, mit seiner eigenen Stimme und mit seinem eigenen Mitverwaltungsrecht die Geschicke der Gesellschaft mitbestimmen und leiten, während er die zur Ausschüttung nach Gesellschaftsvertrag und -beschluß bestimmten Gewinne unmittelbar dem Begünstigten zuwenden will.

Die Frage kann nur dahin gestellt werden, ob zwingende gesellschaftsrechtliche Bestimmungen einer solchen Ausgestaltung des Nießbrauchsrechtes entgegenstehen.

Gegen eine derartige Ausgestaltung des Nießbrauchsrechtes wird eingewendet, daß das von SIEBERT so bezeichnete „Gewinnstammrecht" kein Recht und schon gar nicht ein übertragbares Recht sei [14]. Dieser Einwand erscheint jedoch nicht stichhaltig. Richtig ist zwar, daß die Gewinnansprüche nicht Ausfluß eines „Gewinnstammrechts" allein, sondern der Mitgliedschaft insgesamt sind. Es ist jedoch nicht einzusehen, warum zukünftige, sich auf der Grundlage des Gesellschaftsvertrages ergebende Gewinne nicht dergestalt mit dem Nießbrauch belastet werden könnten, daß diese gesellschaftsvertraglich ordnungsmäßig auszuschüttenden Gewinne direkt und originär einem Dritten als Nießbrauchsberechtigten zufließen sollten. Wenn ROHLFF [15] auf die Möglichkeit der Vorausabtretung zukünftiger Gewinnansprüche hinweist, dann verkennt er dabei das sich aus der Praxis ergebende Bedürfnis,

---

[13] SIEBERT in BB 1956, 1126; zustimmend BAUR in SOERGEL-SIEBERT, a.a.O., § 1068 Rn. 7.

[14] ULRICH HUBER, a.a.O., S. 415; ROHLFF, a.a.O., S. 1341.

[15] a.a.O., S. 1341.

dem nießbrauchsberechtigten Dritten originär und mit dinglicher Wirkung die nach Gesellschaftsvertrag und Gesellschafterbeschluß in Betracht kommenden zukünftigen Gewinne zuzuwenden.

Ebensowenig erscheint der Einwand gerechtfertigt, daß gesonderte Verfügungen über das sogenannte Gewinnstammrecht zu praktischen Unzuträglichkeiten führen würden [16]. Die in diesem Zusammenhang erwähnten Schwierigkeiten, die sich bei der Auseinandersetzung des Gesellschaftsverhältnisses ergeben könnten, dürfen dogmatisch nicht als Gegeneinwand gegen die Zulässigkeit eines derartigen Nießbrauchs gewertet werden. Auslegungsschwierigkeiten, die sich bei einer unzulänglichen Umschreibung des Umfangs von Rechten und Ansprüchen ergeben, können nicht als grundsätzlicher Einwand gegen die Zulässigkeit einer solchen Vermögensverfügung anerkannt werden.

Es bleibt die Frage, inwieweit die Bestellung eines derartigen Nießbrauches am „Gewinnstammrecht" für die übrigen Mitglieder der Personenhandelsgesellschaft Folgerungen auslösen. Wenn und soweit sie durch grundsätzliche Zustimmung zur Abtretung ihr Einverständnis auch mit der Nießbrauchsbestellung erklärt haben, müssen sie die Auswirkungen einer derartigen Vermögensverfügung auch im Innenverhältnis hinnehmen. Insbesondere werden sie die sich im Rahmen gesellschaftsvertraglich zulässiger Abtretbarkeit haltenden Einzelbedingungen einer Nießbrauchsbestellung zu beachten haben. Das gilt insbesondere bei der Beschlußfassung über die Verteilung von erwirtschaftetem Gewinn in ausschüttungsfähige oder einer Rücklage zuzuführende Teile.

III.

Zusammenfassend ist demgemäß festzustellen:

1. Die Bestellung eines Nießbrauchs an den Forderungen eines Gesellschafters — persönlich haftenden Gesellschafters oder Kommanditisten — auf Auszahlung von Gewinnen und auf Auszahlung des Auseinandersetzungs- oder Abfindungsguthabens ist schon nach den gesetzlichen Bestimmungen unbedenklich, es sei denn, daß der in Betracht kommende Gesellschaftsvertrag die Abtretung auf solche Ansprüche ausschließt. Eine derartige Nießbrauchsbestellung gibt dem Berechtigten jedoch lediglich einen Anspruch auf die Nutzungen aus dem ausbezahlten Gewinn.

Eine Nießbrauchsbestellung dergestalt, daß dem Nießbrauchsberechtigten sämtliche Mitwirkungsrechte zur Ausübung in eigener Verantwortung — im Innenverhältnis gegenüber dem Besteller gebunden aufgrund des Nießbrauchsvertrages — übertragen werden, ist dann zulässig, wenn der Gesell-

---

[16] Ulrich Huber, a.a.O., S. 415 mit weiteren Nachweisen.

schaftsvertrag oder die gesellschaftsvertraglich zulässige Vereinbarung der Gesellschafter die Übertragbarkeit der Gesellschaftsrechte an den Nießbrauchsberechtigten grundsätzlich zuläßt. In einem derartigen Fall nimmt der Nießbrauchsberechtigte die Stellung des Gesellschafters — persönlich haftender Gesellschafter oder Kommanditist — ein. Er übt die Mitwirkungsrechte, insbesondere das Stimmrecht, aufgrund eigenen originären Rechtes aus. Inwieweit ihm Gewinne bei dieser Regelung originär zuwachsen, richtet sich nach den zugrundeliegenden Bestimmungen des Vertrages über die Nießbrauchsbestellung.

Zulässig ist darüber hinaus auch die Bestellung eines Nießbrauches dergestalt, daß dem Berechtigten die jeweils aufgrund ordnungsmäßiger Beschlußfassung oder aufgrund Bestimmung des Gesellschaftsvertrages automatisch zur Ausschüttung gelangenden Gewinne zu eigenem Recht zuwachsen. In diesem Falle bleibt der Nießbrauchsbesteller Gesellschafter — persönlich haftender Gesellschafter oder Kommanditist — mit allen sich daraus nach innen und außen ergebenden Konsequenzen. Lediglich die ordnungsmäßig zur Ausschüttung gelangenden Gewinne oder — soweit die Nießbrauchsbestellung sich darauf bezieht — die Ansprüche auf Aufteilung des Auseinandersetzungsguthabens wachsen dem Nießbrauchsberechtigten direkt zu.

2. Für die Praxis erscheint bedeutsam, daß die Art des in Rede stehenden Nießbrauchs in jedem einzelnen Fall sorgfältig umschrieben und nach den vorstehenden Richtlinien abgegrenzt wird.

Bei der Beratung und Aufstellung von Gesellschaftsverträgen sollte darauf geachtet werden, daß über die Bestellung des Nießbrauchs ins einzelne gehende Richtlinien formuliert werden, die jeden Zweifel daran ausschließen, ob und inwieweit die Nießbrauchsbestellung zulässig ist. Im Zweifel wird es deshalb empfehlenswert sein, nicht nur die Übertragbarkeit von Geschäftsanteilen generell an bestimmte Dritte oder eine unbestimmte Vielzahl von Dritten vorzusehen, sondern im einzelnen vorzusehen, ob und in welchem Umfange eine Nießbrauchsbestellung zulässig ist. Sofern dies geschieht, ist die Zulässigkeit einer Nießbrauchsbestellung nicht in Zweifel zu ziehen. Sie entspricht dem Prinzip der Dispositionsfreiheit, das das gesamte Recht der Personenhandelsgesellschaft beherrscht.

§ 23 Abs. (5) AktG
im Spannungsfeld von Gesetz, Satzung und
Einzelentscheidungen der Organe der Aktiengesellschaft

Martin Luther

I. Das Zusammenwirken von Gesetz, Satzung und
Einzelentscheidungen von Organen der AG

Das Aktiengesetz, die Satzung und die Einzelentscheidungen der Organe der AG (Vorstand, Aufsichtsrat, Hauptversammlung) sind — vielfach miteinander verzahnt — die wesentlichen Faktoren, durch die Organisation und Tätigkeit einer unabhängigen Aktiengesellschaft deutschen Rechts bestimmt werden [1].

Der mächtigste, dauerhafteste, aber auch unflexibelste dieser Faktoren ist das *Gesetz;* es muß alle Unternehmen, die mit höchst unterschiedlichen Zielsetzungen und unter höchst unterschiedlichen Voraussetzungen ihre Tätigkeit in der Form der Aktiengesellschaft ausüben, im wesentlichen gleich behandeln. Dadurch wird aber auch die Rechtssicherheit für Aktionäre und Gläubiger auf sehr lange Fristen geschaffen.

Die von den Gründern festgestellte oder von der Hauptversammlung beschlossene *Satzung* ermöglicht in dem ihr eingeräumten Rahmen die Rück-

---

[1] In diesem Bereich muß eine besondere Form der Einflußnahme auf die Unternehmenspolitik von Aktiengesellschaften erwähnt werden, ohne daß sie hier näher behandelt werden kann: der Abschluß von — rechtlich zulässigen (vgl. aber §§ 136 (3) und 405 (3) Nr. 5, 6 und 7 AktG) — Stimmbindungs-(Konsortial-/Pool-)Verträgen zwischen Aktionären, deren Einfluß auf die Gesellschaft sich ohne solche vertraglichen Vereinbarungen neutralisieren würde. Stimmbindungsverträge können — abgestellt auf Ziele und Erfordernisse des einzelnen Unternehmens — sämtliche Entscheidungen der Hauptversammlung, auch soweit diese die Satzungsgestaltung betreffen, dauerhaft und nachhaltig beeinflussen. Stimmbindungen wirken sich dabei in aller Regel gerade auch auf die Besetzung des Aufsichtsrats und damit mittelbar auch auf die Zusammensetzung des Vorstands und seine Tätigkeit aus. Stimmbindungsverträge sind dadurch, daß die Rechtsprechung (BGHZ 48, 163 ff.) nunmehr die Erzwingbarkeit der in ihnen enthaltenen Zusagen sichert, ein wichtiges Instrument der Unternehmensführung.
An dieser Stelle können auch die Auswirkungen eines Unterordnungs- oder Gleichordnungskonzernverbunds nicht behandelt werden. In einem Unterordnungsverbund werden übrigens zwischen mehreren Obergesellschaften auch Stimmbindungsvereinbarungen bestehen.

sichtnahme auf besondere Ziele und Erfordernisse des einzelnen Unternehmens. Sie kann zu diesen Zwecken verhältnismäßig dauerhafte Regelungen schaffen. Denn: Satzungsänderungen erfordern — wenn auch in gewissem Umfang abdingbar — qualifizierte Mehrheiten. Auch der Zwang zur Ankündigung gemäß § 124 (2) S. 2 [2] hindert im allgemeinen einen zu häufigen Wechsel in der Satzungsgestaltung. Die Satzung kann demgemäß — ausgerichtet auf die besonderen Unternehmensziele — die Beständigkeit der Unternehmenspolitik und die Rechtssicherheit für relativ lange Dauer wahren.

Einzelentscheidungen der Organe, Vorstand, Aufsichtsrat, Hauptversammlung, können sich am besten flexibel den jeweiligen wirtschaftlichen und sonstigen Erfordernissen anpassen. Die Gewähr der Dauerhaftigkeit und Rechtssicherheit ist demgegenüber wesentlich geringer als bei den beiden anderen Faktoren.

Eine gewisse Stabilität ergibt sich daraus, daß die Hauptversammlung für wesentliche Entscheidungen vielfach die Form einer Satzungsänderung wahren muß oder daß für wesentliche Entscheidungen der Hauptversammlung ähnliche Erfordernisse gelten oder bestimmt werden können wie für Satzungsänderungen. Der Unterschied zwischen Einzelentscheidungen und Satzungsgestaltung durch ein und dasselbe Organ, die Hauptversammlung, darf auch deshalb nicht überbewertet werden.

Ein in nicht unerheblichem Umfang dauerhafter Rahmen für die Tätigkeit von Aufsichtsrat und Vorstand kann durch die Geschäftsordnung beider Organe geschaffen werden. Dabei kann die Satzung ihren Einfluß in vielfacher Hinsicht geltend machen.

II. Die Entstehungsgeschichte des § 23 (5)

Wir wollen hier aus dem Bereich des Zusammenwirkens von Gesetzesmacht, Satzungsautonomie und Organentscheidungen das Verhältnis von Gesetz und Satzung ins Auge fassen, das in § 23 (5) [3] wie folgt geregelt ist:

„Die Satzung kann von den Vorschriften dieses Gesetzes nur abweichen, wenn es ausdrücklich zugelassen ist. Ergänzende Bestimmungen der Satzung sind zulässig, es sei denn, daß dieses Gesetz eine abschließende Regelung enthält."

Wie kam es zu dieser Gesetzesnorm?

In RGZ 49, 77 ff. (Urteil vom 25. 9. 1901) stellte das Reichsgericht für den Geltungsbereich der aktienrechtlichen Vorschriften des Handelsgesetzbuches fest:

„Die Vorschriften über die Rechtsverhältnisse der Gesellschafter und der Aktiengesellschaft sind ... dispositiver Natur nur soweit, als das Gesetz es ausdrücklich zuläßt."

---

[2] §§ ohne Gesetzesangabe sind solche des AktG 1965.

[3] Bis zum Inkrafttreten des Gesetzes vom 15. 8. 1969 (BGBl I, 1146) war dies der Abs. (4) des § 23.

In RGZ 65, 91 ff. (Urteil vom 12. 1. 1907) erklärte das Reichsgericht:

„Überall, wo in dem Abschnitt über die Aktiengesellschaft dem Gesellschaftsvertrage keine ergänzende oder abändernde Macht eingeräumt ist, sind die Vorschriften des Abschnitts als absolute anzusehen, die durch den Gesellschaftsvertrag weder ergänzt noch abgeändert werden können."

In RGZ 120, 177 ff. (Urteil vom 17. 2. 1928) ließ dagegen das Reichsgericht, ohne sich mit diesen beiden Entscheidungen auseinanderzusetzen, in Ergänzung der Bestimmungen des § 227 HGB über die Einziehung von Aktien den zwangsweisen Übergang von Aktienrechten auf den Staat aufgrund einer Auslosung zu, der der Staat seinerseits mit seinen Aktien nicht unterworfen war. Das Gericht sah darin auch keine unzulässige Abänderung des Gesetzes.

Das Aktiengesetz 1937 regelte das Verhältnis von Gesetz und Satzung nicht. Das geschah erstmals in § 23 (5) des geltenden Aktiengesetzes 1965. Auf die Gestaltung dieser Vorschrift haben Schlegelberger-Quassowsky erkennbaren Einfluß gehabt[4]; sie unterschieden, wie das geltende Gesetz, zwischen Abweichungen[5] vom Gesetz sowie Ergänzungen des Gesetzes und erklärten:

„Abweichen kann die Satzung von den gesetzlichen Bestimmungen nur, wo dies ausdrücklich vorgesehen ist. . . . Satzungsbestimmungen können die gesetzlichen Vorschriften nicht nur ergänzen, wo dies ausdrücklich vorgesehen ist, sondern auch überall dort, wo es ohne Verstoß gegen grundsätzliche Vorschriften oder gegen hinter den Vorschriften stehende Rechtsgrundsätze über das Wesen der Aktiengesellschaft möglich ist; welche Ergänzungen danach getroffen werden können, muß im einzelnen Fall geprüft werden."

III. Die Bedeutung der Einfügung des § 23 (5) in das Aktiengesetz 1965

Die Begründung des Regierungsentwurfs[6] sagt zum heutigen § 23 (5), der Gesetzestext „entspricht der herrschenden Lehre". Dennoch ist die Übernahme der unter der Herrschaft des Aktiengesetzes 1937 geltenden Rechtsauffassungen in das AktG 1965 selbst ein Schritt, der Änderungen in den rechtlichen Auswirkungen zur Folge hat:

1. Das AktG 1965 hat in wesentlich stärkerem Umfange als das AktG 1937 Tatbestände von Gesetzes wegen geregelt. Satzungsbestimmungen, die früher „Regelungslücken" ausgefüllt haben, stoßen heute auf gesetzliche Regelungen und können — soweit das Gesetz nicht im einzelnen Fall Aus-

---

[4] SCHLEGELBERGER-QUASSOWSKI, Aktiengesetz, 2. Aufl. (1937), § 16 Anm. 27.
[5] Der Begriff der Abweichung dürfte dem § 18 S. 2 des geltenden Genossenschaftsgesetzes entnommen worden sein, dem § 23 (5) S. 1 entspricht. Bei der Neufassung des Genossenschaftsgesetzes soll die Frage der Ergänzung des Gesetzes so geregelt werden, wie dies in § 23 (5) S. 2 des Aktiengesetzes geschehen ist.
[6] KROPFF, Begründung des RegEntw., S. 44.

nahmen zuläßt — zu *Abweichungen* vom Gesetz führen; dies mit der schweren Folge der Nichtigkeit. Je zahlreicher die vom Gesetz selbst getroffenen Einzelregelungen sind, um so mehr muß geprüft werden, ob das Gesetz selbst abschließende Regelungen getroffen hat. Dadurch kann die Zahl der zulässigen *Ergänzungen* eingeschränkt werden [7].

2. Eine *gesetzliche* Abgrenzung zwischen Gesetz und Satzung schafft eher unverrückbare Grenzen als Urteile und Schrifttumsauffassungen. Die Mühelosigkeit, mit der das Reichsgericht in RGZ 120, 177 ff. die Grundsätze der beiden alten Entscheidungen über den Haufen geworfen hat, ist dafür ein Beispiel.

3. Eine in das Gesetz aufgenommene Abgrenzung zwischen Gesetz (Staatsgewalt) und Satzung (Satzungsautonomie als Teil der Privatautonomie) stellt geradezu eine Aufforderung an die Juristenwelt dar, diese Grenzen in der einen oder anderen Richtung zu verlagern. So werden unter der Herrschaft des AktG 1965 Stimmen laut [8], die die Parteiautonomie bei der Gestaltung der Satzung wesentlich stärker einengen wollen, als dies in § 23 (5) bestimmt ist.

Die Satzungsautonomie, also die Gestaltungsfreiheit der Hauptversammlung, welche die Satzung auf Dauer schafft, wird auch von einer anderen Seite aus eingeengt. Die Satzung soll den Organen (Vorstand, Aufsichtsrat und Hauptversammlung) dort nicht bindend Entscheidungen vorschreiben dürfen, wo das Gesetz diesen Organen Raum für Einzelentscheidungen gibt [9].

IV. Fragen, die Abweichungen und Ergänzungen betreffen

Was besagt § 23 (5) im einzelnen, soweit Abweichungen und Ergänzungen gemeinsam behandelt werden oder betroffen sind?

1. In der Praxis wird vielfach die Auffassung vertreten, die Begriffe des Gesetzes „Abweichungen" und „Ergänzungen" von Vorschriften des Gesetzes und die Grenzlinie zwischen beiden Begriffen seien nicht eindeutig.

Wie man zu einer besseren Abgrenzung hätte kommen können zwischen der nur aufgrund einer Zulassung durch das Gesetz statthaften sogenannten „Abweichung" und der auch ohne Gesetzesermächtigung zulässigen sogenannten „Ergänzung" solcher gesetzlichen Vorschriften, die nicht als „abschließende" Regelung anzusehen sind, ist aber schwer zu sagen. Die Praxis muß jedenfalls den Inhalt des § 23 (5) ebenso hinnehmen, wie unter der Herrschaft früherer aktienrechtlicher Bestimmungen die gleichen Begriffe und wie die Praxis im Genossenschaftsbereich den Begriff der „Abweichung" in § 18 des geltenden Genossenschaftsgesetzes.

---

[7] Vgl. dazu BARZ, Aktiengesetz-Großkommentar (im folgenden GK abgekürzt), 3. Aufl. (1970), § 23 Anm. 18.

[8] MERTENS, Kölner Kommentar zum Aktiengesetz (im folgenden KK abgekürzt), 1970, Vorb. § 76 Anm. 8 bis 22.

[9] MERTENS, KK, a.a.O.

2. § 23 (5) bezieht sich auf „Vorschriften dieses Gesetzes". Das bringt zwar Satz 1 mit diesen Worten nur für „Abweichungen" zum Ausdruck. „Ergänzende Bestimmungen" im Sinne von Satz 2 können sich nach dem Textzusammenhang aber gleichfalls nur auf „Vorschriften dieses Gesetzes" beziehen.

a) „Dieses Gesetz" ist nur das Aktiengesetz. Darunter fallen also nicht Vorschriften in anderen Gesetzen, die sich (auch) auf Aktiengesellschaften beziehen. Es ist vielmehr Aufgabe anderer Gesetze, Anordnungen zu treffen, die das Verhältnis dieser anderen Gesetze und der Satzung der Aktiengesellschaft regeln [10]. Ohne derartige Anordnungen lassen sich die Regeln des § 23 (5) auf andere Gesetze auch nicht analog anwenden [11].

b) „Vorschriften" dieses Gesetzes im Sinne des § 23 (5) sind Anordnungen, die bestimmte Rechtsfolgen auslösen. Das „Schweigen" des Gesetzes über Eintritt oder Nichteintritt einer Rechtsfolge kann m. E. im Rahmen des § 23 (5) des Aktiengesetzes nicht als „Vorschrift" dieses Gesetzes angesehen werden [12].

Wo das Gesetz schweigt, enthält es gerade *keine Regelung*, geschweige denn eine *abschließende*. Eine *Ergänzung* des Gesetzes ist in diesem Falle also zulässig.

Wenn es nur mit „ausdrücklicher" Zulassung gestattet ist, von einer gesetzlichen Vorschrift abzuweichen, kann sich die Abweichung nur auf eine ebenfalls „ausdrückliche" Vorschrift beziehen. Man formuliere einmal eine ausdrückliche Gestattung zur Abweichung von einer aus dem Schweigen des Gesetzes zu entnehmenden Vorschrift [13].

3. Welche aktienrechtlichen Grenzen bestehen für den Inhalt von Abweichungen oder Ergänzungen im Sinne von § 23 (5)?

a) Wenn das Gesetz eine Abweichung zuläßt, müssen inhaltliche Grenzen einer solchen Abweichung, soweit das Gesetz solche Grenzen wünscht, in der Zulassung selbst zum Ausdruck gebracht werden. Die Zulassung entscheidet m. E. also darüber, ob inhaltliche Grenzen gelten [14].

Dementsprechend kennt das Aktiengesetz Zulassungen, die Abweichungen innerhalb eines weiten oder engen Rahmens gestatten oder aber für Abweichungen überhaupt keine inhaltlichen Grenzen setzen.

---

[10] Vgl. KRAFT, KK, § 23 Anm. 53 einerseits, § 23 Anm. 54 (c) andererseits.

[11] A. A. KRAFT, KK, § 23 Anm. 54 (c).

[12] A. A. MERTENS, KK, Vorb. § 76 Anm. 8 zur Frage der Entsenderhaftung.

[13] BARZ vertritt demgegenüber in GK, § 23 Anm. 18, die Ansicht, daß man dem Wort „ausdrücklich" in § 23 (5) S. 1 keine zu große Bedeutung beimessen sollte. Folgerichtig müßte BARZ auch argumentieren, daß dem Begriff der Ausdrücklichkeit einer Vorschrift oder Regelung nicht zu große Bedeutung beizumessen sei. Dann könnte das „Schweigen" für Gestattung und Vorschrift gelten.

[14] Nicht ganz eindeutig ist in diesem Sinne MERTENS, KK, Vorb. § 76 Anm. 9, mit der Bemerkung, die Ermächtigung (Zulassung) zur Abweichung werde „durchweg in einem gesetzlichen Bezugsrahmen ihre Grenzen finden".

Zum Beispiel:

Für Wahlen kann die Satzung ohne Begrenzung „andere Bestimmungen treffen" als die Anordnung von Stimm-/Kapital-Mehrheiten und weiteren Erfordernissen.

Für die Gewinnverteilung gibt § 60 (3) der Satzung die Befugnis, von den in Abs. (1) und (2) gegebenen Vorschriften des Gesetzes durch Wahl jeder „anderen Art der Gewinnverteilung" abzuweichen.

Im Bereich der zahlreichen Zulassungen einer Abweichung von Mehrheitserfordernissen bei Abstimmungen überläßt § 103 (1) S. 3 für die Abberufung von Aufsichtsratsmitgliedern der Satzung die Bestimmung jeder anderen — höheren oder geringeren — Mehrheit. In fast allen Vorschriften über Mehrheitserfordernisse bleibt es der Satzung überlassen, ob sie die Beschlußfassungen von Hauptversammlung und Aufsichtsrat an „weitere Erfordernisse" knüpfen will, deren nähere Bestimmung ihr überlassen wird.

Von zwei unten zu VI/2 b behandelten Fällen abgesehen beschränkt sich die Zulassung, eine andere Kapitalmehrheit zu bestimmen — neben der Bestimmung, ob und welche weiteren Erfordernisse gelten sollen —, auf die Anordnung nur einer größeren Kapitalmehrheit.

Bei den Abweichungsmöglichkeiten außerhalb von Abstimmungen — vgl. § 24 (1) S. 1, § 31 (2), § 54 (2), § 63 (1) S. 2, § 76 (2) S. 2, § 77 (1) S. 2 (2) S. 1, § 78 (2) S. 1, § 95 (1) S. 2, § 134 (1) S. 2, 3, 4, (2) S. 2, § 140 (3), § 150 (2) Ziff. 1, § 182 (4) S. 2, § 269 (2) S. 1, (3), § 287 (1), § 300 Ziff. 1 — überwiegen die Zulassungen mit engeren Grenzen

b) In welcher Richtung die Abweichung von einer gesetzlichen Vorschrift statthaft sein soll, ergibt sich nach diesen Beispielen in der Regel aus der gesetzlichen Vorschrift selbst [15].

c) Bei der Ergänzung von gesetzlichen Vorschriften, die keine abschließenden Regelungen enthalten, scheint mir die Forderung [16] von Grenzen, die nicht eine etwaige Zulassung der Ergänzung vorschreibt, wie etwa die Forderung, die Ergänzung müsse „der Ausfüllung eines vom Gesetz festgelegten Rahmens dienen", unrichtig. Wenn das Gesetz bestimmte Regelungen überhaupt nicht oder nicht abschließend trifft, können eben diese gesetzlichen Vorschriften nicht den Rahmen für das nennen, was im Gesetz im einzelnen nicht geordnet worden ist.

d) Unberührt hiervon bleibt die Tatsache, daß eine in einer Vorschrift zugelassene Abweichung als solche oder eine Ergänzung als solche wegen

---

[15] Nicht eindeutig erscheint in diesem Sinne die Zulassung „weiterer Erfordernisse" im Abstimmungsbereich und die Zulassung „anderer Bestimmungen" für Wahlen in § 133 (1) S. 2 und (2). Hier fehlen Anordnungen über die Richtung von Abweichungen und deren Grenzen.

[16] Vgl. MERTENS, KK, Vorb. § 76 Anm. 9.

ihres Inhalts in Widerspruch zu anderen Vorschriften des Aktiengesetzes
kommen kann, von denen abzuweichen das Gesetz eine Zulassung nicht erteilt hat. Aus solchen Kollisionen können sich im Sinne von § 23 (5) in der
Tat Grenzen für den Inhalt von Abweichungen und Ergänzungen ergeben.

Ein Beispiel:

§ 31 (2) fordert für die Beschlußfassung die Teilnahme der Hälfte, mindestens jedoch von drei der Mitglieder des ersten Aufsichtsrats. § 31 (2) läßt
es aber zu, daß die Satzung die Beschlußfähigkeit des ersten Aufsichtsrats
anders bestimmt.

Aus der Begründung zum Regierungsentwurf [17] wird zu entnehmen sein,
daß die Satzung entgegen dem Gesetzestext nicht befugt sein sollte, die Beschlußfähigkeit von der Teilnahme von weniger als drei der Mitglieder des
ersten Aufsichtsrats abhängig zu machen. Andernfalls wäre in der Begründung nicht der Hinweis auf die Anordnung des § 108 (2) S. 3 verständlich,
daß an allen Beschlüssen des Aufsichtsrats mindestens 3 Mitglieder teilnehmen
müssen.

Würde eine Gründungssatzung unter Berufung auf die in § 31 (2) ausdrücklich zugelassene Abweichung zur Beschlußfähigkeit des ersten Aufsichtsrats schon die Teilnahme von nur zwei Aufsichtsratsmitgliedern genügen lassen, so würde das Registergericht einer solchen Satzungsbestimmung unter
Hinweis auf die Vorschrift des § 108 (2) S. 3, von der die Satzung nicht abweichen darf, die Anerkennung der Wirksamkeit versagen müssen.

e) Die Auffassung [18], die Satzung könne, wenn sie im Rahmen des § 23 (5)
„Abweichungen" oder „Ergänzungen" von gesetzlichen Vorschriften vor-
nehme, gleichzeitig nicht auch die Folgen von Satzungsverstößen oder Sank-
tionen bei Satzungsverstößen anordnen, weil nur das Gesetz, aber nicht die
Satzung die Geltungsstärke von Satzungsvorschriften bestimmen könne, ist
m. E. unrichtig.

Dieser Auffassung ist entgegenzuhalten:

(aa) Nach § 101 (2) kann die Satzung für bestimmte Aktionäre oder die
Inhaber bestimmter Aktien ein Recht begründen, Mitglieder in den Aufsichtsrat zu entsenden [19]. Die Entsendung von Aufsichtsratsmitgliedern kann
in einer Publikumsgesellschaft nur dann funktionieren, wenn die Ent-
sendungsberechtigten von diesem Recht jeweils rechtzeitig Gebrauch machen.
Wird das Entsendungsrecht nicht rechtzeitig vor der Hauptversammlung ausgeübt, in der die übrigen Aufsichtsratsmitglieder der Aktionäre gewählt

---

[17] Kropff, a.a.O., S. 50; bei dem Hinweis auf § 108 (2) S. 2 anstatt S. 3 handelt
es sich offenbar um ein Versehen.
[18] Mertens, KK, Vorb. § 76 Anm. 10.
[19] Mertens verweist in KK, Vorb. § 76 Anm. 10, gerade auf dieses Entsendungsrecht.

werden, so besteht in aller Regel ein Bedürfnis[20], die fehlenden Aufsichtsratsmitglieder der Aktionäre durch die Hauptversammlung zu wählen. Das
kann aber nach der Fassung von § 101 (1) S. 1 nur geschehen, falls das Entsendungsrecht für die bevorstehende Amtsdauer des zu entsendenden Aufsichtsratsmitglieds entfällt, wenn es nicht innerhalb einer bestimmten Frist
vor der Hauptversammlung ausgeübt ist. Wenn die Satzung ein Entsendungsrecht begründen darf, so muß sie — *ergänzend* —, um das Funktionieren der
Anordnung zu sichern, auch bestimmen können, daß das Entsendungsrecht
für eine bestimmte Wahlperiode entfällt, wenn es nicht fristgerecht ausgeübt
wird. Dadurch wird das Entsendungsrecht als solches im übrigen nicht berührt.

(bb) Die Vorschrift des § 108 (4) über den Widerspruch eines Aufsichtsratsmitglieds gegen die Durchführung von Beschlußfassungen außerhalb von
Aufsichtsratssitzungen — etwa im Wege einer fernschriftlichen Abstimmung
— kann in der Praxis nicht funktionieren, wenn nicht die Satzung oder die
Geschäftsordnung des Aufsichtsrats — *ergänzend* — vorschreiben, bis zu
welchem Zeitpunkt spätestens der Widerspruch gegen das Abstimmungsverfahren als solches geäußert werden muß, wenn er Berücksichtigung finden
soll.

(cc) In § 134 (4) ist bestimmt, daß die Satzung für die Form der Ausübung des Stimmrechts Erfordernisse aufstellen kann. Daraus folgt, daß die
Satzung bei Nichterfüllung dieser Erfordernisse die Ausübung des Stimmrechts versagen darf.

(dd) Nach § 123 (2) kann die Satzung die Teilnahme an der Hauptversammlung oder die Ausübung des Stimmrechts von einer Hinterlegung der
Aktien und/oder Anmeldung der Aktionäre abhängig machen. Hier wird
die Satzung ausdrücklich ermächtigt, Folgen/Sanktionen einer Nichtbeachtung der im einzelnen in die Satzung aufzunehmenden Vorschriften über die
Hinterlegung und Anmeldung zu bestimmen: Sie bestehen in der Anordnung
der Satzung, daß Aktionäre, die den Erfordernissen nicht genügen, aus diesem Grunde kein Teilnahme- oder Stimmrecht in der betreffenden Hauptversammlung haben.

(ee) § 63 (3) sieht ausdrücklich vor, daß die Satzung als Folge einer nicht
rechtzeitigen Einzahlung von Einlagen die Sanktion einer Vertragsstrafe
festsetzen darf.

Ich bin hiernach der Auffassung, daß die Satzung im Rahmen einer Ergänzung grundsätzlich die Folgen bestimmen kann, die bei Nichteinhaltung
von Satzungsbestimmungen eintreten sollen. Eine ganz andere Frage ist die,
ob die Satzung bei Anordnung solcher Folgen den § 23 (5) dadurch verletzen

---

[20] Anders offenbar MERTENS, KK, a.a.O.; MERTENS berücksichtigt aber nicht, daß
das Gericht, wenn nicht die unterbliebene Bestellung zur Beschlußunfähigkeit des
Aufsichtsrats führt, gemäß § 104 (2) erst nach Ablauf von 3 Monaten eine Ergänzungsernennung vornehmen darf.

könnte, daß die angeordneten Folgen *ihrerseits* als unzulässig anzusehen sind. Beispielsweise kann die Satzung den Nichtigkeitskatalog, der eine abschließende Regelung darstellt, auch nicht ergänzen.

V. Wann sind gemäß § 23 (5) Ergänzungen von gesetzlichen Vorschriften zulässig/unzulässig?

Ergänzungen von gesetzlichen Vorschriften durch die Satzung erfolgen zu sehr unterschiedlichen Zwecken, sei es aufgrund von ausdrücklichen Weisungen oder Ermächtigungen durch das Gesetz, sei es ohne entsprechende gesetzliche Vorschriften.

Hierzu einige Hinweise:

1. Die Satzung ergänzt die gesetzlichen Vorschriften dadurch, daß sie eine im Gesetz *nicht enthaltene Einzelfallregelung* trifft. Hier ist eine Reihe von Fallgruppen zu erfassen.

a) Die Satzung erfüllt mit einer Anordnung ein ausdrückliches Regelungsgebot des Gesetzes [21].

b) Die Satzungsbestimmung liegt im Rahmen einer ihr ausdrücklich durch das Gesetz eingeräumten Regelungsbefugnis [22].

c) Die Satzungsbestimmung ergänzt das Gesetz dadurch, daß sie die Wahl zwischen Alternativen [23] trifft, die das Gesetz vorsieht.

---

[21] Die Satzung muß bestimmen: § 23 (3): Firma, Sitz, Gegenstand des Unternehmens, Höhe des Grundkapitals, Nennbeträge und Zahl der Aktien, Gattung der einzelnen Aktien. § 23 (4): Form der Bekanntmachung: Hierunter wird die Bezeichnung des Bekanntmachungsmittels (Gesellschaftsblatt) verstanden, nicht die Art der Abfassung der Bekanntmachung. Diese letztere kann die Satzung ergänzend bestimmen.

[22] Vgl. § 11   Schaffung verschiedener Aktiengattungen.
    § 55 (1) Schaffung von Nebenverpflichtungen und
        (2) Anordnungen von Vertragsstrafen.
    § 57 (3) Versprechen von Zinsen für die Zeit vor Beginn des vollen Betriebes des Unternehmens.
    § 63 (3) Festsetzung einer Vertragsstrafe für den Fall nicht rechtzeitiger Einzahlung von Einlagen.

[23] Es ist m. E. naheliegend, aber nicht unerläßlich, die Entscheidung der Satzung zwischen Alternativen als Anwendungsfall des § 23 (5) zu behandeln.
    Z. B.: Entscheidung zwischen Sachgründung und Bargründung mit anschließender Nachgründung.
        Entscheidung zwischen der Ausgabe von Aktien mit Stimmrecht und (in dem gesetzlich vorgesehenen Umfang) von Vorzugsaktien ohne Stimmrecht.
        Entscheidung zwischen verschiedenen gesetzlich zulässigen Formen von Maßnahmen der Kapitalbeschaffung.
        Entscheidung zwischen der ordentlichen und der vereinfachten Kapitalherabsetzung, soweit jede der beiden Maßnahmen zulässig ist.
    Vgl. auch § 10 (1)   Entscheidung zwischen Inhaber- und Namensaktien,
        § 76 (2) S. 1 Entscheidung zwischen einem oder mehreren Vorstandsmitgliedern bei einem Grundkapital von bis zu DM 3 Mio.

d) Die Satzungsbestimmung liegt im Rahmen einer Regelung, die das Gesetz als möglichen Inhalt der Satzung nennt [24].

e) Die Satzungsbestimmung trifft ohne Hinweis im Gesetz eine dort nicht erfolgte Einzelfallregelung. Sie bestellt etwa einen nicht mehr amtierenden Aufsichtsratsvorsitzenden zum Ehrenpräsidenten der Gesellschaft.

2. Die Satzung ergänzt eine *im Gesetz enthaltene Regelung,* die nicht als abschließend im Sinne des Gesetzes anzusehen ist. Auch hier ist zwischen einer Reihe von Fallgruppen zu unterscheiden:

a) Die Satzung erfüllt mit der Anordnung ein ausdrückliches Regelungsgebot [25].

b) Die Satzungsbestimmung liegt im Rahmen einer ihr ausdrücklich durch das Gesetz eingeräumten oder festgestellten Befugnis.

(aa) Zur Regelung (Bestimmung) durch die Satzung selbst [26].

(bb) Zur Erteilung einer Regelungsermächtigung durch die Satzung an die Hauptversammlung, an den Vorstand und Aufsichtsrat oder an den Aufsichtsrat [27].

---

[24] Vgl. § 135 (4) S. 4: Schaffung von Erfordernissen für die Ausübung des Stimmrechts. Vgl. auch die zahlreichen Vorschriften, in denen es das Gesetz im Rahmen der Bestimmung der Mehrheiten für Hauptversammlungsbeschlüsse der Satzung überläßt, „weitere Erfordernisse" anzuordnen.

[25] Vgl.: § 107 (1) S. 1 Nähere Bestimmung über die Wahl des Vorsitzenden des Aufsichtsrats und — mindestens — eines Stellvertreters.

§ 55 (1) S. 2 Bei Schaffung vinkulierter Nebenleistungsaktien: Bestimmung über Entgeltlichkeit/Unentgeltlichkeit.

§ 57 (3) S. 2 Bei Gewährung von sog. „Bauzinsen" in der Gründungssatzung: Bestimmung des Zeitpunkts, in dem die Verzinsung aufhört.

[26] Vgl.: § 55 (1) S. 1 Auferlegung von Nebenverpflichtungen bei vinkulierten Aktien.

§ 55 (2) Festsetzung von Vertragsstrafen bei Nebenleistungsaktien.

§ 58 (4) Ausschluß von Bilanzgewinn von der Verteilung.

§ 68 (2) S. 1 Vinkulierung von Namensaktien; Bestimmung der Gründe, u. S. 4 die eine Verweigerung der Zustimmung rechtfertigen.

§ 77 (2) S. 2 Regelung von Einzelfragen der Vorstands-Geschäftsordnung.

§ 100 (4) Erfordernis persönlicher Voraussetzungen für Aufsichtsratsmitglieder im Rahmen von § 100.

§ 108 (2) S. 1 Bestimmung der Beschlußfähigkeit des Aufsichtsrats.

§ 109 (3) Teilnahme Dritter an Aufsichtsratssitzungen.

§ 111 (4) S. 2 Zustimmung des Aufsichtsrats zu bestimmten Geschäften des Vorstands.

§ 121 (1) Bestimmung darüber, wann eine Hauptversammlung einzuberufen ist.

§ 121 (2) S. 3 Erteilung des Rechts zur Einberufung einer Hauptversammlung an andere Personen.

§ 123 (2), (3) Schaffung von Bestimmungen über das Recht zur Teilnahme u. (4) an und zur Ausübung des Stimmrechts in Hauptversammlungen.

[27] Ermächtigungen der Satzung an die Hauptversammlung zu Entscheidungen; vgl. § 58 (3) S. 2, § 68 (2) S. 3. Ermächtigungen der Satzung an Vorstand und Auf-

c) Die Satzung bestimmt ohne Hinweis im Gesetz eine Ergänzung/Ausgestaltung einer Gesetzesvorschrift oder von Gesetzesvorschriften, die nicht eine abschließende Regelung darstellen; sie ordnet z. B. die Schaffung eines Beirats an.

3. Die Satzung kann die Regelung eines ganzen Teils oder Abschnitts des Aktiengesetzes ergänzen. In einem solchen Fall wird die Ergänzung selten mit der Begründung als unzulässig bezeichnet werden können, der ergänzte Teil oder Abschnitt stelle mit seinen Vorschriften eine abschließende Regelung dar. Eher kann in einem solchen Falle die „Ergänzung" bei näherer Überprüfung an der Feststellung scheitern, daß sie auf eine — nicht zugelassene — Abweichung von vorhandenen Vorschriften dieses Teils oder Abschnitts hinausläuft. Die Satzung kann z. B. nicht weitere Organe mit den im Gesetz genannten Organbefugnissen von Vorstand, Aufsichtsrat und Hauptversammlung schaffen.

Die Satzung kann aber z. B. die Bestellung eines Beirats [28], eines Ehrenvorsitzenden des Aufsichtsrats [29], eines Ersatzmitglieds für ein Aufsichtsrats-Ersatzmitglied [30], das Amt eines (oder mehrerer) stellvertretenden Vorstandsvorsitzenden, die der Aufsichtsrat seinerseits ernennen kann, das Amt von Generalbevollmächtigten [31] oder eines Sprechers des Vorstands vorsehen. Sie darf dabei aber z. B. nicht dem Beirat Funktionen geben, die von Gesetzes wegen Vorstand/Aufsichtsrat haben, nicht den Ehrenpräsidenten oder den Ehrenvorsitzenden oder das Ersatzmitglied mit Rechten versehen, die das Gesetz nur einem aktiven Mitglied des Aufsichtsrats gewährt, nicht die Stellung des Generalbevollmächtigten zu der eines (stellvertretenden) Vorstandsmitglieds machen und nicht anordnen, daß der Sprecher des Vorstands auf Geschäftsbriefen der Gesellschaft als Vorsitzender des Vorstands zu bezeichnen ist.

4. Soweit die Satzung eine in einer einzelnen Vorschrift enthaltene Regelung ergänzt, ist die wesentliche Frage die, ob die gesetzliche Vorschrift nicht in der Richtung, in der sie ergänzt werden soll, ihren Geltungsbereich abschließend regelt.

Die Satzung kann z. B. anordnen, ohne daß dem Hindernisse aus § 23 (5) S. 2 entgegenstehen, daß mehrere Stellvertreter des Aufsichtsratsvorsitzenden

---

sichtsrat zu Entscheidungen; vgl. § 58 (2) S. 2. Ermächtigungen der Satzung an den Aufsichtsrat zu Entscheidungen; vgl. § 68 (2) S. 3, § 77 (2).

[28] BAUMBACH-HUECK, Aktiengesetz, 13. Aufl. (1968), Üb vor § 76 Anm. 8; GODIN-WILHELMI, Aktiengesetz, 4. Aufl. (1971), § 95 Anm. 2; KONOW, Betrieb 1966, 332 ff.; WÜRDINGER, Aktien- und Konzernrecht, 2. Aufl. (1966), S. 113, 133; vgl. auch § 160 (3) Nr. 8.

[29] OBERMÜLLER-WERNER-WINDEN, Die Hauptversammlung der Aktiengesellschaft, 1967, S. 270 ff. mwH.

[30] OBERMÜLLER-WERNER-WINDEN, a.a.O., S. 258; vgl. aber auch BAUMBACH-HUECK, a.a.O., § 101 Anm. 15; GODIN-WILHELMI, a.a.O., § 101 Anm. 5.

[31] MERTENS, KK, § 78 Anm. 44 mwH; MÖHRING-SCHWARTZ-ROWEDDER-HABERLANDT, Die Aktiengesellschaft und ihre Satzung, 2. Aufl. (1966), S. 94.

oder des Vorstandsvorsitzenden in bestimmter Reihenfolge an Stelle des Vorsitzenden tätig werden oder daß ein Aufsichtsrats-Ersatzmitglied einem bestimmten oder mehreren bestimmten Aufsichtsratsmitgliedern zugeordnet wird. Die Satzung kann aber nicht für ein Aufsichtsratsmitglied nebeneinander zwei Ersatzmitglieder bestellen.

5. Soweit die Satzung persönliche Voraussetzungen für Aufsichtsratsmitglieder, die durch die Hauptversammlung gewählt werden [32] oder persönliche Voraussetzungen für Vorstandsmitglieder [33], z. B. ein Höchstalter, einen bestimmten Wohnsitz, eine bestimmte Staatsangehörigkeit [34], Befähigungen und andere sachgerechte fachliche oder persönliche Erfordernisse bestimmt, ergeben sich eine Reihe von Fragen:

a) Solche persönlichen Voraussetzungen gelten nicht nur im Augenblick der Wahl/Bestellung, sondern für die gesamte Amtsdauer. Dieser Dauerwirkung einer solchen Satzungsbestimmung muß das wählende/bestellende Organ bereits bei der Wahl/Bestellung Rechnung tragen. Besteht eine Altersgrenze, so ist von vornherein die Amtsdauer entsprechend zu befristen oder in anderer Weise dem Satzungsgebot zu entsprechen. Besteht die in der Satzung angeordnete Voraussetzung in einem bestimmten Wohnsitz, so können Hauptversammlung/Aufsichtsrat die Wahl/Bestellung durch die Schaffung eines solchen noch nicht bestehenden Wohnsitzes aufschiebend befristen oder bedingen. Den Zeitpunkt des Wegfalls einer solchen Voraussetzung kann das wählende/bestellende Organ als Termin für eine vorfristige Beendigung der Amtsdauer bestimmen; dies gegebenenfalls durch eine auflösende Bedingung. Ist die Beibehaltung der Staatsangehörigkeit Voraussetzung, so bietet sich eine entsprechende Lösung an.

Die Heranziehung des Instruments der Befristung oder Bedingung ist der Praxis keineswegs fremd. Die Wahl eines *Aufsichtsratsmitglieds* wird beispielsweise von der aufschiebenden Bedingung abhängig gemacht, daß der Gewählte sein Amt als Vorstandsmitglied der Gesellschaft niedergelegt hat.

Fällt nachträglich eine von der Satzung in zulässiger Weise bestimmte Amtsvoraussetzung für ein *Vorstandsmitglied* fort, z. B. Wohnsitz oder Staatsangehörigkeit, so erlischt das Vorstandsamt auf Grund der bei der Bestellung geltenden Satzungsanordnung. Es besteht daher kein Anlaß, das ehemalige Vorstandsmitglied zusätzlich durch Widerruf der Bestellung gemäß § 84 (3) zu diskriminieren. Es kann deshalb auch nicht als unstatthafte Abweichung von § 84 (3) angesehen werden, wenn der Aufsichtsrat in einem solchen Fall von sich aus die Beendigung des Vorstandsamtes lediglich *feststellt* und der Vorstand die entsprechende Anmeldung zum Handelsregister

---

[32] Vgl. § 100 (4).

[33] Ergänzung von § 76 (3); h. M. mit gewissen hier nicht wesentlichen Einschränkungen; vgl. etwa MEYER-LANDRUT, GK, § 76 Anm. 16.

[34] Man denke etwa an eine Aktiengesellschaft, deren Aktionäre sich auf 3 Länder der EWG verteilen.

veranlaßt. § 23 (5) kommt bei einer solchen Fallgestaltung überhaupt nicht zur Anwendung[35], weil die Satzung als solche nichts enthält, was § 84 (3) berühren könnte.

b) Die *Satzung* kann aber, wenn sie persönliche Voraussetzungen für *Vorstandsmitglieder* bestimmt, ihrerseits klarstellen, daß diese Voraussetzungen für Beginn und Ende des Vorstandsamts maßgebend sind. Die Satzungsbestimmung könnte beispielsweise lauten:

„Die Zahl der Vorstandsmitglieder und stellvertretenden Vorstandsmitglieder muß jeweils durch 3 teilbar sein. Ein Drittel der Vorstandsmitglieder muß die deutsche, ein Drittel die französische und ein Drittel die italienische Staatsangehörigkeit besitzen. Die Amtsdauer von Vorstandsmitgliedern endet mit dem Wegfall der bei der Bestellung durch den Aufsichtsrat bezeichneten Staatsangehörigkeit."

Eine solche Satzungsfassung zwingt übrigens den Aufsichtsrat die Bestellung von Vorstandsmitgliedern nur unter Wahrung dieser Satzungsbestimmung vorzunehmen. Da bereits die Bestellung das Ende der Amtsdauer des Vorstandsmitglieds im Falle eines Wechsels seiner Staatsangehörigkeit anordnet, führt der Staatsangehörigkeitswechsel bereits nach dem Inhalt der Bestellung zur Beendigung der Amtsdauer. Es bedarf deshalb nicht eines Widerrufs der Bestellung im Sinne von § 84 (3). Eine Satzungsbestimmung über die Beendigung der Amtsdauer kann auch nicht als Abweichung der Vorschrift des § 84 (3) über den Widerruf der Bestellung angesehen werden. Wenn der Aufsichtsrat will, daß die Bestellung des Vorstandsmitglieds zu dem in der Bestellung genannten Zeitpunkt endet, darf er diese Bestellung gerade nicht aufheben.

c) Noch eindeutiger liegen die Dinge, wenn die *Satzung* in Durchführung von § 100 (4) persönliche Voraussetzungen für *Aufsichtsratsmitglieder*[36] bestimmt und von dem Vorhandensein und dem Fortbestehen der geforderten Voraussetzung Beginn und Ende der Amtsdauer abhängig macht. § 102 (1) S. 1 bestimmt die höchstmögliche Amtszeit von Aufsichtsratsmitgliedern, läßt also eine Abkürzung der Amtszeit aus irgendwelchen Gründen zu. § 102 (1) S. 1 läßt auch die Frage offen, ob die Hauptversammlung bei jeder Wahl von Aufsichtsratsmitgliedern von neuem innerhalb des gesetzlichen Rahmens die Amtszeit — unterschiedlich — bestimmen soll oder ob die Hauptversammlung sich im Rahmen der Satzungsgestaltung für die Zeit der Geltungsdauer einer solchen Satzungsbestimmung dahin festlegen kann, für welche Amtszeit der Aufsichtsrat gewählt werden soll. Nur die letztere Lösung ist praktikabel und in der Praxis üblich. Entscheidet sich die Satzung für ein turnusmäßiges Ausscheiden von Aufsichtsratsmitgliedern, so ist es sogar un-

---

[35] A. A. offenbar MERTENS, KK, § 76 Anm. 46.

[36] Auch § 100 (4) spricht nicht von persönlichen Voraussetzungen für *die Wahl von* Aufsichtsratsmitgliedern, sondern für Aufsichtsratsmitglieder und stellt demgemäß nicht nur auf die Wahl und den Zeitpunkt der Wahl ab.

erläßlich, daß die Satzung die Festlegung einer bestimmten Amtszeit durch
die Hauptversammlung anordnet [37].

Satzungsbestimmungen über die Dauer der Amtszeit von Vorstandsmitgliedern und Aufsichtsratsmitgliedern in Verbindung mit der Schaffung persönlicher Voraussetzungen für Vorstandsmitglieder und die von der Hauptversammlung zu wählenden Aufsichtsratsmitglieder stellen demgemäß zulässige Ergänzungen der Vorschriften der §§ 102 (1) und 100 (4) dar, die
ihrerseits keine abschließenden Regelungen enthalten.

6. Die vom Gesetz in § 123 (2) und (4) für die Hinterlegung und Anmeldung von Aktien zur Sicherung des Rechts auf Teilnahme an und zur
Ausübung des Stimmrechts in Hauptversammlungen getroffenen, sehr allgemeinen Vorschriften *bedürfen* in der Praxis der Ergänzung. Die Satzung
wird z. B. anordnen, daß bestimmte Sperrmaßnahmen als Hinterlegungen
gelten, daß von der Möglichkeit einer mittelbaren Hinterlegung — auch
unter Einschaltung außerdeutscher Banken — Gebrauch gemacht werden
kann oder daß einer Anmeldung zum Zwecke ihrer praktischen Auswertung
ein Nummernverzeichnis beizufügen ist. Als Erfordernisse für die Ausübung
des Stimmrechts in Hauptversammlungen, die das Gesetz in § 135 (4) S. 4
erwähnt, wird die Satzung, wenn vinkulierte Namensaktien umlaufen, bestimmen, daß einige Tage vor der Hauptversammlung für die Bearbeitung
von Umschreibungsanträgen gesperrt werden (Einführung eines Stopptages).

VI. Wann sind gemäß § 23 (5) Abweichungen von
gesetzlichen Vorschriften zulässig/unzulässig?

1. *Abweichungen* von gesetzlichen Vorschriften durch die Satzung hat
das Gesetz in beträchtlichem Umfang [38] im Bereich der Abstimmungsmehr-
heiten in Hauptversammlungen, außerhalb dieses Bereichs nur in einer be-
grenzten Anzahl von Fällen zugelassen [39]. Die Zulassungen von abweichen-

---

[37] Ergänzend sei darauf hingewiesen, daß gemäß § 103 (1) die Hauptversammlung
    durch die Satzung bestimmen kann, daß jede Hauptversammlung ein Aufsichts-
    ratsmitglied, das von der Hauptversammlung gewählt worden ist, mit einfacher
    Stimmenmehrheit abberufen kann. Auch aus diesem Grunde ist nicht einzusehen,
    weshalb die Hauptversammlung nicht — mit derselben einfachen Mehrheit —
    bei der Wahl eines Aufsichtsratsmitglieds sollte bestimmen können, daß sein Amt
    endet, wenn es eine zulässige persönliche Voraussetzung nicht mehr erfüllt.
[38] Vgl. § 52 (5) S. 3, § 103 (1) S. 3, § 133 (1) und (2), § 179 (2) S. 2 und S. 3,
    § 182 (1) S. 2 und S. 3, § 186 (3) S. 3, § 193 (1) S. 2, § 202 (2) S. 3, § 221 (1) S.
    3, § 237 (4) S. 3, § 262 (1) Ziff. 2, § 274 (1) S. 3, § 289 (4) S. 4, § 293 (1) S. 3,
    (2) S. 2, § 340 (2) S. 2, § 360 (3) S. 2, § 361 (1) S. 3, § 362 (2) S. 3, § 369 (3) S.
    3, § 384 (2) S. 2.
[39] Vgl. § 24 (1) S. 1, § 31 (2), § 63 (1) S. 2, § 76 (2) S. 2, § 77 (1) S. 2, (2) S. 1,
    § 78 (2) S. 1, § 95 (1) S. 2, § 134 (1) S. 2, 3, 4, (2) S. 2, § 140 (3), § 150 (2) Ziff.
    1, § 182 (4) S. 2, § 269 (2) S. 1, (3), § 287 (1), § 300 Ziff. 1.

den Abstimmungsregeln in der Hauptversammlung durch die Satzung besitzen wegen der Tragweite solcher Abweichungen besondere Bedeutung. Diese Zulassungen gestatten je nach ihrer Ausgestaltung

— im Bereich der Stimmenmehrheit die Anordnung einer größeren als der einfachen Stimmenmehrheit und die Anordnung einer anderen oder größeren Stimmenmehrheit als einer bestimmten qualifizierten Stimmenmehrheit,
— im Bereich der Kapitalmehrheit die Anordnung einer anderen oder einer größeren als der im Gesetz vorgeschriebenen Kapitalmehrheit,
— im Bereich der Stimmen- und Kapitalmehrheit die Aufstellung weiterer Erfordernisse.

Macht die Satzung von diesen Zulassungen Gebrauch, so kann sie das für alle innerhalb der Zulassung liegenden Beschlüsse der Hauptversammlung oder für bestimmte aus diesem Bereich festzulegende Beschlüsse tun. Sie kann in einigen Fällen die Beschlußfassung mit geringeren Mehrheiten erleichtern. In der Hauptzahl der hier behandelten Fälle kann sie dagegen — nur — ein positives Abstimmungsergebnis durch Erhöhung der nach dem Gesetz erforderlichen Mehrheiten oder durch die Aufstellung weiterer Erfordernisse erschweren. Soweit das Gesetz eine Stimmenmehrheit fordert, kann die Satzung innerhalb dieser Zulassungen als weiteres Erfordernis auch eine zusätzliche Kapitalmehrheit verlangen [40].

a) In diesem Sinne kann die Satzung für bestimmte Hauptversammlungsbeschlüsse, für die das Gesetz speziell die einfache Stimmenmehrheit fordert, oder für alle Hauptversammlungsbeschlüsse, für die nach § 133 (1) generell die einfache Stimmenmehrheit [41] gilt, oder für alle Hauptversammlungsbeschlüsse bestimmten Inhalts beispielsweise eine Mehrheit fordern, die mindestens drei Viertel der abgegebenen Stimmen beträgt, und als weiteres Erfordernis — soweit es zugelassen ist — eine Kapitalmehrheit, die mindestens drei Viertel des bei der Beschlußfassung vertretenen Grundkapitals umfaßt [42]. Die Hauptversammlung kann damit — in diesem Beispiel für die Stimmenmehrheit — höhere Anforderungen stellen, als sie für satzungsändernde Beschlüsse gelten.

Die Hauptversammlung, die mit einfacher Stimmenmehrheit und der eben genannten qualifizierten Kapitalmehrheit Satzungsänderungen be-

---

[40] BAUMBACH-HUECK, a.a.O., § 133 Anm. 4; SCHMIDT-MEYER-LANDRUT, GK (2. Aufl. 1961), § 113 Anm. 2; insoweit ebenso GODIN-WILHELMI, a.a.O., § 133 Anm. 4.

[41] Das Gesetz verzichtet vielfach auf eine Festlegung der erforderlichen Hauptversammlungsbeschlußmehrheit. Vgl. § 50, § 58 (3), § 84 (3), § 93 (4) S. 3, § 113 (1) S. 2, (2), § 119 (2), § 120 (1), § 147 (3) S. 1, § 173 (1), § 174 (1), § 270 (2), § 286 (1). Für diese Fälle ordnet § 133 die einfache Stimmenmehrheit an, wenn die Satzung nicht — zulässigerweise — eine größere Stimmenmehrheit bestimmt.

[42] Das gilt nicht für die Fälle des § 142 (1) S. 1 und § 147 (1) S. 1, die ohne die Möglichkeit einer Abweichung die einfache Stimmenmehrheit vorschreiben.

schließt, kann auch genau die gleichen Mehrheiten für Beschlüsse ohne satzungsändernden Charakter anordnen. Zwischen einem nicht satzungsändernden Hauptversammlungsbeschluß und einem satzungsändernden Hauptversammlungsbeschluß würde dann im praktischen Ergebnis nur der Unterschied bestehen, daß die Satzungsänderung erst mit der Eintragung in das Handelsregister wirksam wird. Vgl. § 181 (3).

b) Das Gesetz gibt in zwei sehr gewichtigen Fällen der Satzung die Möglichkeit, neben der einfachen Stimmenmehrheit an Stelle der im Gesetz vorgeschriebenen Kapitalmehrheit von mindestens drei Viertel des bei der Beschlußfassung vertretenen Grundkapitals nur die einfache Kapitalmehrheit genügen zu lassen:

Satzungsänderungen können, soweit sie nicht eine Änderung des Gegenstands des Unternehmens betreffen oder soweit das Gesetz nicht für Sonderfälle von Satzungsänderungen eine weitere Ausnahme macht, mit einer solchen „reduzierten" Mehrheit durchgesetzt werden. Vgl. § 179 (2) S. 2. In einer Gesellschaft mit dieser Satzungsgestaltung kann sich also die einfache Kapitalmehrheit in diesem wesentlichen Bereich durchsetzen.

Ebenso können mit dieser „reduzierten" Kapitalmehrheit Kapitalerhöhungen gegen Einlagen beschlossen werden, soweit nicht Vorzugsaktien ohne Stimmrecht ausgegeben werden und soweit nicht das Bezugsrecht der Aktionäre ausgeschlossen wird. Vgl. § 182 (1) S. 2 und § 186 (3) S. 2. Eine solche Satzungsbestimmung kann Kapitalerhöhungen gegen Einlagen auch gegen einen sehr beträchtlichen Widerstand in der Hauptversammlung sicherstellen.

2. Oben (vgl. Anm. 27) wurden Fälle genannt, in denen es das Gesetz — in einer Art Doppel-Ermächtigung — zuläßt, daß die Satzung ihrerseits ein Organ ermächtigt, bestimmte Sachentscheidungen zu treffen.

a) In solchen Fällen ist die Satzung in der Lage, den im Gesetz nicht abschließend bestimmten Umfang der Ermächtigung durch nähere Bestimmung enger oder weiter zu gestalten und dadurch auf die Sachentscheidung des Organs wesentlich einzuwirken. Beispielsweise bestimmt die Satzung, wenn sie gemäß § 58 (2) S. 2 Vorstand und Aufsichtsrat ermächtigt, bis zu 60% des Jahresüberschusses in freie Rücklagen einzustellen, über den Höchstbetrag der Rücklagenbildung aus dem Jahresüberschuß. Weitere Rücklagen können nur durch die Hauptversammlung aus dem Bilanzgewinn gebildet werden.

b) Darf die Satzung auf Grund einer Zulassung durch das Gesetz — nur — den Aufsichtsrat oder den Vorstand und Aufsichtsrat in einer von ihr zu bestimmenden Weise zu einer Sachentscheidung ermächtigen, so wird durch eine solche Zulassung diesen Organen die ausschließliche Zuständigkeit zur Sachentscheidung zugesprochen. Die Satzung darf nur die genannten Organe ermächtigen, also weder diese Ermächtigung einem anderen Organ erteilen noch selbst an Stelle der Organe die Sachentscheidung treffen. Sie kann aber durch die Fassung der Ermächtigung auf den Inhalt der Sachentscheidungen der Organe einwirken.

3. Eine für die Praxis bedeutsame Streitfrage ergibt [43] sich aus § 58 (4). Hier wird festgestellt, daß u. a. die Satzung den *Bilanzgewinn* ganz oder teilweise von der Verteilung unter die Aktionäre ausschließen kann. Eine solche Anordnung ist dann für jede Hauptversammlung, die über die Verwendung von Bilanzgewinn Beschluß faßt, bindend.

Will eine Gesellschaft auf längere Sicht verhindern, daß aus Jahresüberschuß und Bilanzgewinn beispielsweise mehr als die Hälfte des Jahresüberschusses [44] als Dividende ausgeschüttet wird, so könnte die Hauptversammlung bei Gestaltung der Satzung von der Erteilung einer Ermächtigung gemäß § 58 (2) S. 2 an Vorstand und Aufsichtsrat absehen und gemäß § 58 (4) bestimmen:

„Der Bilanzgewinn ist von der Verteilung unter die Aktionäre ausgeschlossen, soweit für ein Geschäftsjahr aus dem Jahresüberschuß und/oder aus dem Bilanzgewinn nicht insgesamt ein Betrag in offene Rücklagen eingestellt worden ist oder wird, der die gemäß § 58 Abs. 1 Satz 3 AktG ermittelte Hälfte des Jahresüberschusses erreicht."

Eine solche Satzungsanordnung ist m. E. zulässig und wird durch § 58 (4) gedeckt:

---

[43] Vgl. hierzu BARZ, GK, § 58 Anm. 21, mit Hinweisen auf den Meinungsstand.

[44] Die Aktionäre der Gesellschaft könnten beispielsweise zu verhindern wünschen, daß eine Aktionärsgruppe, in deren Einflußbereich sie gerät, durchsetzt, daß die Bildung von offenen Rücklagen möglichst eingeschränkt und die Verteilung des Bilanzgewinns unter die Aktionäre auf das höchstmögliche Maß gesteigert wird, um anschließend der Gesellschaft zusätzliche Eigenmittel durch Kapitalerhöhungen zuzuführen. — Für eine außerdeutsche Aktionärsgruppe könnte diese Dividendenpolitik aufgrund eines zwischen der BRD und dem Heimatstaat dieser Aktionärsgruppe geschlossenen Doppelbesteuerungsabkommens (mit Schachtelprivileg über die Grenze) im Wege eines Quellensteuer-Abzuges nur zu einer geringen deutschen Einkommen-/Körperschaftsteuer auf ausgeschüttete Dividenden der deutschen Gesellschaft führen und die Aktionärsgruppe könnte in ihrem Heimatland von jeder weitergehenden Ertragsbesteuerung befreit sein. Die Aktionäre der Gesellschaft mit innerdeutschem Wohnsitz/Sitz hätten dagegen auf den ausgeschütteten Betrag die volle deutsche Einkommen-/Körperschaftsteuer zu zahlen. Die anschließende Kapitalerhöhung würde demgemäß für sie eine wesentlich stärkere Belastung darstellen. — Der gespaltene deutsche Körperschaftsteuersatz bringt es mit sich, daß die Aktiengesellschaft als solche bei Vollausschüttung die Vorteile des Ausschüttungsprivilegs des § 19 Körperschaftsteuergesetz besitzt, während sie bei Bildung von Rücklagen (ggf. mit anschließender Kapitalerhöhung aus Gesellschaftsmitteln) mit Körperschaftsteuern auf der Grundlage des unverminderten Körperschaftsteuersatzes belastet wird. Deshalb kann es ein Anliegen der Aktionäre mit innerdeutschem Wohnsitz/Sitz sein, solange sie die Satzungsgestaltung in Händen haben, über die Satzung einer solchen Politik der Dividenden-Vollausschüttung entgegenzuwirken.

a) § 58 (4) bedient sich bei der Formulierung der ausdrücklichen Zulassung einer Abweichung von der gesetzlichen Vorschrift über den Anspruch der Aktionäre auf Ausschüttung des Bilanzgewinns:

„... soweit er nicht nach Gesetz oder Satzung ... von der Verteilung unter die Aktionäre ausgeschlossen ist"

einer Fassung, die das Gesetz mit den Worten „soweit nicht", „wenn nicht", „es sei denn" oder in ähnlicher Weise häufig für Zulassungen im Sinne von § 23 (5) verwendet [45]. Es kann schon deshalb nicht die Ansicht von GESSLER [46] geteilt werden, diese Art der Fassung der Zulassung einer Abweichung sei keine Zulassung, sondern nur eine unbeachtliche „Erwähnung".

Der ausdrücklichen Zulassung als Abweichung im Sinne von § 23 (5) S. 1 und nicht nur eines Hinweises ohne rechtliche Bedeutung bedürfen auch die drei weiteren in § 58 (4) genannten Ausschluß-Anordnungen, insbesondere der Ausschluß infolge der Feststellung „als zusätzlicher Aufwand auf Grund des Gewinnverwendungsbeschlusses".

b) Den Ausschluß des Bilanzgewinns von der Verteilung unter die Aktionäre kann die Satzung gemäß § 58 (4) vollständig oder teilweise vornehmen. Hieran knüpft LUTTER [47] eine interessante, m. E. aber nicht zutreffende Argumentation. Er hält einen vollständigen Ausschluß des Bilanzgewinns von der Verteilung unter die Aktionäre durch die Satzung gemäß § 58 (4) uneingeschränkt für zulässig. Einen Teilausschluß soll die Satzung nach Ansicht von LUTTER dagegen nur anordnen dürfen, wenn sie gleichzeitig positiv bestimmt, wie der von der Verteilung ausgeschlossene Teil des Bilanzgewinns zu verwenden ist. Allerdings könne, fügt LUTTER hinzu, die Satzung nicht bestimmen, daß dieser Teil zur Rücklagenbildung verwendet werden müsse. Denn: die Hauptversammlung dürfe in ihrer durch § 58 (3) gewährleisteten Ermessensfreiheit bei der Rücklagenbildung weder positiv noch negativ eingeengt werden.

(aa) Zunächst sei angemerkt, daß LUTTER annimmt, der vollständige Ausschluß des Bilanzgewinns von der Ausschüttung, also die stärkste Form der Einschränkung der Ermessensfreiheit der Hauptversammlung, müsse nicht mit einer positiven und zulässigen Verwendungsanordnung gekoppelt werden; bei dem weniger weitgehenden Teilausschluß sei das aber zu fordern.

(bb) Die Forderung einer positiven Verwendungsanordnung findet im Gesetz keine Stütze. Vielmehr gestattet das Gesetz der Satzung sowohl den vollständigen als auch den teilweisen Ausschluß des Bilanzgewinns von der

---

[45] Vgl. aus der Zahl der in Anm. 40 genannten Fälle beispielsweise § 24 (1) S. 1, § 31 (2), § 63 (1) S. 2, § 76 (2) S. 2, § 77 (2) S. 1, § 78 (2) S. 1, § 140 (3), § 269 (2) S. 1, § 287 (1); vgl. auch § 150 (2) Ziff. 1, § 300 Ziff. 1.
[46] BB 1969, 235.
[47] KK, § 58 Anm. 49, 34, mit Hinweisen auf den Meinungsstand in Rechtsprechung und Schrifttum.

Verteilung unter die Aktionäre ohne *Einschränkung*. Darüber kann sich die Auslegung des Gesetzes nicht hinwegsetzen.

(cc) Ich kann — ebenso BARZ, a.a.O. — auch nicht die Auffassung von GESSLER, a.a.O., teilen, das Gesetz gestatte der Satzung den Ausschluß von Bilanzgewinn von der Verteilung unter die Aktionäre nur in Fällen, in denen aus dem Bilanzgewinn — etwa gemäß § 113 (3) vom Bilanzgewinn berechnete Aufsichtsratsvergütungen — zu zahlen seien. Denn: gemäß § 113 (3) werden zwar solche Aufsichtsratsvergütungen nach dem Bilanzgewinn berechnet, sie werden aber, wie sich aus § 58 (3) u. (4) sowie aus §§ 170, 174 ergibt, nicht als „andere Verwendungen" im Sinne von § 58 (3) aus dem Bilanzgewinn gezahlt, sondern sind „Aufwendungen", die vor Bildung von Jahresüberschuß und Bilanzgewinn zu berücksichtigen sind. Das ist allgemeine Auffassung [48].

(dd) Eine positive Verwendungsanordnung der Satzung für den Bereich des § 58 (3) und (4) kann auf drei Verwendungszwecke gerichtet sein, nämlich die Einstellung in offene Rücklagen, den Vortrag als Gewinn oder — beim Vorliegen einer besonderen Ermächtigung durch die Satzung — eine „andere Verwendung" im Sinne von § 58 (3) S. 2 [49]. Wenn im Sinne der Argumentation von LUTTER eine positive Verwendungsanordnung der Satzung, weil sie auf Einstellung in offene Rücklagen gerichtet ist, an § 58 (3) scheitern müßte, so würde dasselbe nach § 58 (3) für eine positive Verwendungsanordnung gelten, die auf den Vortrag von Bilanzgewinn gerichtet ist. Aber auch für eine Verwendungsanordnung der Satzung, die auf eine „andere Verwendung" im Sinne von § 58 (3) S. 2 abzielt, kann nichts anderes gelten. Denn: bei jedem dieser Verwendungsbeschlüsse würde die Ermessensfreiheit der Hauptversammlung eingeschränkt werden. Im Ergebnis würde damit der von LUTTER bei einem Teilausschluß der Auschüttung des Bilanzgewinns postulierte Zwang zur Kopplung an eine positive Verwendungsanordnung daran scheitern, daß eine solche Anordnung nach seiner eigenen Auffassung unzulässig wäre. Auch dieses Ergebnis zeigt, daß in § 58 (4) kein Kopplungszwang hineininterpretiert werden kann.

(ee) Soweit sich eine Satzungsbestimmung über einen teilweisen oder vollständigen Ausschluß des Bilanzgewinns von der Verteilung unter die Aktionäre im Einzelfall als Zwang zur Rücklagenbildung auswirkt, beruht dieser Zwang allein auf § 58 (4) mit seiner ausdrücklichen Feststellung des

---

[48] Vgl. etwa ADLER-DÜRING-SCHMALTZ, Rechnungslegung und Prüfung der Aktiengesellschaft, 4. Aufl. (1968/1971), § 156 Tz. 12, § 170 Tz. 27, § 174 Tz. 40 ff.

[49] Ein realistisches Anliegen des Gesetzes kann übrigens hinter dieser Anordnung unter den heutigen Gegebenheiten schwerlich gesehen werden. Will eine Gesellschaft einer „gemeinnützigen Anstalt" — vgl. KROPFF, a.a.O., S. 78 — etwas zuwenden, so wird sie das nicht aus dem versteuerten Bilanzgewinn, sondern unter Ausschöpfung der bestehenden steuerlichen Möglichkeiten unter den Aufwendungen vor Bildung von Jahresüberschuß und Bilanzgewinn tun.

Rechts der Satzung zu einem solchen Ausschluß [50]. Diese ohne jedwede Einschränkung festgestellte Befugnis der Satzung kann nicht wegen der — bei Schaffung des § 58 (4) voraussehbaren — Folgen in Frage gestellt werden.

c) Die oben (VI.3.) vorgeschlagene Satzungsbestimmung zeigt übrigens auch, daß nicht jede Satzungsvorschrift, welche die Verteilung des Bilanzgewinns unter die Aktionäre ausschließt, zwangsläufig die Einstellung von Bilanzgewinn in offene Rücklagen oder in einen Gewinnvortrag zur Folge haben muß. Die vorgeschlagene Satzungsbestimmung führt beispielsweise zu keiner Einstellung in die offenen Rücklagen aus dem *Bilanzgewinn*, wenn Vorstand und Aufsichtsrat den Jahresabschluß festgestellt und im Rahmen ihrer Befugnis aus § 58 (2) die Hälfte des *Jahresüberschusses* in freie Rücklagen eingestellt haben. Und das liegt beim Vorhandensein einer solchen Satzungsbestimmung nahe.

d) Unter Berücksichtigung aller dieser Erwägungen ist die hier vorgeschlagene Satzungsbestimmung über die Sicherung eines bestimmten Quantums der Einstellung des Bilanzgewinns in offene Rücklagen auf der Grundlage von § 58 (4) zulässig.

4. Die eben behandelte Streitfrage ist in der Regel verbunden mit der weiteren Frage, ob die Satzung auf die Hauptversammlung einen Ausschüttungszwang ausüben und so die Verwendung von Bilanzgewinn zur Einstellung in offene Rücklagen, als Gewinnvortrag oder als andere Verwendung im Sinne von § 58 (3) S. 2 einschränken kann [51].

Könnte eine solche Satzungsbestimmung etwa lauten?:

„Ein Beschluß der Hauptversammlung über die Verwendung des Bilanzgewinns, durch den für ein Geschäftsjahr unter Berücksichtigung der etwa aus dem Jahresüberschuß in freie Rücklagen eingestellten Beträge ein höherer Betrag als die gemäß § 58 Abs. 1 Satz 3 AktG ermittelte Hälfte des Jahresüberschusses in offene Rücklagen eingestellt oder als Gewinn vorgetragen wird, ist nicht statthaft."

Bei dieser Formulierung wird unterstellt, daß die Satzung nicht gleichzeitig eine Ermächtigung im Sinne von § 58 (3) S. 2 erteilt hat.

Bedenken gegen die Zulässigkeit einer solchen Satzungsbestimmung könnten sich aus folgendem ergeben:

a) Im Rahmen des § 58 darf die Satzung, d. h. die Hauptversammlung, die die Satzung feststellt, ihrerseits nicht in Befugnisse eingreifen, die das Gesetz Vorstand und Aufsichtsrat eingeräumt hat.

Die Satzung darf also aus der *Befugnis* von Vorstand und Aufsichtsrat, gemäß § 58 (2) S. 1 höchstens die Hälfte des Jahresüberschusses in freie Rücklagen einzustellen („kann"), nicht ein zwingendes *Gebot* machen. Das würde gegen § 23 (5) S. 1 verstoßen.

---

[50] Vgl. hierzu auch BGH Betrieb 1971, 567 = NJW 1971, 804.
[51] Für die Zulässigkeit einer durch die Satzung statuierten Ausschüttungspflicht Baumbach-Hueck, a.a.O., § 58 Anm. 9; Barz, GK, § 58 Anm. 22; Müller, WPg 69, 247; Gessler, BB 69, 235; dagegen Lutter, KK, § 58 Anm. 34, 63; Adler-Düring-Schmaltz, a.a.O., § 150 Tz. 104.

In gleicher Weise darf die Satzung nach § 58 (2) S. 2 Vorstand und Aufsichtsrat zur Einstellung eines über die Hälfte des bereinigten Jahresüberschusses hinausgehenden Betrags in freie Rücklagen nur „ermächtigen", also nicht zwingen. Auch einen derartigen Zwang verbietet § 23 (5) S. 1.

Die Satzung darf schließlich Vorstand und Aufsichtsrat nicht *verbieten*, bei Feststellung des Jahresabschlusses Teile des Jahresüberschusses gemäß § 58 (2) S. 1 in freie Rücklagen einzustellen. Auch einer derartigen Bestimmung stünde § 23 Abs. (5) S. 1 entgegen.

b) Es fragt sich nun: Gilt etwas anderes, wenn es sich um einen Kompetenzstreit zwischen der die Satzung feststellenden Hauptversammlung und der Hauptversammlung handelt, die von Fall zu Fall Einzelentscheidungen trifft? Die Fassung des Gesetzes legt die Annahme nahe, daß das Gesetz die Befugnisse der Hauptversammlung als des Herrn der Satzung anders ordnet als die Befugnisse der Hauptversammlung, die im Einzelfall entscheidet. Vgl. § 58 (1) und § 58 (3) S. 2.

c) Für die Ausübung eines Ausschüttungszwangs durch die Satzung fehlt eine dem § 58 (4) parallele Bestimmung, die es der Satzung gestatten würde, Verwendungen für die drei in § 58 (3) genannten Zwecke auszuschließen.

d) Ich bin nach alledem der Auffassung, daß die Satzung durch eine materielle Bestimmung die Verteilung von Bilanzgewinn unter die Aktionäre nicht sicherstellen kann, auch nicht in angemessenem Umfange, etwa durch Schaffung einer Relation 50 : 50 zwischen Rücklagenbildung und Gewinnvortrag einerseits sowie Dividendenausschüttung andererseits. Das ist allerdings für den Regelfall eine bemerkenswerte Folge einer Gesetzesreform, die insbesondere auch zum Zwecke der Verstärkung der Rechte von Minderheitsaktionären durchgeführt worden ist. Es ist deshalb verständlich, daß im Schrifttum die Auffassung vertreten wird, die Schaffung eines Ausschüttungszwangs durch die Satzung sei zulässig. Überzeugend begründet ist das aus dem Gesetz heraus nicht.

5. Ich bin aber in einem Teilbereich der Auffassung, daß sich ein Ausschüttungszwang durch die Satzung schaffen läßt, nämlich für die Zahlung einer Dividende auf Vorzugsaktien mit und ohne Stimmrecht, insbesondere auf Vorzugsaktien mit Nachbezugsrecht. Ich unterstelle, daß die zur Eintragung in das Handelsregister eingereichte Satzungsfassung lauten soll:

„Aus dem Bilanzgewinn ist, bevor die Hauptversammlung Verwendungen gemäß § 58 Abs. 3 AktG oder Ausschüttungen zugunsten der Inhaber von Stammaktien beschließt, auf die Vorzugsaktien die in § 15 Abs. 3 der Satzung vorgesehene Vorzugsdividende in Höhe von 8% für jedes volle Geschäftsjahr zu zahlen."

a) Ich meine, daß die Eintragung einer solchen Satzungsbestimmung nicht abgelehnt werden darf. Es kann m. E. vom Gesetz nicht gewollt sein, daß die Hauptversammlung dieser Gesellschaft trotz Erzielung eines genügend hohen Jahresüberschusses/Bilanzgewinns und trotz Bildung freier Rücklagen aus dem Jahresüberschuß im Rahmen des § 58 (3) in der Lage sein müsse, den so gebildeten Bilanzgewinn vollen Umfangs zur Einstellung in offene Rücklagen oder zum Vortrag auf neue Rechnung zu benutzen und damit zum Nachteil der Vorzugsaktionäre von jedweder Verteilung des Bilanzgewinns abzusehen.

b) Die Hauptversammlung würde in einem solchen Falle — könnte sie einen durch § 58 (3) des Gesetzes eingeräumten Ermessensspielraum ohne Rücksicht auf einen Ausschüttungszwang zugunsten der Vorzugsaktien ausnutzen — auch nur im Sinne der Ausschüttung auf die Vorzugsaktien entscheiden dürfen. Nach Dotierung freier Rücklagen bis zur Hälfte eines erzielten Jahresüberschusses kann die Hauptversammlung einer Gesellschaft, die nun einmal Vorzugsaktien ausgegeben hat, sich dem Zwang zur Bedienung dieser Vorzugsaktien nicht entziehen. Hat die Hauptversammlung in der Satzungsänderung, die in der Ausgabe der Vorzugsaktien liegt, diese grundsätzliche Einstellung bekundet, so muß sie auch in der Lage sein, diese Einstellung mit der Bindungswirkung der Satzung durch Schaffung eines Ausschüttungszwangs zu beschließen.

c) Nach § 11 S. 1 in Verbindung mit § 23 (2) kann die Satzung bestimmen, daß Aktien der Gesellschaft „verschiedene Rechte gewähren, namentlich bei der Verteilung des Gewinns". Ein solches Recht gewährt die vorgeschlagene Satzungsbestimmung. Dem kann nicht entgegengehalten werden, zugunsten der Vorzugsaktien sei ein Recht „bei der Verteilung des Gewinns" geschaffen worden und nicht ein Recht, bei der Verwendung des Gewinns eine bestimmte Verteilung zugunsten der Vorzugsaktionäre vorzunehmen. § 11 spricht von der Gewährung von Rechten schlechthin. Diese Rechte müssen sich also nicht auf den namentlich erwähnten Fall der Verteilung des Gewinns beschränken.

d) Demnach stellt die vorgeschlagene Satzungsbestimmung eine Ergänzung der gesetzlichen Vorschrift des § 11 dar; dies aber in einer Richtung, in der das Gesetz eine abschließende Regelung nicht getroffen hat. Es kann sich somit im Sinne meiner obigen Darlegungen nur darum handeln, ob etwa diese Ergänzung in Gestalt eines Ausschüttungszwangs als solche eine Abweichung von einer anderen gesetzlichen Vorschrift — hier des § 58 (3) — darstellt. Das ist nach dem zu 5 b) Gesagten nicht der Fall.

6. Abgesehen von der Schaffung eines Ausschüttungszwangs zur Bedienung von Vorzugsaktien gibt es nach meiner Überzeugung einen anderen Weg, auf dem in der Satzung allgemein in gewissem Umfang ein Ausschüttungszwang vorgesehen werden kann. Soll z. B. ein bestimmtes Ausschüttungsquantum (etwa im Sinne der erwähnten 50:50-Relation) sichergestellt werden, so könnte die Satzung bestimmen:

„Jeder Beschluß der Hauptversammlung über die Verwendung des Bilanzgewinns, durch den für ein Geschäftsjahr unter Berücksichtigung der aus dem Jahresüberschuß in freie Rücklagen eingestellten Beträge ein höherer Betrag als die gemäß

§ 58 Abs. 1 S. 3 AktG ermittelte Hälfte des Jahresüberschusses in offene Rücklagen eingestellt oder als Gewinn vorgetragen wird, bedarf neben der einfachen Stimmenmehrheit einer Kapitalmehrheit, die mindestens drei Viertel des bei der Beschlußfassung vertretenen Grundkapitals umfaßt."

Will die Satzung das Ziel der 50 : 50-Relation auf diesem Wege erreichen, so wird sie auch bei Schaffung dieser Bestimmungen von der Befugnis gemäß § 58 (3) S. 2 keinen Gebrauch machen.

Die hier zur Erörterung gestellte Satzungsbestimmung gewährt — das sei vorweg bemerkt — keine Sicherung dagegen, daß mit satzungsändernder Mehrheit die Aufhebung dieser Satzungsbestimmung beschlossen und im Handelsregister eingetragen wird. Eine solche Entwicklung könnte nur dadurch erschwert werden, daß für Satzungsänderungen allgemein oder für die Änderung dieser besonderen Satzungsbestimmung höhere Mehrheiten oder weitere Erfordernisse angeordnet werden.

Gegen die Zulässigkeit einer solchen Satzungsbestimmung können m. E. durchgreifende Bedenken nicht erhoben werden. Entscheidend ist, daß das Gesetz für die Beschlüsse der Hauptversammlung gemäß § 58 (3) die Mehrheit, mit der die Hauptversammlung diesen Beschluß zu fassen hat, nicht bestimmt. Demgemäß ist nach § 133 (1) die einfache Stimmenmehrheit die gesetzliche Regel. Nach derselben Vorschrift kann die *Satzung* eine größere Mehrheit oder weitere Erfordernisse bestimmen.

Bei der Fassung des § 58 (3) ist [52] der Vorschlag abgelehnt worden, für die Bildung offener Rücklagen durch die Hauptversammlung *von Gesetzes wegen* stets eine qualifizierte Mehrheit zu fordern. Das Recht der Satzung, dies allgemein oder für bestimmte Beschlüsse zu fordern, ist aber nicht eingeschränkt worden. Das Postulat der Regierungsbegründung, daß sich die Begrenzung des Rechts der Verwaltung zur Bildung „offener Rücklagen" nur rechtfertigen lasse, wenn wenigstens die Hauptversammlung mit einfacher Mehrheit von Fall zu Fall offene Rücklagen bilden könne [53, 54], ist nicht Gesetzesinhalt geworden. Auch ist das Gesetz bei der Feststellung der Rechte von Vorstand und Aufsichtsrat zur Bildung freier Rücklagen aus dem Jahresüberschuß andere Wege gegangen als sie der Regierungsentwurf zunächst vorgesehen hatte. Ich bin deshalb der Auffassung, daß die *Satzung* in der Lage ist, für Beschlüsse der Hauptversammlung im Rahmen des § 58 (3) eine qualifizierte Stimmenmehrheit zu fordern. Kommt ein solcher Beschluß nicht zustande, so greift der in § 58 (4) festgelegte Anspruch der Aktionäre auf den Bilanzgewinn durch.

Im Rahmen der vom Standpunkt des Praktikers aus viel zu komplizierten gesetzlichen Vorschriften des § 58 [54] kann hiernach m. E. durch die hier

---

[52] Vgl. KROPFF, a.a.O., S. 77.

[53] Vgl. KROPFF, a.a.O., S. 77.

[54] Man beachte, daß aus dem Jahresüberschuß gemäß § 58 (1) und (2) freie Rücklagen und aus dem Bilanzgewinn offene Rücklagen gebildet werden können.

zu Ziff. 3 und 6 behandelten — notwendigerweise nicht weniger komplizierten — Satzungsbestimmungen für einen längeren Zeitraum in gewissem Umfang ein Unternehmensziel erreicht werden, das auf ein ausgewogenes 50:50-Verhältnis zwischen Rücklagenbildung und Gewinnvortrag einerseits und Dividendenausschüttung andererseits gerichtet ist.

VII. Schlußbemerkung

Die Auswirkungen des § 23 (5), die ich hier an einigen Beispielen erläutert habe, werden im Spannungsfeld von Gesetz, Satzung und Einzelentscheidungen der Organe der Aktiengesellschaft noch zu manchen überraschenden Feststellungen und vielen Meinungsverschiedenheiten führen. Bei jeder künftigen Ergänzung und Neufassung von materiellen Vorschriften des Aktiengesetzes sollten die Bestimmung des § 23 (5) und ihre Auswirkungen, denen die beteiligten Wirtschaftskreise bei der Beratung über das AktG 1965 eine unverdient geringe Beachtung geschenkt haben, einen besonderen Anlaß für eine eingehende Prüfung der Frage bieten, wie die Fassung solcher Vorschriften gestaltet werden soll und wie sie sich auswirken kann.

Staatensukzession und juristische Personen

F. A. Mann

I.

Die Wirkung der Staatensukzession auf die Rechtsstellung natürlicher Personen hat seit langem die juristische Literatur der Welt beschäftigt.

Während die Wirkung auf den im anglo-amerikanischen Recht grundlegenden Begriff des Domizils bisher ungeklärt geblieben ist [1], hat hinsichtlich der Staatsangehörigkeit natürlicher Personen Praxis und Lehrmeinung feste Ergebnisse erzielt. So darf man es als eine Regel des Völkerrechts bezeichnen, daß der Nachfolgestaat das Recht und wahrscheinlich die Pflicht hat, seine Staatsangehörigkeit denjenigen Staatsangehörigen des Vorgängerstaates zu verleihen, die Bewohner [2] des übertragenen Gebietes sind [3]. Überdies herrscht vor allem in den anglo-amerikanischen Ländern die Auffassung vor, daß die Bewohner kraft Völkergewohnheitsrechts ein Optionsrecht haben, das sie dadurch ausüben können, daß sie in das Mutterland zurück-

---

[1] Der Fall, der die ganze Problematik zum Ausdruck bringt, ist von MARTIN WOLFF, Private International Law (2. Auflage, 1950), § 106, gebildet, aber nie entschieden worden: Ein Deutscher, der im Jahre 1890 in Posen (das damals zu Deutschland gehörte) geboren wurde, hatte gewiß ein deutsches Ursprungsdomizil. Er verließ Posen im Jahre 1910 und stirbt 1930 in England, ohne je ein Wahldomizil erworben zu haben. Seit dem Ende des ersten Weltkrieges ist sein Geburtsort, nunmehr unter dem Namen Poznan bekannt, Teil von Polen, aber Deutschland existiert weiterhin. Erwarb er im Jahre 1920 und besaß er im Zeitpunkt seines Todes ein polnisches Ursprungsdomizil oder blieb er weiterhin in Deutschland domiziliert? Die Antwort sollte zugunsten Deutschlands ausfallen, denn „Domizil" bedeutet nicht die Verbindung mit einem bestimmten Gebietsteil, einer Stadt, einer Straße, einem Haus oder einem Platz, sondern mit einem Land, d. h. mit dem gesamten Gebiet, das unter der Herrschaft eines Souveräns einem Rechtssystem untersteht: DICEY & MORRIS (8. Aufl., 1967) S. 9.

[2] Die Definition dieses Begriffes gibt zu manchen Zweifeln Anlaß. Darüber siehe z. B. den unten in Anm. 6 erwähnten Aufsatz.

[3] Zu diesem Problem siehe z. B. O'CONNELL, State Succession (1967) S. 497 ff. und BROWNLIE, Principles of International Law, S. 318; JELLINEK, Der automatische Erwerb und Verlust der Staatsangehörigkeit durch völkerrechtliche Vorgänge (1951); MAKAROV, Allgemeine Lehren des Staatsangehörigkeitsrechts (2. Aufl., 1962) S. 97, 98; PAUL WEIS, Nationality and Statelessness in International Law (1956) S. 139 ff., neben vielen anderen Publikationen.

kehren [4]. Das moderne Recht ist einer Zwangseinbürgerung abhold. Liberale Tendenzen und der Einfluß des Prinzips der Selbstbestimmung [5] unterstreichen das Optionsrecht, wie es sich bereits im 19. Jahrhundert zu entwickeln begonnen hat [6]. Es entspricht dem Prinzip, daß Staatsangehörige des Altstaates, die nicht in dem übertragenen Gebiet wohnen, in keinem Fall die Staatsangehörigkeit des Nachfolgestaates erwerben, obwohl sie wahrscheinlich ein ähnliches Optionsrecht haben und es durch Rückkehr in das übertragene Gebiet oder Abgabe einer entsprechenden Erklärung ausüben können [7]. Die miteinander in Widerspruch stehenden Grundkonzeptionen sind auf der einen Seite die Territorialität des Rechts des Nachfolgestaates und auf der anderen Seite die Freiheit des einzelnen, sich diesem Recht zu entziehen oder zu unterwerfen.

Es ist möglich, daß diese Ideen wieder auftauchen, wenn man die Wirkung der Staatensukzession auf juristische Personen untersucht.

II.

Was diese angeht, so wissen wir, daß entsprechend feststehenden und im gegenwärtigen Zusammenhang hinzunehmenden Grundsätzen in den anglo-amerikanischen Rechten [8] Domizil wie Staatsangehörigkeit von dem Grün-

---

[4] Siehe insbesondere MURRAY v. PARKES [1942] 2 K.B. 123, S. 136 per Singleton J.; J. MERVYN JONES, British Nationality Law and Practice (1947) S. 40 ff. Was Frankreich angeht, siehe BATIFFOL, Droit International Privé (5. Aufl., 1970) § 74.

[5] BROWNLIE (oben Anm. 3), S. 450. Und siehe z. B. Sir GERALD FITZMAURICE, 73 (1948 II) Rec. 255, S. 284: „On the other hand, the idea of a forcible imposition of nationality on persons who do not want it, in consequence of a transfer of territory, is repugnant".

[6] Siehe MANN, The Effect of Changes of Sovereignty upon Nationality (1942) 5 M.L.R. 218. Im Jahre 1942 schien es noch nicht möglich, die fortschrittliche Auffassung zu vertreten, die nunmehr im Text zum Ausdruck gebracht wird. Seitdem sind Menschenrechte anerkannter Bestandteil des Völkerrechts geworden, und die Freiheit von Zwangseinbürgerung mag sehr wohl eines jener absoluten und unbedingten Rechte zu sein, die erga omnes bestehen und die alle Staaten angehen. Siehe über solche Rechte Ziffern 33 und 34 des Urteils in *the Case Concerning Barcelona Traction*, I.C.J. Reports 1970, 32.

[7] Siehe insbesondere *United States, ex rel. Schwarzkopf* v. UHL (1943) 137 F. 2d 898, auch A.D. 1943—1945 Nr. 54; *United Staates* v. WATKINS (1948) 167 F. 2d 279, auch A.D. 1948 Nr. 51.

[8] DICEY und MORRIS (oben Anm. 1), S. 481. Siehe z. B. *Janson v. Driefontein Consolidated Mines* (1902), A.C. 484, 505 per Lord LINDLEY; *A. G. v. Jewish Colonisation Association* (1901), 1 K. B. 123, 135 per COLLINS, L. J.; *Kuenigl v. Donnersmarck* (1955), 1 Q. B. 515, 536. Häufig wird gesagt, daß nach englischem Recht eine juristische Person die Staatsangehörigkeit des Gründungsstaates habe. Das ist eine falsche Formulierung. Die Frage, ob eine juristische Person Staatsangehöriger eines bestimmten Staates ist, kann gewiß nur von dem Recht dieses Staates, nicht vom englischen Recht bestimmt werden. Siehe MANN, Zum Problem der Staatsangehörigkeit der juristischen Person in Festschrift für MARTIN WOLFF (1952), 271.

dungsland bestimmt werden, in den kontinentalen Rechtssystemen jedoch das Recht desjenigen Landes gilt, in dem die juristische Person ihren tatsächlichen Verwaltungssitz oder ihren wirklichen *siège administratif*[9] hat; der bloß formale Sitz oder *siège statutaire*, d. h. der Sitz, der in dem für die Gesellschaft maßgebenden Gesellschaftsvertrag festgelegt ist, ist ohne Relevanz für internationalrechtliche Fragen.

Ob man nun der kontinentalen oder der anglo-amerikanischen Auffassung folgt, so ist es notwendig, das von der internationalprivatrechtlichen Norm ins Auge gefaßte Rechtssystem zu definieren: gilt das Recht eines Staates oder eines Ortes, wie z. B. eines Gebäudes, einer Stadt oder einer Provinz? Beantwortet man die Frage im ersteren Sinn, so entscheidet man in Übereinstimmung mit der allgemeinen Tendenz des internationalen Privatrechts, das regelmäßig ein Rechtsverhältnis dem Recht eines *Landes* unterwirft, selbst wenn in sprachlich ungenauer Form auf einen *Platz* Bezug genommen wird. Wenn wir etwa von der lex loci delicti sprechen, so meinen wir das Recht des Landes, in dem die unerlaubte Handlung begangen ist, oder wenn auf dem Kontinent eine juristische Person dem Recht des „siège"[10] unterworfen wird, so hat man dabei das Recht des Landes im Auge, in dem sich der „siège" befindet; aus dem Gebrauch der abgekürzten Wortform darf man keinen Schluß ziehen, der das rechtliche Ergebnis beeinflussen könnte. So war es wohl ein Versehen, wenn z. B. in England Lord Wilberforce ausgesprochen hat, daß Fragen, die sich auf die Verfassung einer ausländischen juristischen Person beziehen, „gemäß dem Recht zu entscheiden sind, das an dem Ort (place) gilt, wo die juristische Person inkorporiert ist"[11], und dabei verwies er auf Dicey und Morris[12], die merkwürdigerweise diese Formel gebrauchen, obwohl sie in anderem Zusammenhang die richtigen Worte verwenden[13]. In Wahrheit wird die Bezugnahme auf den Staat, das Land oder das Rechtssystem durch die beinahe allgemeine Praxis der Gerichte und durch die Literatur unterstützt. Gerade in England z. B. findet man sie in fast allen grundsätzlichen Zusammenfassungen des Prinzips formuliert[14]. Es wäre erwünscht, wenn wenigstens im internatio-

---

[9] Häufig wird eine irreführende Terminologie verwendet. Man spricht zuweilen von *siègle social*, aber bei anderen Gelegenheiten wird dieses Wort im Sinn von *siège statutaire* verstanden.

[10] Batiffol, Droit Internatioal Privé (5. Aufl., 1970), § 196, 197; Kegel (Soergel) (10. Aufl., 1971), Anmerkung 149 vor Ziffer 7.

[11] *Carl Zeiss Stiftung v. Rayner & Keeler Ltd.*, (1967) A. C. 853, S. 972.

[12] Regel 73 (2).

[13] Regel 70, 71, 73 (1).

[14] Die immer wieder zitierte Bemerkung von Lord Wright in *Lazard Brothers & Co. v. Midland Band Ltd* (1933) A. C. 289, 297, verweist auf die Macht „des fremden Staates", die juristische Person zu schaffen oder zu vernichten. Im gleichen Sinn etwa Lord Tucker in *Metliss v. National Bank of Greece* (1958), A. C. 508 S. 528 oder Lordrichter Romer in demselben Fall (1957) 2 Q. B. 33, 48.

nalen Gesellschaftsrecht die mißverständliche Formulierung dadurch vermieden würde, daß man nicht mehr von dem Recht des Sitzes, sondern von dem Recht des Sitzstaates spricht.

III.

Der Gegensatz zwischen dem im Einzelfall anwendbaren Recht eines Landes und dem Recht, das an einem bestimmten Ort eines Landes gilt, wird im allgemeinen ohne Bedeutung sein [15]. Die Unterscheidung wird jedoch wichtig, wenn die Wirkungen einer Staatennachfolge zu untersuchen sind, denn in diesem Fall hat man in der Tat zwischen zwei verschiedenen Methoden der Rechtsfindung zu wählen. Kommt es auf eine enge tatsächliche oder örtliche Verbindung an? Wenn diese Frage bejaht und die Örtlichkeit von einem Souveränitätswechsel erfaßt wird, dann wird eine juristische Person das Schicksal der Örtlichkeit teilen, in der sie sich befindet. Oder sucht man nach dem Rechtssystem, aufgrund dessen die juristische Person errichtet ist, lebt und arbeitet? In diesem Fall würde der Korporation die Möglichkeit offenstehen, ihre Unterwerfung unter das für sie maßgebende Rechtssystem nach den in diesem Recht enthaltenen Vorschriften beizubehalten; dies würde selbst dann gelten, wenn de facto die hauptsächliche Tätigkeit oder Verwaltung oder die Rechtsstellung als „Bewohner" unter die Herrschaft des neuen Souveräns geraten wäre.

In den weitaus meisten Fällen, die zugleich auch die einfachsten sind, verbleibt die juristische Person innerhalb des übertragenen Gebietes, macht keinen Versuch einer Verlegung und vermeidet somit jeden Widerstreit zwischen zwei oder mehr Rechtssystemen. Dies ist deshalb der weitaus häufigste Fall, weil die Mehrheit der Gesellschaften so begrenzte Zwecke verfolgt, daß die Folgen der Staatensukzession nicht geprüft zu werden brauchen. Wenn die Gesellschaft etwa das lokale Elektrizitätswerk oder ein ähnliches Unternehmen betreibt und der Ort an einen neuen Souverän fällt, so wird es im allgemeinen weder nötig noch angezeigt erscheinen, die Veränderung der Zugehörigkeit sowie der rechtlichen Struktur und Organisation zu bezweifeln. Aus rein tatsächlichen Gründen wird niemand den Versuch machen, die Gesellschaft dem neuen Regime zu entziehen und die Verbindung mit dem Vorgängerstaat aufrechtzuerhalten. Die Frage, ob dies geschehen könnte, taucht nicht auf und der Jurist kann keine rechtlich relevanten Schlußfolgerungen aus der Tatsache ziehen, daß bei zahlreichen Gelegenheiten in der Vergangenheit juristische Personen der Rechtsordnung des Nachfolgestaates unterworfen wurden oder sich ihr unterwerfen ließen.

Man darf deshalb auch nicht allzuviel in Entscheidungen hineinlesen, in denen die Wirksamkeit und Unabänderlichkeit der Unterwerfung unter den

---

[15] Das gilt sogar soweit es sich um interlokales Recht handelt. Man wendet immer das Recht eines bestimmten Landes an und entnimmt dann diesem, ob und unter welchen Umständen der so bestimmte Rechtskreis auf lokales Recht verweist.

neuen Souverän anerkannt ist. So darf man sich z. B. nicht von einigen Bemerkungen irreführen lassen, die Richter CLAUSON in einer englischen Entscheidung [16] im Jahre 1927 gemacht hat, denn sie beziehen sich auf das, was man den Normalfall nennen darf, und sollten nicht verallgemeinert werden. Es handelte sich um die Rechtsstellung der Böhmischen Union Bank aufgrund des Vertrages von St. Germain: Erwarb sie mit dem Inkrafttreten des Friedensvertrags ipso facto die Staatsangehörigkeit der Tschechoslowakei und hörte sie somit auf, eine Staatsangehörige der früheren österreichisch-ungarischen Monarchie im Sinne von Art. 249 (b) des Friedensvertrags zu sein? Das Urteil beruhte letzten Endes auf einer Auslegung des Staatsvertrags und gelangte zu dem gewiß richtigen Ergebnis, daß die Bank tschechoslowakische Staatsangehörigkeit erworben hatte. Aber in dem einleitenden Teil des Urteils führte Richter CLAUSON aus, daß nach dem damals in Prag geltenden österreichischen Recht die Bank mit Rechtspersönlichkeit ausgestattet gewesen sei und daß sie ihre Hauptverwaltung oder ihren „Sitz" [17] in Prag gehabt und dort ihre Geschäfte betrieben habe [18]. Später erklärte der Richter, es sei unzweifelhaft,

> "that a company which owed its corporate existence to the law prevailing in Prague, which had its principal place of business and seat in Prague, would become a national of Czechoslovakia". [19]

Die Richtigkeit dieser Bemerkung steht außer Zweifel, aber sie läßt die Frage nach dem entscheidenden Moment offen, das die Böhmische Union Bank zu einem tschechoslowakischen Staatsangehörigen gemacht hat. Liegt es in der Tatsache, daß ihre Existenz auf dem in Prag geltenden Recht („to the law prevailing in Prague") beruhte? Diesem Gesichtspunkt fehlt die nötige Präzision. Das Rechtssystem, nach dem man zu suchen hat, ist das eines Landes; in diesem Fall das Recht der österreichisch-ungarischen Monarchie, das von der Republik Österreich fortgesetzt wurde [20]. Nicht jede juristische Person, die nach dem in Prag geltenden Recht gegründet ist, kann von der Rechtsänderung betroffen sein; eine in Prag gegründete juristische Person mag sehr wohl aufs engste mit Wien verbunden sein.

Ist es möglich, den „principal place of business and seat in Prague", den hauptsächlichen Geschäftsbetrieb, für entscheidend zu halten? Wiederum

---

[16] *Bohemian Union Bank v. Administrator of Austrian Property* (1927) 2 Ch. 175.

[17] Der Richter meinte damit den Sitz der Hauptverwaltung, nicht den formellen Gesellschaftssitz.

[18] S. 179.

[19] S. 181. Eine ähnliche deutsche Formulierung bei KEGEL (SOERGEL), Anm. 174 vor Art. 7.

[20] Die Frage nach der Identität zwischen Österreich und der österreichisch-ungarischen Monarchie ist höchst bestritten. Die im Text zum Ausdruck gebrachte Meinung ist wahrscheinlich die herrschende. Vergleiche im allgemeinen O'CONNELL, State Succession (1967) I, S. 4, Anm. 4 oder MAREK, Identity and Continuity of States (1954) S. 199 ff.

scheint es, daß dieses Merkmal allein betrachtet kaum als Test in Betracht
kommt, denn eine etwa nach englischem Recht gegründete juristische Person,
die ihren Hauptgeschäftssitz in Prag hat, sollte gewiß nicht erfaßt sein.

Die richtige Lösung dürfte darin liegen, daß eine Kombination von drei
Umständen notwendig ist, um eine Veränderung der Staatsangehörigkeit
und des Personalstatuts herbeizuführen. Eine solche Änderung tritt dann ein,
wenn die juristische Person nach dem Recht des Vorgängerstaates gegründet
ist, wenn die juristische Person selbst in dem übertragenen Gebiet anwesend
ist oder sich dort befindet und wenn sie nach der Übertragung dort anwesend
bleibt. In diesem Zusammenhang bedeutet Anwesenheit nicht das Vorhandensein von Vermögen, wie etwa einer Zweigniederlassung, einer Fabrik
oder von Gebäuden. Anwesenheit bedeutet auch nicht die Existenz des rein
formellen Geschäftssitzes in dem übertragenen Gebiet, sofern der Verwaltungssitz sich an anderer Stelle befindet. Anwesenheit bedeutet, daß sich in
dem übertragenen Gebiet sowohl der formelle Gesellschaftssitz als auch der
Verwaltungssitz, der siège administratif, befindet. Nur in einem solchen Fall
erscheint es angemessen, die juristische Person als so eng mit dem übertragenen Gebiet verbunden zu betrachten, daß sie ein „Bewohner" ist, der sich
für den Verbleib entschieden hat.

IV.

Man nehme nunmehr an, die dem ersten Anschein nach in Prag ansässige
Böhmische Union Bank habe auf der Grundlage des österreichischen Rechts
die erforderlichen Schritte ergriffen, um sich in Wien niederzulassen, nachdem die Tschechoslowakei unabhängig geworden ist. Welches Rechtssystem
soll darüber entscheiden, ob eine solche Sitzverlegung gültig ist und welche
Folgerungen sie involviert?

Diese beiden Fragen sollen zunächst ohne jede Rücksicht auf etwaige An-
erkennungsprobleme und ferner ohne Rücksicht auf die Komplikationen erörtert werden, die sich im Fall einer Konfiskation im Nachfolgestaat ergeben.
Auch erscheint es zweckmäßig, zwei weitere Fragen im Auge zu behalten, die
völlig verschiedene Gesichtspunkte aufwerfen: Existiert die Böhmische Union
Bank überhaupt in Wien oder in dem Rumpfstaat Österreich? Hat die Böhmische Union Bank aufgehört, in Prag zu existieren?

Obwohl vom Standpunkt der Logik aus die Antworten keineswegs in
allen Beziehungen identisch zu sein brauchen, sollte durchweg die Entscheidung vom österreichischen Recht abhängen. Anders und allgemein ausgedrückt, sollte die Entscheidung von dem Recht des Altstaates abhängen,
aufgrund dessen die juristische Gesellschaft gegründet ist und das ihre Struktur und Organisation regelt.

Eine solche Regel entspricht der Grundauffassung, auf die bereits hingewiesen worden ist. Es ist nicht das Recht eines Ortes oder eines Platzes,
nach dem eine juristische Gesellschaft gegründet wird oder das ihr Dasein

beherrscht. Es ist nicht das Recht am Ort des Gesellschaftssitzes, es ist noch nicht einmal das Recht des Verwaltungssitzes, das maßgebend ist. Vielmehr ist es das Rechtssystem eines Landes, eines Rechtsbezirks, einer politischen Einheit, auf das es ankommt. Eine juristische Person besteht in dem ganzen Land. Sie ist die Schöpfung des Rechts des Landes, welche Theorie der juristischen Person man auch vorziehen mag. Die Korporation entspringt nicht einem Stück Land.

Die Tatsache, daß infolge der territorialen Aufteilung des Landes gewisse Tätigkeiten, gewisse Vermögensbestandteile, gewisse Mitglieder und Organe unter die Herrschaft eines neuen Souveräns gelangt sind, bedeutet nicht notwendigerweise die endgültige Unterwerfung der juristischen Persönlichkeit als Ganzes unter den neuen Souverän. Es ist die Wahl, die Option, die eigene Entscheidung der juristischen Person, dem neuen Souverän unterworfen zu bleiben, die die Trennung von dem Rechtssystem herbeiführt, aufgrund dessen sie errichtet ist und lebt. Es ist diese Entscheidung, in der die Anerkennung des von dem neuen Souverän definierten Personalstatuts liegt. Das ist das Prinzip, das alle diejenigen anerkennen sollten, die den Anspruch des neuen Souveräns zurückweisen, seine Staatsangehörigkeit den Bewohnern gegen ihren Willen aufzuerlegen.

In der Tat ist mit diesem Gesichtspunkt der rechtspolitische Grund zum Ausdruck gebracht, der zu einer Bevorzugung der lex societatis führen sollte. Dieser Grund liegt in der Befugnis zur Selbstbestimmung, die die lex societatis gewährt oder zumindestens erleichtert. Das Recht des Gesellschaftssitzes wirkt automatisch und absolut und ist, sofern nicht der Nachfolgestaat besondere rechtliche Möglichkeiten schafft, im allgemeinen unveränderlich. Die Aktionäre oder Gesellschafter sollten die Gelegenheit haben, ihren Willen in Übereinstimmung mit dem Recht zum Ausdruck zu bringen, das ihre Rechtsstellung ursprünglich geregelt hat. Das ist das Recht des Vorgängerstaates. Der von diesem Recht zugestandene Schutz sollte selbst einem Bewohner des Nachfolgestaates nicht verweigert werden. Wenn in dem Gebiet, das später seinen Souverän wechselt, zwei natürliche Personen einen Vertrag geschlossen haben, so unterliegt dieser gewiß dem Recht des Vorgängerstaates. Die spätere Übertragung des Gebietes verändert das Vertragsstatut nicht [21]. Ähnlich sollte, solange es an einer freiwilligen Entscheidung fehlt, der Souveränitätswechsel nicht die lex societatis verändern, deren Wahl letzten Endes ebenfalls von dem Willen der Gründer bestimmt wird.

Folglich sollte das Recht des Vorgängerstaates darüber entscheiden, ob unter welchen Umständen und mit welchen Folgerungen eine juristische Person, die unzweifelhaft nach seinem Recht errichtet ist, weiterhin im Souveränitätsbereich dieses Vorgängerstaates besteht [22].

[21] Zum deutschen Recht siehe insbesondere KEGEL, Randziffer 275 vor Art. 7.

[22] Vom Standpunkt des anglo-amerikanischen Rechtes aus gesehen ist es geradezu paradox, auf den (territorialen) Sitz beim Souveränitätswechsel allein abzustellen, wenn man im übrigen der Gründungstheorie folgt.

Um zu dem Ausgangspunkt zurückzukehren, würde es deshalb vom österreichischen Recht abhängen, ob die in Österreich nach österreichischem Recht gegründete Böhmische Union Bank nach der Aufteilung der österreichisch-ungarischen Monarchie in Österreich besteht, ob die dort bestehende juristische Person mit der ursprünglichen Korporation identisch ist, ob ihre Niederlassung und Fortsetzung in Österreich einen Rechtsakt der juristischen Person erfordert, wie z. B. einen Beschluß der Generalversammlung, und welchen Voraussetzungen ein solcher Rechtsakt zu entsprechen hat, um in Österreich gültig zu sein.

Ist es richtig, die Antworten auf diese Fragen im Recht des Vorgängerstaates zu suchen, so ergibt sich daraus, daß für dieselbe Frage das Recht des Nachfolgestaates außer acht gelassen werden muß. Es mag durchaus sein, daß das Recht des Nachfolgestaates die Existenz einer juristischen Person im Vorgängerstaat, ihre Identität mit der ursprünglichen Korporation, die Gültigkeit des angeblich durchgeführten korporativen Rechtsakts oder allgemein die Gültigkeit der Sitzverlegung verneint. Wenn diese Haltung nach dem Recht des Vorgängerstaates unerheblich ist, so sollte sie auch in dritten Staaten, wie etwa in Deutschland, als unerheblich angesehen werden. Auch sollte es nicht darauf ankommen, ob der Nachfolgestaat den Charakter und die Struktur der Korporation, soweit sie sich innerhalb seines Souveränitätsbereichs befindet, verändert hat. Er mag z. B. ein Gesetz erlassen haben, nach dem sein eigenes Aktiengesetz auf die Aktiengesellschaft anwendbar ist. Dies mag dazu geführt haben, daß das Kapital der Aktiengesellschaft nunmehr in einer anderen Währung ausgedrückt ist, daß ihr Vorstand gewechselt hat, daß ihre korporativen Befugnisse beschränkt sind. Falls innerhalb einer nach Lage der Umstände angemessenen Zeitspanne die juristische Person sich in dem Gebiet des Vorgängerstaates in Übereinstimmung mit dessen Recht niederläßt und gemäß dem ihre Gründung beherrschenden Rechtssystem handelt, so behält sie die Identität, die sie vor der Trennung hatte, und Veränderungen, die der Nachfolgestaat durchgeführt hat, haben eine territorial beschränkte Wirkung. Eine natürliche Person, die sich dafür entscheidet, das Gebiet des Nachfolgestaates zu verlassen, mag sein Staatsangehöriger gewesen sein, aber im Zeitpunkt des Weggangs lebt ihre alte Staatsangehörigkeit auf. Sofern man nicht resigniert und sich mit dem anstößigen Gedanken einer zwangsweise herbeigeführten Rechtsänderung für die Korporation und damit für die dahinterstehenden Individuen abfindet, sollte der ersteren die gleichen rechtlichen Möglichkeiten offenstehen wie den letzteren.

Es mag sein, daß in der Tschechoslowakei eine Böhmische Union Bank besteht und dort als die Originalbank, ja als die einzige Bank dieses Namens betrachtet wird. In gewissen Fällen wird das Recht dritter Staaten ohne weiteres das Recht der Tschechoslowakei zur Anwendung bringen. Aber falls die Gesellschaft sich von der Tschechoslowakei getrennt hat, falls deshalb das ursprünglich auf die Gesellschaft anwendbare Recht nach wie vor auf sie anwendbar und dieses von dem Recht der Tschechoslowakei verschieden ist, dann sollten wenigstens grundsätzlich alle seine Lösungen von dem Recht eines dritten Staates, wie etwa der Bundesrepublik, anerkannt werden. Findet man deshalb in Deutschland Vermögenswerte, die der ursprünglichen Böhmischen Union Bank zu Eigentum gehören, so sollten sie als das Eigentum derjenigen Korporation behandelt werden, die österreichisches Recht als die ursprüngliche Böhmische Union Bank ansieht.

Es bestehen nunmehr zwei juristische Personen mit gleichem Namen, die beide Anspruch auf ihr Eigentum haben, aber die Wiener, nicht die Prager juristische Person stellt die ursprüngliche Böhmische Union Bank dar und hat Anspruch auf deren Eigentum, soweit es vor der Trennung entstanden ist und zu allen in Betracht kommenden Zeitpunkten in der Bundesrepublik belegen war.

V.

Die im vorstehenden entwickelten grundsätzlichen Gedankengänge bedürfen nunmehr der Überprüfung im Licht der Rechtspraxis, wie sie sich in England (s. unten Ziffer 1), in den Vereinigten Staaten von Amerika (s. unten Ziffer 2) und vor allem in den kontinentalen Ländern (s. unten Ziffer 3) entwickelt hat. Diese Übersicht wird zu dem paradoxen Ergebnis führen, daß die kontinentalen Gerichte mit voller Berechtigung das Recht des Gründungsstaates zur Anwendung bringen, obwohl sie im Normalfall die juristische Person dem Recht des Sitzstaates unterwerfen, daß aber in England und Amerika, wo die juristische Gesellschaft im Regelfall dem Recht des Gründungsstaates unterworfen wird, die Gerichte im Fall der Sitzverlegung zu Unrecht es vorziehen, das Recht des Sitzes anzuwenden und deshalb zu der oben befürworteten Argumentation in Widerspruch stehen.

Im Zusammenhang mit den nunmehr zu betrachtenden drei Gruppen wird es sich empfehlen, auch Entscheidungen zu berücksichtigen, die im strengen Sinn sich nicht mit einem Souveränitätswechsel, sondern lediglich mit dem Fall einer Gegenregierung befassen. In beiden Fällen ist die juristische Wirkung so ähnlich, daß sie gleichbehandelt werden können.

1. Die führende englische Entscheidung ist *Banco de Bilbao v. Sancha* [23]. Die Klägerin war eine nach spanischem Recht gegründete Aktiengesellschaft mit Gesellschaftssitz in Bilbao. Während des spanischen Bürgerkrieges wurde im Januar 1937 ein neuer Vorstand eingesetzt, der die Geschäftsleitung in Bilbao ausübte, als im Juni 1937 die von General Franco geführten Revolutionäre die Stadt bedrohten. Am 15. Juni 1937 verließ deshalb der neue Vorstand die Stadt Bilbao und brachte die Bücher und Urkunden der Bank in das von den republikanischen Truppen beherrschte Gebiet. Dort wurden zwischen August und Dezember 1937 eine Reihe von Gesetzen in Kraft ge-

---

[23] (1938) 2 K. B. 176.

setzt, aufgrund deren das Domizil von Gesellschaften in Bilbao, wie etwa der Klägerin, in republikanisches Gebiet verlegt, die Rechtshandlungen der dort tätig gewordenen Vorstandsmitglieder für gültig erklärt und alle Generalversammlungen und andere korporativen Maßnahmen, die nach dem Juni 1937 in Bilbao getroffen waren, als nichtig erklärt wurden. Am 19. Juni 1937 wurde das baskische Gebiet, zu dem Bilbao gehört, von General Franco und seinen Truppen besetzt. Im Dezember 1937 erließ General Francos Regierung eine Reihe von Verordnungen. Diese machten es möglich, in Bilbao Generalversammlungen abzuhalten, um die Ernennung von Vorstandsmitgliedern herbeizuführen und die Auswirkungen der soeben erwähnten Gesetzgebung im republikanischen Spanien zu beseitigen. Die Klage, die in England von der im republikanischen Spanien existierenden Banco de Bilbao erhoben wurde, zielte darauf ab, die Londoner Filiale der Bank zu erfassen. Dieser Versuch mißlang und die Klage wurde abgewiesen. Um das in dieser Entscheidung ausgesprochene Prinzip zu definieren, soll im gegenwärtigen Zusammenhang angenommen werden, daß unter dem Gesichtspunkt der Anerkennung die Regierung der Republik und die Regierung General Francos einander gleichgestellt waren und daß kein Unterschied in der Frage zu sehen ist, ob das Gericht die Existenz zweier spanischer Staaten oder die Existenz eines einzigen spanischen Staates mit zwei Gebieten annahm, von denen jedes seine eigene Regierung hatte [24].

Die Klägerin behauptete, daß ihr Gesellschaftssitz in Barcelona sei seitdem die rechtmäßige spanische Regierung den Verwaltungssitz der Gesellschaft nach Barcelona verlegt habe. Überdies sei auf die klägerische Bank nicht das Recht des Gesellschaftssitzes, sondern das Recht des Landes anzuwenden, aufgrund dessen sie gegründet worden war. Die Gesellschaft sei nicht den in Bilbao geltenden Gesetzen, sondern dem Recht Spaniens unterworfen [25]. Der entscheidende rechtliche Gesichtspunkt war somit ganz klar herausgestellt worden, ohne daß es jedoch klar wird, ob und in welchem Umfang er durch Beweismaterial zum einschlägigen Recht der Republik Spanien getragen wurde.

Das Gericht hielt das Recht der Republik Spanien für unerheblich. Das Urteil wurde wiederum von Oberrichter CLAUSON (der in der Zwischenzeit befördert worden war) begründet, und zwar mit Worten, die wohl der Kritik nicht standhalten können [26]:

"The question what body of directors have the legal right of representing the Banco de Bilbao, a commercial entity organized under the laws prevailing in Bilbao and having its corporate home in Bilbao, must depend in the first place on the articles under which it is constituted. The interpretation of those articles and the operation of them, having regard to the general law, must be governed by the lex loci contractus (see per Lord Wrenbury in *Russian Commercial and*

---

[24] Dazu s. S. 211 unten.
[25] S. 186.
[26] S. 194, 195.

Industrial Bank v. Comptoir d'Escompte de Mulhouse, (1925) A.C. 112, 149),
i. e. by the law from time to time prevailing at the place where the corporate
home (domicilio social) was set up. ... The question accordingly resolves itself
into this. What is the Government whose laws govern in such a matter the
Banco de Bilbao? The answer would seem necessarily to be: the laws of the
government of the territory in which Bilbao is situate."

Es braucht an dieser Stelle nicht auf alle Einzelheiten eingegangen zu
werden, die gegen diese Begründung geltend gemacht werden können. Das
entscheidende Argument jedenfalls ist, daß es unmöglich ist, zu sagen, die
Bank von Bilbao unterstehe dem in Bilbao geltenden Recht lediglich deshalb,
weil sie dort ihren Sitz hat. Gewiß war es vor dem Souveränitätswechsel
möglich, eine Gesellschaft in Madrid (oder z. B. in London) zu gründen und
ihr einen Sitz in Bilbao (oder etwa in Birmingham) zu geben, dennoch ihre
Verfassung dem Recht von Spanien (oder Englands) zu unterwerfen. Es ist
noch nicht einmal unmöglich, eine Gesellschaft außerhalb Spaniens zu gründen, ihr einen Gesellschaftssitz in Spanien zu geben und sie dadurch spanischem Recht zu unterwerfen. Es muß aber auch Einspruch dagegen erhoben
werden, daß die Frage nach den vertretungsberechtigten Vorstandsmitgliedern von dem Gesellschaftsvertrag abhängen soll. In Wahrheit hängt sie
von dem Recht des Landes ab, dem die Gesellschaft untersteht, d. h. der lex
societatis, im vorliegenden Fall dem Recht Spaniens, und der Gesellschaftsvertrag gilt nur insoweit, als spanisches Recht ihn gelten läßt. Oder anders
ausgedrückt ist der Gesellschaftsvertrag eine sekundäre Quelle der Ver-
tretungsberechtigung.

2. In den Vereinigten Staaten wurde das Problem in dem Fall *N. V.
Suikerfabriek Wono-Aseh v. Chase National Bank* [27] behandelt. Die Klägerin wurde nach dem Recht des damals zu Holland gehörenden Ostindien gegründet. Nach ostindischem Devisenrecht wurden die Vermögenswerte, die
der Klägerin in den Vereinigten Staaten zustanden, unter die Kontrolle einer
Bank in Holländisch-Ostindien gebracht, nämlich der Escomptobank N. V.,
die ihrerseits hinsichtlich dieser Werte den Weisungen der holländischen Regierung unterstand. Im August 1949 erwarb die indonesische Republik die
Souveränität in dem Gebiet von Holländisch-Ostindien. Im August 1950
verlegte die Klägerin in Übereinstimmung mit einer holländischen Verordnung vom April 1940 ihren Sitz nach Surinam, das zu Holland gehörte und
wo sie als eine juristische Person Surinams von dem Gouverneur anerkannt
wurde. Die indonesische Regierung hatte der Sitzverlegung nicht zugestimmt
und trat dem Anspruch der Klägerin auf die amerikanischen Vermögenswerte entgegen. Dieser Anspruch drang nicht durch. Der Hauptgrund [28] war,

---

[27] 111 F. Supp. 833 (1953), auch in Int. L. R. 1953, 82.
[28] Das Gericht berief sich fernerhin darauf, daß die Verordnung von 1940 nur
während des Krieges Geltung hatte. Dabei handelt es sich selbstverständlich um
eine Frage holländischen Rechts, die im gegenwärtigen Zusammenhang ohne Interesse ist.

daß die Verordnung von 1940 dem Recht Indonesiens widersprach und deshalb in dem 1949 errichteten Staat Indonesien nicht in Kraft blieb, denn „würde die Verordnung vom 26. 4. 1940 so ausgelegt werden, daß sie eine Sitzverlegung gestattet, so würde sie dazu führen, daß die indonesische Republik ohne ihre Zustimmung hinsichtlich der Vermögenswerte ihrer Kontrollrechte beraubt würde, die sie bereits ausgeübt hatte und deren Fortsetzung sie offensichtlich im Interesse ihrer Staatswirtschaft für notwendig hält". Mit anderen Worten wandte das Gericht indonesisches Recht an und ließ holländisches Recht außer Betracht. Diese Bevorzugung indonesischen Rechts scheint ausschließlich auf die Tatsache gegründet zu sein, daß die Klägerin ihre Hauptgeschäftstätigkeit und ihren Verwaltungssitz innerhalb des Gebietes hatte, das später Indonesien wurde. Das Gericht gibt keine Begründung für den Schluß, daß das Recht des Gründungsstaates, nämlich Hollands, auf die Gesellschaft nicht mehr anwendbar war und sich deshalb nicht durchsetzen konnte. Es soll hier nicht bezweifelt werden, daß in Indonesien die Verordnung vom April 1940 nicht mehr galt, aber das ist nur dann rechtserheblich, wenn man davon ausgeht, daß die Klägerin, eine holländische juristische Person, im Rechtssinn nur in Indonesien bestand und deshalb nur indonesischem Recht unterlag. Es ist dieser Ausgangspunkt, der hier bezweifelt wird und dessen Richtigkeit nicht nur unbewiesen ist, sondern anerkannten Regeln des internationalen Privatrechts, soweit sie sich auf juristische Personen beziehen, zu widersprechen scheint.

3. Die maßgebliche deutsche Rechtsprechung folgt Prinzipien, die durchweg als richtig anerkannt werden können.

Auszugehen ist von der Entscheidung des Reichsgerichts im Fall der Lothringer Portland-Cementwerke AG [29]. Diese Gesellschaft wurde im Jahre 1905 mit Sitz in Straßburg gegründet. Alle ihre Werke und zwei Zweigniederlassungen befanden sich in Lothringen. Anfang 1920 kam Lothringen infolge des Vertrags von Versailles mit Wirkung vom 11. November 1918 unter französische Souveränität. Die Gesellschaft wurde unter Zwangsverwaltung gestellt. Am 7. Januar 1920 berief das alleinige Vorstandsmitglied der Gesellschaft, das sich in Deutschland befand, eine außerordentliche Generalversammlung in Karlsruhe ein. Diese beschloß die Verlegung des Sitzes nach Karlsruhe, wo bald danach die Gesellschaft in das Handelsregister eingetragen wurde. Die zu entscheidende Frage war, ob die somit in Deutschland konstituierte Aktiengesellschaft Gesellschafterin der Beklagten, einer deutschen GmbH, war, an der die ursprüngliche Straßburger Aktiengesellschaft beteiligt gewesen war. Das Landgericht wies die Klage mit der Begründung ab, daß der Klägerin die Rechtsfähigkeit fehle. Das Oberlandesgericht und das Reichsgericht entschieden zugunsten der Klägerin. Dabei erklärte das Reichsgericht [30],

---

[29] RGZ 107, 94.
[30] S. 98.

daß die Sequestration und Liquidation, die über die Lothringer Portland
Cement-Werke Aktiengesellschaft verhängt wurden, das in Deutschland befindliche Vermögen der Gesellschaft nicht ergriffen und hinsichtlich des Verwal-
tungsapparates der Gesellschaft nur die Wirkung gehabt habe, daß sie seine
Befugnisse bezüglich der im entrissenen Gebiete liegenden Güter ausgeschlossen,
aber seinen Bestand und den der Aktiengesellschaft nicht berührt habe.

Das Gericht fügte hinzu, daß im allgemeinen die Verlegung einer Gesellschaft ins Ausland ihre Auflösung zur Folge habe, daß dies aber nichts mit
dem Beschluß vom 7. 1. 1920 zu tun habe[31],

denn wenngleich es sich hierbei um eine von den Aktionären gewollte Verlegung des Sitzes „in das Ausland" handelte, so war doch dieses „Ausland" dasselbe Rechtsgebiet, nach dessen Gesetzen die Aktiengesellschaft gegründet worden war, und der Wille der Aktionäre war gerade darauf gerichtet, der Gesellschaft die deutsche Rechtspersönlichkeit zu erhalten.

Diese Entscheidung, der der Bundesgerichtshof gefolgt ist[32], verdient Zustimmung. Sie betrachtet das Problem zwar vom Standpunkt des Vorgängerstaates und sagt nichts über die Haltung, die dritte Staaten, wie etwa
das Vereinigte Königreich, einnehmen sollten oder würden. Ein solcher dritter Staat hat es mit zwei juristischen Personen zu tun, die eine als Lothringer
Portland-Cement-Werke AG in Karlsruhe bekannt, die andere in Straßburg
unter dem Namen Societé Anonyme des Ciments Portland de Lorraine be-
stehend, und hat zu entscheiden, welche der beiden Gesellschaften zu dem am
11. November 1918 in England vorhandenen Vermögen der ursprünglichen
Aktiengesellschaft berechtigt ist.

Der Vollständigkeit halber sei erwähnt, daß die Rechtsprechung des
Ersten Zivilsenats des Kammergerichts[33] im Grunde ähnlich war. So war
das Gericht mit einer deutschen GmbH befaßt, die unter deutscher Herrschaft in Kattowitz gegründet worden war, ihren Sitz aber nach Beuthen
verlegte, nachdem Kattowitz polnisch geworden war. Das Gericht stellte
wohl letzten Endes darauf ab, ob das materielle Recht in Beuthen und
Kattowitz übereinstimmte. Da Polen das deutsche Recht nicht geändert
hatte, wurde eine diesem entsprechende Sitzverlegung für gültig gehalten.
Eine solche Begründung hilft nicht in denjenigen Fällen, in denen der Nachfolgestaat das Recht geändert oder eine Sitzverlegung verboten hat. Die vom
Reichsgericht angestellten Erwägungen sind nicht nur im Ergebnis, sondern
auch in der Begründung vorzuziehen.

---

[31] S. 99.

[32] BGHZ 25, 134 (139). Allerdings ist die Entscheidung bedauerlicherweise auf die
unhaltbare Annahme gegründet, das Sudetenland sei 1938 rechtmäßig Bestandteil des Deutschen Reiches geworden. Folglich wurde die von der Entscheidung
erörterte juristische Person so behandelt, als ob sie deutschem Recht unterstehe.
Auf dieser (irrigen) Grundlage wurde das im Text erwähnte Prinzip (richtig)
angewandt.

[33] JFG 2, 252 (7. 2. 1924); JW 1926, 1351 (15. 4. 1926); vergleiche ferner JFG 4,
184 (28. 4. 1927).

Die maßgebende französische Entscheidung geht in denselben Bahnen wie das Reichsgericht. Sie betrifft die Caisse Centrale de Réassurance des Mutuelles Agricoles. Diese Gesellschaft wurde 1907 in Algerien gegründet, also zu einem Zeitpunkt, in dem Algerien zu Frankreich gehörte und in Algerien französisches Recht anwendbar war. Die Gesellschaft hatte in Algerien sowohl ihren *siège social* wie ihren *siège administratif*, obwohl sie ihre Geschäftstätigkeit nicht nur in Algerien, sondern auch in anderen afrikanischen Gebieten ausübte. Am 1. Juli 1962 wurde Algerien selbständig. Im November 1963 verlegte der Vorstand den Sitz der Gesellschaft nach Paris und dies wurde ordnungsgemäß von einer in Paris im Jahre 1964 abgehaltenen, aber wahrscheinlich mit algerischem Recht unvereinbaren außerordentlichen Generalversammlung genehmigt. Die somit in Paris konstituierte Caisse Centrale begann nunmehr einen Prozeß, um die von dem Beklagten „der Gesellschaft" geschuldeten Beträge beizutreiben. Im Mai 1967 entschied das Pariser Berufungsgericht zugunsten der Klägerin [34], und im März 1971 hat der Kassationshof bestätigt [35]:

> si, en principe, la nationalité d'une société se détermine par la situation de son siège social, pareil critère cesse d'avoir application lorsque le territoire sur lequel est établi ce siège social, étant passé sous une souveraineté étrangère, les personnes qui ont le contrôle de la société et les organes sociaux investis conformément au pacte social ont décidé de transférer dans le pays auquel elle se rattachait le siège de la société afin qu'elle conserve sa nationalité et continue d'être soumise à la loi qui la régissait.

Die Entscheidung von 1967 und die ihr zugrunde liegende Theorie wurde im Jahre 1968 von dem Handelsgericht in Annaba (Algerien) in einem Fall abgelehnt [36], der sich ebenfalls auf die Caisse Centrale bezog. Im Laufe des

---

[34] CLUNET 1967, 874 oder auf englisch International Law Report 41, 369. Die Gesellschaft war in Algerien konfisziert worden, aber die Tatsachen, die sich auf diesen Aspekt beziehen, werden im Text nicht erwähnt, weil sie für das dort behandelte Problem unerheblich sind. Es ist jedoch bemerkenswert, daß das französische Gericht das Konfiskationsproblem nicht berücksichtigt zu haben scheint. Es mag sein, daß es zwangsläufig und ohne Rücksicht auf die Sitzverlegung zu dem von dem Gericht erreichten Ergebnis geführt hätte, denn eine Klage der algerischen Gesellschaft hätte wahrscheinlich die unzulässige Geltendmachung eines öffentlich-rechtlichen Anspruchs involviert: Vergleiche MANN, RABELSZ 1956, 1. Eine frühere Entscheidung des Pariser Berufungsgerichts (21. 10. 1965, Gaz. Pal. 1965, 2.353, zusammengefaßt bei CLUNET 1966, 360) scheint sich nicht auf den Fall einer Sitzverlegung bezogen, sondern lediglich entschieden zu haben, daß eine Gesellschaft, deren Sitz in Algerien verblieb, algerische Staatsangehörigkeit erwarb. Dies würde durchaus der im Text vorgetragenen Auffassung entsprechen.

[35] Cass. Civ., 30. März 1971, Rev. Crit. 1971, 451, mit Anm. LAGARDE.

[36] Int. L. R. 41, 384. Dem Verfasser stand lediglich der hier abgedruckte englische Text zur Verfügung.

sehr eingehenden Urteils berief sich das algerische Gericht auf diejenige
Theorie, die man als die „territoriale" bezeichnen darf, d. h. auf die Auffassung, daß eine juristische Person dem Recht des Ortes untersteht, an dem
sich ihr Sitz befindet, und dies war „the legal system applicable to the territory of Algeria". Dies ist in der Tat die Lösung, die LOUSSOUARN in einer Anmerkung zu der französischen Entscheidung von 1967 vorträgt, der er einen
„caractère insolite" oder einen „caractère hérétique" [37] beimißt. Seitdem
haben LOUSSOUARN und BREDIN [38] die französische Praxis in etwas vorsich-
tigeren Worten kritisiert:

> Une telle position nous semble fort discutable, car elle méconnait que le change-
> ment de nationalité des sociétés pose essentiellement un problème de conflit de
> lois, et qu'en ce domaine il est traditionellement admis par une jurisprudence
> constante, que conforte l'article 3 de la loi du 24 juillet 1966, qu'il y a lieu de
> se référer au siège social.

Die letzten Worte sind besonders interessant. Vielleicht darf noch einmal
betont werden, daß es unangebracht ist, auf den Gesellschaftssitz abzustellen.
Ein kontinentaler Jurist kann höchstens die Gesellschaft unterwerfen „à la
loi du pays dans lequel se trouve le siège social", dem Recht des Landes, in
dem sich der Sitz befindet. Wenn man einmal das Prinzip so formuliert hat,
dann ist es klar, daß im Falle eines Souveränitätswechsels es die Frage, ob
das Recht des Vorgängerstaates oder das Recht des Nachfolgerstaates, sei es
aus rechtlich notwendigen Gründen, sei es als Folge einer Wahl, zur Anwendung kommt, nicht zu beantworten vermag. Auch ist es nicht richtig, mit
LOUSSOUARN und BREDIN [39] zu sagen, daß unter dem Vorwand der Anerkennung des Aktionärwillens [40] die Lehre des Pariser Berufungsgerichts
„en remettant en cause une des rares règles que l'on pouvait considérer
comme acquises, risque de déclencher une nouvelle crise de la nationalité des
sociétés". Es besteht kein Grund für die Annahme, daß die Entscheidung
einen Rechtsgrundsatz für irgendeinen Fall formulieren wollte, der außerhalb des Bereichs des Souveränitätswechsels liegt, und das ist ein ganz besonderes und glücklicherweise seltenes Vorkommnis.

Das Problem, das die französische Entscheidung aufwirft, liegt auf
tatsächlichem Gebiet. Nach der algerischen Entscheidung erfolgte die Sitz-

---

[37] CLUNET 1967, 882, 883.

[38] Droit du Commerce International (1969), S. 309.

[39] a.a.O. Vielleicht kann an dieser Stelle bemerkt werden, daß nach Artikel 3 des
französischen Gesetzes über Gesellschaften von 1966 „les sociétés dont le siège
social est situé en territoire français sont soumises à la loi française". Abgesehen
von der Tatsache, daß der Ausdruck „siège social" vielleicht nicht frei von Zwei-
deutigkeit ist, dürfte sich diese Bestimmung kaum auf das Problem der Wirkung
eines Souveränitätswechsels beziehen.

[40] Die beiden Verfasser erkennen an, daß die Theorie des Pariser Berufungsgerichts
den Gründerwillen respektiert, aber halten dies für unerheblich, weil eine solche
Auffassung „s'inspire d'une conception contractuelle de la société qu'est, dans
une large mesure, dépassé". Diese Begründung erscheint wenig überzeugend.

verlegung nach Paris Ende 1966 und wurde von einer außerordentlichen Generalversammlung im Jahre 1967 bestätigt. Nach der französischen Entscheidung fanden, wie oben erwähnt, die beiden Ereignisse im November 1963 und Juni 1964 statt. Was immer die Erklärung dieses Widerspruchs sein mag, so verbleibt der Eindruck, daß gewiß im Jahre 1966/67, aber vielleicht auch im Jahre 1963/64 eine Entscheidung zugunsten algerischen Rechts zumindest stillschweigend bereits stattgefunden hatte und daß aus diesem Grunde eine Verlegung nach Frankreich ohne Berücksichtigung des algerischen Rechts nicht mehr möglich war. Ein endgültiges Urteil zu diesem Punkt kann jedoch nicht gebildet werden, da das vorliegende Tatsachenmaterial nicht ausreicht und gute Gründe die Verzögerung rechtfertigen mögen.

In keinem Fall haben sich die französischen und algerischen Gerichte mit der Rechtsstellung in Frankreich und Algerien einer ausländischen Gesellschaft, d. h. einer Gesellschaft befaßt, die in einem dritten Staat bestand und die infolge einer Staatennachfolge scheinbar nunmehr in zwei Staaten besteht. Das Urteil des Pariser Berufungsgerichtes gibt jedoch Grund zu der Annahme, daß das Recht des Vorgängerstaates gelten und die nach diesem Recht existierende juristische Person zu dem in Frankreich belegenen Vermögen der Originalgesellschaft berechtigt sein würde.

VI.

Bis hierher war davon auszugehen, daß völkerrechtlich sowohl der Alt- wie der Nachfolgestaat gleichrangig, daß sie beide von der Regierung des Gerichtsstaats de jure anerkannt sind, daß sie auch einander anerkennen und daß es deshalb nicht auf die Frage ankommt, ob sich die Ergebnisse in dem Fall ändern, in dem die Stellung des Nachfolgestaates an rechtlicher Inferiorität leidet.

Nunmehr sollen drei Fälle einer derartigen Inferiorität betrachtet werden. Sie liegt vor, wenn entweder der Nachfolgestaat überhaupt nicht anerkannt ist (unten Ziffer 1) oder wenn er zwar im Gerichtsstaat de facto anerkannt, aber vom Mutterland nicht anerkannt ist (unten Ziffer 2) oder wenn der Gerichtsstaat ihn de jure anerkennt, der Mutterstaat ihm jedoch ebenfalls jede Anerkennung versagt hat (unten Ziffer 3). Diese drei Fälle können nur dann problematisch sein, wenn, wie dies zur Zeit etwa in Großbritannien der Fall ist, das Recht des Ortes des Gesellschaftssitzes gilt, denn wenn in Übereinstimmung mit der kontinentalen Lehre die Sitzverlegung dem Recht des Vorgängerstaates unterliegt, dann kann das Problem von vornherein nicht auftauchen und die Rechtsstellung des Nachfolgestaates ist unerheblich. Unter diesen Umständen mag man sogar dazu neigen, einen Beitrag, der einem kontinentalen Juristen gewidmet ist, von dem Ballast zu befreien, der das anglo-amerikanische Recht beschwert. Dennoch ist dieses

Material von erheblichem allgemeinem Interesse, weil, wie sich herausstellen wird, es in großem Umfang einen Fall berührt, der die ganz besondere Aufmerksamkeit deutscher Juristen verdient.

1. Wenn der Nachfolgestaat weder von dem Gerichtsstaat noch von dem Mutterstaat in irgendeiner Form anerkannt ist, so bleibt der letztere der de jure und de facto anerkannte Souverän des gesamten Staatsgebietes. In diesem Fall ist der Nachfolgestaat nichts anderes als ein Usurpator und seine Handlungen sind ohne jede rechtliche Bedeutung, so daß eine juristische Person mit Sitz in seinem Gebiet ausschließlich der Rechtsordnung des Mutterstaates unterworfen bleibt. Wenn dieser eine Sitzverlegung gestattet, so ist sie international wirksam.

Das ist zweifellos die Rechtslage in den anglo-amerikanischen Ländern, in denen bekanntlich das Fehlen einer Anerkennung die Handlung des angeblichen Staates jeder Rechtswirkung beraubt [41]. Aber die Rechtslage sollte überall die gleiche sein, denn obwohl auf dem Kontinent oft behauptet wird, die Anerkennung eines Staates sei nicht die Voraussetzung für die Anerkennung seines Rechts, so gibt es wahrscheinlich keine einzige Entscheidung in diesem Sinn und bei sorgfältiger Analyse sollte sich die Behauptung als unhaltbar herausstellen. Es handelt sich um einen völlig anderen Fall als um den einer nicht anerkannten Regierung in einem ungeteilten Staat; so aber lag der Fall, mit dem die kontinentale Praxis bisher, wie es scheint, allein befaßt war, der zu verallgemeinernder Formulierung geführt hat [42] und der allerdings auf dem Kontinent regelmäßig sehr viel befriedigender gelöst worden ist als in den anglo-amerikanischen Ländern [43]. Es erscheint undenkbar — und mehr braucht im gegenwärtigen Zusammenhang nicht ausgeführt zu werden —, daß, wenn die Mafia etwa eine Regierung in Sizilien einsetzt, die unabhängige Republik Sizilien proklamiert, aber von Italien nicht anerkannt wird, ein kontinentales Gericht sizilianisches Recht anwenden würde, das die Verlegung des Sitzes italienischer Aktiengesellschaften von Sizilien nach dem Festland verbietet.

---

[41] Die Anerkennung dieser Regel liegt der Entscheidung des House of Lords in *Carl Zeiss Stiftung v. Rayner & Keeler Ltd.*, (1967) 1 A. C. 853 zugrunde und ist selbstverständlich ausdrücklich von der Entscheidung des Berufungsgerichts in demselben Fall erwähnt ([1965] Ch. 596), die bekanntlich vom Oberhaus aus völlig anderen Gründen, auf die noch zurückzukommen sein wird, aufgehoben wurde. Was die Vereinigten Staaten von Amerika angeht, so wird z. B. auf den Fall *The Maret* (1944) F. 2d 431 und die vielen anderen Entscheidungen verwiesen, die O'Connell, International Law I (1970) S. 172 ff., erwähnt.

[42] Zu Frankreich siehe Batiffol, Droit International Privé (5. Aufl., 1970), § 256. Zu Deutschland siehe Kegel (Soergel) Anm. 101 vor Art. 7. Wahrscheinlich bedarf das Problem in beiden Ländern wesentlich intensiverer Bearbeitung, wobei die zahlreichen tatsächlichen Unterschiede zu berücksichtigen sind, die in solchen Fällen auftauchen können.

[43] A. E. Anton, Private International Law (1967) S. 255; Mann, Transactions of the Grotius Society (1943) S. 158; Greig, 83 (1967) L. Q. R. 96 und andere.

Das Beispiel der Deutschen Demokratischen Republik, die zur Zeit wohl nirgends in der westlichen Welt anerkannt ist, zeigt, daß — wenigstens außerhalb Englands — die Praxis der Gerichte diesen Gedankengängen entspricht. Die Bundesrepublik wird, entsprechend ihrer eigenen Auffassung, überall — außer in englischen Gerichtssälen — als identisch mit dem weiterhin bestehenden Deutschland anerkannt. Zumindestens vertritt sie Deutschland [44]. Auf dieser Grundlage haben die Gerichte der Bundesrepublik das von der Deutschen Demokratischen Republik verwaltete Gebiet als Teil Deutschlands und nicht als Ausland betrachtet, die Regeln des internationalen Privatrechts für unanwendbar erklärt und es hunderten von juristischen Gesellschaften, die nach deutschem Recht gegründet worden waren, ermöglicht, in Übereinstimmung mit dem Recht der Bundesrepublik, aber im Gegensatz zu dem Recht der DDR ihren Sitz nach dem Westen zu verlegen. Ein prominentes Beispiel ist der Fall der Ihage Kamerawerke AG, der zu sich widersprechenden Entscheidungen des Bundesgerichtshofs [45] und des Obersten Gerichts der DDR [46] führte. Ein noch prominenterer, allerdings ganz besonderer [47] Fall ist derjenige der Carl Zeiss-Stiftung, die 1889 in Jena gegründet worden war, aber aufgrund Baden-Württembergischer Verordnungen vom Jahre 1949 und 1954 und eines Bundesgesetzes vom Jahre 1967 ihren Sitz in die Bundesrepublik verlegte. Nicht nur die Gerichte der Vereinigten Staaten von Amerika [48], sondern auch zahlreiche kontinentale Gerichte haben die Sitzverlegung im Lichte deutschen Rechts, wie es von den Gerichten der Bundesrepublik [49] angewendet wird, gewürdigt und die Entscheidung des Obersten

---

[44] Siehe MANN, JZ 1967, 585. Ob sich etwas seit Oktober 1969 geändert hat, ist ungewiß.

[45] 30. 1. 1969, Gewerblicher Rechtsschutz und Urheberrecht (GRUR) 1969, 487.

[46] 20. 12. 1963, IzRspr. 1964—1965 Nr. 72.

[47] Die Besonderheit liegt darin, daß eine Stiftung nicht der Herrschaft von Einzelpersonen unterliegt und sich deshalb insbesondere von einer Aktiengesellschaft unterscheidet, die von Aktionären beherrscht wird. Vielmehr ist eine Stiftung der „zuständigen Behörde" nach § 87 BGB unterworfen und deren Identität steht mangels einer sorgfältig begründeten, höchstrichterlichen Entscheidung nicht eindeutig fest.

[48] *Carl Zeiss Stiftung v. VEB Carl Zeiss*, 433 F. 2d 686 (1970), wo das Berufungsgericht die Entscheidung von Richter MANSFIELD, 293 F. Supp. 892 (1968), ausführlicher berichtet 160 USPQ 97, bestätigt hat. Alle Zitate sind der letzteren Belegstelle entnommen.

[49] Die grundsätzliche, allerdings durchaus nicht einzige Entscheidung ist diejenige des BGH vom 15. 11. 1960, IzRspr. 1960—1961 Nr. 52. Das ist die Entscheidung, die in dem Fall *Carl Zeiss Stiftung v. Rayner & Keeler*, a.a.O., Richter CROSS als „pervers" bezeichnet hat, durch die Lord REID (S. 923) „nicht beeindruckt" war und die Lord UPJOHN (S. 949) „völlig unüberzeugend" erschien. Auf der anderen Seite hat Richter MANSFIELD (oben Anm. 48) auf Seite 130 sie als „ruhig, objektiv, im wesentlichen logisch und frei von Leidenschaften" bezeichnet. Lord REIDS Hauptbeschwerde scheint dahin gegangen zu sein, daß der Bundesgerichtshof nicht die Prinzipien des internationalen Privatrechts angewandt hat. Nach diesen soll es angeblich ausschließlich auf das ostdeutsche Recht

Gerichts der Deutschen Demokratischen Republik [50] außer acht gelassen. Solange die Deutsche Demokratische Republik nicht anerkannt ist, erscheint dies gewiß richtig.

Eine ähnliche Situation, die sich auf China bezieht, war von einem amerikanischen Gericht zu beurteilen. Die Bank von China wurde als die chinesische Zentralbank im Jahre 1912 in Shanghai errichtet. Sie hatte ein Bankkonto bei der Wells Fargo Bank and Union Trust in San Franzisko. Die chinesische Nationalregierung, von den Vereinigten Staaten als die einzige Regierung Chinas anerkannt, verlegte die Bank nach Taipeh in Formosa, wo sie unter der Kontrolle der Nationalregierung funktioniert und ihre Geschäfte in verschiedenen Teilen der Welt geführt werden. Aber die chinesische Volksregierung, die auf dem Festland besteht, von den Vereinigten Staaten jedoch nicht anerkannt war, betreibt ebenfalls eine Bank von China in Taiping. Beide Banken behaupten, die 1912 in China gegründete Bank von China zu sein und verhalten sich entsprechend. Beide machten Ansprüche auf das Bankkonto in San Franzisko geltend, und deshalb stand Richter GOODMAN vor der Frage, welche Bank von China zu dem Konto berechtigt ist. Der Richter lehnte die „rein pragmatische Einstellung" ab, die zu einer Teilung des Bankkontos zwischen beiden Banken im Verhältnis zu den Funktionen der ursprünglichen Bank von China geführt hätte, die jede der beiden nunmehr ausübt. Er lehnte es also ab, das Konto derjenigen Bank

---

ankommen. Auf der anderen Seite ist sich Lord REID darüber im klaren gewesen (S. 922), daß nach der von dem Gericht zugrunde gelegten Auffassung Deutschland „nach wie vor ein Staat" ist. Hätte es etwa von der Republik Spanien erwartet werden können, daß sie das von der Franco-Regierung im Baskenland eingeführte Recht anwendet? Was wäre etwa die Auffassung des Vereinigten Königreichs, wenn ein drittes Land das Smith-Regime in Südrhodesien anerkennt, nicht nur das gegenwärtige rhodesische Recht anwendet, sondern darüber hinaus dem Vereinigten Königreich und seinen Gerichten einen Vorwurf daraus macht, daß gerade dies abgelehnt wird? Weigert sich nicht das Vereinigte Königreich, das Smith-Regime in Südrhodesien und seine Gesetzgebung anzuerkennen? (Siehe MADZIMBAMUTO v. LARDNER-BURK (1969), A. C. 645; ADAMS v. ADAMS (1970), 3 All E. R. 572.)

[50] 6. 4. 1954, IzRspr. 1964—1965 Nr. 50; 23. 3. 1961, IzRspr. 1960—1961 Nr. 136. Von diesen Entscheidungen hat Lord REID (a.a.O., S. 924) gesagt, daß, obwohl sie kommunistische „Verzierungen" enthielten, es ihm möglich sein, „wenn er diese Ausschmückungen außer acht lasse", „eine richterliche Einstellung und ein angemessenes Ergebnis" festzustellen. In New York dagegen erklärte Richter MANSFIELD (S. 129), daß ihnen „so vollständig jede Objektivität fehle und sie so völlig durchtränkt sind von einer Kombination kommunistischer Propaganda, Ausfällen gegen die kapitalistisch eingestellten Entscheidungen der westdeutschen Gerichte und das Fehlen jeder richterlichen Zurückhaltung, daß jede logische Analyse durch deren offensichtlich politische Mission unmöglich gemacht wird". Ein weiteres Gutachten, das den obengenannten Entscheidungen zu einem erheblichen Teil widerspricht, wurde von dem Obersten Gerichtshof der DDR am 19. 11. 1970 erstattet, also wenige Wochen vor Beginn eines weiteren Zeiss-Prozesses in England. Es ist noch nicht veröffentlicht.

zuzusprechen, die im weitestgehenden Maße der 1912 gegründeten juristischen Person entspricht. Vielmehr entschied er, daß die Nationalregierung nach der Auffassung der Vereinigten Staaten die beste Qualifikation habe, um die beiderseitigen Interessen Chinas und der Vereinigten Staaten zu fördern, und daß sie deshalb Anspruch darauf habe, rechtlich so gestellt zu werden, daß sie die korporativen Befugnisse der Bank von China ausüben könne [51]. Das Ergebnis verdient Zustimmung, obwohl es vielleicht besser auf den Grundsatz hätte gestützt werden sollen, daß infolge der Nichtanerkennung der chinesischen Volksregierung vor einem Gericht der Vereinigten Staaten das auf eine alt-chinesische juristische Person anwendbare chinesische Recht von der Nationalregierung bestimmt wird.

2. Der nächste Fall ist der, daß der Nachfolgestaat de facto im Gerichtsstaat anerkannt ist, während der Vorgängerstaat, der selbst de jure anerkannt ist, jede Anerkennung des Nachfolgestaates verweigert. Wenn also Sizilien seine Unabhängigkeit erklärt hat und der Gerichtsstaat diese de facto anerkennt, während Italien nach wie vor Sizilien als Teil Italiens betrachtet, so entsteht die Frage, ob eine nach italienischem Recht errichtete juristische Person mit Sitz in Palermo ihren Sitz in Übereinstimmung mit italienischem, aber entgegen sizilianischem Recht nach Italien verlegen und alsdann die vor der Spaltung in Deutschland vorhandenen Vermögenswerte der ursprünglichen juristischen Person verlangen kann [52]. Wenn man auf das Recht am Ort des tatsächlichen Sitzes abstellt, so würde die juristische Person wahrscheinlich als sizilianisch betrachtet werden, unabhängig von der Intensität ihrer Verbindung mit dem italienischen Rechtssystem vor dem Souveränitätswechsel, und im Gerichtsstaat würde die rechtliche Wirksamkeit der Rechtsakte einer de facto anerkannten Regierung wahrscheinlich nicht bezweifelt werden können [53].

Dennoch fragt es sich, ob selbst auf der Grundlage dieser territorialen Auffassung eine Ausnahme nicht in dem Fall notwendig ist, in dem der Vorgängerstaat und seine Regierung vom Gerichtsstaat als de jure Souverän des ursprünglichen Einheitsstaates anerkannt ist, de jure und de facto Souveränität in weiten Gebieten dieses Einheitsstaates ausübt und seinerseits den Nachfolgestaat und seine Regierung nicht anerkennt. In einem solchen

---

[51] *Bank of China v. Wells Fargo Bank*, 104 S. Supp. 59 (1952), S. 66.

[52] Zur Vermeidung von Mißverständnissen soll hier noch einmal betont werden, daß es nicht zweifelhaft sein kann, daß jede der beiden Gesellschaften aufgrund ihres eigenen Rechtes und deshalb überall rechtmäßig im Besitz des von ihr verwalteten oder erworbenen Vermögens ist und, soweit dieses entzogen ist, seine Rückerstattung verlangen kann. Das Problem bezieht sich ausschließlich auf das in einem dritten Staat liegende Vermögen, das vor der Spaltung der ursprünglichen Gesellschaft gehörte.

[53] In England ist dies so aufgrund der Entscheidung in LUTHER v. SAGOR (1921), 3 K. B. 532. In Deutschland besteht die Hoffnung, daß sich die im Text zu entwickelnde Lehre durchsetzen wird.

Fall handelt es sich um einen Konflikt zwischen zwei Rivalen, von denen der eine de jure und der andere de facto anerkannt ist. Hier spricht viel dafür, daß der Gerichtsstaat das Recht des Vorgängerstaates anwenden sollte. Die de facto-Anerkennung eines Staates und seiner Regierung, die ihre Funktion lediglich in einem Teil des Staatsgebietes ausübt, stellt nicht nur einen Affront gegen den de jure anerkannten Staat und seine Regierung dar, sondern mag auch dem Völkerrecht widersprechen. Wie Lord McNair sich mit der ihm eigenen Zurückhaltung ausgedrückt hat, war der während des spanischen Bürgerkriegs gemachte Versuch, eine de facto-Regierung anzuerkennen, die lediglich in einem Teil des Staatsgebietes regiert, „eine Neuerung" und kann „in der Zukunft nur mit der allergrößten Vorsicht befolgt werden" [54]. In Wahrheit ist es höchst zweifelhaft, ob während des spanischen Bürgerkriegs jener Versuch überhaupt gemacht worden ist, denn die Anerkennung von Aufständischen als eine Regierung, die de facto Verwaltungstätigkeit in dem von ihnen beherrschten Gebiet ausübt (und vor 1938 handelte es sich nur darum [55]), ist keineswegs dasselbe wie die de facto-Anerkennung eines neuen Staates oder der neuen Regierung im Gesamtgebiet des ursprünglichen Staates [56]. Sodann sollte jene Form der Anerkennung, selbst wenn sie rechtlich möglich ist, nicht die Wirkung haben, den rechtmäßigen Souverän seiner Befugnis und seiner Funktion zu berauben, die oberste gesetzgeberische, verwaltende und rechtsprechende Gewalt im Namen der Nation auszuüben. Wenn deshalb eine juristische Person von ihm gegründet ist, in dem von ihm beherrschten Gebiet existiert und eine von ihm definierte Identität besitzt, so sollte dies überall anerkannt werden, und zwar ungeachtet der Tatsache, daß in einem Teil des Gebiets eine lediglich de facto anerkannte Regierung arbeitet, die dieselbe juristische Person für sich in Anspruch nimmt. Es handelt sich um einen der Fälle, in denen de jure-Anerkennung bloßer de facto-Anerkennung überlegen sein sollte [57].

---

[54] The Legal Effects of War (4. Aufl., 1966), S. 402, 403.

[55] Als der Fall der *Banco de Bilbao* vor dem englischen Berufungsgericht verhandelt wurde.

[56] Zu den im Text aufgeworfenen Fragen siehe, Sir HERSCH LAUTERPACHT, Recognition in International Law (1947) S. 284, 285, 294, 343, 365. Im Gegensatz zum Eindruck des Verfassers scheinen jedoch die Äußerungen des englischen Auswärtigen Amtes im Falle der *Banco de Bilbao* nicht ausdrücklich auf den Charakter der Franco-Regierung als aufständischer Regierung hingewiesen zu haben. Dennoch war diese Äußerung bemerkenswert, weil sie lediglich von verwaltenden Funktionen sprach und sich auf die Verhältnisse im Baskenland beschränkte. Vgl. ferner DAHM, Völkerrecht I (1958) S. 150, 151.

[57] LUTHER v. SAGOR bezog sich auf eine tatsächliche Situation, die von der im Text unterstellten wesentlich verschieden ist und deshalb rechtlich eine andere Lösung erforderte. Die Sowjetregierung war die einzige Regierung, die die gesamte Sowjetunion beherrschte. Im übrigen bestand kein Widerspruch zwischen ihrer gesetzgeberischen und verwaltenden Tätigkeit und der Gesetzgebung eines Rivalen.

Die Gültigkeit des internen Rechts eines de jure anerkannten Staates kann schwerlich deshalb verneint werden, weil ein Teil dieses Staates sich unter der vorläufigen Kontrolle eines anderen Staates befindet oder weil Rechtshandlungen ohne internationale Gültigkeit wären, falls der Einheitsstaat einer de facto anerkannten Regierung unterstünde. Wenn z. B. die Sowjetregierung ganz Rußland regierte und de facto als die Regierung des gesamten Rußlands anerkannt war, so wäre es gewiß unmöglich gewesen, die Gültigkeit ihrer Rechtshandlungen zu bezweifeln. Aber solche Gesichtspunkte versagen, wenn ein noch nicht ausgetragener Konflikt [58] besteht zwischen dem de jure anerkannten und in einem Teil des Staatsgebiets souveränen Mutterstaat und dem Nachfolgestaat, der nur vorläufig und nur hinsichtlich der von ihm tatsächlich beherrschten Gebiete anerkannt ist. Beide Staaten nehmen die juristische Person für sich in Anspruch. Wenn der Gerichtsstaat vor einem solchen Konflikt steht, so sollte er dem Recht des de jure anerkannten Mutterstaates den Vorzug geben [59].

3. So kommt man schließlich zu dem schwierigsten und gleichzeitig ungewöhnlichsten der in Betracht kommenden Fälle: Sowohl der Vorgängerstaat wie der Nachfolgestaat sind hinsichtlich der ihnen unterstehenden Gebiete im Gerichtsstaat de jure anerkannt, aber die beiden Staaten selbst

---

[58] Sir HERSCH LAUTERPACHT, loc. cit., S. 94, 95, 279, 290—293, hat betont, daß, solange der Bürgerkrieg dauerte, es dem Völkerrecht widersprach, die spanischen Aufständischen als eine de jure-Regierung anzuerkennen. Soweit sie als eine de facto-Regierung anerkannt werden könne, dürfe sie nicht genauso behandelt werden, als wäre sie eine de jure-Regierung.

[59] In England ist allerdings der Weg zu einer solchen Lösung vorläufig durch die Entscheidung des Court of Appeal in dem Fall *Banco de Bilbao v. Sancha,* (1938) 2 K. B. 176 verbaut. Der Tatbestand ist bereits oben erwähnt. Man wird sich daran erinnern, daß der Fall so entschieden worden ist, als ob das von General Franco besetzte Baskenland sowohl von Großbritannien wie von Spanien als getrennter Staat oder als Teil eines von General Franco kontrollierten spanischen Gesamtstaates anerkannt gewesen sei. Mit anderen Worten ist der Fall ohne Rücksicht auf die Tatsache entschieden worden, daß Spanien General Franco, seine Regierung oder einen von ihm gegründeten Staat in keiner Weise anerkannt hat. Die Begründung kann wie folgt zusammengefaßt werden: Da die britische Regierung General Franco als die de facto-Regierung des Baskenlandes anerkannt hatte, war das Gericht gezwungen, die Rechtsakte jeder anderen Regierung, selbst wenn sie de jure anerkannt war, außer acht zu lassen. Diese Begründung ist zwar vom House of Lords gebilligt worden (*Carl Zeiss Stiftung v. Rayner & Keeler Ltd.,* (1967) A. C. 853, S. 905) und stellt deshalb für den Augenblick das englische Recht dar, dennoch muß darauf hingewiesen werden, daß sie nicht zum Ausdruck bringen wollte oder konnte, daß General Franco im entscheidenden Zeitpunkt die Regierung des spanischen Gesamtstaates darstellte. Die Entscheidung wird, wie zu hoffen ist, bei Gelegenheit überprüft werden. Bei einer solchen Gelegenheit wird es gut sein, sich von der ganz besonderen Einstellung freizumachen, die weite Kreise Englands während der Jahre 1937 und 1938 beherrscht hat und die nicht für sich in Anspruch nehmen kann, auch für alle zukünftigen Generationen verbindlich zu sein.

verweigern einander jede Form der Anerkennung und insbesondere lehnt der Vorgängerstaat die Existenz des Nachfolgestaates ab. Wenn bei einer solchen Sachlage eine juristische Person mit Gesellschaftssitz in dem Nachfolgestaat ihren Sitz in den Vorgängerstaat verlegt und dabei in Übereinstimmung mit dem Recht des letzteren Staates handelt, ist sie dann im Gerichtssaal diejenige juristische Person, die ausschließlich zu den dort belegenen Vermögenswerten der im Nachfolgestaat fortbestehenden juristischen Person berechtigt ist?

Diese Frage scheint bisher nirgends aufgetaucht zu sein, aber sie kann jedenfalls zur Zeit in England in bezug auf juristische Personen auftauchen, die in den von der Deutschen Demokratischen Republik verwalteten Gebieten gegründet worden sind und nach 1949 ihren Sitz in die Bundesrepublik verlegt haben. England erkennt die Bundesrepublik als den Souverän der ihr unterstellten Gebiete de jure an. England hat der Deutschen Demokratischen Republik jede Anerkennung irgendwelcher Art versagt, aber die englischen Gerichte, im Gegensatz zu der englischen Regierung [60], behandeln die DDR als das untergeordnete Organ der Sowjetunion, in der sie den de jure-Souverän des von der DDR verwalteten Gebiets sehen [61], mit dem Ergebnis, daß praktisch die letztere die Rechtsstellung eines voll anerkannten Staates in England hat.

Die Besonderheiten im Verhältnis zwischen Vorgänger- und Nachfolgestaat sollten im Gerichtsstaat, der der Sache nach beide de jure anerkennt, ohne rechtliche Bedeutung sein. Jedenfalls können sie im Gerichtsstaat zu keinem anderen Ergebnis führen als in dem Regelfall, der oben in Abschnitt IV behandelt ist und in dem eine allseitige de jure-Anerkennung vorliegt. Die Gesetze der Logik und der Gerechtigkeit versagen dem Gerichtsstaat jede Möglichkeit, die Befugnisse des Vorgängerstaates und seines Rechts deshalb zu beschneiden, weil er dem Nachfolgestaat völkerrechtliche

---

[60] Das bis 1967 bekanntgewordene Material ist zusammengestellt von MANN, JZ 1967, 585.

[61] *Carl Zeiss Stiftung v. Rayner & Keeler*, a.a.O., S. 905 und auch sonst. Diese weithin als überraschend angesehene Lehre, die JENNINGS (121 (1967 ii) Rec. 361) als „gewagt und nicht überzeugend" bezeichnet hat, wird in keinem anderen Staat vertreten. Sie gilt insbesondere nicht in den Vereinigten Staaten von Amerika. Es kann als sicher angesehen werden, daß die britische Regierung, die seinerzeit die Regierung der Sowjetunion „as de jure entitled to exercise *governing authority*" in Mitteldeutschland bezeichnet hat, nicht im entferntesten daran dachte, daß die Sowjetunion der de jure *Souverän* sein könne oder daß die „governing authority" der Sowjetunion frei von Beschränkungen sei. Aber das Oberhaus weigerte sich bekanntlich, von der Regierung weitere Auskünfte einzuholen und kam so zu einer schlechthin einzigartigen Lehre. Professor O'CONNELL sagte mit Recht, daß das Oberhaus „ein Rechtssystem anwandte..., das ... weder Völkerrecht noch das Recht eines der in Betracht kommenden Länder darstellt", aber er ist weniger als fair gegenüber dem Foreign Office, wenn er fortfährt, die angewandte Rechtsordnung sei „an invention of the Foreign Office".

Inferiorität beimißt. Im übrigen darf nicht außer acht gelassen werden, daß von den beiden im Vorgänger- und Nachfolgestaat bestehenden und dem ersten Anschein nach völlig gleichberechtigten juristischen Personen nur eine der beiden das im gegenwärtigen Zusammenhang relevante zusätzliche Merkmal in Anspruch nehmen kann: Nur die im Vorgängerstaat bestehende juristische Person ist in den Augen eines englischen Gerichts nach wie vor deutsch, wird vom deutschen Recht beherrscht und untersteht deutscher Souveränität. Dieser weitere Gesichtspunkt dürfte dafür sprechen, daß die in die Bundesrepublik verlegte juristische Person in einem dritten Staat wie England im Rechtssinn mit dem ursprünglichen Gebilde identisch ist.

VII.

Wird die im vorstehenden entwickelte Auffassung von einem Satz des Völkerrechts beeinflußt?

Das Völkergewohnheitsrecht schweigt. Ungezählte Staatsverträge haben sich mit den Rechtsfolgen der Staatensukzession befaßt. Ein vollständiger Überblick fehlt, aber es besteht ein gewisser Grund für die Annahme, daß das Völkervertragsrecht keineswegs die Lehre trägt, nach der eine juristische Person unabänderlich dem Recht des Gebietes unterworfen ist, in dem sie ihren Sitz hat.

Der Vertrag von Versailles enthielt keine besondere Bestimmung [62], aber der Friedensvertrag mit Italien vom 10. Februar 1947 sieht vor, daß Gesellschaften, die nach italienischem Recht gegründet sind und ihren *„siège social"* [63] in den von Italien abgetretenen Gebieten haben und die ihren *siège social* nach Italien verlegen wollen, ihr Vermögen transferieren können, vorausgesetzt, daß mehr als die Hälfte des Gesellschaftskapitals im Eigentum von Personen steht, deren gewöhnlicher Wohnsitz außerhalb des abgetretenen Gebietes liegt oder die aufgrund des Friedensvertrages für Italien optieren und nach Italien auswandern. Eine weitere Voraussetzung ist, daß die geschäftliche Tätigkeit der Gesellschaft zum größeren Teil außerhalb des abgetretenen Gebietes ausgeübt wird [64]. Die hier zum Ausdruck gebrachten Voraussetzungen einer Sitzverlegung enthalten Beschränkungen, die über die in diesem Aufsatz dargelegten Grundsätze hinausgehen. Aber in der Praxis dürften die Unterschiede verschwinden, denn eine Gesellschaft kann aus rein tatsächlichen Gründen nicht ihren Sitz verlegen, wenn sie nicht von Gebietsfremden beherrscht wird, und sie wird auch nicht verlegt, wenn

---

[62] Dazu RGZ 107, 97.

[63] Man wundert sich, was dieser Ausdruck, wenn er in einem Staatsvertrag vorkommt, bedeuten soll. Wahrscheinlich hat man den Verwaltungssitz und nicht den rein statutarischen Sitz im Auge. Es handelt sich um ein interessantes Beispiel von Rückverweisung durch einen Staatsvertrag auf innerstaatliches Recht.

[64] Anhang XIV, Absatz 12.

ihre Tätigkeit außerhalb des übertragenen Gebietes nicht eine solche Maßnahme rechtfertigt oder notwendig macht.

Die keineswegs vollständigen Nachforschungen, die angestellt werden
konnten, haben nur die Staatsverträge zum Vorschein gebracht, die Frankreich mit seinen früheren afrikanischen Kolonien abgeschlossen hat. Alle
diese Verträge scheinen die folgende Klausel zu enthalten [65]:

> De même, les sociétés ayant leur siège social sur le territoire de la République
> centralafricaine dont la majorité du capital appertient à des Français et dont
> plus de la moitié des administrateurs ou gérants sont de nationalité française pour-
> ront, sur déclaration faite au registre du commerce, conserver leur statut actuel
> en ce qui concerne les règles régissant leur constitution, leur fonctionnement,
> leur liquidation et, d'une manière générale, les rapports entre associés ou
> actionnaires.

Es scheint, daß, falls das „statut actuel" die Verlegung der juristischen
Person gestattet, dieses Recht aufrechterhalten ist. In diesem Fall ist es von
Interesse, festzustellen, daß der Transfer des Kapitals von der französischen
Staatsangehörigkeit der Mehrheit der Aktionäre und Vorstandsmitglieder
abhängt, aber keine Geschäftstätigkeit außerhalb des abgetretenen Gebietes
verlangt wird.

Wie immer die Einzelheiten der Sitzverlegung ausgestaltet sein mögen,
scheinen die vorhandenen Staatsverträge den Schluß zu rechtfertigen, daß
juristische Personen, die normalerweise „Bewohner" des Nachfolgestaates
würden, ähnlich wie natürliche Personen berechtigt sind, sich zugunsten einer
Verlegung ihrer korporativen Identität zu entscheiden. Das entspricht im
grundsätzlichen dem Ergebnis, das hier befürwortet wird.

---

[65] Der Text ist Artikel 11 (3) des Staatsvertrages zwischen Frankreich und der
Zentralafrikanischen Republik vom 13. 8. 1960, Rev. Crit. 1961, 215, entnommen. Ähnliche Bestimmungen finden sich z. B. in dem Staatsvertrag zwischen
Frankreich und Tschad vom 11. 8. 1960 und zwischen Frankreich und Kongo
vom 15. 8. 1960, a.a.O., S. 220 und 217, und dem Staatsvertrag zwischen Frankreich und Malagasy vom 27. 6. 1960, Clunet 1960, 1138.

Die Ausgleichsgarantie des abhängigen Unternehmens bei Bestehen eines Beherrschungsvertrages

Philipp Möhring

Fragestellung

In der Öffentlichkeit sind nur wenige Unternehmensverträge ihrem Inhalt nach bekannt geworden [1]. Von diesen hat vor allem der zwischen der International Standard Electric Corporation (ISEC) und der Standard Elektrik Lorenz Aktiengesellschaft (SEL) geschlossene Beherrschungsvertrag vom 14./22. September 1966 im juristischen Schrifttum Beachtung gefunden. Er wirft die Frage auf, ob der gem. § 304 AktG zu gewährende Ausgleich zugunsten der außenstehenden Aktionäre auch vom abhängigen Unternehmen garantiert werden kann.

Im folgenden soll diese Frage im Blick auf den zwischen ISEC und SEL geschlossenen Beherrschungsvertrag näher untersucht werden.

Stellungnahme

I.

Der Unternehmensvertrag zwischen ISEC und SEL, für den ausdrücklich die Geltung deutschen Rechts vereinbart wurde [2], ist ein Beherrschungsvertrag ohne Gewinnabführung. Nach § 1 unterstellt SEL der ISEC die Leistung ihrer Gesellschaft und räumt ihr ein entsprechendes Weisungsrecht ein. Damit entfällt zugleich die Verpflichtung des abhängigen Unternehmens, einen Abhängigkeitsbericht nach § 312 AktG zu erstellen [3]. Es besteht

---

[1] Vgl. den Abdruck der Unternehmensverträge zwischen ISEC und SEL sowie zwischen der Deutschen Texaco LTD und der DEA bei Luchterhandt, Deutsches Konzernrecht bei grenzüberschreitenden Konzernverbindungen, Münchener Universitätsschriften. Abhandlungen des Instituts für europäisches und internationales Wirtschaftsrecht, Band 6, 1971, S. 230 ff.

[2] Zur kollisionsrechtlichen Problematik: Luchterhandt a.a.O., insbesondere S. 53 ff.; Bache, Der internationale Unternehmensvertrag nach deutschem Kollisionsrecht, 1969.

[3] Vgl. hierzu Möhring-Tank, Handbuch der Aktiengesellschaft, Band 1, Rdz. 740 ff.

schließlich eine umfassende Auskunfts- und Unterrichtungspflicht. Der Vertrag hält sich hiermit im Rahmen des Statuts (Charter) der ISEC, so daß der Einwand der ultra-vires nicht erhoben werden kann.

Die hier interessierende Bestimmung des § 3 lautet wie folgt:

1. SEL garantiert ihren außenstehenden Aktionären für die Dauer dieses Vertrages einen jährlichen Gewinnanteil in Höhe von 21⁰/o des Aktiennennbetrages.

2. Wird für ein Geschäftsjahr keine oder eine geringere als die garantierte Dividende ausgeschüttet, so wird der garantierte Gewinnanteil oder der Unterschiedsbetrag einen Tag nach der Hauptversammlung fällig, welcher der festgestellte Jahresabschluß vorgelegen oder welche den Jahresabschluß festgestellt hat.

3. Gegen ISEC erwerben die außenstehenden Aktionäre nur dann einen Anspruch auf Zahlung des garantierten Gewinnanteils, wenn und soweit ISEC eine solche unmittelbare alleinige Verpflichtung durch schriftliche Erklärung gegenüber dem Vorstand der SEL übernimmt.

Es stellt sich die Frage, ob diese Regelung rechtswirksam oder wegen § 304 Abs. 3 Satz 1 AktG nichtig ist.

II.

Nach § 304 Abs. 1 AktG muß ein *Gewinnabführungsvertrag*[4] „einen angemessenen Ausgleich für die außenstehenden Aktionäre durch eine auf die Aktiennennbeträge bezogene wiederkehrende Geldleistung (Ausgleichszahlung)" vorsehen, „die sich aus dem nachhaltig erzielbaren ausschüttbaren Gewinn ergibt"[5].

Ein *Beherrschungsvertrag* muß, sofern die Gesellschaft nicht auch zur Abführung ihres ganzen Gewinns verpflichtet ist, „den außenstehenden Aktionären als angemessenen Ausgleich einen bestimmten jährlichen Gewinnanteil nach der für die Ausgleichszahlung bestimmten Höhe garantieren". Von der Festlegung eines angemessenen Ausgleichs kann nur dann abgesehen werden, wenn die Gesellschaft im Zeitpunkt der Beschlußfassung ihrer Hauptversammlung über den Vertrag keinen außenstehenden Aktionär hat (§ 304 Abs. 1 Satz 3 AktG).

In § 304 Abs. 1 AktG ist nicht ausdrücklich bestimmt, welche der am Unternehmensvertrag beteiligten Gesellschaften — abhängiges oder herrschendes Unternehmen — den angemessenen Ausgleich zu zahlen oder zu garantieren hat. Die amtliche Begründung bestätigt eindeutig weder die

---

4 Zum folgenden vgl. auch MÖHRING, Das neue Konzernrecht und seine Auswirkungen auf andere Rechtsgebiete, Frankfurter Juristische Gesellschaft, Heft 2; id., Die gesetzliche Regelung der Unternehmensverbindungen im neuen Aktiengesetz, NJW 1967, S. 1 ff.

5 ALBACH, Probleme der Ausgleichszahlung und der Abfindung bei Gewinnabführungsverträgen nach dem Aktiengesetz 1965, Die AG 1966, S. 180.

eine noch die andere Ansicht. Keinesfalls kann ihr entnommen werden, auch der Gesetzgeber sei davon ausgegangen, daß allein das herrschende Unternehmen den Ausgleich zu garantieren habe. Es fällt nämlich auf, daß die Bestimmung des § 305 AktG, die doch in einem engen systematischen Bezug zu § 304 AktG steht, ausdrücklich von der Verpflichtung *„des anderen Vertragsteils"* — d. h. des herrschenden Unternehmens — spricht, „auf Verlangen eines außenstehenden Aktionärs dessen Aktien gegen eine im Vertrag bestimmte angemessene Abfindung zu erwerben". Gerade die im Aktiengesetz durchlaufend verwendete Terminologie, wonach zwischen „der Gesellschaft" — dem abhängigen Unternehmen — und dem „anderen Vertragsteil" — der herrschenden Gesellschaft — unterschieden wird, ist für die Auslegung des § 304 AktG von Bedeutung. Daneben stellt sich die Frage, ob die Regelung des § 304 Abs. 1 Satz 2 (Ausgleichsgarantie) wirklich eine Konsequenz des angeblichen Substanzverlustes [6] auf Seiten des abhängigen Unternehmens darstellt. Der wohl überwiegende Teil des Schrifttums vertritt die Auffassung, der Ausgleich gem. § 304 Abs. 1 Satz 2 AktG sei durch das herrschende Unternehmen zu garantieren [7].

Von den meisten Autoren wird diese Ansicht allerdings nicht näher begründet. Sie begnügen sich meist mit der bloßen Feststellung einer Verpflichtung des herrschenden Unternehmens, ohne in der gebotenen Weise zwischen Gewinnabführungsvertrag und Beherrschungsvertrag zu differenzieren [8]. Auch MEILICKE [9], der sich ausdrücklich mit dem Unternehmensvertrag zwischen ISEC und SEL befaßt, begründet seine Auffassung nicht näher, wonach dieser Beherrschungsvertrag „nichtig sein dürfte", da kein Ausgleich durch das beherrschende Unternehmen gewährt wurde. Ausführlicher wird die Problematik dagegen von BACHE [10] behandelt. Er kommt zu dem Ergebnis, daß sich der Gesetzgeber in der Frage nach dem Schuldner des Ausgleichsanspruchs zwar erkennbar nicht festlegen wollte [11], gleichwohl aber eine „außerhalb der normalen aktienrechtlichen Zuständigkeitsordnung" begründete „erhöhte Verantwortung" der Obergesellschaft zu bejahen sei [12]. Gleichzeitig räumt BACHE aber ein, daß dieses Ergebnis für den

---

[6] LUCHTERHANDT, a.a.O., S. 136 f.

[7] BACHE, a.a.O., S. 156 f. — wenn auch mit Einschränkung; BAUMBACH-HUECK, Kommentar zum Aktiengesetz, 13. Auflage 1968, § 304 Anm. 1, 6; LUCHTERHANDT, a.a.O., S. 135 f.; MEILICKE, Korporative Versklavung deutscher Aktiengesellschaften, in: Festschrift für ERNST E. HIRSCH, 1968, S. 99 f., 121; WÜRDINGER, Aktien- und Konzernrecht, 2. Auflage, 1966, S. 21, 291, 294.

[8] BAUMBACH-HUECK, AktG, § 304 Anm. 1, 6; WÜRDINGER, a.a.O., S. 21, 291, 294; RASCH, Deutsches Konzernrecht, 3. Auflage, 1966, S. 134 f., wo die hier interessierende Frage allerdings nicht direkt behandelt wird.

[9] a.a.O., S. 121.

[10] a.a.O., S. 155 f.

[11] a.a.O., S. 157.

[12] a.a.O., S. 157 f.

außenstehenden Aktionär dann unerfreulich ist, wenn er bei einem internationalen Unternehmensvertrag gezwungen sein würde, die Obergesellschaft im Ausland auf Zahlung des Ausgleichs zu verklagen. Der außenstehende Aktionär sei daher „wirtschaftlich" günstiger gestellt, wenn er seine Rechte vor einem deutschen Gericht geltend machen könne [13]. Die außenstehenden Aktionäre sollten aber nach § 304 AktG keineswegs schlechter gestellt werden. Das Fazit lautet daher bei BACHE: „Insofern wird man annehmen können, daß das ausländische herrschende Unternehmen beim Abschluß des Gewinnabführungsvertrages verpflichtet ist, in den internationalen Unternehmensvertrag auch einen Ausgleichsanspruch der außenstehenden Aktionäre gegen die beherrschende AG aufzunehmen" [14].

Auch diese Überlegungen beziehen sich generell auf den Unternehmensvertrag, ohne zwischen Gewinnabführungsvertrag und Beherrschungsvertrag und der damit unterschiedlichen „Zielorientierung" beider Vertragsarten zu differenzieren.

Neuerdings wendet sich LUCHTERHANDT [15] gegen die Zulässigkeit einer Ausgleichsgarantie durch das abhängige Unternehmen. Er begründet dies damit, in der abhängigen AG sei eine „selbständige, aus der autonomen wirtschaftlichen Planung des Unternehmens resultierende Gewinnerzielungschance" nicht vorhanden [16]. Wirtschaftlich sei es daher „offensichtlich unsinnig, daß derjenige, der seine Substanz aufgibt, selbst den daran Leidtragenden (der Minderheit) einen Ausgleich garantieren soll" [17].

Mit eingehender Begründung wird das Problem allein in der Kommentierung von GODIN-WILHELMI [18] behandelt, die eine Ausgleichsgarantie auch durch die abhängige Gesellschaft für zulässig halten. Diese Ansicht vertreten auch OBERMÜLLER-WERNER-WINDEN [19] und JÖRG H. GESSLER [20].

III.

Die Frage, ob auch das abhängige Unternehmen im Rahmen eines Beherrschungsvertrages den Ausgleich garantieren kann, ist nach zwei Seiten hin zu untersuchen: Anhand der Terminologie der §§ 291 ff. AktG sowie aufgrund der Gesetzessystematik.

---

[13] a.a.O., S. 158.
[14] a.a.O., S. 160.
[15] a.a.O., S. 135.
[16] a.a.O., S. 136.
[17] a.a.O., S. 136. Kritisch wäre hier auch die Verwendung des Begriffs „Substanzverlust" zu vermerken. Selbst beim Gewinnabführungsvertrag wird die Substanz des abhängigen Unternehmens nicht angegriffen, sondern der *Gewinn* abgeführt. Worin der „Substanzverlust" bestehen soll, bleibt daher offen.
[18] AktG, 3. Auflage, 1967, § 304 Anm. 2 ff.
[19] Die Hauptversammlung der Aktiengesellschaft, 3. Auflage, 1967, S. 187 f.
[20] AktG, 2. Auflage, 1969, § 304 Anm. 1.

Es hat zunächst den Anschein, als ob dem Wortlaut des § 304 Abs. 1 AktG eine eindeutige Antwort auf die hier interessierende Frage nicht zu entnehmen ist. Das Gesetz spricht nur davon, „der Beherrschungsvertrag" müsse eine Ausgleichsgarantie vorsehen. Indessen wird man diesem Wortlaut, der in erster Linie auf den Vertragsinhalt abstellt, entnehmen müssen, daß der Gesetzgeber diese Formulierung wohl kaum verwendet hätte, wenn dadurch ausschließlich das herrschende Unternehmen betroffen sein sollte. Dies folgt meines Erachtens aus § 305 Abs. 1, der in deutlichem Gegensatz zu § 304 Abs. 1 ausdrücklich von der *„Verpflichtung des anderen Vertragsteils"* spricht, auf Verlangen eines außenstehenden Aktionärs dessen Aktien gegen eine im Vertrag bestimmte angemessene Abfindung [21] zu erwerben. Wenn in § 304 Abs. 1 AktG gleichfalls eine Verpflichtung „des anderen Vertragsteils" — des herrschenden Unternehmens — normiert werden sollte, so lag es schon angesichts des engen systematischen Bezugs der beiden Bestimmungen nahe, dies ebenso ausdrücklich festzulegen.

Auffallend ist schließlich, daß im Abschnitt über die Unternehmensverträge durchlaufend eine bestimmte Terminologie verwendet wird. Es wird dort nämlich jeweils zwischen „der Gesellschaft" — dem abhängigen Unternehmen — und dem „anderen Unternehmen", dem „anderen Vertragsteil" — der herrschenden Gesellschaft — unterschieden. Dies ist konsequent, wenn man sich vergegenwärtigt, daß der Unternehmensvertrag nach §§ 291, 292 AktG aus der Sicht des abhängigen Unternehmens qualifiziert wird. In diesem Sinne ist dann beispielsweise in §§ 291 Abs. 3, 304 Abs. 1 Satz 2 und 3, Abs. 2 Satz 1, Abs. 3 Satz 2 AktG von „der Gesellschaft" die Rede, womit allein das abhängige Unternehmen gemeint ist. Andererseits sprechen die §§ 291 Abs. 1 Satz 1, 292 Abs. 1 Nr. 1, 2, 3, 293 Abs. 2, 302 Abs. 1, 304 Abs. 2 Satz 2, Abs. 5, 305 Abs. 1, Abs. 3 Satz 1 Akt von der „anderen Gesellschaft", dem „anderen Vertragsteil", womit die herrschende Gesellschaft bezeichnet ist. Diese durchlaufend und konsequent verwendete Terminologie wird bei der Auslegung von § 304 Abs. 1 AktG zu wenig beachtet [22]. Sie widerspricht jedenfalls der These, es sei „völlig selbstverständlich", daß allein das herrschende Unternehmen einen Ausgleich i. S. von § 304 Abs. 1 Satz 2 AktG garantieren könne.

Auch die amtliche Begründung unterstellt diese Auslegung keinesfalls als die einzig richtige und mögliche. Es heißt dort vielmehr: „Die Art des Ausgleichs ist bei Gewinnabführungs- und bei Beherrschungsverträgen verschieden. Bei Gewinnabführungsverträgen sind anstelle einer Dividende — die hier durch die Gewinnabführung ausgeschlossen ist — auf den Aktiennennbetrag bezogene wiederkehrende Geldleistungen zu entrichten. Hin-

---

[21] Vgl. hierzu BERNHARDT, Die Abfindung von Aktionären nach neuem Recht, BB 1966, S. 257.
[22] Vgl. andererseits OBERMÜLLER-WERNER-WINDEN, a.a.O., S. 189.

gegen kann bei einem Beherrschungsvertrag ohne Abführung des ganzen Gewinns ein Bilanzgewinn entstehen, also eine Dividende ausgeschüttet werden. Hier muß dem Aktionär daher ein Gewinnanteil bestimmter Höhe garantiert werden". Die amtliche Begründung geht somit gleichfalls davon aus, daß der Aktionär bei einem Beherrschungsvertrag nach wie vor einen Dividendenanspruch hat. Die Garantie bezweckt, daß dieser Gewinnanteil *seiner Höhe nach* festgelegt wird. Diese Garantie — als Zusicherung eines bestimmten Erfolges — kann das abhängige Unternehmen als Schuldner des Dividendenanspruchs abgeben.

In der amtlichen Begründung ist im übrigen auch ausdrücklich darauf hingewiesen, daß schon nach früherem Recht ein Anspruch der außenstehenden Aktionäre auf eine „Dividenden-Garantie" anerkannt und regelmäßig auch vertraglich vereinbart worden sei. Vor Inkrafttreten des Aktiengesetzes 1965 wurde eine solche Garantie üblicherweise von dem herrschenden Unternehmen abgegeben [23].

Nach früherem Recht war es aber keineswegs selbstverständlich, daß allein die Muttergesellschaft eine Dividenden-Garantie abzugeben hatte. Auch dies ist zu berücksichtigen, wenn die amtliche Begründung ausdrücklich auf diese bisher bestehende Rechtslage Bezug nimmt [24].

IV.

Die Vertreter der Auffassung, derzufolge eine Ausgleichsgarantie nur vom herrschenden Unternehmen abgegeben werden kann, berufen sich vor allem auf die Regelung der §§ 158 Abs. 3, 293 Abs. 2 AktG. Ihrer Ansicht nach ist diesen Bestimmungen zu entnehmen, daß der Gesetzgeber von einer entsprechenden Verpflichtung der herrschenden Gesellschaft ausgegangen sei [25].

Die Vorschrift des § 158 Abs. 3 betrifft den *Gewinnabführungsvertrag*. Der Fall der Ausgleichsgarantie bei Bestehen eines *Beherrschungsvertrages* ist nicht ausdrücklich geregelt. Nach § 158 Abs. 3 kann das herrschende Unternehmen die Zahlung entsprechend absetzen, sofern *es* verpflichtet ist, einen Ausgleich zu leisten. Damit ist aber keineswegs gesagt, daß allein das herrschende Unternehmen eine Ausgleichszahlung bzw. Ausgleichsgarantie übernehmen kann. Ohne die in § 158 Abs. 3 AktG vorgesehenen Möglichkeit wäre eine Verrechnung nicht ohne weiteres selbstverständlich [26].

---

[23] Vgl. hierzu FISCHER, in: Großkommentar, 2. Auflage, 1961, § 54 Anm. 7 unter Hinweis darauf, daß die Dividenden-Garantie die „Gegenleistung" für die Gewinnübernahme darstellt.
[24] Begründung RegE zu § 304.
[25] Vgl. LUCHTERHANDT, a.a.O., S. 136.
[26] Vgl. Begründung RegE zu § 158.

Auf der anderen Seite bestimmt § 158 Abs. 3, daß ein gegebenenfalls übersteigender Betrag für Ausgleichszahlungen „unter den Aufwendungen als Verlustübernahme (§ 157 Abs. 1 Nr. 25) auszuweisen" ist [27]

Für diesen Fall stellt sich die Ausgleichszahlung somit im Ergebnis als ein Fall der Verlustübernahme gem. § 302 AktG dar. Dasselbe gilt dann, wenn das *abhängige Unternehmen* einen Ausgleich garantiert und dies vom herrschenden Unternehmen gem. § 302 indirekt auszugleichen ist. In beiden Fällen wirkt sich die Ausgleichsgarantie in der Gewinn- und Verlustrechnung letztlich als Verlustübernahme aus.

Garantiert das abhängige Unternehmen gem. § 304 Abs. 1 Satz 2 AktG bei Vorliegen eines Gewinnabführungsvertrages, dann versteht sich von selbst, daß dieser Ausgleich im Rahmen von § 157 Nr. 27 AktG zu verrechnen und zu berücksichtigen ist. Hier ist die Ausgleichsgarantie ein Abzugsposten des abzuführenden Gewinns.

In § 304 Abs. 1 ist von „außenstehenden *Aktionären*" die Rede. Demgegenüber spricht § 158 Abs. 3 von einem Ausgleich für *„außenstehende Gesellschafter"*.

Im Schrifttum blieb dieser terminologische Unterschied bislang unbeachtet. Die Formulierung wird verständlich, wenn man sich die unterschiedliche Betrachtungsweise des Gesetzes vergegenwärtigt. In § 304 handelt es sich um die Verpflichtung des *abhängigen Unternehmens*, seinen *Aktionären*, die — weil am Unternehmensvertrag nicht unmittelbar beteiligt [28] — „außenstehende Aktionäre" sind, einen bestimmten Ausgleich zu garantieren. In § 158 Abs. 3 wird dagegen dem *herrschenden Unternehmen* die Möglichkeit einer Verrechnung eingeräumt, sofern es den Aktionären der abhängigen Gesellschaft, die im Verhältnis zur Obergesellschaft eben nicht „außenstehende Aktionäre", sondern „außenstehende Gesellschafter" sind, Ausgleich garantiert. Der unterschiedliche Ausgangspunkt rechtfertigt daher die verschiedenartige Terminologie. Zwar kann es sich bei dem herrschenden Unternehmen selbstverständlich auch um eine andere Unternehmensform als eine Aktiengesellschaft handeln. Dies gilt aber auch für den Fall des § 304 AktG. Auch hier hätte daher bei konsequenter Anwendung dieser Termiologie vom „außenstehenden Gesellschafter" gesprochen werden müssen. Die vom Gesetz vorgenommene Differenzierung zwischen „außenstehendem Aktionär" und „außenstehendem Gesellschafter" zeigt, daß sich die Ausgleichszahlung nach § 304 AktG auf der Ebene Aktionär/Gesellschaft und nicht im Verhältnis Aktionär/Obergesellschaft bewegt [29].

---

[27] Hierzu: SIEBER-HAGENMÜLLER-KOLBECK-SCHERPF, Handbuch der Aktiengesellschaft Bd. 2, VI Rdz. 303.

[28] GODIN-WILHELMI, § 304 Anm. 7.

[29] GODIN-WILHELMI, § 304 Anm. 2 ff.

Nach § 293 Abs. 2 AktG wird ein Beherrschungs- oder Gewinnabführungsvertrag, wenn der andere Vertragsteil eine Aktiengesellschaft oder Kommanditgesellschaft auf Aktien ist, nur wirksam, sofern auch die Hauptversammlung dieser Gesellschaft zustimmt. Da § 293 Abs. 2 AktG nur für Aktiengesellschaften und Kommanditgesellschaften auf Aktien gilt, während sich die Verpflichtungen des § 304 AktG auf alle Unternehmensformen bezieht, besteht schon von daher eine Inkongruenz beider Vorschriften. Die Bestimmung des § 293 Abs. 2 AktG dient ersichtlich dem Schutz der Aktionäre des herrschenden Unternehmens, deren Interessen insofern berührt sind, als die Obergesellschaft nunmehr unter anderem auch nach § 302 AktG für Verbindlichkeiten der abhängigen Gesellschaft einstehen muß. Dies kann zu einer Gewinnbeeinträchtigung und damit zu einer Schmälerung des Dividendenanspruchs der Aktionäre des herrschenden Unternehmens führen. Die amtliche Begründung weist ausdrücklich auf diese Verpflichtung des herrschenden Unternehmens hin, die mit Abschluß des Unternehmensvertrages übernommen wird. Selbstverständlich gilt dies auch für den Fall, daß die Obergesellschaft eine Ausgleichsgarantie selbst gegeben hat. Damit ist aber nicht entschieden, daß diese Garantie einzig von dem herrschenden Unternehmen übernommen werden kann.

Ein weiterer Einwand verweist auf § 57 AktG und das dort niedergelegte Verzinsungsverbot. Damit wird aber verkannt, daß die Ausgleichgarantie des § 304 AktG schon von ihrer Funktion her keine Verzinsung einer Einlage i. S. von § 57 Abs. 2 ist. Diese Bestimmung will verhindern, daß das Grundkapital in seinem Bestand gefährdet wird und demzufolge eine Beeinträchtigung der Aktionärs- oder Gläubigerinteressen erfolgt. Die Ausgleichsgarantie des § 304 AktG ist demgegenüber die Zusicherung, daß eine Dividende in bestimmter Höhe gezahlt wird, der Anspruch des Aktionärs nach § 60 AktG durch den Abschluß des Beherrschungsvertrages folglich nicht gefährdet werden soll. Sie bezweckt keine *Besserstellung* des Aktionärs zu Lasten etwaiger Gesellschaftsgläubiger, was durch § 57 AktG verhindert werden soll, sondern die *Sicherung* seines Dividendenanspruchs auch der Höhe nach. Eine Beeinträchtigung der Gesellschaftsgläubiger findet auch schon im Hinblick auf § 302 AktG nicht statt. Das Verzinsungsverbot soll verhindern, daß dem Aktionär hinsichtlich seiner mitgliedschaftlichen Position Vermögenswerte von Seiten der Aktiengesellschaft zufließen oder belassen werden, die sich weder als Dividende noch als sonst zulässige Leistung aus dem mitgliedschaftlichen Bereich darstellen [30].

Hinzu kommt, daß Leistungen der Gesellschaft — d. h. des abhängigen Unternehmens — aufgrund eines Beherrschungs- oder eines Gewinnabführungsvertrages gem. § 291 Abs. 3 AktG nicht als Verstoß gegen die §§ 57, 58 und 60 gelten.

---

[30] Vgl. LUTTER, in: Kölner Kommentar zum Aktiengesetz, § 57 Rdz. 5.

V.

Die Bestimmung des § 304 AktG dient dem Schutz der außenstehenden Aktionäre vor einer Aushöhlung ihrer Dividendenansprüche. Damit bedarf es noch der weiteren Untersuchung, ob eine Ausgleichsgarantie durch das abhängige Unternehmen diesen Schutz der Aktionäre tatsächlich zu gewährleisten vermag.

Nach § 302 AktG ist die herrschende Gesellschaft verpflichtet, „jeden während der Vertragsdauer sonst entstehenden Jahresfehlbetrag auszugleichen, soweit dieser nicht dadurch ausgeglichen wird, daß den freien Rücklagen Beträge entnommen werden, die während der Vertragsdauer in sie eingestellt worden sind". Dem außenstehenden Aktionär stehen folglich bei Gewährung der Ausgleichsgarantie durch das abhängige Unternehmen zwei Anspruchsgegner zur Verfügung. Er ist nicht genötigt, gegen die Obergesellschaft zu prozessieren, was beispielsweise fast unmöglich ist, wenn diese im Ausland ihren Sitz hat. Der von BACHE erhobenen Forderung, wonach in einem solchen Fall auch das abhängige Unternehmen zur Ausgleichszahlung verpflichtet sein soll, ist damit Rechnung getragen. Der Aktionär kann sich wegen seines Dividendenanspruchs an das abhängige Unternehmen halten und seine Forderung notfalls bei einem deutschen Gericht geltend machen. Daneben hat er die Möglichkeit, den der abhängigen Gesellschaft gegen das herrschende Unternehmen gem. 302 AktG zustehenden Ausgleichsanspruch pfänden und sich überweisen zu lassen [31].

Auch die amtliche Begründung spricht von einer „mittelbaren Haftung" des herrschenden Unternehmens gegenüber den Gläubigern der abhängigen Gesellschaft [32].

Im Ergebnis ist der außenstehende Aktionär nach der hier vertretenen Auffassung, wie sie dem zwischen ISEC und SEL geschlossenen Unternehmensvertrag zugrunde liegt, rechtlich wie wirtschaftlich besser gestellt, als wenn der Ausgleich allein durch das herrschende Unternehmen garantiert wird.

Dieses Ergebnis wird nicht etwa durch den Hinweis in Frage gestellt, der Verlustausgleichsanspruch der abhängigen Gesellschaft gegenüber dem herrschenden Unternehmen könne von jedem Gläubiger gepfändet werden, so daß der vom Gesetz bezweckte bevorzugte Schutz des außenstehenden Aktionärs nicht ausreichend gewährleistet sei. Eine solche Besserstellung des Aktionärs gegenüber den Gesellschaftsgläubigern ist den Bestimmungen der §§ 300 ff. AktG nicht zu entnehmen (vgl. § 303 AktG). Der dem § 302 zugrunde liegende gesetzgeberische Zweck ist darin zu sehen, daß die herrschende Gesellschaft für einen Verlust des abhängigen Unternehmens verantwortlich gemacht wird, dessen Geschicke sie aufgrund ihrer Leitungs-

---

[31] GODIN-WILHELMI, § 304 Anm. 2.
[32] RegE zu § 302.

gewalt bestimmen kann. Die Verlustübernahme schützt daher die außenstehenden Aktionäre und die Gläubiger des abhängigen Unternehmens in gleicher Weise. Darüber hinaus verkennt dieser Einwand, daß der Verlust des Ausgleichsanspruchs gem. § 302 AktG sowohl die Forderung des außenstehenden Aktionärs auf Ausgleichszahlung wie den Gläubigeranspruch deckt. Der außenstehende Aktionär wird in seinem Ausgleichsanspruch nicht berührt, da das abhängige Unternehmen diese Forderung gem. §§ 157 Abs. 1 Nr. 28, 302 AktG der herrschenden Gesellschaft in Rechnung stellt (§ 157 Abs. 1 Nr. 25). Garantiert das *herrschende* Unternehmen den Ausgleich, so ist demgegenüber nicht gewährleistet, daß der außenstehende Aktionär seine Forderung angesichts anderweitiger Gläubigeransprüche zu realisieren vermag. Hier steht und fällt die Ausgleichsgarantie allein mit der Liquidität des herrschenden Unternehmens, während dem außenstehenden Aktionär nach der hier vertretenen Auffassung letztlich zwei Unternehmen haften[33].

Folgt man dieser Ansicht, so ist auch die weitere Frage unproblematisch, wie sich rechtliche Veränderungen im Bereich des herrschenden Unternehmens auf die Ausgleichsgarantie auswirken[34].

Zusammenfassung

Die Antwort auf die eingangs gestellte Frage, ob auch das abhängige Unternehmen die nach § 304 AktG gebotene Ausgleichszahlung garantieren kann, lautet daher: Der zwischen der herrschenden Gesellschaft und dem abhängigen Unternehmen geschlossene Beherrschungsvertrag läßt den Dividendenanspruch des außenstehenden Aktionärs unberührt. Die Verpflichtung des § 304 AktG erstreckt sich daher auf das Verhältnis zwischen Aktionär und abhängiger Gesellschaft. Dies ergibt sich aus der Terminologie des Gesetzes, wenn von „der Gesellschaft" im Gegensatz zu „dem anderen Vertragsteil" gesprochen wird. Das gewonnene Ergebnis ist im übrigen auch wirtschaftlich sinnvoll, da der außenstehende Aktionär hierdurch in zweifacher Weise geschützt ist.

---

[33] Zur Rechnungslegung vgl. im übrigen ADLER-DÜRING-SCHMALTZ, Rechnungslegung und Prüfung der Aktiengesellschaft, Handkommentar 4. Auflage, Band I 1968, § 152 Tz. 135; § 157 Tz. 183.

[34] Zur früheren Rechtslage vgl. FISCHER, in: Großkommentar, § 54 Anm. 13; MESTMÄCKER, Verwaltung, Konzerngewalt und Rechte der Aktionäre, 1958, S. 358 f.

Gesellschaftstreue und Konzernrecht

Zur Auslegung des § 243 Abs. 2 AktG

Wolfgang Schilling

I.

In der 1962 erschienenen 2. Auflage des Großkommentars zum Aktiengesetz von 1937 habe ich in den Anm. 13a, 15a und b zu § 197 ausgeführt: Der Grundsatz von Treu und Glauben gilt auch im Aktienrecht und ein Verstoß gegen ihn ist eine die Anfechtung eines Hauptversammlungsbeschlusses begründende Gesetzesverletzung. Der Grundsatz bestimmt das Verhältnis des Aktionärs zur Gesellschaft, wobei diese die Aktionäre als ihr personales und das Unternehmen, eingeschlossen die Belegschaft, als ihr reales Substrat umfaßt. Inwieweit der Grundsatz, den ich den Grundsatz der Gesellschaftstreue genannt habe, ein Handeln oder Unterlassen des Aktionärs gebietet, hängt von der näheren Ausgestaltung des Verhältnisses des Aktionärs zur Gesellschaft ab, insbesondere, ob der oder die handelnden Aktionäre die Minderheit oder die Mehrheit darstellen. Der einzelne einflußlose Aktionär braucht seine eigenen Interessen nicht hinter die der Gesellschaft zurückzustellen. Anders ist es, wenn der oder die Aktionäre als Mehrheit handeln. Die einen Hauptversammlungsbeschluß durchsetzende Mehrheit repräsentiert die Gesellschaft, also die Gesamtheit einschließlich der Minderheit. Die beschließende Hauptversammlung ist Organ der Gesellschaft und die Mehrheit trifft demgemäß eine organschaftliche Verantwortung. Die Gesellschaftstreue fordert von ihr, daß sie im Falle einer Kollision den Interessen der Gesellschaft den Vorrang vor ihren eigenen gibt. Ein besonders wichtiger und häufiger Fall der Verletzung der Gesellschaftstreue ist die Verfolgung von Sondervorteilen zum Schaden der Gesellschaft oder der anderen Aktionäre. Das Aktiengesetz von 1937 hat ihn als Anfechtungstatbestand in § 197 Abs. 2 konkretisiert.

Die folgenden Ausführungen beschäftigen sich mit der Frage, inwieweit die Rechtsentwicklung seit 1962, insbesondere das neue Konzernrecht des Aktiengesetzes von 1965, den für das Handeln der Mehrheit geltenden Grundsatz der Gesellschaftstreue beeinflußt haben. Sie sind Hans Hengeler gewidmet, dem bedeutenden und kritischen Praktiker des Gesellschaftsrechts.

Im einzelnen ist zu sagen:

1. Der Begriff der Gesellschaftstreue ist für das *Anfechtungsrecht* geprägt worden. Er kann also immer nur das in einem Hauptversammlungsbeschluß gestaltete Handeln der Mehrheit, sei es eines oder mehrerer Aktionäre, erfassen. Als Forderung an die Mehrheit, bei der Beschlußfassung die Interessen der Gesellschaft und der Minderheit zu berücksichtigen, besteht der Begriff schon lange und entspricht heute allgemeiner Auffassung. Diese Forderung klingt erstmals in zwei Entscheidungen des Reichsgerichts aus dem Jahre 1923 [1] an. Deutlicher wird sie von RG 132, 149 in dem berühmt gewordenen Satz (S. 163) ausgesprochen:

„Aus der Befugnis, im Wege des Mehrheitsbeschlusses zugleich auch für die Minderheit zu beschließen und damit mittelbar über deren in der Gesellschaft gebundene Vermögensrechte zu verfügen, ergibt sich ohne weiteres die gesellschaftliche Pflicht der Mehrheit, im Rahmen des Gesamtinteresses auch den berechtigten Belangen der Minderheit Berücksichtigung angedeihen zu lassen und deren Rechte nicht über Gebühr zu verkürzen."

Die hinsichtlich des Postulats der Treupflicht des einzelnen Aktionärs mit Recht heute allgemein abgelehnte Entscheidung RG 146, 71 enthält aber auch die für die Rechtsentwicklung wichtige auf die Hauptversammlung bezügliche Stelle (S. 76), daß die *Organe* der Gesellschaft ihre Maßnahmen ausschließlich im Interesse und zum Gedeihen der „Gemeinschaft" (gemeint ist die Gesellschaft) zu treffen haben. Insoweit stimmt dem Reichsgericht auch ALFRED HUECK [2] zu, der diese Verpflichtung aus der Treupflicht der Organe gegenüber der Gesellschaft herleitet. Dieser Gedanke der organschaftlichen Verantwortung der beschließenden Mehrheit wird in der Folgezeit öfters ausgesprochen [3] WIEDEMANN [4] spricht von einer gesellschaftlichen Verantwortung des Mehrheitsaktionärs als einer mit seinem Status in dem Verband notwendig erwachsenden körperschaftlichen Amtspflicht. ZÖLLNER [5] will die Rücksichtnahme bei der Stimmrechtsausübung u. a. messen nach der Stärke der eingeräumten Macht, in fremde Interessen einzugreifen.

---

[1] RG 107,72 und 203, vgl. SCHILLING, a.a.O., § 197 Anm. 13 a, näheres bei WIELAND, Handelsrecht II (1931) 205 ff., und FILBINGER, Die Schranken der Minderheitsherrschaft im Aktienrecht und Konzernrecht, Berlin 1942, S. 82 ff.

[2] Der Treuegedanke im modernen Privatrecht, München 1947, S. 26.

[3] Z.B. R. FISCHER, Die Grenzen bei der Ausübung gesellschaftsrechtlicher Mitgliedschaftsrechte NJW 54, 799 und in: Minderheitenschutz bei Kapitalgesellschaften, Karlsruhe 1967 S. 71; SCHILLING JZ 53, 490 und im Großkomm. a.a.O., § 197 Anm. 15 b; ULMER, Die Anfechtbarkeit von Umwandlungsbeschlüssen wegen Mißbrauchs des Minderheitsgesellschafters, BB 64, 665 (667); vgl. auch die RegBegr zu § 311 (bei Kropff S. 408), die dem herrschenden Unternehmen aufgrund seiner besonderen Pflichtenstellung eine Verantwortlichkeit auch für die Ausübung des Stimmrechts auferlegt.

[4] Minderheitenschutz und Aktienhandel, Stuttgart 1968, S. 55.

[5] Die Schranken mitgliedschaftlicher Stimmrechtsmacht bei den privatrechtlichen Personenverbänden, München 1963, S. 342.

Einen neuen Akzent bringt die unternehmensrechtliche Betrachtung. Ist der Mehrheitsaktionär selbst ein Unternehmen, so treffen ihn besondere Pflichten [6]. Das wird im Konzernrecht als dem Recht der verbundenen Unternehmen deutlich. Das Aktiengesetz von 1965 hat dem herrschenden Unternehmen besondere Pflichten auferlegt, aber auch besondere Privilegien eingeräumt. Es könnte sinnvoll sein, auch in diesem Zusammenhang — nicht nur bei der Ausübung der Mehrheitsherrschaft in der Hauptversammlung, von der hier allein die Rede ist — den Begriff der Gesellschaftstreue zu verwenden. Jedenfalls sind, worauf WIEDEMANN [7] — im Vergleich zwischen US- und deutschem Recht — hinweist, die Pflichten der Mehrheit der bessere Ansatzpunkt für die rechtliche Beurteilung des Mehrheits-Minderheitsverhältnisses als die Rechte der Minderheit.

2. Aus der Gesellschaftstreue ergeben sich die Grundsätze der Gebundenheit an das Verbandsinteresse, der Verhältnismäßigkeit und der Erforderlichkeit, wie sie ZÖLLNER [8] aufgestellt hat. V. FALKENHAUSEN [9] leitet die Grundsätze der Verhältnismäßigkeit und Angemessenheit aus dem Grundgesetz her. Der Bezugsrechtsausschluß (unter III) und der angemessene Ausgleich (unter II) sind Anwendungsfälle dieser Grundsätze.

3. Der angemessene Ausgleich ist selbst ein wichtiger Grundsatz des Konzernrechts geworden. Er ist jetzt in den §§ 243 Abs. 2 Satz 2, 304, 305 und 311 konkretisiert, aber nicht neu [10]. Wir verdanken ihn dem Steuerrecht, das hier wie öfter die Führungsrolle für das Zivilrecht übernommen hatte. Mit der wirtschaftlichen Betrachtungsweise des Steuerrechts war die in den 20er und 30er Jahren herrschende, in § 101 Abs. 3 und § 197 Abs. 2 Satz 2 AktG 37 zum Ausdruck gekommene Meinung [11], die abhängige Gesellschaft dürfe im Konzerninteresse geschädigt werden, nicht zu vereinbaren. Das Verbot der verdeckten Gewinnausschüttung [12], der Schutzpatron

---

[6] So wohl erstmals FECHNER, Die Treubindungen des Aktionärs, Weimar 1942, S. 70 ff., zustimmend MESTMÄCKER, Verwaltung, Konzerngewalt und Rechte der Aktionäre, Karlsruhe 1958, S. 350, s. auch S. 345; neuerdings WIEDEMANN, Großkomm. z. AktG 3. Aufl. § 186 Anm. 2 b und 3 e, der zwischen Einzelaktionär und Unternehmensgesellschafter unterscheidet und letzterem in der Frage des Bezugsrechts eine körperschaftliche Amtspflicht — s. bei Fußn. 4 — auferlegt.

[7] Wie in Fußn. 4, S. 8.

[8] Wie in Fußn. 5, S. 350 ff.

[9] Verfassungsrechtliche Grenzen der Mehrheitsherrschaft nach dem Recht der Kapitalgesellschaften, Karlsruhe 1967, S. 203 ff.

[10] In der konzernrechtlichen Literatur wird er wohl erstmals von FILBINGER (wie in Fußn. 1, S. 131) geäußert.

[11] Nachweise bei: FILBINGER (wie in Fußn. 1) S. 132, MESTMÄCKER (wie in Fußn. 6), S. 276 ff., SCHMIDT-MEYER-LANDRUT in Großkomm. z. AktG 2. Aufl. § 101 Anm. 8, GESSLER in Festschrift für WALTER SCHMIDT, Berlin 1959, S. 258 ff., ZÖLLNER wie in Fußn. 5, S. 82 ff.

[12] s. dazu BALLERSTEDT, Kapital, Gewinn und Ausschüttung bei Kapitalgesellschaften, Tübingen 1949, S. 112 ff. und DÖLLERER, Fragen der verdeckten Gewinnausschüttung der Aktiengesellschaft, BB 67, 1437.

der Minderheit bei den Kapitalgesellschaften, stand entgegen. So wurde insbesondere beim Organschaftsvertrag die Dividendengarantie und die Verlustübernahme als Ausgleich für die Gewinnabführung vom Steuerrecht schon lange verlangt, bevor sie die Zivilrechtstheorie übernahm.

Nach dem 2. Weltkrieg hat sich das Bild gewandelt. Zwar mußte die Konzernverflechtung als ein nicht mehr zu beseitigendes Faktum [13] hingenommen werden, aber es setzte sich die Auffassung durch, daß Benachteiligungen der abhängigen Gesellschaft und ihrer freien (außenstehenden) Aktionäre angemessen auszugleichen sind [14]. So wurde der Grundsatz des angemessenen Ausgleichs zum tragenden Prinzip des neuen Konzernrechts.

4. Aber nicht alle Eingriffe des Mehrheitsaktionärs lassen sich ausgleichen. Die Ausgleichsmöglichkeit besteht nur im Rahmen des § 243 Abs. 2. Ein sonstiger Verstoß gegen die Gesellschaftstreue bleibt anfechtbar, z. B. ein Entlastungsbeschluß, durch den der Mehrheitsaktionär einen ihm gewährten Sondervorteil decken will. Ebenso bleibt die Anfechtung gegeben, wenn der Beschluß sonst gegen Gesetz oder Satzung verstößt.

5. Abzugrenzen ist der Anfechtungstatbestand des § 243 Abs. 2 von den Tatbeständen des § 117 und des § 311.

a) Die §§ 101 und 197 Abs. 2 AktG 37 verband das gemeinsame Merkmal des gesellschaftsfremden Sondervorteils und die Verweisung in § 197 Abs. 2 Satz 2 auf § 101 Abs. 3. Dieser Zusammenhang ist jetzt in beiden Punkten gelöst. Die Schadensersatzpflicht des § 117 setzt nicht mehr ein Handeln zu dem Zwecke, gesellschaftsfremde Sondervorteile zu erlangen, voraus. Die „schutzwürdigen Belange" sind aus dem Aktiengesetz verschwunden. Die Überordnung der Konzerninteressen wurde zwar legalisiert, aber ausgleichspflichtig gemacht, s. oben zu 3.

Geblieben ist die Abgrenzung dahin, daß die Ausübung des Stimmrechts in der Hauptversammlung von der Schadensersatzpflicht befreit ist, § 117 Abs. 7 Z. 1. Die Anfechtung ist also, soweit (nur) der Tatbestand des § 117 in Frage kommt, der einzige Rechtsbehelf gegen die schadenstiftende Einflußnahme des Mehrheitsaktionärs durch einen Hauptversammlungsbeschluß.

b) Das Aktiengesetz von 1965 hat nun aber weitere Institutionen geschaffen, um die abhängige Gesellschaft vor Benachteiligungen durch das herrschende Unternehmen zu sichern. Das sind einmal die Regelung der

---

[13] Die RegBegr — Vorbem. z. Dritten Buch — spricht von der Macht der Tatsachen; weitergehend das Bundesverfassungsgericht im Feldmühle-Urteil E 14, 282: „Der Gesetzgeber konnte es aus gewichtigen Gründen des gemeinen Wohls für angebracht halten, den Schutz des Eigentums der Minderheitsaktionäre hinter den Interessen der Allgemeinheit an einer freien Entfaltung der unternehmerischen Initiative im Konzern zurücktreten zu lassen." Kritisch dazu u. a. RASCH, Deutsches Konzernrecht 4. Aufl. 1968, S. 148 ff.

[14] MESTMÄCKER (wie in Fußn. 6) S. 332 ff., 354 ff.; ZÖLLNER (wie in Fußn. 5) S. 87 ff. m. weit. Nachw.; SCHILLING im Großkomm. z. AktG 2. Aufl. § 197 Anm. 15 b, § 256 Anm. 7, 13, 20.

§§ 311 ff. für den sog. faktischen Konzern, zum andern die Haftungsvorschriften der §§ 309, 310 und 323 für den Vertragskonzern. Beide haben
auch dann Geltung, wenn das herrschende Unternehmen seine Handlungs-
weise durch einen Hauptversammlungsbeschluß der abhängigen Gesellschaft sanktioniert. Es stellt sich aber die Frage, ob neben der Regelung
der §§ 311 ff. die Anfechtung eines das nachteilige Rechtsgeschäft beschließenden oder die nachteilige Maßnahme veranlassenden Hauptversammlungsbeschlusses überhaupt noch gegeben ist; dazu unter II 6.

II.

Die Anfechtung wegen *Sondervorteiles* hat, wie wir gesehen haben (oben
I 3), einen neuen Aspekt bekommen: Die Überordnung des Konzerninter-
esses ist zwar legalisiert, aber ausgleichspflichtig gemacht worden. Daraus
und aus weiteren Änderungen sind neue Fragen entstanden:

1. Auf Vorschlag des Bundesrats ist das im Reg Entw dem Sondervorteil noch beigefügte Adjektiv „gesellschaftsfremd" mit der Begründung
gestrichen worden, die Gesellschaftsfremdheit komme bereits in dem Wort
„Sondervorteil" zum Ausdruck [15]. Die Richtigkeit dieser Begründung ist zu
bezweifeln. Gesellschaftsfremd ist der Sondervorteil, wenn seine Verfolgung
nicht im Gesellschaftsinteresse liegt [16]. Diese gab also nach dem alten Recht
nur dann einen Anfechtungsgrund, wenn der Sondervorteil dem Gesellschaftsinteresse schadete oder es unberührt ließ. Nach dem neuen Recht ist
die Anfechtung auch dann gegeben, wenn die Verfolgung des Sondervorteils gesellschaftsnützlich ist.

2. An dem Begriff des Sondervorteils selbst hat sich nichts geändert.
Wir können uns hier einerseits wieder am Beispiel der verdeckten Gewinnausschüttung orientieren. Ein beliebiger Dritter — nicht der auch von der
Vorschrift erfaßte nahestehende Dritte — hätte den Vorteil nicht erhalten.
Andererseits kommt nicht nur ein Vermögensvorteil in Frage. Jeder wirtschaftliche Vorteil kann ein Sondervorteil sein, insbesondere eine Verbesserung der gesellschaftsrechtlichen Stellung des Aktionärs. Immer aber muß
der Vorteil die Gesellschaft oder die anderen Aktionäre schädigen.

Beispiel zu 1) und 2):

Das herrschende Unternehmen schließt mit der abhängigen Gesellschaft
einen Betriebspachtvertrag zu einem unangemessen niedrigen Pachtzins ab.
Ein Ausgleich an die anderen Aktionäre, etwa in Form einer Dividenden-
garantie, ist nicht vorgesehen. Der Beschluß ist anfechtbar.

3. Die Anfechtung wegen Verfolgung eines Sondervorteils ist ausgeschlossen, wenn der Beschluß den anderen Aktionären einen angemessenen
Ausgleich für ihren Schaden gewährt. Das muß in demselben Hauptver-

---

[15] s. bei Kropff, Aktiengesetz, Düsseldorf 1965, S. 330.
[16] Zöllner (wie in Fußn. 5) S. 351, s. auch S. 293 ff.

sammlungsbeschluß geschehen. Der Ausgleich muß angemessen sein. Er ist aber etwas anders als Schadensersatz. Durch ihn soll — ebenso wie bei § 311 — nicht der frühere ohne den Sondervorteil bestehende Zustand, sondern das wirtschaftliche Gleichgewicht wieder hergestellt werden [17]. Er muß also eine vollwertige Gegenleistung für den Sondervorteil darstellen.

Die Anfechtung wird durch den Ausgleich aber nur bezüglich des Sondervorteils beseitigt. Ein sonstiger Verstoß gegen Gesetz oder Satzung ist nicht ausgleichsfähig und bleibt anfechtbar. Beispiel: Die herrschende Gesellschaft beschließt die Verschmelzung der abhängigen Gesellschaft mit ihr. Der Verschmelzungsvertrag stellt fest, daß das Wertverhältnis der Aktien beider Gesellschaften 1 : 1 ist. Er sieht aber keinen Aktienumtausch 1 : 1 vor, sondern nur 10 : 7 und eine bare Zuzahlung von 30%. Der dem Verschmelzungsvertrag zustimmende Beschluß (§ 340) ist wegen Verstoßes gegen § 344 Abs. 2, wonach bare Zuzahlungen 10% der gewährten Aktien nicht übersteigen dürfen, anfechtbar.

4 a). Wie ist die Rechtslage, wenn durch den Sondervorteil nicht nur die anderen Aktionäre, sondern auch die *Gesellschaft* geschädigt werden [18]? Umfaßt die Ausnahme des Satz 2 auch diesen Fall? Der Wortlaut spricht dafür. Die Worte „dies gilt nicht" beziehen sich auf den ganzen Satz 1, also auch auf den Fall des Sondervorteils zum Schaden der Gesellschaft [19].

Die Reg Begr [20] gibt zu der Auslegung der Stelle nicht viel her. Sie sei vor allem für die Beschlußfassung über solche Unternehmensverträge bedeutsam, für die das Gesetz nicht schon wie § 304 eine Ausgleichspflicht vorschreibt. Das sind die anderen Unternehmensverträge des § 292, also Gewinngemeinschaft, Teilgewinnabführungsvertrag, Betriebspachtvertrag und Betriebsüberlassungsvertrag. Auch diese Verträge können die Gesellschaft schädigen, insbesondere durch eine unangemessen niedrige Gegenleistung. Auch der in der Reg Begr enthaltene Gedankengang führt also dazu, die Anfechtbarkeit für den Fall der Gesellschaftsschädigung auszuschließen, wenn nur den anderen Aktionären ein angemessener Ausgleich gewährt wird.

b) Diese sich aus Wortlaut und Entstehungsgeschichte ergebende Auslegung scheint freilich schlecht zu § 292 Abs. 3 zu passen. Dort ist die Nich-

---

[17] WÜRDINGER, Aktien- und Konzernrecht, 2. Aufl. 1966 § 60 I 2 (zu § 311); s. auch KROPFF DB 67, 2150.

[18] Der Fall, daß der Sondervorteil allein zum Schaden der Gesellschaft gereicht, nicht auch der anderen Aktionäre, kann nicht eintreten. Denn diese sind durch eine Schädigung der Gesellschaft immer (mittelbar) auch geschädigt. Die Begrenzung auf den sog. unmittelbaren Schaden wie bei §§ 117 Abs. 1 Satz 2 und 317 Abs. 1 Satz 2 gilt hier nicht.

[19] Dies nehmen auch OBERMÜLLER-WERNER-WINDEN, Die Hauptversammlung der Aktiengesellschaft, 3. Aufl. 1967, S. 324 an, halten diese Konsequenz aber für sehr weitgehend. Auch BACHELIN, Der konzernrechtliche Minderheitenschutz, Köln 1969, S. 67 geht davon aus.

[20] Bei KROPFF, S. 329.

tigkeit eines Hauptversammlungsbeschlusses, der einem gegen die §§ 57, 58 und 60 verstoßenden Betriebspacht- oder Betriebsüberlassungsvertrag zustimmt, zwar in Satz 1 ausgeschlossen, die Anfechtung wegen dieses Verstoßes aber in Satz 2 zugelassen. Die §§ 57 und 58 enthalten insbesondere das Verbot der verdeckten Gewinnausschüttung [21]. Der mit einem Aktionär abgeschlossene Betriebspacht- oder Betriebsüberlassungsvertrag gegen ein unangemessen niedriges Entgelt ist eine verdeckte Gewinnausschüttung. Hierwegen ist der ihm zustimmende Beschluß gemäß § 292 Abs. 3 Satz 2 anfechtbar. Man wird aber der notwendigen einheitlichen Auslegung wegen auch diese Anfechtung nach § 243 Abs. 2 Satz 2 für ausgeschlossen halten müssen, wenn nur den anderen Aktionären ein angemessener Ausgleich gewährt wird.

c) Der Ausschluß der Anfechtung durch die Gewährung eines angemessenen Ausgleichs an die anderen Aktionäre kann aber m. E. nicht die Bedeutung haben, daß damit der Sondervorteil (die verdeckte Gewinnausschüttung) zum Schaden der Gesellschaft rechtmäßig würde. Er bleibt vielmehr unzulässig und rechtswidrig [22]. Insbesondere für die Unternehmensverträge des § 292, für die die Regelung des § 243 Abs. 2 Satz 2 ja hauptsächlich gedacht war (oben a) besteht Einigkeit darüber, daß sie nur gegen eine angemessene Gegenleistung geschlossen werden dürfen [23]. Auch sonst kann man nicht annehmen, daß durch § 243 Abs. 2 Satz 2 die verdeckte Gewinnausschüttung legalisiert werden sollte.

Die Bedeutung dieser neuen Regelung kann dann nur darin liegen, daß im Rahmen des § 243 Abs. 2, also bei der Verfolgung von Sondervorteilen zum Schaden der Gesellschaft, der Aktionär von der Wahrung des Gesellschaftsinteresses ausgeschlossen worden ist. Diese obliegt nur mehr allein dem Vorstand (und dem Aufsichtsrat im Rahmen seiner Überwachungspflicht). Dabei ist zu unterscheiden zwischen abhängiger und unabhängiger Gesellschaft:

Besteht ein Abhängigkeitsverhältnis i. S. der §§ 17, 311, so greift die Ausgleichsregelung der §§ 311 ff. ein. Sie gilt, auch wenn die der Gesellschaft nachteilige Maßnahme von der Hauptversammlung beschlossen worden ist [24]. Der Vorstand kann und darf sich also nicht darauf berufen, der Beschluß sei, weil unanfechtbar, gesetzmäßig [25] und er müsse ihn ausführen. Vielmehr ist er verpflichtet, nach §§ 31 ff. vorzugehen, wobei in der Regel davon ausgegangen werden kann, daß das herrschende Unternehmen das abhän-

---

[21] Reg Begr zu § 291 Abs. 3, bei Kropff S. 378; Döllerer wie in Fußn. 12.

[22] Ebenso Würdinger im Großkomm. z. AktG § 311 Anm. 5.

[23] Reg Begr zu § 292, bei Kropff S. 378; für den Pachtvertrag Würdinger im Großkomm. § 292 Anm. 20, § 302 Anm. 13; Biedenkopf-Koppensteiner im Kölner Komm. § 292 Anm. 25.

[24] Reg Begr zu § 311, bei Kropff S. 408.

[25] Vgl. Schilling im Großkomm. § 93 Anm. 33 f.

gige zu der nachteiligen Maßnahme veranlaßt hat[26]. Verletzen das herrschende Unternehmen, seine gesetzlichen Vertreter und die Verwaltungsmitglieder der abhängigen Gesellschaft ihre sich aus §§ 311—314 ergebenden Pflichten, so haften sie nach §§ 317, 318.

Bei der unabhängigen Gesellschaft verstößt der Vorstand gegen seine Sorgfaltspflicht nach § 93 und macht sich schadensersatzpflichtig, wenn er einen Sondervorteil zum Schaden der Gesellschaft gewährt. Kann er sich hier auf den Hauptversammlungsbeschluß berufen? Dieser ist zwar unanfechtbar, ist er aber auch gesetzmäßig i. S. des § 93 Abs. 4 Satz 1[27]? Jedenfalls bei einem Verstoß gegen die §§ 57, 58 wird man das nicht annehmen können.

d) Neu zu überprüfen ist die Abgrenzung von Anfechtbarkeit und Nichtigkeit des einen Sondervorteil verfolgenden oder gewährenden Hauptversammlungsbeschlusses. Für das alte Recht wurde es als ein der Rechtssicherheit dienender Fortschritt angesehen, daß die Verfolgung eines gesellschaftsfremden Sondervorteils nicht mehr zur Nichtigkeit, sondern nur zur Anfechtbarkeit führte[28]. Soweit der Sondervorteil die Gesellschaft schädigt, ist ein ihn gewährender Vertrag als verdeckte Gewinnausschüttung nach § 134 BGB i. V. m. §§ 57, 58 nichtig. Das kommt auch in §§ 291 Abs. 3, 292 Abs. 3, 323 Abs. 2 und in der RegBegr zu § 292[29] zum Ausdruck. Der Beschluß, der einen gegen die §§ 57, 58 verstoßenden Sondervorteil verfolgt oder gewährt, verletzt Vorschriften, die dem Gläubigerschutz dienen und würde nach § 241 Nr. 3 nichtig sein, wenn nicht § 243 Abs. 2, der Anfechtbarkeit vorsieht, als lex specialis eingreift. Kann diese bisher angenommene Verdrängung der Nichtigkeit durch Anfechtbarkeit im Bereich des Sondervorteils noch im vollen Umfang vertreten werden, nachdem die Anfechtbarkeit für einen erheblichen Teil dieses Bereiches ausgeschlossen wurde?

e) Bei einer näheren Betrachtung kann die neue Regelung in § 243 Abs. 2 nicht als geglückt angesehen werden. Es ist nicht einzusehen, warum dem einzelnen Aktionär (aber auch dem Vorstand und Aufsichtsrat nach § 245 Nr. 4 und 5) die Befugnis, das Gesellschaftsinteresse zu wahren, in diesem Umfang genommen wurde. Allenfalls beim faktischen Konzern, wo die Regelung der §§ 311—318 weitgehend eine verdrängende Wirkung gegenüber allgemeinen Vorschriften hat[30], wäre eine solche „Entthronung" des Aktionärs zu vertreten gewesen (s. dazu unten 6). Die zu § 243 Abs. 2 Satz 2

---

[26] So für den Abschluß eines nachteiligen Pachtvertrages die Reg Begr zu § 302, bei KROPFF S. 391, wohl auch WÜRDINGER im Großkomm. § 302 Anm. 13.

[27] Vgl. SCHILLING wie in Fußn. 25 Anm. 33.

[28] Vgl. die Komm. z. AktG 37 zu § 197: SCHLEGELBERGER Anm. 5, GODIN-WILHELMI Anm. 5, WEIPERT (1. Aufl.) und SCHILLING 2. Aufl.) im Großkomm. Anm. 15.

[29] Bei KROPFF S. 379; s. auch KROPFF DB 67, 2147 ff.

[30] S. dazu die aufschlußreichen Ausführungen von KROPFF DB 67, 2147 und 2204; ferner BIEDENKOPF-KOPPENSTEINER im Kölner Komm. § 311 Anm. 56—58.

getroffene Regelung steht auch in Widerspruch zu der Reg Begr zu § 117
Abs. 7 Nr. 1 [31], wonach gegen einen Mißbrauch des Stimmrechts auch die
Gesellschaft (nicht nur die anderen Aktionäre) durch die Anfechtungsmög-
lichkeit des § 243 Abs. 2 hinreichend geschützt sei. Es bleibt abzuwarten, wie
sich die Rechtsprechung mit dieser Problematik auseinandersetzt.

5. Wer den Ausgleich zu leisten hat, sagt das Gesetz nicht. Es bestimmt
nur, daß der Hauptversammlungsbeschluß ihn gewähren muß. Damit ist
nicht gesagt, daß die Gesellschaft immer Schuldner des Ausgleichs sein
muß [32]. Sie kann es sein, wenn z. B. der Ausgleich in der Ausschüttung einer
Vorzugsdividende besteht. Bei den vom Gesetz für die Anwendung des
Satz 2 in erster Linie gedachten anderen Unternehmensverträgen des § 292
wird aber regelmäßig der andere Vertragsteil sich zur Ausgleichsleistung
verpflichten, entsprechend der Regelung der §§ 304 und 305 beim Gewinn-
abführungs- und Beherrschungsvertrag. Die Verpflichtung ist dann ein Teil
des von der Hauptversammlung zu genehmigenden Unternehmensvertrags.

6. Einige Autoren [33] sind der Meinung, im Bereich des Abhängigkeitsverhältnisses verdränge die Regelung der §§ 311 ff. die Anfechtbarkeit nach
§ 243 Abs. 2. MÖHRING-TANK und BACHELIN begründen die Unvereinbarkeit
beider Regelungen damit, daß § 243 Abs. 2 Satz 2 die Ausgleichsbestimmung
schon im Hauptversammlungsbeschluß verlange, während § 311 Abs. 2 dafür
bis Ende des Geschäftsjahres Zeit lasse. BIEDENKOPF-KOPPENSTEINER berufen
sich allgemein darauf, daß die §§ 311 ff. die Vorschriften über die verdeckte
Gewinnausschüttung verdrängten.

Ausgehend von der zu 4) gegebenen Auslegung des § 243 Abs. 2 Satz 2
ist hierzu folgendes zu sagen: Diese Bestimmung dient allein dem Schutz
der Aktionäre, die §§ 311 ff. bezwecken den Schutz der Gesellschaft und
damit auch ihrer Aktionäre. Das herrschende Unternehmen hat demnach in
den Fällen, in denen die den anderen Aktionären nachteilige Maßnahme
der Zustimmung der Hauptversammlung bedarf, zwei Möglichkeiten, die
Anfechtung wegen Sondervorteils zu vermeiden. Es kann dafür sorgen, daß
der Beschluß den anderen Aktionären einen angemessenen Ausgleich gewährt
(s. oben 5) oder es kann den der Gesellschaft entstehenden Nachteil gemäß
§ 311 dieser gegenüber ausgleichen. Damit entfällt auch der Sondervorteil
zum Schaden der anderen Aktionäre. Insofern ist § 311 lex specialis gegenüber § 243 Abs. 2, indem er einen die Gesellschaft schädigenden Sondervorteil verneint, wenn Ausgleich nach § 311 gewährt wird. Umgekehrt muß
man § 243 Abs. 2 Satz 2 insofern den Vorrang vor § 311 einräumen, als

---

[31] Bei KROPFF S. 163/4.
[32] Das scheinen MÖHRING-TANK AktG I 525 dem § 243 Abs. 2 S. 2 entnehmen zu
    wollen.
[33] BIEDENKOPF-KOPPENSTEINER im Kölner Komm. § 292 Anm. 27, MÖHRING-TANK
    (wie in Fußn. 32) I 524, BACHELIN, Der konzernrechtliche Minderheitenschutz,
    Köln 1969, S. 67/8.

hier der zeitliche Spielraum des § 311 Abs. 2 für die Bestimmung des Ausgleichs entfällt. Falls das herrschende Unternehmen den Weg des Ausgleichs nach § 311 geht, muß es schon bei Vorlage an die Hauptversammlung den Ausgleich bestimmen.

Die beiden Regelungen schließen sich also nicht aus, sondern ergänzen sich. Das hat besonders in den Fällen Bedeutung, in denen es zweifelhaft ist, ob eine der Zustimmung der Hauptversammlung bedürftige (z. B. ein Unternehmensvertrag des § 292) oder ihr gemäß § 119 Abs. 2 zur Entscheidung vorgelegte Maßnahme für die Gesellschaft nachteilig ist oder nicht. Verneint das herrschende Unternehmen diese Frage, hält es z. B. den vorgesehenen Pachtzins für angemessen, so kann es einen langwierigen Anfechtungsprozeß hierüber vermeiden, indem es den außenstehenden Aktionären einen Ausgleich gewährt.

III.

1. Daß auch eine Stärkung der Machtstellung der Mehrheit auf Kosten der Minderheit einen Sondervorteil zum Schaden der anderen Aktionäre darstellen kann (oben II 2), erweist sich am Beispiel des *Bezugsrechtsausschlusses* und der Zuteilung der neuen Aktien an die Mehrheit oder einen ihr nahestehenden Dritten, z. B. ein Konzernunternehmen. Das Reichsgericht hatte dies in seiner Rechtsprechung zum Aktienrecht des HGB, das für den Ausschluß die einfache Mehrheit genügen ließ, nicht gesehen, die damalige Literatur allerdings auch nicht[34]. Berühmt ist die Hibernia-Entscheidung RGZ 68, 236 (246) vom Jahre 1908, wo das Reichsgericht in einer falsch verstandenen sittlichen Neutralität gegenüber dem Machtkampf zwischen der Mehrheitsgruppe und der Minderheit (dem preußischen Fiskus) der Mehrheit das Recht zusprach, mittels des Bezugsrechtsausschlusses ihre Machtstellung zu verstärken. Weitere Beispiele sind RGZ 105, 373 (376): die durch den Anschluß und die Zuteilung der neuen Aktien herbeigeführte Machtverstärkung der Mehrheit liegt in der Natur der Sache; RGZ 107, 67 (71): Planmäßige Sicherung der Mehrheitsstellung durch Bezugsrechtsausschluß und Zuteilung an eine der Verwaltung nahestehende Bank nicht sittenwidrig; RGZ 108, 322 (327): das gleiche gilt, um die Gesellschaft vor Überfremdung (Eindringen eines Wettbewerbers) zu bewahren; RGZ 113, 188 (191, 194): Es genügt eine von der Verwaltung befürchtete Gefahr der äußeren oder inneren Überfremdung; RGZ 119, 248: Die Verstärkung und Erweiterung der Macht der Mehrheit (immer mit Hilfe des Bezugsrechts-

---

[34] So z. B. HORRWITZ, Recht der Generalversammlung 1913, S. 424: „Wenn die Mehrheit, um sich als solche zu erhalten oder zu einer noch stärkeren Mehrheit auszuwachsen, die Minderheit vom Bezugsrechte ausschließt, so ist diese Tatsache für sich allein noch kein Verstoß gegen die guten Sitten"; anders 10 Jahre später bei Fußn. 40.

ausschlusses und der Zuteilung an die Mehrheit), sofern sie nur zur Förderung des Wohls der Gesellschaft geschah, ist nicht sittenwidrig.

Diese Rechtsprechung war verwaltungsfreundlich und minderheitsfeindlich [35]. Konzernrechtlich war sie zwiespältig. Einerseits begünstigte sie den Ausbau der Konzernmacht, wenn das herrschende Unternehmen schon über die einfache Mehrheit verfügte (Abwehr der „inneren Überfremdung"). Andererseits trat sie der Konzernbildung entgegen, indem sie Schutz gegen die „äußere Überfremdung" gewährte [36]. Auch die ebenfalls berühmt gewordene Entscheidung RGZ 132, 149 vom 31. 3. 1931 brachte keine Wende in dieser Rechtsprechung. Sie enthält zwar den oben I 1 zitierten Satz (S. 163) über die gesellschaftliche Pflicht der Mehrheit gegenüber der Minderheit und bedeutet insofern einen Fortschritt [37]. Aber sie mißbilligt nur die Schaffung von Schutzaktien in der Form von Stammaktien, solche als (mehr oder minder) kapitallose Stimmrechtsaktien und die darin liegende Stimmrechtsverwässerung der Aktien der Minderheit nimmt sie hin (S. 163/4).

2. Das Aktiengesetz von 1937 brachte eine Verbesserung der Minderheitsrechte insofern, als es in § 153 Abs. 3 die ³/₄-Mehrheit für den Bezugsrechtsausschluß verlangte. Ein weiterer Minderheitsschutz besteht darin, daß eine Verletzung des § 197 Abs. 2 AktG 37, jetzt § 243 Abs. 2, den Beschluß anfechtbar macht. Durch den das Bezugsrecht ausschließenden Beschluß darf also kein Sondervorteil zum Schaden der Gesellschaft oder der anderen Aktionäre verfolgt werden, weder für einen Aktionär noch für einen Dritten (dazu oben II 2). Nach der neuen Regelung in § 243 Abs. 2 braucht der Sondervorteil nicht mehr gesellschaftsfremd zu sein (oben II 1); der Bezugsrechtsausschluß bleibt also anfechtbar, wenn der Sondervorteil zwar im Interesse der Gesellschaft liegt, aber die anderen Aktionäre schädigt. Beispiel: Kapitalerhöhung gegen Sacheinlage eines für die Gesellschaft nützlichen Grundstücks oder Patents zu einem zu niedrigen Bezugskurs. Über die Bedeutung des neuen § 243 Abs. 2 Satz 2 s. unten 3.

Offen und umstritten blieb die Frage, ob darüber hinaus der Ausschluß eines besonderen Rechtfertigungsgrundes bedarf. Die Meinung, daß dies zu bejahen ist, gewann immer mehr an Boden [38]. Sie gründet auf den der Gesellschaftstreue immanenten Grundsätzen der Gebundenheit an das Ver-

---

[35] Zur rechtspolitischen Bewertung der Schutz- oder Verwaltungsaktie s. auch meinen Aufsatz „Macht und Verantwortung in der Aktiengesellschaft", Festschrift für Ernst Geßler München 1971, S. 159 unter II m. weit. Nachw.

[36] Zur Kritik dieser Rechtsprechung s. RASCH wie in Fußn. 13, S. 141 ff.; MESTMÄCKER wie in Fußn. 6, S. 140 f.; G. HUECK, Der Grundsatz der gleichmäßigen Behandlung im Privatrecht, München 1958, S. 336; v. FALKENHAUSEN wie in Fußn. 9, S. 74 f., 215 f.; WIEDEMANN in Großkomm. z. AktG 3. Aufl. § 186 Anm. 1.

[37] Nach gelegentlichen früheren Anklängen wie in RGZ 107, 72 (75) und 202 (205); 108, 41 (43) und insbes. 112, 14 (17).

[38] Zum Streitstand s. ZÖLLNER wie in Fußn. 5, S. 353, Fußn. 43.

bandsinteresse und der Erforderlichkeit [39]. Der Gedanke, daß der Bezugsrechtsausschluß nur dann rechtmäßig ist, wenn das Gesellschaftsinteresse ihn erfordert, wurde schon 1923 von HORRWITZ [40] vertreten und von ROB. FISCHER sowie WIEDEMANN im Großkommentar zum Aktiengesetz übernommen [41].

3. Wie wirkt sich nun bei der unter 2) beschriebenen Rechtslage der neue Satz 2 des § 243 Abs. 2 aus? Man wird auch weiterhin unterscheiden müssen, ob der Bezugsrechtsausschluß *im Interesse der Gesellschaft* liegt oder nicht. Schlägt die Verwaltung der Hauptversammlung den Ausschluß vor, so muß sie das begründen [42].

a) In dem obengenannten Beispiel der Kapitalerhöhung gegen Einbringung eines für die Gesellschaft nützlichen Gegenstands ist der Bezugsrechtsausschluß geboten, wenn der Gegenstand nicht durch Kauf zu erlangen ist. Das kann — z. B. bei dem Einbringen eines ganzen Unternehmens — auch der Fall sein, wenn die Gesellschaft den käuflichen Erwerb nicht finanzieren kann.

Beschließt in einem solchen Fall die Hauptversammlung die Kapitalerhöhung zu einem unangemessen niedrigen Bezugskurse (Ausgabebetrag), so wird die Gesellschaft hierdurch nicht geschädigt. Daß der Betrag der Kapitalerhöhung niedriger ist als bei angemessener Festsetzung des Bezugskurses ist kein Schaden, sondern ein geringerer Vorteil. Anders bei den Aktionären. Dabei ist man sich heute weitgehend [43] darüber einig, daß ihr Schaden ein doppelter sein kann: Einmal erleiden sie eine Vermögenseinbuße durch die Verwässerung ihrer Beteiligungsquote am Gesellschaftsvermögen und am Gewinn, sodann mindert sich ihre relative Stimmrechtsquote, was einen Verlust an Herrschafts- und Verwaltungsrechten bedeutet. Beide Schäden sind getrennt zu behandeln.

---

[39] ZÖLLNER wie in Fußn. 5, S. 352 und oben I 2.

[40] JW 23, 918 im Gegensatz zu der in Fußn. 34 zitierten Auffassung), ebenso BODENHEIMER, Das Gleichheitsprinzip im Aktienrecht, Mannheim 1933, S. 74.

[41] 2. Aufl. § 153 Anm. 16, 3. Aufl. § 186 Anm. 2 c und 12 b. Diese Ansicht kann heute wohl als herrschend angesehen werden. Auch BAUMBACH-HUECK § 186 Anm. 15 verlangen eine sachliche Rechtfertigung. Einschränkend G. HUECK wie in Fußn. 36, S. 338, der das Erfordernis des Gesellschaftsinteresses verneint, die Anfechtbarkeit wegen Verstoßes gegen Treu und Glauben aber bejaht. Einschränkend auch GODIN-WILHELMI 4. Aufl. § 186 Anm. 8.

[42] So auch der Vorschlag einer 2. Richtlinie des Rates zur Koordinierung der Schutzbestimmungen im Rahmen des Art. 58 Abs. 2 EWG-Vertrag (Amtsbl. d. Europ. Gemeinsch. Nr. C 48 v. 24. 4. 1970) Abschnitt III Art. 25 Abs. 2 Satz 3: „Das Verwaltungsorgan der Gesellschaft hat der Hauptversammlung einen schriftlichen Bericht über die Gründe der Beschränkung oder Aufhebung des Bezugsrechts zu geben und den vorgesehenen Ausgabekurs zu rechtfertigen."

[43] ZÖLLNER wie in Fußn. 5 S. 353; G. HUECK, Kapitalerhöhung und Aktienbezugsrecht in Festschr. f. Nipperdey I 427/428; v. FALKENHAUSEN wie in Fußn. 9, S. 44 f., 70 ff., 219 ff.; WIEDEMANN Großkomm. 3. Aufl. § 186 Anm. 2 a.

aa) Dem Vermögensverlust tritt der neue § 255 Abs. 2 entgegen. Der unangemessen niedrige Ausgabebetrag macht den Beschluß anfechtbar. Der Maßstab der Unangemessenheit gibt der Gesellschaft einen gewissen Spielraum. Angemessen ist der unter Berücksichtigung aller Umstände des einzelnen Falles, insbesondere auch der Bedeutung der Einlage für die Gesellschaft, höchsterzielbare Ausgabebetrag [44].

Ist der Ausgabebetrag in diesem Sinne unangemessen niedrig, so liegt darin ein Sondervorteil zum Schaden der (anderen) Aktionäre. Sowohl die Anfechtung nach § 243 Abs. 2 als auch die nach § 255 Abs. 2 kann durch Gewährung eines angemessenen Ausgleichs an die (anderen) Aktionäre beseitigt werden.

bb) Ist darüber hinaus auch der relative Zuwachs an Stimmrechtsmacht, an Herrschafts- und Verwaltungsrechten ein Sondervorteil und der entsprechende Verlust der anderen Aktionäre ein Schaden, so daß die Anfechtung nur beseitigt werden kann, wenn auch er angemessen ausgeglichen wird?

Die Frage ist nicht einfach zu beantworten. Den Ausgleich nach § 304 bemißt dessen Abs. 2 nur nach der Vermögenseinbuße, nicht nach der Einbuße an Verwaltungsrechten, die der außenstehende Aktionär durch den Abschluß eines Gewinnabführungs- oder Beherrschungsvertrags erleidet. Das gleiche gilt für die Abfindung in Aktien nach § 305 Abs. 2 Nr. 1 und 2 und auch für den Aktienumtausch bei der Verschmelzung. Auch bei der angemessenen Abfindung nach § 12 des Umwandlungsgesetzes, ferner nach § 320 Abs. 5 bei der Eingliederung und nach § 375 bei der formwechselnden Umwandlung wird nach den bisher feststehenden Grundsätzen nur der Vermögenswert entschädigt. In allen diesen Fällen mutet das Gesetz einer außenstehenden Minderheit bis zu 25% eine Beeinträchtigung ihrer Herrschaftsrechte entschädigungslos zu.

Ich neige deshalb zu der Auffassung, daß ein besonderer Ausgleich für den Verlust an Herrschaftsrechten, den die Minderheit durch den Bezugsrechtsausschluß und die Zuteilung der neuen Aktien an einen Aktionär oder einen Dritten erleidet, nicht zu gewähren ist. Insoweit liegt der Schutz der Minderheit nur in dem Kriterium der Zulässigkeit des Bezugsrechtsausschlusses. Erfolgt dieser im Interesse der Gesellschaft, so müssen die Aktionäre bei Vermeidung der Anfechtung zwar für eine Vermögenseinbuße infolge eines unangemessen niedrigen Ausgabebetrags entschädigt werden, die relative Einbuße an Herrschaftsrechten müssen sie aber hinnehmen.

b) Anders wird man aber urteilen müssen, wenn ein Interesse der Gesellschaft an dem Ausschluß des Bezugsrechts, an der Zuteilung der Aktien an einen einzelnen Aktionär, eine Aktionärsgruppe oder einen Dritten nicht besteht. Hier ist der Sondervorteil eines Zuwachses an Herrschafts- und Verwaltungsrechten zugunsten eines Aktionärs — unter Umständen auch zu-

---

[44] Ähnlich Baumbach-Hueck § 255 Anm. 2.

gunsten Dritter — und zu Lasten aller anderen Aktionäre nicht die notwendige Folge einer im Interesse der Gesellschaft liegenden Maßnahme, die sie entschädigungslos hinnehmen müssen. In einem solchen Fall dürfte also die Anfechtbarkeit des das Bezugsrecht ausschließenden Beschlusses auch bei einem angemessenen Ausgabebetrag nur beseitigt werden können, wenn die anderen Aktionäre einen angemessenen Ausgleich für die Minderung ihrer gesellschaftsrechtlichen Position, für ihren relativen Verlust von Herrschafts- und Verwaltungsrechten erhalten. Bei der Beurteilung, ob ein solcher Verlust gegeben ist, wird allerdings Zurückhaltung geboten sein. Bei Kleinaktionären wird man wohl kaum einen schadenbringenden Verlust annehmen können. Anders ist es aber bei der Minderung einer Beteiligung von 10, 20 oder 25%.

4. Die Frage, ob durch die Einführung der Ausgleichsfähigkeit von Sondervorteilen mit der Folge der Beseitigung der Anfechtbarkeit das Problem des Bezugsrechtsausschlusses eine neue Variante erfahren hat, ist also zu bejahen. Soweit der Bezugsrechtsausschluß und die Zuteilung der Aktien an einen einzelnen Aktionär, eine Aktionärsgruppe oder einen Dritten im Interesse der Gesellschaft liegt, greift § 243 Abs. 2 nicht, sondern nur § 255 Abs. 2 ein: der Bezugskurs darf nicht unangemessen niedrig sein.

Anfechtbarkeit ist nach wie vor gegeben, wenn ein besonderes Interesse der Gesellschaft an dem Bezugsrechtsausschluß nicht vorliegt. Hier genügt die Angemessenheit des Bezugskurses nicht, um die Anfechtung zu vermeiden. Sie kann aber — und das ist gegenüber dem früheren Recht neu — dadurch vermieden werden, daß solchen Aktionären, die in ihren Herrschafts- und Verwaltungsrechten eine Einbuße erleiden (s. oben 3 b) bb), ein angemessener Ausgleich gewährt wird.

Die Umwandlung einer Personenhandelsgesellschaft aufgrund eines Mehrheitsbeschlusses in eine Kapitalgesellschaft

Harry Westermann

Der Jubilar ist „als Meister der Kautelarjurisprudenz", insbesondere im Gesellschaftsrecht bekannt. Fragen aus diesem Bereich eignen sich daher für diese Freundesgabe.

I. Der Umwandlungsbegriff

1. Unter Umwandlung wurden ursprünglich nur Änderungen von Gesellschaften erfaßt, bei denen an der Rechtspersönlichkeit und an der Zuordnung der Rechte und Pflichten sich nichts änderte.

Typisch ist dafür RG 74, 6 ff.: auch die gesetzlich geregelten Fälle des § 332 HGB a. F. (Umwandlung einer KGaA in eine AG) und § 80, 81 des GmbH-Gesetzes wurden als Auflösung der einen Gesellschaft mit gleichzeitiger Neugründung einer anderen Gesellschaft aufgefaßt. Das wird selbst für die Umwandlung einer Genossenschaft mit unbeschränkter Haftung in eine solche mit unbeschränkter Nachschlußpflicht oder mit beschränkter Haftpflicht angenommen. Die Auffassung, zumindest bei den gesetzlich geregelten Fällen handele es sich um eine echte Umwandlung der Rechtsform bei Aufrechterhaltung der Identität der Rechtsperson, setzt sich erst langsam durch, vgl. z. B. die theoretische Auffassung zu § 332 Abs. 2 HGB bei Staub, Kommentar zum HGB, 1906 zu § 332 Anm. 1: „Das Kennzeichen dieser Umwandlung liegt darin, daß sie sich durch Veränderung des rechtlichen Charakters der Gesellschaft unter Wahrung ihrer Identität vollzieht."

Erst später wurde neben die sog. formwandelnde die übertragende (= zugleich formwandelnde) Umwandlung gestellt. Der sprachliche Begriff „Umwandlung" ist nicht eindeutig. Es läßt sich unter ihn sowohl die Änderung der Form bei Aufrechterhaltung der Identität des Zusammenschlusses der beteiligten Personen bringen, als auch der Fall, daß die Gesellschafteridentität erhalten bleibt, die Gesellschaftsform aber so geändert wird, daß ein Rechtssubjekt wegfällt oder ein neues entsteht. Maßgebend für die Entscheidung ist, welche Bedeutung man dem Einfluß auf die Rechtspersönlichkeit zumißt. Der Umwandlungsbegriff, der auf die Fälle beschränkt ist, in denen sich an der Rechtspersönlichkeit des Zusammenschlusses nichts ändert, ist offensichtlich maßgeblich mit durch die starke Betonung der Bedeutung der eigenen Rechtspersönlichkeit des Zusammenschlusses bestimmt, die insbesondere die Rechtswissenschaft des ausgehenden 19. und noch lange Zeit des 20. Jahrhunderts beeinflußt hat.

2. Das Aktiengesetz von 1937, das im dritten Teil des dritten Buchs die Umwandlung ausführlicher regelt, kennt nur den Wechsel der Rechtsform zwischen Kapitalgesellschaften (AG in KGaA, §§ 257—259; und umgekehrt, §§ 260—262; Umwandlung einer AG in eine GmbH, §§ 263—268; einer GmbH in eine AG, §§ 269—277; einer bergrechtlichen Gewerkschaft in eine AG, §§ 278/79; einer KGaA in eine GmbH, §§ 280—282; und umgekehrt, §§ 283—286, einer bergrechtlichen Gewerkschaft in eine KGaA, § 287). Dem entspricht der dritte Teil des vierten Buches des AktG von 1965. Das Umwandlungsgesetz vom 12. 11. 1956 (UmwG) (aufbauend auf einem Gesetz von 1934) läßt eine Umwandlung von Kapitalgesellschaften in Personenhandelsgesellschaften (PHG) und umgekehrt zu.

Mit den Möglichkeiten des UmwG wird der engere Umwandlungsbegriff verlassen und auch eineVeränderung, die auf die Rechtspersönlichkeit der Institutionen ausgedehnt ist, unter den Umwandlungsbegriff gebracht.

3. Innerhalb des Rechts der Personenhandelsgesellschaften hat es von jeher Veränderungen gegeben, die ebenfalls als „Umwandlung" bezeichnet werden. Dahin gehört z. B. der Vorgang, daß eine Personenhandelsgesellschaft im Abwicklungsstadium sich wieder in eine werbende Gesellschaft verwandelt [1]. Ferner spricht man von Umwandlung auch dann, wenn eine BGB-Gesellschaft zur Personenhandelsgesellschaft und umgekehrt eine Personenhandelsgesellschaft zu einer BGB-Gesellschaft wird. Auch der Wechsel zwischen OHG und KG gehört hierhin. Die Vorgänge und ihre Bezeichnung als Umwandlung erklären sich dadurch, daß die Personenhandelsgesellschaft eine besondere Art der BGB-Gesellschaft ist. Es wird verständlich, daß die Verschiebung innerhalb einer umfassenden Form ohne Änderung bezüglich der Person der Gesellschafter und bei Aufrechterhaltung der Gesamthandsgemeinschaft nicht besonders erschwert, vielmehr als bloße Formänderung verstanden und behandelt wird. Die Umwandlung von der BGB-Gesellschaft in eine Personenhandelsgesellschaft und der umgekehrte Fall können auch automatisch infolge Entstehung oder Wegfall des Handelsgewerbes eintreten. Zu einer einheitlichen Institution der Umwandlung sind aber die unter 1., 2. und 3. behandelten Erscheinungen nicht zusammengefaßt worden.

4. Der herkömmliche Umwandlungsbegriff ist also dadurch geprägt, daß keine Änderung bezüglich der Rechtspersönlichkeit eintritt, folglich auch kein Vermögensübergang stattfindet. Von Bedeutung in diesem Zusammenhang ist nun, daß offensichtlich — auch wenn das nicht besonders ausgesprochen wird — die Vorstellung herrscht, die juristische Person als solche

---

[1] Vgl. BGH 8, 35.

sei in der Art rechtsfähig, daß zumindest ein Wechsel zwischen den einzelnen
Arten der Kapitalgesellschaft ohne Einfluß auf die Rechtsfähigkeit möglich
sei [2]. Seit dem Aktiengesetz von 1937 liegt der gesetzgeberischen Lösung
eine Vorstellung von „der Rechtspersönlichkeit der Kapitalgesellschaft als
solcher" zugrunde, die unberührt bleibt, wenn aus der Aktiengesellschaft
eine GmbH oder aus der GmbH eine Aktiengesellschaft wird. Darauf bleibt
aber die Umwandlung beschränkt. Den ersten Schritt darüber hinaus macht
das Gesetz von 1934; das Umwandlungsgesetz nimmt den Gedanken auf,
wenn es die Umwandlung einer Kapitalgesellschaft in eine Gesamthandsgemeinschaft zuläßt; die Neufassung von 1969 läßt dann auch die Umwandlung eines Gesamthandsverhältnisses in eine juristische Person zu. Letztlich
geht das auf die wirtschaftliche Betrachtungsweise zurück, die das Unternehmen in den Mittelpunkt stellt und die Art des Rechtssubjekts des Unternehmers als auswechselbar ansieht. Noch deutlicher geht der V. Abschnitt
des UmwG von dieser Vorstellung aus, wenn dort die Übertragung des Vermögens, das zum Unternehmen eines Einzelkaufmanns gehört, auf eine zu
errichtende AG oder KGaA als Umwandlung begriffen wird und dafür der
Weg der Gesamtrechtsnachfolge zur Verfügung gestellt wird.

Neben der besonderen Bedeutung, die dem Wechsel von der eigenen
Rechtspersönlichkeit der Gesellschaft zur Gesamthandszuständigkeit und seit
1969 von der Gesamthandszuständigkeit zur eigenen Rechtspersönlichkeit
des Zusammenschlusses beigelegt wird, waren auch Gläubigerinteressen zu
berücksichtigen. Dem Gläubiger der Kapitalgesellschaft haftet das Vermögen
der an die Stelle der Kapitalgesellschaft tretende Gesamthandsgemeinschaft
weiter; im Insolvenzfall braucht der bisherige Gläubiger der Kapitalgesellschaft die Konkurrenz der Privatgläubiger der Gesamthänder = Gesellschafter bezüglich der Vollstreckung nicht zu fürchten.

§ 124 Abs. 2 HGB verhindert für die OHG und KG, daß ein Privatgläubiger eines Gesellschafters in das Gesellschaftsvermögen vollstreckt, da
der Privatgläubiger keinen Titel gegen die Gesellschaft erlangt. Er kann nur
in den Gesellschaftsanteil des Gesellschafters vollstrecken. Das ist aber für
die Gläubiger der Gesellschaft ungefährlich, da auf diese Weise im Insolvenzfall der Gesellschaft keine Konkurrenz bei der Vollstreckung entsteht.

Begreift man die Umwandlung als Gesamtrechtsnachfolge, versteht sich
der Übergang der Verbindlichkeiten der umgewandelten Gesellschaft auf die
neue von selbst. Das ist insbesondere bedeutungsvoll, wenn eine Personenhandelsgesellschaft in eine Kapitalgesellschaft umgewandelt wird, da so infolge des Übergangs der Verbindlichkeiten der bisherigen Gläubiger der
Personenhandelsgesellschaft das Vermögen der Kapitalgesellschaft haftet.

---

[2] Ob das begrifflich richtig ist, mag hier dahinstehen. Entstehen kann die juristische
Person jedenfalls nur als juristische Person bestimmter Art. Das ist Folge des
Normativsystems und in dessen Funktion begründet. Diese Überlegung legt es
nahe, den Umwandlungsvorgang zumindest zum Teil an den Gründungsvor-
schriften zu messen.

II. Überblick über die Umwandlung einer PHG nach dem UmwG

Für die Frage, ob eine PHG auch aufgrund eines Mehrheitsbeschlusses in eine AG umgewandelt werden kann, ist zunächst ein Überblick über die im UmwG geregelten Fälle der Umwandlung einer PHG in eine AG empfehlenswert.

1. Eine bestehende[3] OHG oder KG kann auf eine zu erwartende AG, KGaA oder GmbH umgewandelt werden

Die Umwandlung auf eine bestehende Kapitalgesellschaft ist nicht möglich, ebenfalls nicht auf eine bestehende bergrechtliche Gewerkschaft. Der Umwandlungsbeschluß muß einstimmig gefaßt und notariell beurkundet werden (§ 42 Abs. 1). Inhaltlich muß der Beschluß dem Gründungsvertrag einer Kapitalgesellschaft entsprechen. Auch das sonstige Recht der Gründung der Kapitalgesellschaft gilt (einschließlich des Rechts der Sachgründung bei der AG), jedoch reicht es aus, daß zwei Gründer die Satzung feststellen (Abweichung von § 2 AktG). Alle Gesellschafter der PHG sind Gründer und werden Gesellschafter der Kapitalgesellschaft. Das Einstimmigkeitserfordernis erübrigt eine Sicherung einzelner Gesellschafter.

2. Die Umwandlung hat mehrfache Wirkungen

Die Kapitalgesellschaft entsteht als juristische Person mit ihrer Eintragung im Handelsregister. Diese Regelung entspricht der allgemeinen Art, in der juristische Personen des Privatrechts entstehen, vgl. § 21 BGB.

Mit der AG entstehen auch die Mitgliedschaftsrechte — d. h. die Aktionärstellungen. Dafür gilt ausschließlich das AktG; soweit die Satzung der AG Wahlmöglichkeiten hat, kann der Beschluß als Satzungsfeststellung bestimmen. Die persönlich haftenden Gesellschafter der KG werden nicht etwa automatisch Vorstandsmitglieder der AG; ihre Sonderstellung geht ersatzlos unter. Das ist möglich, da das Einstimmigkeitserfordernis jeden Gesellschafter ausreichend schützt.

Die PHG wird ohne Liquidation aufgelöst. Ihr Vermögen geht im Wege der Gesamtnachfolge, also einschließlich der Verbindlichkeiten, auf die entstehende Kapitalgesellschaft über.

Die Wirkungen treten mit der Eintragung der Kapitalgesellschaft im Handelsregister ein; der konstitutive Akt bei der Entstehung der Kapitalgesellschaft ist damit gleichzeitig konstitutiv für die Wirkungen auf die PHG. Die spätere Verlautbarung der eingetretenen Änderung im Handelsregister der PHG wirkt nur deklaratorisch.

---

[3] Auch eine in Liquidation befindliche Gesellschaft, sofern mit der Verteilung des Reinvermögens noch nicht begonnen ist, vgl. dazu WESTERMANN, Handbuch der Personengesellschaften I Rz. 978.

Die steuerliche Behandlung im Umwandlungsgesetz erleichtert die Umwandlung durch Einsparung sonst fällig werdender Steuern erheblich. Das bedeutet, daß die Umwandlung nach dem Umwandlungsgesetz den anderen, allgemeinen Formen erheblich vorzuziehen ist.

3. Analyse der Regelung nach dem Umwandlungsgesetz

a) Die Modifikation des Rechts der Gründung der Kapitalgesellschaft ist unbedeutend. Daß der Beschluß anstelle des Gründungsvertrages tritt, ist mehr oder weniger nur von formeller Bedeutung. Die notarielle Form ist für den Beschluß ausdrücklich vorgeschrieben ohne Rücksicht darauf, welche Form der Gesellschaftsvertrag hat. Kausal für den Formzwang ist, daß der Umwandlungsbeschluß an Stelle des formbedürftigen Gründungsvertrages tritt. Auch der Inhalt des Beschlusses deckt sich mit dem Inhalt des Gründungsvertrages. Insbesondere ist das Recht der Aufbringung des Grundkapitals und das Prüfungsrecht bei Sachgründungen usw. nicht verändert. Unverändert ist auch die Abhängigkeit der Entstehung der Aktiengesellschaft als juristische Person und als Aktiengesellschaft von der Eintragung im Handelsregister. Das Normativsystem gilt insofern in vollem Umfang.

b) Das Einstimmigkeitserfordernis läßt die Frage nach der Änderung des Rechts der PHG kaum aufkommen, da die Interessen aller Gesellschafter durch das Einstimmigkeitserfordernis gewahrt sind; auch ohne Umwandlungsgesetz wäre eine Änderung durch einstimmigen Beschluß (genauer genommen wohl Vertrag) möglich.

c) Anders ist das bezüglich der Anordnung des Vermögensübergangs durch Gesamtrechtsnachfolge. Gesamtrechtsnachfolge kennt das Personenhandelsrecht bei der Umwandlung oder Auflösung von Gesellschaften nicht. Ein Fall der Anwachsung, die der Gesamtrechtsnachfolge nahesteht, liegt nicht vor.

III. Frage der analogen Anwendung der Regelung des UmwG auf die Umwandlung der Personenhandelsgesellschaft durch Mehrheitsbeschluß

1. Die Umwandlung einer PHG in eine AG auf Grund des UmwG setzt Einstimmigkeit aller Gesellschafter voraus. Ein Gesellschafter mit einem noch so kleinen Kapitalanteil kann folglich die von der überwältigenden Mehrheit der Gesellschafter gewünschte Umwandlung verhindern. Es ist nicht zu verkennen, daß über diese verhältnismäßig enge Regelung hinaus ein Bedürfnis auf Umwandlung auch aufgrund eines Mehrheitsbeschlusses bestehen kann.

Z. B.: Eine GmbH & Co. KG hat außer der Komplementär-GmbH 100 Kommanditisten. Die Gesellschafter wollen — jedenfalls zunächst — bei der Form der GmbH & Co. KG bleiben, wollen aber schon jetzt in einen neu zu beschließenden Gesellschaftsvertrag sichern, daß aufgrund eines mit bestimmter Mehrheit (z. B. 75 oder 90%) gefaßten Beschlusses die Umwandlung in eine AG oder eine GmbH möglich sein soll. Daß bei einer solchen GmbH & Co. KG die Umwandlung in eine Aktiengesellschaft bei entsprechender Struktur des Gesellschaftsvertrages keinen besonderen Einschnitt zu bedeuten braucht, was das Verhältnis der Gesellschafter untereinander und zur Gesellschaft angeht, liegt auf der Hand.

Das Bedürfnis kann aber auch bei einer „echten KG" bestehen; z. B. in einer KG mit einem „überragenden Altgesellschafter" soll vorgesehen werden, daß — ggf. auf Initiative oder auch durch Beschluß des „Altgesellschafters" — oder nach seinem Tode die KG aufgrund eines Mehrheitsbechlusses in eine AG umgewandelt werden kann.

Diese Möglichkeiten sind insbesondere für die Gesellschaften mit sehr großem Unternehmen interessant. Die Gründe sind hier nur schlagwortartig aufzuzählen: Die Kapitalgesellschaftsform, insbesondere die Aktiengesellschaft, bietet einen Weg zum Kapitalmarkt; sie ermöglicht in besonders weitgehendem Maße die Verselbständigung des Managements und die Sicherung der Unternehmensleitung, die unabhängig von der Person der Gesellschafter ist.

Das gilt insbesondere für die körperschaftliche und kapitalistisch strukturierte KG, die oft eine Übergangsform zur AG darstellt.

In der Literatur wird terminologisch zwischen körperschaftlich und kapitalistisch strukturierter KG meistens nicht unterschieden. Die Gesellschaft, die kapitalistisch strukturierte KG genannt wird, ist i. d. R. zumindest zugleich körperschaftlich strukturiert. Die terminologische Unterscheidung ist daher nicht so wichtig, da sich i. d. R. die Merkmale decken; begrifflich sollten aber körperschaftlich und kapitalistisch strukturierte KG doch auseinandergehalten werden. Kennzeichnend für den körperschaftlich strukturierten Typ ist, daß die Organisation der KG (bei der OHG findet sich der Typ seltener) der Körperschaft angenähert ist. Das gilt für das Mehrheitsprinzip, die Übertragbarkeit und Vererblichkeit, für die Verselbständigung des Managements usw. [4].

Die Praxis geht den Weg, in besonderen Klauseln des Gesellschaftsvertrages die Umwandlung der PHG in eine Aktiengesellschaft aufgrund Mehrheitsbeschlusses vorzusehen.

Nach meiner Erfahrung sind die Klauseln unterschiedlich ausgestaltet. Zum Teil finden sich Versuche, durch weitgehende Regelung aller wichtigen Einzelfragen der zu schaffenden Kapitalgesellschaft die Einzelheiten festzulegen [5]. Dazu gehört dann auch eine bis ins einzelne gehende Regelung, ob

---

[4] Vgl. dazu WESTERMANN, Handbuch I Rz. 150 ff.; ausführlich NITSCHKE, Die körperschaftlich strukturierte Personenhandelsgesellschaft, 1970; zur Unterscheidung von körperschaftlicher und kapitalistischer Struktur insbesondere § 2 a.a.O.

[5] Vgl. auch die Methode des Vertrages, über den in RG 156, 129 entschieden wurde.

die überstimmten Gesellschafter ausscheiden und ggf. gegen welche Abfindung, oder ob sie gleichwohl Kapitalgesellschafter bleiben. Andererseits gibt es auch vereinzelt knappe Regelungen, die nur die grundsätzliche Umwandlungsmöglichkeit bestimmen und globale Schutzmöglichkeiten für die überstimmten Gesellschafter einbauen (etwa mögliche Erhaltung ihrer Rechte) usw.

Insgesamt ist offensichtlich die Klausel der Umwandlung einer PHG aufgrund Mehrheitsbeschlusses in eine Kapitalgesellschaft eine Frucht der Kautelarjurisprudenz mit der für diese Art der Entwicklung typischen Weite und Anpassungsfähigkeit an die Umstände des Einzelfalles und der Entwicklung vom tastenden Versuch bis zur langsamen festliegenden Praxis, die auf bewährten Mustern und nach einer gewissen Zeit dann auch auf Rechtsprechung aufbauen kann.

In solchen Fällen tauchen zwei Fragen auf. Welche gesellschaftsrechtlichen Voraussetzungen sind bei der Umwandlung in solchem Fall zu fordern? Gilt für eine solche gesellschaftsrechtlich zulässige Umwandlung durch Mehrheitsbeschluß das Umwandlungsgesetz in der Fassung von 1969?

2. Die Antwort auf die Frage nach der grundsätzlichen Zulässigkeit unter personengesellschaftsrechtlichen Gesichtspunkten ergibt sich weitgehend aus dem Charakter der gesellschaftlichen Vorgänge. Ausgangspunkt ist, daß unabhängig von der Gestaltung im Umwandlungsgesetz für die PHG der betreffende Beschluß eine Auflösung bei gleichzeitiger Abwandlung des Liquidationsvorganges bedeutet. An die Stelle der Liquidation durch die Liquidatoren tritt der Übergang des Vermögens an die AG. Sieht man von der Art, in der das Vermögen übergeht, ab, ist nicht zweifelhaft, daß Auflösung und Liquidation der Autonomie des Gesellschaftsvertrages unterstellt sind.

3. Die gesellschaftsrechtlichen Voraussetzungen des Mehrheitsbeschlusses

a) Der Wechsel vom Einstimmigkeitsprinzip zum Mehrheitsbeschluß ist nicht nur formell zu sehen; er bedeutet vielmehr funktionell, daß die Minderheit den Mehrheitswillen unterstellt werden soll, fordert infolgedessen einen dementsprechenden Schutz der Minderheit.

b) Die Maßgeblichkeit des Mehrheitswillens ist nur durch den Gesellschaftsvertrag zu begründen. Eine Analogie zu § 9 UmwG ist nicht möglich. Man könnte zwar daran denken, § 9 beruhe auf dem Willen des Gesetzgebers eine Möglichkeit zu schaffen, unternehmerischen Entscheidungen unabhängig von einer kleinen Minorität der Gesellschafter Raum zu geben [6]. Grundsätzlich ist diese Argumentation nicht auf die Kapitalgesellschaft beschränkt, sie ist m. E. vielmehr letztlich in der Wertschätzung einheitlicher Unternehmensleitung und -politik begründet. Ich glaube aber doch, daß der

---

[6] Vgl. die Argumentation des BVerfG im Feldmühlen-Urteil, BVerfG 14, 263 ff.

Gesetzgeber des UmwG noch von der Vorstellung erheblicher Unterschiede zwischen Kapital- und Personalgesellschaft beherrscht[7] war, folglich nicht den Willen hatte, das Mehrheitsprinzip durch Gesetz in das Personenhandelsgesellschaftsrecht einzufügen. Der Gesetzgeber steht auch wohl noch unter der Vorstellung, daß das Verhältnis zwischen dem einzelnen Personenhandelsgesellschafter und dem Unternehmen der Gesellschaft so eng ist, daß eine Auswechslung gegen den Willen des Gesellschafters mit einer Barabfindung nicht möglich ist.

Insgesamt komme ich zu dem Ergebnis, daß eine Analogie der Ermöglichung des Mehrheitsbeschlusses aus dem Recht der Kapitalgesellschaft, wie das Umwandlungsgesetz es geschaffen hat, in das Personenhandelsgesellschaftsrecht nicht möglich ist. Es muß also bei der gesellschaftsvertraglichen Grundlage der Ermöglichung des Mehrheitsbeschlusses bleiben.

Die Einführung des Mehrheitsbeschlusses in den Gesellschaftsvertrag ist, bis auf die Grenzen des § 138 BGB, unbeschränkt möglich. Auch die neuere Lehre, die in der Typengestaltung eine gewisse Grenze der gesellschaftsvertraglichen Autonomie sieht, würde m. E. hier keine Grenzen ziehen[8]. Das Gesetz verlangt auch nicht zwingend für die Änderung des Gesellschaftsvertrages oder für einzelne Punkte der Änderung eine qualifizierte Mehrheit, wenn auch die Gesellschaftsverträge i. a. R. für solch einschneidende Änderungen 75%ige oder noch größere Mehrheiten vorsehen. Es ist auch nicht schlechthin unzulässig, daß einer bestimmten Minderheit oder — in Einzelfällen — auch einem einzelnen Gesellschafter gesellschaftsvertraglich die Macht eingeräumt wird, durch einseitige Erklärung die Umwandlung „zu beschließen"[9].

c) Nach allgemeiner Meinung ist aber erforderlich, daß die möglichen Änderungen durch Mehrheitsbeschluß und erst recht die durch einseitigen Akt eines Gesellschafters im Gesellschaftsvertrag bestimmbar festgelegt sind, sog. Bestimmtheitsgrundsatz[10]. Der Grundsatz bedeutet, daß dem Gesellschafter, der den Gesellschaftsvertrag schließt oder der Gesellschaft später beitritt, erkennbar ist, inwieweit er sich dem Mehrheitswillen unterwirft. Das bedeutet aber nicht, daß alle Einzelheiten der Möglichkeiten des Mehrheitsbeschlusses im Gesellschaftsvertrag ausdrücklich festgelegt sein müssen, sondern es reicht aus, daß aus dem Gesamtzusammenhang des Gesellschafts-

---

[7] Es ist durchaus möglich, daß sich diese Unterschiede im Lauf der Zeit in der Praxis zunächst in den Grenzfällen so abflachen, daß auch der Gesetzgeber den Unterschied nicht mehr so betonen wird, wie bisher. Gerade das UmwG könnte der Beginn zu dieser Entwicklung sein.

[8] Vgl. dazu insbesondere H. P. WESTERMANN, Vertragsfreiheit und Typengesetzlichkeit im Recht der Personengesellschaften, Berlin 1970.

[9] Voraussetzungen und Grenzen dieser seltenen Fälle sollen hier nicht näher dargestellt werden.

[10] Vgl. BGH 8, 35; WESTERMANN, Handbuch der Personengesellschaften I Rz. 274 m. Nachw.

vertrages, insbesondere unter Heranziehung von Zweck und Art der Entstehung der Gesellschaft, der Wille erkennbar ist, insoweit den Mehrheitsbeschluß einzuführen [11].

Man wird davon ausgehen können, daß diese Art des Bestimmtheitsgrundsatzes für den Gesellschaftsvertrag heute allgemein anerkannt ist.

Hier ist aber Anlaß, zusätzlich zu fragen, ob der Bestimmtheitsgrundsatz nur verlangt, daß die Umwandlungsmöglichkeit durch Mehrheitsbeschluß als solche aus dem Gesellschaftsvertrag erkennbar ist, oder daß auch erkennbar gemacht werden muß, welches Schicksal die bisherigen Beteiligungen erleiden werden und insbesondere, in welcher Art die überstimmten Gesellschafter zu behandeln sind. Das bedeutet, daß vom strengeren Standpunkt aus erkennbar sein müßte, ob die überstimmten Gesellschafter Gesellschafter der Kapitalgesellschaft werden oder ausscheiden, ob sie eine bestimmte Wahlmöglichkeit haben und ähnliches.

Das ist unter dem Gesichtspunkt des Zwecks des Bestimmtheitsgrundsatzes unter besonderer Berücksichtigung der Schutzfunktion für den einzelnen Gesellschafter zu entscheiden. Das führt dazu, daß Erkennbarkeit der wichtigsten Folgen des Umwandlungsbeschlusses zu fordern ist. Das wiederum bedeutet, daß auch festgelegt sein muß, wie die in der Satzungsautonomie gestellten Fragen entschieden werden sollen [12]. Auch die Rechtstellung der überstimmten Gesellschafter muß ersichtlich sein.

Es ist aber nicht unbedingt erforderlich, daß alle Einzelheiten der zu schaffenden AG in der Umwandlungsklausel festgelegt werden. Ein solches Erfordernis würde die Institution praktisch zu sehr einengen, da oft bei Abschluß des Gesellschaftsvertrages die Einzelheiten der zu schaffenden AG noch nicht feststehen. Erkennbarkeit der Verbindlichkeit des Mehrheitswillens bedeutet nicht, daß die zukünftige Entscheidung der Mehrheit erkennbar ist; es reicht vielmehr aus, daß den Gesellschaftern deutlich gemacht wird, daß und in welchem Umfang sie sich dem Mehrheitswillen unterwerfen. Folglich kann die Umwandlungsklausel des Gesellschaftsvertrages die Mehrheit auch ermächtigen, die Einzelheiten der Gestaltung der AG zu bestimmen [13]. Auch diese „Ausfüllungsermächtigung" braucht nicht ausdrücklich ausgesprochen zu werden, vielmehr reicht es auch insoweit aus, daß mit den Regeln der Auslegung — ggf. auch der ergänzenden — aus der Gesamtheit der Umstände auf den entsprechenden Willen der Gesellschafter bei Abschluß des Gesellschaftsvertrages bzw. bei Einführung der Klausel zu schließen ist. Dem Zweck des Bestimmtheits-Erkennbarkeitserfordernis ent-

---

[11] Vgl. dazu insbesondere auch die Methode in BGH 8, 35.

[12] So HUECK, OHG (4. Auflage) S. 366, allerdings unter dem Gesichtspunkt der gesellschaftsvertraglichen Regelung der Kündigungsfolgen. Das Gesagte ist aber wohl auf alle Umwandlungsklauseln zu beziehen. Unentschieden noch WESTERMANN, Handbuch I Rz. 982.

[13] Vgl. RG 156, 129 (138).

sprechend dürfen nur die dem Vertragschließenden bzw. später aufgenommenen Gesellschafter ersichtlichen Umstände berücksichtigt werden. Diese Methode gilt nicht nur für das „Ob der Ausfüllungsermächtigung", sondern auch für ihren Umfang. Dabei kann für das Maß der Ersichtlichkeit auf die Üblichkeit oder auf den Ausnahmecharakter der zu treffenden Regelung abgestellt werden.

Das Ergebnis wird bestätigt, wenn man berücksichtigt, daß der Beschluß gleichzeitig Vorgründungsvertrag für die Kapitalgesellschaft ist. Für diesen ist zumindest ein solches Maß an Bestimmtheit erforderlich, daß im Streitfall der Richter den Inhalt des Vertrages feststellen kann [14].

d) Speziell soll noch untersucht werden, ob ausreichende Bestimmtheit unterstellt, der Gesellschaftsvertrag auch Gestaltungsbefugnis dahin haben kann, daß „Kapitalgesellschafter wider Willen entstehen". Das bedeutet insbesondere, daß der überstimmte Gesellschafter „Gründer wider Willen" wird, also einer über die kommanditistische Haftung hinausgehenden Gründerhaftung unterworfen sein kann. In Betracht kommt insbesondere die Haftung für unrichtige Angaben über Sacheinlagen. Die Haftung ist aber insofern entschärft, als § 46 Abs. 3 AktG dem einzelnen Gründer die Möglichkeit des Entlastungsbeweises einräumt. In diesem Zusammenhang könnte die Frage nach der Rechtsnatur der Gründerhaftung eine Rolle spielen. Ist die Gründerhaftung deliktischer oder quasideliktischer Natur, wie die h. M. [15] annimmt, dürfte der überstimmte Gesellschafter für ein Verschulden der Mehrheit nicht haften. Auch wenn man — m. E. richtigerweise — die Gründerhaftung als Haftung aus einem vertragsähnlichen Verhältnis ansieht [16], ist nicht ohne weiteres der überstimmte Gesellschafter nach § 278 BGB haftbar. Dabei tauchen nicht einfach zu entscheidende Fragen nach dem Verschulden der Gesellschafter und dem zu fordernden Maß der Sorgfalt insbesondere des überstimmten Gesellschafters auf, die im einzelnen nicht geprüft werden können.

Zu beachten ist auch, daß das „Austrittsrecht" für den Gesellschafter einer PHG über das nicht ausschließbare Kündigungsrecht, das Ergebnis des zwingenden Rechts ist, im Recht der Kapitalgesellschaft auch dann nicht gilt, wenn die Veräußerung der Aktien durch die Vinkulierung sehr erschwert ist. Das ist indessen eine Veränderung, der der Gesellschafter mit der Hinnahme der Umwandlung durch Mehrheitsbeschluß zugestimmt hat.

Die Anmeldung durch alle Gesellschafter, § 43 Abs. 3, auch durch die überstimmten, ist notfalls durch Klage zu erzwingen.

---

14 So ausdrücklich RG 156, 129 (138) für den Fall eines Vorgründungsvertrages in Form einer Umwandlungsklausel im Gesellschaftsvertrag einer PHG.
15 Vgl. z. B. BAUMBACH-HUECK zu § 46 Rz. 2.
16 Vgl. dazu E. SCHÜRMANN, Die Rechtsnatur der Gründerhaftung im Aktienrecht, Dis. Münster 1965.

4. Die analoge Anwendung des UmwG bezüglich der Regelung der Wirkung des Beschlusses

a) Die Frage nach der analogen Anwendung des UmwG wäre verneinend beantwortet, falls der Wille des Gesetzgebers auf die Ausschließlichkeit der Umwandlung nach dem Umwandlungs- und Umwandlungssteuergesetz in den ausdrücklich geregelten Fälle ginge. Ein solcher Wille würde die Analogie verbieten. Im Gesetzestext finden sich keine Anhaltspunkte für einen solchen Willen des Gesetzes oder des Gesetzgebers. Auch die Entstehungsgeschichte gibt dafür nichts her [17].

Aus dem Gesamtzusammenhang und der Tendenz des Gesetzes wird man den Schluß ziehen können, daß ein Analogieverbot nicht gewollt ist. Daß die Umwandlung aufgrund Mehrheitsbeschlusses im Gesetz nicht geregelt ist, ergibt sich aus anderen Umständen als aus einem Willen des Gesetzgebers, eine solche Regelung nicht zuzulassen. Der Gesetzgeber hat ohne gesellschaftsvertragliche Grundlage die Umwandlung aufgrund Mehrheitsbeschlusses sicher nicht gewollt, insofern ist eine Analogie zu § 9 ausgeschlossen. Wenn der Gesetzgeber von sich aus die Möglichkeit des Mehrheitsbeschlusses nicht schaffen wollte, hatte er keinen Anlaß, die Dinge für den Fall zu regeln, daß aufgrund der gesellschaftsvertraglichen Autonomie eine solche Institution eingeführt würde. Wenn der Gesetzgeber der Autonomie Raum lassen wollte, hatte er keinen Anlaß, diese Dinge besonders zu regeln, zumal eine solche Regelung recht umfangreich geworden wäre, da sie im Grunde genommen alle die Fragen umfassen müßte, die sonst der Gesellschaftsvertrag regelt. Es erweist sich wieder der Vorteil der Autonomie auch vom Standpunkt des Gesetzgebers aus: Die Autonomie enthebt den Gesetzgeber der Notwendigkeit, die Dinge so zu regeln, daß alle wesentlichen Fragen erfaßt sind, gleichwohl eine Anpassung an die Vielschichtigkeit der gegebenen Einzelfälle möglich ist. Es kommt noch hinzu, daß die Fälle der Umwandlung von PHG aufgrund Mehrheitsbeschlusses in Kapitalgesellschaften nicht so häufig sind, daß ein generelles Bedürfnis für eine gesetzgeberische Regelung besteht. Aus dem Gesagten ergibt sich zumindest, daß ein Wille des Gesetzgebers, die Analogie auszuschließen, nicht feststellbar ist. Es kann durchaus sein, daß die gesellschaftsvertragliche Möglichkeit, die PHG aufgrund eines Mehrheitsbeschlusses in eine Kapitalgesellschaft umzuwandeln, übersehen worden ist. In einem solchen Fall ist die Analogie zulässig, wenn die gesetzliche Bewertung der geregelten Fälle auf den nicht geregelten Fall zutrifft.

---

[17] MEYER-LADEWIG, BB 1969, 1007, erklärt zwar, der Gesetzgeber habe zu Recht die Umwandlung durch Mehrheitsbeschluß nicht einführen wollen. Die folgende Begründung weist aber nicht auf einen Willen des Gesetzgebers hin, für die im Gesellschaftsvertrag vorgegebene Umwandlung aufgrund eines Mehrheitsbeschlusses die Anwendung des UmwG auszuschließen. Abgesehen davon sind schriftstellerische Äußerungen auch der Sachbearbeiter der Ministerien keine Quellen der Entstehungsgeschichte.

Das Ergebnis ist: Eine Analogie ist jedenfalls nicht ausgeschlossen, weil ein entgegengesetzter Wille des Gesetzgebers anzunehmen ist.

b) Die erste Überlegung zur analogen Anwendung des UmwG geht dahin, daß keine Möglichkeit besteht, durch privatautonome Willenserklärungen die Fragen der Rechtssubjektivität zu bestimmen oder auch nur zu beeinflussen. Falls also der Mehrheitsbeschluß eine nicht vorgesehene Art der Gründung einer juristischen Person mit der Erlangung ihrer Rechtsfähigkeit wäre, müßte die Analogie ausscheiden. Demgegenüber ist aber zu bedenken, daß das Normativsystem, nämlich die Grundsätze des § 21 BGB, bei Anwendung des UmwG erhalten bleiben. Auch nach dem UmwG ist für die Entstehung der juristischen Person entsprechend dem Normativsystem der konstitutive Hoheitsakt maßgebend, der nur nach Prüfung der Voraussetzungen der Eintragung einschließlich aller Besonderheiten nach Art der Kapitalgesellschaft ergeht. Es wird also durch den Übergang von der Einstimmigkeit zum Mehrheitsbeschluß aufgrund der gesellschaftsvertraglichen Regelung nicht das Normativsystem geändert, sondern nur das Erfordernis der übereinstimmenden Willenserklärungen innerhalb der Gründer aufgehoben. Das bedeutet keinen Einbruch in das der Parteiautonomie entzogene Normativsystem bei Entstehung juristischer Personen.

Zur weiteren Begründung kann auch folgende Überlegung dienen: Aus einem Vorgründungsvertrag kann auf Teilnahme am Gründungsvertrag geklagt werden. Das rechtskräftige Urteil kann dann die Mitwirkung beim Gründungsvertrag ersetzen. Im Grunde genommen ist die Verlagerung in den Mehrheitsbeschluß nichts anderes; auch hier wird gewissermaßen durch den Mehrheitsbeschluß der Wille des Überstimmten ersetzt, selbst wenn er Gründer bleibt. Man könnte dem entgegenhalten, daß im Falle des rechtskräftigen Urteils eine gerichtliche Entscheidung vorliegt, damit also auch ein gewisser Schutz des Verpflichteten geschaffen ist. Hier mag zwar der Mehrheitsbeschluß ohne vorherige Prüfung durch das Gericht wirken, gewissermaßen als Schutzinstitution bleibt aber die Notwendigkeit der Mitwirkung bei der Anmeldung und damit im Streitfall die vorherige Entscheidung durch ein Gericht.

c) Zweifelhaft ist aber, ob Gesamtrechtsnachfolge möglich ist. Hierbei handelt es sich um die praktisch bedeutsamste zivilrechtliche Frage der analogen Anwendbarkeit des UmwG. Die Gesamtrechtsnachfolge erleichtert den Übergang des Vermögens, sie dürfte auch eine nicht unerhebliche Grundlage für die Frage der steuerrechtlichen Analogie sein.

Auszugehen ist davon, daß nur in den vom Gesetz ausschließlich aufgezählten Fällen die Gesamtrechtsnachfolge eintritt; durch Parteiwillkür ist die Ausdehnung der Fälle nicht möglich, so wäre z. B. eine gesellschaftsvertragliche Regelung dahin unzulässig, daß im Falle der Liquidation das Gesellschaftsvermögen im Wege der Gesamtrechtsnachfolge an eine Person fiele. Daß das so ist, ergibt auch ein Vergleich mit den Bestimmungen über den

Anfall des Vereinsvermögens bei der Liquidation des Vereins: Hier ist Gesamtrechtsnachfolge nur bei Anfall an den Fiskus möglich, § 46 BGB; diese Vorschrift kann durch Satzungsbestimmung nicht ausgedehnt werden. Auch bei der Liquidation der PHG gibt es keine Gesamtrechtsnachfolge. Zu bedenken ist aber, daß auch diese Grenze flüssig ist: Wenn bei der Liquidation ein Gesellschafter das Übernahmerecht hat, wächst ihm das Gesellschaftsvermögen an und die Anwachsung unterscheidet sich von der Gesamtrechtsnachfolge nur unwesentlich.

Entscheidend für unsere Frage ist die ausschließliche gesetzliche Anordnung der Gesamtrechtsnachfolge aber nur, wenn es tatsächlich darum geht, die Gesamtrechtsnachfolge in den Beschluß der Gesellschafter bzw. in die Autonomie des Gesellschaftsvertrages zu stellen. Bei genauerem Zusehen ist nun zwischen dem Vollzug des Umwandlungsbeschlusses durch Gesamtrechtsnachfolge und dem Beschluß selbst zu unterscheiden. Den Vollzug des Beschlusses durch Gesamtrechtsnachfolge kann nur das Gesetz anordnen, die gesellschaftsvertragliche Regelung ist dazu nicht in der Lage. Den Beschluß herbeizuführen, ist aber in das Belieben des Gesellschaftsvertrages gestellt. Oder anders ausgedrückt: Voraussetzung der Gesamtrechtsnachfolge ist ein Beschluß der Gesellschaft, diesen Beschluß und seine Voraussetzungen kann man in die Autonomie stellen, den daran anschließenden Vollzug nicht.

Das ist aber eine konstruktive Begründung, die nicht allein überzeugend sein kann. Entschieden werden muß letztlich vielmehr an Hand der Funktion der Institution und nach einer Prüfung, ob Nachteile entstehen, wenn die Gesamtrechtsnachfolge ausgedehnt wird oder von der anderen Seite her gesehen, ob auch in diesem Falle die Wirkung der Gesamtrechtsnachfolge zu rechtfertigen ist.

Gefahren für die Allgemeinheit oder für Dritte insbesondere für die Gläubiger der Gesellschaft, die dadurch entstehen könnten, daß anstelle der Einstimmigkeit der Mehrheitsbeschluß tritt, sehe ich nicht. Werden die überstimmten Gesellschafter Aktionäre der AG, haftet das ganze Vermögen der PHG den Altgläubigern weiter. Etwaige persönliche Haftung der Gesellschafter wird durch den Wechsel vom einstimmig gefaßten zum Mehrheitsbeschluß nicht berührt.

Scheiden die überstimmten Gesellschafter gegen Abfindung aus, verringert sich allerdings das haftende Vermögen. Dafür verschärft sich aber die Haftung der ausscheidenden Kommanditisten um das, was aufgrund ihrer Kommanditbeteiligung an sie ausgezahlt wird.

Auch daß die Abfindung zunächst von der PHG zu zahlen ist, und daß diese Verpflichtung auf die entstehende AG übergeht, steht angesichts der entsprechenden Minderung des Reinvermögens = Grundkapitals der AG nicht entgegen.

Die Gläubiger der AG, deren Ansprüche erst nach der Umwandlung der PHG entstehen, sind nicht durch das Ausscheiden einzelner Gesellschafter beschwert, da als Grundkapital nur das Vermögen der früheren PHG ausgewiesen wird, das nach der Abfindung verbleibt.

Der Schutz der Überstimmten hängt nicht mit der Frage der Einzel- oder Gesamtrechtsnachfolge zusammen. Hier sind ausschließlich die gesellschaftsrechtlichen Gesichtpunkte maßgebend und diese verlangen einen Schutz durch Erkennbarkeit; ist dieser gegeben, kann es vom Schutzgesichtspunkt aus gleichgültig sein, ob Gesamtrechtsnachfolge eintritt oder nicht.

Die Abhängigkeit von dem den Erfolg offenlegenden konstitutiven Staatshoheitsakt ist beim Mehrheitsbeschluß und Einstimmigkeit gleichermaßen gegeben.

Wenn danach keine erheblichen Gründe gegen die Analogie sprechen, ist andererseits nicht zu verkennen, daß der Wunsch nach möglicher Erleichterung des Rechtsverkehrs die Gesamtrechtsnachfolge wünschbar macht. Die Analogie mit der Folge der Erleichterung des Vollzuges einer unternehmerischen Konzeption liegt auch in der Linie, die das UmwG von 1956 und verstärkt die Novelle von 1969 verfolgt, nämlich die Abstellung auf das Unternehmen: Die auf das Unternehmen bezügliche Entscheidung — es geht ja insbesondere darum, die für das Unternehmen passende Rechtsform zu finden — kann mit Mehrheit gefaßt werden [18].

5. Die praktisch besonders wichtige Frage der steuerrechtlichen Analogie ist hier nicht zu entscheiden. M. E. bieten aber die angestellten Überlegungen Gründe, vom zivilrechtlichen Standpunkt aus auch die steuerrechtliche Analogie zuzulassen. Das muß aber in einer speziellen steuerrechtlichen Untersuchung, für die hier kein Raum ist, geprüft werden.

IV. Möglichkeiten, die die Einstimmigkeit des Umwandlungsbeschlusses herbeiführen

Angesichts der nicht ganz auszuschließenden Unsicherheit ist ein kurzer Blick auf die Möglichkeiten, das UmwG auf jeden Fall anwendbar zu machen, interessant.

1. Die wesentliche Möglichkeit liegt darin, durch den Gesellschaftsvertrag dafür Vorsorge zu treffen, daß die überstimmten Gesellschafter ausscheiden, so daß dann der vom Umwandlungsgesetz vorausgesetzte einstimmige Beschluß möglich wird.

Der Gesellschaftsvertrag muß von dieser Überlegung aus Institutionen schaffen, die dafür sorgen, daß überstimmte Gesellschafter ausscheiden. Dabei bieten sich vor allem zwei Wege an:

---

[18] Die von mir im Handbuch I. Rz. 928 noch nicht ganz entschiedene Frage scheint mir danach geklärt zu sein. Wie sich die Praxis entscheiden wird, ist allerdings schwer vorauszusagen.

Der Gesellschaftsvertrag kann vorschreiben, daß der überstimmte Gesellschafter automatisch ausscheidet [19]. Diese Regelung ist einfach, sie bedeutet aber eine Automatik, die in mehrfacher Hinsicht unerwünscht sein kann. Der überstimmte Gesellschafter selbst kann nicht abwarten, wie die Entscheidung ausgeht, sich also insbesondere nicht mehr der Mehrheit anschließen. Auch die Gesellschaft kann ein Interesse daran haben, das automatische Ausscheiden zu verhindern, da es praktisch zu einer Schwächung des Gesellschaftsvermögens führt, die u. U. gerade bei Umwandlung in eine Kapitalgesellschaft unerwünscht ist.

Es liegt daher näher, den Gesellschaftern, die für die Umwandlung gestimmt haben, ein gesellschaftsvertragliches Übernahmerecht gegenüber den überstimmten Gesellschaftern zu geben, das u. U. noch davon abhängig sein könnte, daß die überstimmten Gesellschafter nicht in einer festgelegten Frist sich der Mehrheit anschließen, also freiwillig die Umwandlung in die Kapitalgesellschaft mitmachen. Das Übernahmerecht muß in dem üblichen Umfang geregelt sein, insbesondere muß die quotale Aufteilung bestimmt sein, der Übernahmepreis festgelegt werden usw. Dieser Weg hat den Vorteil, daß auch die Minderheit der Gesellschafter, die gegen die Umwandlung gestimmt hat, nochmals eine Überlegungsmöglichkeit hat, ob sie mit der Mehrheit zusammen die Umwandlung vollziehen will oder nicht. Das Übernahmerecht führt dazu, daß das Entgelt von dem übernehmenden Gesellschafter aufgebracht werden muß, der Anteil am Gesellschaftsvermögen des überstimmten = ausscheidenden Gesellschafters wächst dem übernehmenden Gesellschafter an, so daß das Gesellschaftsvermögen nicht gemindert wird [20].

2. Wollen die Gesellschafter den einstimmigen Umwandlungsbeschluß ohne Ausscheiden einzelner Gesellschafter sichern, bleibt als weiterer Weg, die in der ersten Abstimmung überstimmten Gesellschafter im Gesellschaftsvertrag zu verpflichten, dem Umwandlungsbeschluß zuzustimmen. Aus der entsprechenden Klausel des Gesellschaftsvertrages i. V. m. dem Beschluß erwächst der Gesellschaft ein notfalls im Wege der Klage durchsetzbarer Anspruch auf die Zustimmung [21].

3. Daß die gesellschaftsvertragliche Autonomie es ermöglicht, den einstimmigen Beschluß auch gegen den Willen einzelner Gesellschafter zu erzwingen, scheint mir ein weiteres Argument dafür zu sein, auf die Umwandlung einer PHG in eine AG aufgrund eines Mehrheitsbeschlusses das UmwG analog anzuwenden.

---

[19] Die Einführung solcher Ausscheidungstatbestände ist gesellschaftsvertraglich möglich, vgl. WESTERMANN, Handbuch I Rz. 402.

[20] Auf Einzelheiten des Verfahrens, z. B. auf die Frage, wie das Übernahmerecht auszuüben ist, und ob der Beschluß auf Umwandlung dann einstimmig wiederholt werden muß, soll hier nicht eingegangen werden.

[21] Ich habe solche gesellschaftsvertraglichen Bestimmungen in der Praxis allerdings noch nicht gesehen, halte aber solche mit genügender Bestimmtheit formulierten Klauseln für gültig.

Fragen zur vorweggenommenen Erbfolge

Franz Westhoff

Widmung

Die nachfolgenden Ausführungen sind, wie das Thema schon andeutet, nicht um eine umfassende Auseinandersetzung mit den zahlreichen Problemen bemüht, die bei der Gestaltung von Rechtsgeschäften, die in Vorwegnahme erbrechtlicher Regelungen beabsichtigt sind, sich ergeben. Die Erscheinungsformen solcher Rechtsgeschäfte sind vielfältig und unterschiedlich, bedingt durch die jeweilige Art des Vertragsgegenstandes (Grundvermögen, Gesellschaftsbeteiligungen pp.) und durch die jeweiligen Wünsche der Vertragsbeteiligten. Es sollen hier nur einige wenige Grundfragen angesprochen werden, die sich dem Rechtsberater in der Praxis fast regelmäßig stellen. Vielleicht sind es hie und da auch Resonanzen aus Gesprächen, die der Verfasser mit Hans Hengeler geführt hat, dem er seit seiner Ausbildung als Referendar und Assessor in den 30er Jahren beruflich und persönlich bis zum heutigen Tag nahe geblieben ist. Daraus darf aber nicht — alle guten Geister mögen davor bewahren — gefolgert werden, daß der Verfasser Gedanken seines hochverehrten Lehrers und des mit den Gaben wissenschaftlicher Gründlichkeit, wirtschaftlicher Vernunft und phantasievoller Gestaltungskraft reich ausgestatteten bedeutenden Juristen übersetzen wolle.

Bei einer Festschrift liegt der klangvolle Ton auf der ersten Silbe dieses Wortes. Darum mischt sich in die Freude, die dem Freunde Hans Hengeler seine beruflichen Weggenossen mit dieser Festschrift bereiten wollen, der Dank des ehemaligen Schülers für die empfangene Lehre, für die durch ungewöhnliche Fairneß geprägte kameradschaftliche Zusammenarbeit, nicht zuletzt für den so liebenswerten Frohsinn, der bei allen Begegnungen und Gesprächen mit Hans Hengeler immer mitschwingt.

Zum Thema

Die „vorweggenommene Erbfolge" ist kein gesetzes-technischer Begriff. Er ist aber in der bürgerlich-rechtlichen und steuerrechtlichen Literatur, insbesondere in der Praxis, zum Sprachgebrauch geworden. Unter „vorweg-

genommener Erbfolge" versteht man summarisch alle — meist unentgeltlichen — Zuwendungen, die ein Erblasser zu seinen Lebzeiten im Blick auf
die Erhaltung seines Vermögens nach dem Tode vornimmt. Dazu bewegt
auch der Wunsch, die Aufteilung des Vermögens unter die Nachkommen-
schaft im Einvernehmen mit den Beteiligten noch selbst zu regeln.

Die Anzahl dieser Rechtsgeschäfte hat zugenommen, seitdem die Absicht
des Gesetzgebers bekannt geworden ist, Zuwendungen von Todes wegen
und die diesen steuerlich gleichstehenden Schenkungen durch eine Änderung
des Erbschaftsteuergesetzes mit höheren Steuern — verstärkt durch eine kräf-
tige Anhebung der Einheitswerte des Grundvermögens — zu belegen.

Bei der Gestaltung solcher Schenkungsverträge ist der Rechtsberater oft
vor schwierige Aufgaben gestellt. Der Schenkgeber — wer wollte es ihm
verdenken — möchte sich einerseits nicht der wirtschaftlichen Grundlagen
seiner Existenz begeben, andererseits den wesentlichen Teil seines Vermögens
auf die Kinder — unter Anwendung der noch geltenden Steuersätze des
gegenwärtigen Erbschaftsteuergesetzes — übertragen. Zu der eigenen wirtschaftlichen Absicherung gehört auch die der Ehefrau für den Fall, daß diese
den Schenkgeber überlebt.

A. Widerruf einer Schenkung

Der Wunsch liegt nahe, in dem Schenkungsvertrag sich das Recht auf
jederzeitigen Widerruf der Schenkung vorzubehalten, und zwar ohne daß
die Ausübung des Widerrufsrechtes von irgendwelchen Voraussetzungen
abhängig ist, wie es z. B. gesetzlich für den Fall groben Undanks des Beschenkten vorgesehen ist (§ 530 BGB).

I.

Zu der Frage der *zivilrechtlichen* Zulässigkeit des Vorbehalts jederzeiti-
den Widerrufs einer Schenkung sind in der Rechtsliteratur nur sparsame
Äußerungen auffindbar. Die Zulässigkeit wird bejaht von BÖGER/JECH
(DStR 1970/753), verneint von KAPP („Der Betriebs-Berater" 1971 Heft 2).
HÖRSTMANN („Der Betriebs-Berater" 1970 Beilage zu Heft 14) läßt die
Frage offen, weil noch keine negative Rechtsprechung vorliege. KUHN
(BGB—RGR Komm. 11. Aufl.) geht unter Anm. 12 zu § 518 bei der Deu-
tung des Begriffes „Vollziehung einer Schenkung" von der rechtlichen Zu-
lässigkeit eines jederzeitigen Widerrufsrechtes ohne Einschränkung aus:
„Auf der anderen Seite ist der Begriff der Vollziehung vereinbar mit dem
Vorbehalt jederzeitigen Widerrufs."

KAPP (a.a.O.) hält die Auffassung für möglich, daß „eine Schenkung, die
unter dem Vorbehalt des jederzeitigen Widerrufs vollzogen wird, bürger-
lich-rechtlich überhaupt keine Schenkung ist, weil die nach dem BGB ge-

forderte Bereicherung des Beschenkten der Art sein muß, daß dieser mit dem geschenkten Wirtschaftsgut genauso schalten und walten kann wie jeder Eigentümer, dem der Gegenstand nicht durch Schenkung, sondern auf andere — entgeltliche — Weise zugefallen ist." So weit, daß überhaupt keine Schenkung vorliegt, scheint er selbst aber nicht gehen zu wollen. Er vertritt „demgegenüber den Standpunkt, daß einem vertraglich vorbehaltenen Rücktrittsrecht nur dann rechtliche Bedeutung zukommt, wenn der Schenker die Rückgängigmachung von später eintretenden Umständen abhängig macht, die etwa der Art sind, daß sie auch ohne diesen Vorbehalt zur Ausübung des gesetzlichen Rücktrittsrechts berechtigen." Den Vorbehalt des jederzeitigen unbeschränkten Widerrufs will KAPP „in einen Vorbehalt dieser Art" ungedeutet wissen (§§ 133, 157, 242 BGB).

Die Ausführungen von KAPP und die Skepsis von HÖRSTMANN (a.a.O.) haben die Furcht, Schenkungen unter dem Vorbehalt jederzeitigen Widerrufs vorzunehmen, verstärkt. Seitdem die schon seit vielen Jahren latente Reform des Erbschaftsteuerrechts in ein akutes Stadium getreten ist, hat sich ohnehin eine Ungewißheit darüber verbreitet, in welcher Weise der Gesetzgeber die aus der fortschreitenden Veränderung der Gesellschaftsordnung folgende Tendenz zu einer verstärkten Erfassung des vermeintlichen — nach Einkommenbesteuerung und Vermögensbesteuerung — sog. „mühelosen Erwerbes" normativ verwirklichen wird. Diese Ungewißheit hat in letzter Zeit zu Hemmungen bei der Ausgestaltung von Schenkungsverträgen mit Vorbehalten zugunsten des Schenkgebers geführt. Dies gilt insbesondere für den Vorbehalt des jederzeitigen Widerrufs der Schenkung. Die an der rechtlichen Zulässigkeit dieses Vorbehalts geäußerten Zweifel, nicht zuletzt die Umdeutung des unbeschränkten Widerrufsrechtes in ein beschränktes, von dem Eintritt bestimmter Umstände abhängiges Recht (KAPP a.a.O.), haben manche potentiellen Schenkgeber sogar veranlaßt, von der Verwirklichung ihrer Schenkungsabsicht völlig abzusehen. Waren in der Vergangenheit keine steuerlichen Nachteile zu erwarten, wenn etwa einer Schenkung die steuerliche Anerkennung versagt werden würde, da sie steuergerecht-modifiziert wiederholt werden konnte, ist heute — infolge der allseits bekannten langen Bearbeitungszeit für die steuerliche Veranlagung und infolge des langen Zeitraumes, den ein etwaiger Steuerstreit im Falle einer Versagung der steuerlichen Anerkennung beansprucht, — das Risiko gegeben, die steuerrechtlich umstrittene Schenkung *erst* unter der Geltungskraft des neuen Gesetzes wiederholen zu können oder dann von der Schenkung Abstand nehmen zu müssen, weil der mit der vorweggenommenen Erbfolge erwünschte steuerliche Effekt nicht mehr erreichbar ist.

Die Frage, welche rechtliche Bedeutung einer Schenkung unter dem Vorbehalt des jederzeitigen Widerrufs zukommt, hat aber nicht nur ein speziell akutes steuerliches Interesse; ihre Aufklärung ist von allgemeinem Interesse in Sicht auf ihre bürgerlich-rechtliche Bedeutung.

II.

1. Auszugehen ist von dem Rechtslehre und Rechtsprechung beherrschenden Grundsatz, daß alle Rechtsformen zu allen mit ihnen erreichbaren wirtschaftlichen Zwecken verwendet werden können (RGZ 100/212). Im Rahmen dieser Freiheit in der Rechtsgestaltung wird man gegen die Abrede eines jederzeitigen Rechts auf Widerruf in einem Schenkungsvertrag — wie auch sonst ein vertragliches Rücktrittsrecht zulässig ist (§ 327 BGB) — nichts einzuwenden haben, es sei denn, daß dieser Vorbehalt dem Rechtscharakter der Schenkung schlechthin widerspricht, was Kapp (a.a.O.) zwar nicht behauptet, aber für denkbar hält.

Daß der Schenkungscharakter durch das Recht auf Widerruf nicht schlechthin verletzt wird, ergibt sich bereits aus den durch das Gesetz selbst begründeten Rückforderungsrechten:

a) Rückforderungsrecht des Schenkers bei Nichterfüllung einer Auflage (§ 527 BGB);

b) Rückforderung des Schenkers wegen Bedürftigkeit (§ 528 BGB);

c) Widerruf der Schenkung bei grobem Undank (§ 530 BGB).

Aus diesen einzelnen ausdrücklichen gesetzlichen Regelungen kann nicht der Schluß gezogen werden, daß es sich hierbei um einen privilegierten numerus clausus der Widerrufsrechte handelt. Für den Gesetzgeber bestand kein Anlaß, bei der Normierung der für Schenkungen geltenden Vorschriften auch das vertraglich bedungene Widerrufsrecht zu berücksichtigen. Dies ergibt sich schon aus dem Gesichtspunkt der Vertragsfreiheit und des allgemeinen Vertragsrechts (§ 327 BGB).

2. Das Wesen der Schenkung und somit ihr Rechtscharakter könnte nur dann durch den Vorbehalt des jederzeitigen Widerrufs verletzt sein, wenn dieser Vorbehalt dem Wechsel des Eigentums an dem Gegenstand der Schenkung entgegenstehen würde. Damit ist der Begriff des Eigentums, wie er sich nach dem Bürgerlichen Gesetzbuch darstellt, angesprochen. „Der Eigentümer einer Sache kann, soweit nicht das Gesetz oder Rechte Dritter entgegenstehen, mit der Sache nach Belieben verfahren und andere von jeder Einwirkung ausschließen." (§ 903 BGB). Schon aus dieser gesetzlichen Definition ergibt sich, daß zum Begriff des Eigentums nicht die Befugnis des Eigentümers gehört, über eine Sache beliebig verfügen zu können, wie Kapp (a.a.O.) den Eindruck entstehen läßt, wenn er fordert, daß „die nach dem BGB geforderte Bereicherung des Beschenkten der Art sein muß, daß dieser mit dem geschenkten Wirtschaftsgut genauso schalten und walten kann wie jeder Eigentümer". Gewiß bleibt dieser Hinweis durch den Zusatz „wie jeder Eigentümer" noch in der Methodik des Eigentumsbegriffs. Es ist aber nicht zu verkennen, daß hier der Akzent auf „schalten und walten" im Sinne beliebiger Verfügung liegt und diese Akzentuierung zum mindesten irreführend ist.

Das Eigentum kann — wie § 903 BGB besagt — durch „Rechte Dritter" eingeschränkt sein. Es kann sich hier also entsprechend der Terminologie des Bürgerlichen Gesetzbuches nur um die durch das Gesetz selbst typisierten dinglichen Rechte Dritter handeln. Obligatorische Rechte Dritter fallen nicht darunter. Da sie stets nur persönliche Ansprüche und Verpflichtungen zum Inhalt haben, können sie keine Eigentumsbeschränkung herbeiführen (vgl. Seufert/Staudinger BGB-Komm. 11. neub. Aufl. Anm. 18 zu § 903).

Ob nun das Recht auf Widerruf einer Schenkung unter dem allgemeinen vertraglichen Rücktrittsrecht zu subsumieren oder als ein dem Schenkgeber zugestandener unmittelbarer Anspruch auf jederzeitige Rückforderung des geschenkten Wirtschaftsgutes zu begreifen ist, kann dahingestellt bleiben. In jedem Fall handelt es sich nur um ein obligatorisches Recht des Schenkgebers, das zu keiner Beschränkung des Eigentums als solchem führt. Der Beschenkte kann — wenn auch unter Umständen vertragswidrig — das Eigentum weiter übertragen, belasten, aufgeben und von Todes wegen darüber verfügen. Der Sonderfall, daß bei einem Grundstück die dingliche Verfügungsfreiheit durch eine Vormerkung (§ 883 BGB) eingeschränkt werden kann, ändert nichts an der grundsätzlichen Tatsache, daß das Eigentum durch persönliche Ansprüche und korrespondierende Verpflichtungen nicht berührt wird.

3. Nur vergleichsweise sei auf die sog. Konsolidationslage des Eigentums als elastisches Recht hingewiesen, die erlaubt, das Eigentum in weitestem Umfang mit gesetzlichen Beschränkungen und Rechten Dritter zu beschweren (vgl. Entscheidung des Großen Zivilsen. d. BGB vom 16. 6. 1952 — BGH 6/271). Der Kerngehalt des Eigentums bleibt bestehen. „Das dingliche Recht des Dritten an der Sache bringt das Eigentum nicht teilweise zum Erlöschen, sondern hemmt es nur in seinen Wirkungen" (Seufert/Staudinger Vorbem. 18 zu § 903). Mit dem Wegfall der gesetzlichen Beschränkungen oder der Rechte Dritter tritt der Eigentümer von selbst wieder in die entsprechenden Herrschaftsbefugnisse ein (so auch Seufert/Staudinger a.a.O.).

4. Hiernach ist festzustellen, daß durch den Vorbehalt des Widerrufs das Eigentum begrifflich nicht angetastet wird. Es vollzieht sich daher mit der Schenkung ein Eigentumswechsel mit den von § 516 BGB geforderten Folgen:

a) der Bereicherung des Beschenkten durch Erwerb des Eigentums;

b) der Entreicherung des Schenkgebers auf der anderen Seite durch Verlust des Eigentums.

Hierbei handelt es sich nicht etwa um einen nur formal-rechtlichen Eigentumsübergang ohne wirtschaftlichen Inhalt, sondern um einen effektiven Vermögenszuwachs. Das zeigt sich daran, daß dem Beschenkten das dingliche Verfügungsrecht über das erworbene Wirtschaftsgut zusteht und dieses auch zu einer wirtschaftlichen Haftungsgrundlage geworden ist; die

Gläubiger des Beschenkten können in das geschenkte Wirtschaftsgut die Zwangsvollstreckung betreiben.

Mit dem Erlöschen des Widerrufsrechtes, das — wenn der Schenkgeber nicht schon vorher hierauf verzichtet hat — mit dessen Tod eintritt, kommen die durch das Widerrufsrecht begründeten obligatorischen Eigentumsbindungen in Wegfall, so daß sich das Eigentum zur vollen Herrschaftsbefugnis des Beschenkten „konsolidiert".

Es dürfte zum Wesen des jederzeitigen Widerrufsrechtes gehören, daß dieses von Natur aus ein persönliches, ausschließlich dem Schenkgeber zustehendes — insbesondere also nicht vererbliches — Recht ist; andernfalls würde das Widerrufsrecht zu einem Instrument der Willkür Dritter.

III.

Der rechtliche Tatbestand wäre anders zu würdigen, wenn die Schenkung unter dem Vorbehalt des Widerrufs als ein „Scheingeschäft" zu werten wäre. Hiervon kann im Regelfall keine Rede sein. Gerade der Vorbehalt des Widerrufs läßt eindeutig erkennen, daß die Vertragsparteien die Schenkung ernsthaft wollen.

IV.

Kapp (a.a.O.) will das vertraglich begründete jederzeitige Widerrufsrecht umdeuten und es auf die Bedeutung „etwa der Art" einschränken, daß der Schenkgeber im Falle später eintretender Umstände auch ohne diesen vertraglichen Vorbehalt zur Ausübung „des gesetzlichen Rücktrittsrechtes" berechtigt wäre.

In diesem Zusammenhang verweist Kapp auf die Vorschriften der §§ 133, 157, 242 BGB. Die Erwähnung dieser Vorschriften des BGB soll offensichtlich ein Hinweis auf die gesetzliche Grundlage für die rechtliche Zulässigkeit einer Umdeutung des vertraglich vereinbarten jederzeitigen Widerrufsrechtes in das „gesetzliche Rücktrittsrecht" sein. Es fehlt aber dann eine Darstellung des Inhalts der Umstände, von deren Eintritt die Ausübung des gesetzlichen Rücktrittsrechtes abhängig sein soll und welches gesetzliche Rücktrittsrecht gemeint ist. Die Umdeutung enspricht aber auch nicht dem Vertragwillen. Dieser soll den Schenkgeber gerade von der Beurteilung Dritter, wann und unter welchen Umständen er die Schenkung widerrufen kann, frei machen. Eine Anwendung der §§ 157 und 242 mit der Folge, daß ein Vertrag „seinem Inhalt nach entgegen dem ausdrücklichen Willen der Vertragschließenden einer sachlichen Abänderung zugeführt" wird, ist unzulässig (BGH 9/279).

Kapp meint, daß dem uneingeschränkten Widerrufsvorbehalt keine praktische Bedeutung zukomme, „weil der Beschenkte einem derartig weitgehenden Vorbehalt nicht zustimmen, vielmehr von selber darauf dringen würde, daß der Vorbehalt eingeschränkt wird". Nun, wenn es aber doch so ist, daß der Beschenkte zustimmt? Der Verfasser kennt aus seiner Praxis Fälle dieser Art aus der Vergangenheit und auch zahlreiche Fälle, in denen der Beschenkte zu der Zustimmung bereit ist, ohne auf eine Einschränkung des Vorbehalts zu dringen.

Besonders bei Schenkungen von Eltern an Kinder ist es ein natürliches und legitimes Anliegen, die zukünftige Erbfolge durch eine Vermögensverteilung bereits zu Lebzeiten zu regeln, aber diese Regelung auch noch revidieren zu können, wenn dies dem Schenkgeber durch den späteren Eintritt von Umständen oder infolge neuer Erkenntnisse nach seiner *eigenen* Beurteilung angezeigt erscheint. Ein legitimes Interesse ist es auch, das verschenkte Vermögen ganz oder teilweise zurückrufen zu können, wenn die eigene wirtschaftliche Existenz der Eltern dies erfordert, ohne dabei den Eintritt des Notfalls im Sinne des § 528 BGB abwarten zu müssen. Es ist auch nicht einzusehen, daß bei einem lieblosen Verhalten eines Kindes der Schenkgeber darauf angewiesen sein soll, daß in einem mehrstufigen — Eltern und Kinder immer mehr trennenden — Gerichtsverfahren festgestellt wird, ob „grober Undank" im Sinne des § 530 BGB vorliegt. Werden der „Notfall" des § 528 oder „grober Undank" im Sinne des § 530 BGB durch gerichtliches Urteil verneint, so dürfte in aller Regel auch kein Rücktrittsrecht — etwa aus dem Gesichtspunkt von Treu und Glauben — mehr gegeben sein. Auch aus dieser Sicht erscheint eine Umdeutung des Rechtes auf jederzeitigen Widerruf der Schenkung in ein gesetzliches, aus „Treu und Glauben" abgeleitetes Rücktrittsrecht äußerst fragwürdig, d. h. für den Schenkgeber entgegen der Vertragsabsicht von nur geringem Wert.

Diese Erwägungen dürfen nicht davon wegführen, daß der Vorbehalt des jederzeitigen Widerrufs — wie oben dargelegt — einer Schenkung begrifflich nicht entgegensteht. Hieran ist festzuhalten. Schon deshalb ist kein Raum für die Umdeutung eines dem Schenkgeber von dem Beschenkten freiwillig und eindeutig zugestandenen Widerrufsrechtes.

Der von KAPP geäußerten Vermutung, daß der Beschenkte ein uneingeschränktes Recht auf Widerruf nicht hinnehmen, vielmehr von selbst auf eine Einschränkung dieses Rechts dringen würde, darf die Vermutung entgegengestellt werden, daß von Eltern, die aus gewichtigen Gründen ernsthaft gewollte Vermögensübertragungen auf ihre Kinder vornehmen, nach aller Erfahrung nicht zu erwarten ist, daß sie aus purer Willkür das Geschenkte von den Kindern zurückfordern.

Ob einer willkürlichen schikanösen Ausübung des Rückforderungsrechtes gegebenenfalls nach Maßgabe des § 242 BGB begegnet werden kann, ist eine andere Frage. Sie berührt nicht die rechtliche Zulässigkeit einer Vereinbarung, durch die der Beschenkte dem Schenkgeber das Recht auf jederzeitigen Widerruf einräumt. Jedenfalls ist das Recht zur Ausübung des Widerrufs im Hinblick auf die vertraglich zugestandene Freiheit bei einer

etwaigen Anwendbarkeit des § 242 BGB weit zu bemessen. Eine allgemeine
Regel läßt sich hierfür nicht aufstellen. Wo, wann und wie die Rechtsaus-
übung des Widerrufs als Verstoß gegen Treu und Glauben unzulässig zu
werden beginnt, wird nur aus den Umständen des einzelnen Falles entnommen werden können.

V.

Es sei gestattet, den vorstehenden Darlegungen noch die folgenden allgemeinen Bemerkungen anzufügen:

Entsprechend der vom Gesetzgeber bewußt gewährten Freiheit, bei der
vertraglichen Gestaltung möglichst alle Rechtsformen zu allen mit ihnen
erreichbaren wirtschaftlichen Zwecken verwenden zu dürfen, soweit nicht
zwingendes codifiziertes Recht oder die „ordre public" entgegensteht, muß
die Tendenz der Rechtslehre und Rechtsprechung primär auf eine positive
Ausschöpfung der gewährten Vertragsfreiheit ausgerichtet sein. Die „Beweis-
last" dafür, daß der Grundsatz der freien Anwendung von Rechtsformen
verletzt sei, trifft den, der dies behauptet. Dazu bedarf es einer überzeugenden Darstellung.

Ein eindeutiger Nachweis aus positiven gesetzlichen Vorschriften, die zu
der unzweifelhaften Schlußfolgerung berechtigen, daß eine Schenkung unter
dem Vorbehalt des Rechts auf jederzeitigen Widerruf mit der Vertragsfreiheit nicht vereinbar sei, ist bisher nicht geführt worden.

VI.

1. Zu der *steuerrechtlichen* Beurteilung des behandelten Sachverhalts ist
vorweg zu bemerken, daß die im Steuerrecht sonst vorherrschende wirtschaftliche Betrachtungsweise für das Erbschafts- (und das ihm gleichgestellte
Schenkung-) steuerrecht nicht maßgebend ist (KAPP a.a.O. und die dort
zitierte Entscheidung d. BFH vom 30. 6. 1960, BStBl. III/348). Grundlage
für die steuerliche Heranziehung eines unter dem Titel einer Schenkung
erfolgten Vermögensübergangs ist die bürgerlich-rechtliche Beurteilung (vgl.
auch MEGOW „Erbschaftsteuerrecht" 5. Aufl. Anm. II 3 zu § 3). KAPP
weist jedoch darauf hin, daß „zahlreiche Begriffe des BGB einen wirtschaftlichen Inhalt" haben und insoweit die steuerliche Beurteilung durch die wirtschaftliche Ausfüllung des bürgerlich-rechtlichen Begriffs bedingt ist. Für
die Schenkung bedeutet dies — darin ist KAPP zuzustimmen —, daß „eine
Schenkung entsprechend den Vorschriften des bürgerlichen Rechts immer
dann vorliegt, wenn eine gegenwärtige Bereicherung des Beschenkten gegeben
ist und daß die Schenkung alsdann auch steuerrechtlich anerkannt werden
muß". Es ist vorstehend unter II 4 dargelegt worden, daß eine Schenkung —
auch unter dem Vorbehalt des jederzeitigen Widerrufs — zu einer Bereicherung des Beschenkten führt. Zu den dort angeführten, dem Beschenkten zu-

gefallenen Vermögensvorteilen mögen ergänzend noch die Nutzungen, die dem Beschenkten aus dem geschenkten Wirtschaftsgut zustehen, erwähnt werden, sofern der Schenkgeber diese sich nicht (z. B. durch ein Nießbrauchsrecht) vorbehält. Es handelt sich hier also keineswegs um eine quantité négligeable, ein nicht zu beachtendes Nichts. Bemerkenswert ist, daß MEGOW (Anm. II 3 zu § 3 ErbStG) sogar die Besitzverschaffung als Gegenstand der Bereicherung für möglich hält.

2. Das Vermögen des Beschenkten ist durch den Eigentumswechsel *gegenwärtig* bereichert und das Vermögens des Schenkgebers um den gleichen Wert vermindert, gleichviel ob dem Schenkgeber auf Grund des vertraglichen Vorbehalts das Recht zusteht, das geschenkte Wirtschaftsgut zurückzufordern. Welche steuerlichen Folgen eintreten, wenn der Schenkgeber von diesem Widerrufsrecht Gebrauch macht, ist die Frage, die sich erst stellt, nachdem der Schenkgeber dieses Recht tatsächlich ausgeübt hat.

3. Die Annahme etwa, daß es sich um ein Scheingeschäft handele oder daß der Schenkgeber sich bei Abschluß des Schenkungsvertrages mit der Absicht trage, demnächst die Schenkung zu widerrufen, ist durch nichts begründet und daher diffamierend. Eine solche Unterstellung ist rechtlich irrelevant. Zu der Frage des Scheingeschäfts im Sinne des § 5 StAnpG oder eines Mißbrauches von Formen und Gestaltungsmöglichkeiten des bürgerlichen Rechts im Sinne des § 6 StAnpG bemerkt MEGOW in Anm. X 3 zu § 3: „Da den Beteiligten in der rechtlichen Gestaltung ihrer Beziehungen grundsätzlich die volle Entscheidungsfreiheit eingeräumt ist, wird auch für diese Fälle davon auszugehen sein, daß die Steuerbehörde den Vertragsinhalt der steuerlichen Beurteilung so lange zugrunde zu legen hat, als keine überzeugenden und klaren Tatbestandsmerkmale dafür gegeben sind, daß und inwieweit unter den Beteiligten vom Vertrage abweichende Grundsätze wirtschaftlich maßgebend sind (vgl. BFH, BStBl. 1954 III/317). Die im wirtschaftlichen Leben geltende Vertragsfreiheit hat somit steuerlich nur da ihre Grenze, wo die getroffenen Maßnahmen nicht ernstlich gemeint sind oder wo festzustellen ist, daß die getroffenen Maßnahmen den wahren wirtschaftlichen Absichten der Beteiligten nicht entsprechen.“

4. Unter Hinweis auf die obigen Ausführungen unter II 4 muß auch der Meinung entgegengetreten werden, daß der Schenkgeber zufolge des vorbehaltenen Widerrufsrechtes seine Herrschaftsbefugnisse über das geschenkte Wirtschaftsgut nicht aufgegeben habe und daher alles beim alten geblieben wäre. Die dingliche Verfügungsbefugnis über das geschenkte Wirtschaftsgut ist mit dem Eigentum auf den Beschenkten übergegangen. Der Eigentumswechsel und die hiermit eintretende Änderung des Verfügungszustandes fixieren den maßgebenden Besteuerungs-Zeitpunkt. Die Besteuerung nach dem Erbschaftsteuergesetz richtet sich nach dem, was sich gegenwärtig vollzieht und nicht nach dem, was vielleicht künftig geschehen *kann*. Würde die Finanzbehörde den Vorgang nicht als einen Steuerfall ansehen — etwa, um

die Ausnutzung der Zehnjahresfrist des § 13 ErbStG auszuschließen —, so muß man fragen, wie der Fiskus handeln würde, wenn prophetisch vorauszusehen wäre, daß das geschenkte Wirtschaftsgut von dem Beschenkten vertan wird oder infolge einer Zwangsvollstreckung verlorengeht.

5. Der Rückfall des geschenkten Wirtschaftsgutes an den Schenkgeber führt zu keiner Benachteiligung des Fiskus. Durch den Rückfall ist wieder der status quo ante hergestellt. Dazu gehört, daß die gezahlte Steuer nach § 34 ErbStG erstattet werden muß. Aus fiskalischer Sicht ist durch den Rückfall die gleiche Ausgangslage — etwa im Hinblick auf eine später durch Erbfall ausgelöste Steuer — geschaffen, die vor der Schenkung bestand. Unter Umständen hat der Rückfall sogar noch den fiskalischen Vorteil, daß die Zehnjahresfrist des § 13 ErbStG unterbrochen ist. Die Wiederherstellung des status quo ante ist die gesetzgeberische Grundlage für den steuerfreien Rückfall einer Schenkung unter den Voraussetzungen des § 18 Abs. 1 Ziff. 13 ErbStG und für die Steuererstattung im Falle einer Rückgabe eines Geschenks auf Grund eines Rückforderungsrechtes nach Maßgabe des § 34 ErbStG. Dabei ist zu beachten, daß § 34 nicht ein gesetzlich bedingtes Rückforderungsrecht voraussetzt, sonderen ein Rückforderungsrecht, gleich welcher Art. „Das Rückforderungsrecht kann sich aus dem Gesetz selbst ergeben; es kann aber auch auf einer Vereinbarung beruhen, jedoch nur dann, wenn diese Vereinbarung schon im Schenkungsvertrag enthalten war" (Troll „Erbschaftsteuergesetz" Anm. 2 zu § 34).

Die Bestimmungen des §§ 18 Abs. 1 Ziff. 13 und 34 ErbStG sind Hinweise dafür, daß der Rückfall von Vermögenswerten an den Schenkgeber — gleichviel aus welchem Grunde — steuerlich neutral ist, im Falle des § 34 sogar zu einer Erstattung der Steuer führt.

B. Sonstige Vorbehalte

Neben dem Vorbehalt des jederzeitigen Widerrufs stehen bei der Gestaltung einer Schenkung, die einer Vorwegnahme der Erbfolge dienen soll, fast regelmäßig die folgenden — auch von Hörstmann a.a.O. erwähnten — Vorbehalte zur Erörterung:

1. Vorbehalt des Nießbrauches zugunsten des Schenkgebers und zugunsten seiner Ehefrau für den Fall, daß diese ihn überlebt;

2. das Recht des Schenkgebers zur Verwaltung des geschenkten Wirtschaftsgutes.

Wegen der gebotenen Beschränkung kann hierzu nur noch stichwortartig Stellung genommen werden.

I. Nießbrauch

Über die bürgerlich-rechtliche Zulässigkeit, in einem Schenkungsvertrag dem Schenkgeber den Nießbrauch an dem geschenkten Wirtschaftsgut einzuräumen, ist kein Wort zu verlieren. Auch die steuerrechtliche Anerkennung nach dem Erbschaftsteuergesetz wird allgemein bejaht, Mißbrauch ausgenommen. Für die Bestellung des Nießbrauches genügt selbstverständlich nicht die bloße Floskel in dem Schenkungsvertrag, daß sich der Schenkgeber den Nießbrauch „vorbehält". Zur Entstehung des Nießbrauchsrechtes an beweglichen Sachen ist — wie bei der Übertragung von Eigentum — die Einigung der Vertragsparteien über die Entstehung des Rechts sowie die Besitzübergabe erforderlich (§ 1032 BGB). Bei einer Sachgesamtheit muß der Nießbrauch an den einzelnen Gegenständen bestellt werden, es ensteht eine Mehrheit von Einzelrechten (KGJ 43/347); für die Bestellung des Nießbrauches an dem Vermögen einer Person wird dies in § 1085 BGB ausdrücklich bestimmt. Auf etwaige Surrogate geht der Nießbrauch nicht ohne weiteres kraft Gesetzes über. Wenn auch implicite ein obligatorischer Anspruch auf Bestellung des Nießbrauches an etwaigen Surrogaten angenommen werden darf, empfiehlt es sich doch, vorsorglich eine entsprechende Verpflichtung mit dem Beschenkten zu vereinbaren.

Es wird nicht selten übersehen, daß der Nießbrauch an einem Grundstück erst mit der Eintragung im Grundbuch entsteht (§ 873 BGB).

Soll der Nießbrauch zugunsten der Ehefrau des Schenkgebers bestellt werden, so steht zur Wahl, ob

1. der Nießbrauch den Eheleuten als Gesamtberechtigten — im Innenverhältnis je zur Hälfte — mit der Maßgabe zustehen soll, daß der Nießbrauch nach dem Tode eines der beiden Eheleute dem Überlebenden alleine zusteht, oder

2. der Nießbrauch zugunsten der Ehefrau erst mit dem Tode des Schenkgebers entstehen soll.

In beiden Fällen handelt es sich um eine „freigebige Zuwendung" des Ehemannes an seine Ehefrau im Sinne des § 3 Abs. 1 Ziff. 2 ErbStG. Die Steuerschuld entsteht für die Hälfte des Nießbrauchswertes (kapitalisierter Wert gemäß §§ 16 ff. BewG) mit dem Zeitpunkt der Nießbrauchsbestellung, für die andere Hälfte mit dem Zeitpunkt, von dem ab der Ehefrau der Nießbrauch alleine zusteht. d. i. also der Tod des Ehemannes, sofern dieser vor seiner Ehefrau verstirbt. Da im Innenverhältnis beide Eheleute an den Nutzungen aus dem Nießbrauchsrecht hälftig beteiligt sind, ist der Anfall des vollen Nutzungsrechtes an die Ehefrau wie eine aufschiebend bedingte Zuwendung entsprechend § 14 Abs. 1 Ziff. 1 a ErbStG zu behandeln.

Bei dem zweiten Fall ist die Zuwendung des vollen Nießbrauchsrechtes aufschiebend bedingt durch den Tod des Ehemannes. Die Steuerschuld entsteht infolgedessen erst mit dem Eintritt dieses Ereignisses.

Je nach dem Altersunterschied der Eheleute und der Lebenserwartung wird man den einen oder anderen Weg wählen. Es kann auch der Wunsch bestehen, sich von der Steuerschuld — jedenfalls hinsichtlich der Hälfte des Nießbrauchswertes — noch unter der Geltungskraft des derzeitigen Erb-

schaftsteuergesetzes zu befreien und deshalb nach dem Fall 1 zu handeln.
Auf der anderen Seite ist zu beachten, daß bei zunehmendem Alter der
Multiplikator des § 16 BewG sinkt und sich dadurch der zu versteuernde
kapitalisierte Nießbrauchswert vermindert. Hierfür bietet sich je nach den
einzelnen Umständen eine Bestellung des Nießbrauches entsprechend Fall 2
als günstiger an.

II. Verwaltungsrecht

1. Das Nutznießungsrecht gewährt dem Nießbraucher das Recht auf
Besitz der dem Nießbrauch unterliegenden Sache und deren Bewirtschaf-
tung (§ 1036 BGB). Sein Recht geht aber nicht so weit, daß er die Sache um-
gestalten oder wesentlich verändern darf (§ 1037 Abs. 1 BGB). Oftmals hat
aber der Schenkgeber den Wunsch, berechtigt zu bleiben, das seinem Nießbrauch unterliegende Wirtschaftsgut in andere Vermögenswerte umwechseln
zu können, wann auch immer er eine Änderung der Vermögensanlage für
zweckmäßig hält. Dieses über das gesetzliche Bewirtschaftungsrecht des
Nießbrauchers hinausgehende Verwaltungsrecht bedarf besonders vertraglicher Vereinbarung und zur Ausübung der Verfügungsbefugnis zu Dritten
einer entsprechenden Vollmacht, die vertraglich bedungen — in Abweichung
von der grundsätzlichen Widerrufbarkeit einer Vollmacht — unwiderruflich
sein dürfte (vgl. SOERGEL-SIEBERT BGB Komm. 10. Aufl. Anm. 23 u. 24 zu
§ 168 mit weiteren Literaturnachweisen). Um jeden Zweifel darüber auszuschließen, ob die Unwiderruflichkeit der Vollmacht dem Vertragswillen entspricht, sollte die Unwiderruflichkeit zum ausdrücklichen Inhalt des Schenkungsvertrages gemacht werden.

HÖRSTMANN a.a.O. (Abschnitt B III 4)ist der Auffassung, daß ein unbe-
schränktes und zeitlich unbegrenztes Verwaltungsrecht des Schenkgebers mit
dem Charakter im Sinne des Erbschaftsteuergesetzes nicht vereinbar sei;
allenfalls will er das Verwaltungsrecht als „Schutzmaßnahme" für einen
vorübergehenden Zeitraum gehen lassen, in dem beschenkte (auch groß-
jährige) Kinder wirtschaftlich noch unerfahren sind. Damit hat er die
Grundfrage, ob der Vorbehalt eines Verwaltungsrechts mit dem Wesen
einer Schenkung in Widerspruch steht, bereits zu Lasten seiner Argumentation aufgeweicht. HÖRSTMANN meint, daß ein unbegrenztes Verwaltungsrecht wirtschaftlich einer erbvertraglichen Regelung gleichkomme. KAPP
a.a.O. widerspricht ebenfalls dieser Argumentation, weil es im Erbschaftsteuerrecht eben keine wirtschaftliche Betrachtungsweise gebe. Wenn — wie
unter A II näher dargetan — durch den Eigentumswechsel eine Vermögensvermehrung (Bereicherung) des Beschenkten eingetreten ist, so kann dieser
Vermögenszuwachs nicht deshalb *kein* Zuwachs mehr sein, weil dem Schenkgeber an dem geschenkten Wirtschaftsgut ein Verwaltungsrecht zusteht.

Der Herrschaft über ein geschenktes Wirtschaftsgut wird weitgehend eine zu große Bedeutung beigemessen, obwohl sie kein Kriterium für das Wesen einer Schenkung ist, die von der unentgeltlichen Vermehrung des Vermögens des Beschenkten bestimmt wird. Abgesehen davon muß auch hier darauf hingewiesen werden, daß das Verwaltungsrecht nur obligatorische Wirkung hat. Die dingliche Verfügungsbefugnis des Beschenkten bleibt unberührt, auch wenn es sich bei dem Verwaltungsrecht und der ergänzenden Vollmacht — wie nach dem Zweck der Vereinbarung angenommen werden muß — um sog. „verdrängende" Befugnisse des Schenkgebers handelt, d. h. daß der Beschenkte sich im Verhältnis zum Schenkgeber jeder Verwaltungshandlung und Verfügung zu enthalten hat.

2. Man muß sich die Frage stellen, ob dem Verwaltungsvorbehalt noch Bedeutung für die steuerliche Beurteilung einer Schenkung beigemessen werden würde, wenn der Schenkgeber das Verwaltungsrecht nicht für sich selbst beansprucht, sondern für einen Dritten, etwa in der Person eines fachkundigen Vermögensverwalters. Es darf angenommen werden, daß die Argumentation gegen die steuerliche Anerkennung einer solchen Schenkung erheblich an Gewicht verlieren würde, weil der Schenkgeber sich selbst eigener Einwirkungsmöglichkeiten auf das geschenkte Wirtschaftsgut begeben hat. Ein für eine unterschiedliche Beurteilung entscheidender, durch den Personenaustausch begründeter Gesichtspunkt ist nicht zu erkennen. Die (obligatorische) Bindung des Beschenkten ist die gleiche. Bei der Beurteilung des Rechtsverhältnisses zwischen Beschenktem und Verwalter ist auch zu bedenken, daß der Verwalter — wem auch immer die Verwaltung übertragen ist — rechtsgeschäftlich stets „im Namen und für Rechnung" des Beschenkten handelt. Verletzt er seine Sorgfalts- oder Treuepflicht, so hat er den etwa eingetretenen Schaden dem Beschenkten zu ersetzen. Der Beschenkte ist also nicht rechtlos.

3. Hörstmann a.a.O. bemerkt im Zusammenhang mit dem von ihm zugestandenen — an der wirtschaftlichen Unerfahrenheit orientierten — Verwaltungsrecht des Schenkgebers, daß dieses „ebensowenig angreifbar" sei „wie die Dauertestamentsvollstreckung". Es soll nicht dazu Stellung genommen werden, ob dieser Vergleich als Begründung für die Zulässigkeit jenes Verwaltungsrechtes berechtigt ist. Die Erwähnung der Testamentsvollstreckung gibt aber Anlaß zu einer anderen allgemeinen Bemerkung. Es ist nicht einzusehen, daß Zuwendungen von Todes wegen mit zahlreichen Beschwerungen — Auflagen, Vermächtnissen (Nießbrauch), Testamentsvollstreckung — belastet werden können, ohne daß solche Beschwerungen die Unentgeltlichkeit der Zuwendung und die entsprechende Bereicherung des Begünstigten steuerlich in Frage stellen, während bei einer Vorwegnahme der Erbfolge durch Schenkungen, die mit inhaltlich gleichen Beschwerungen belastet werden, steuerrechtlich zuviel herumgedeutet wird.

III.

Sofern Gegenstand der Schenkung eine Kommanditbeteiligung ist, würde dem Schenkgeber auf Grund seines Verwaltungsrechtes und der ihm erteilten unwiderruflichen Vollmacht das Stimmrecht aus dieser Beteiligung nicht zustehen. Die Abspaltung des Stimmrechtes von der Mitgliedschaft ist nach der vom Bundesgerichtshof vertretenen und von der herrschenden Meinung gebilligten Rechtsauffassung unzulässig (vgl. BGH Band 3/354, BGH BB 1970/187 sowie Hueck „Das Recht der offenen Handelsgesellschaft" 4. Aufl. S. 167 mit weiteren Literaturhinweisen). Dies hat zur Folge, daß von der Schenkung einer Kommanditbeteiligung oftmals Abstand genommen werden muß, obwohl eine solche Schenkung unter dem Vorbehalt des Verwaltungsrechtes und der Bevollmächtigung des Schenkgebers durch die gegebenen Lebensbedürfnisse gerechtfertigt wäre. Als Ausweg aus diesem „Dilemma" bietet sich nach den vom Bundesgerichtshof in BGH Band 20/363 gemachten Hinweisen die Möglichkeit an, durch eine entsprechende Regelung im Gesellschaftsvertrag dem Schenkgeber ein Mehrstimmrecht einzuräumen und das Stimmrecht des Beschenkten für die Zeit, solange der Schenkgeber noch — wenn auch nur mit einer kleinen Beteiligung — in der Gesellschaft verbleibt, auszuschließen. Auch diese Rechtsauffassung des Bundesgerichtshofs wird von der Rechtslehre überwiegend geteilt (vgl. Schilling/Hachenburg, Komm. z. HGB Anm. 33 und 34 zu § 161).

Die Aufnahme einer solchen Bestimmung in den Gesellschaftsvertrag würde manchem „Alt-Gesellschafter", der den Wunsch hat, bereits zu seinen Lebzeiten seine Nachfolger in die Gesellschaft aufzunehmen, den Entschluß zur Übertragung seiner Beteiligung erleichtern. Die entsprechende Bestimmung im Gesellschaftsvertrag, die allgemein für jeden Gesellschafter gelten sollte, könnte etwa folgenden Inhalt haben:

„Überträgt ein Gesellschafter einen Teil seiner Beteiligung auf einen oder mehrere eheliche Abkömmlinge, so gewährt die übertragene Beteiligung kein Stimmrecht, solange der Veräußerer Gesellschafter ist. Solange der Veräußerer Gesellschafter ist, verbleiben ihm sämtliche Stimmen, die auf seine — vor der Veräußerung bestehende — Beteiligung entfallen (Mehrstimmrecht)."

C. Schlußbemerkung

Bei der steuerrechtlichen Beurteilung von Schenkungen, die mit Vorbehalten der vorstehend behandelten Art verbunden sind, wirkt fiskalisch unterschwellig der Argwohn mit, daß die Vertragsbeteiligten mit legitimen Mitteln Illegitimes im Schilde führen. Und dennoch, bis zum Beweis des Gegenteils bleibt der Bürger — auch vor dem Fiskus — ein anständiger Mensch.